网络应用伦理问题研究

耿立进◎著

河海大学出版社
·南京·

图书在版编目(CIP)数据

网络应用伦理问题研究 / 耿立进著. -- 南京：河海大学出版社，2023.12
ISBN 978-7-5630-8491-3

Ⅰ．①网… Ⅱ．①耿… Ⅲ．①网络化－伦理学－研究 Ⅳ．①B82－057

中国国家版本馆 CIP 数据核字(2023)第 198777 号

书　　名	网络应用伦理问题研究
	WANGLUO YINGYONG LUNLI WENTI YANJIU
书　　号	ISBN 978-7-5630-8491-3
责任编辑	吴　淼
特约校对	丁　甲
封面设计	中知图印务
出版发行	河海大学出版社
地　　址	南京市西康路 1 号(邮编：210098)
电　　话	(025)83737852(总编室)
	(025)83722833(营销部)
经　　销	江苏省新华发行集团有限公司
排　　版	南京布克文化发展有限公司
印　　刷	广东虎彩云印刷有限公司
开　　本	787 毫米×1092 毫米　1/16
印　　张	18.25
字　　数	452 千字
版　　次	2023 年 12 月第 1 版
印　　次	2023 年 12 月第 1 次印刷
定　　价	128.00 元

序言
Preface

　　随着互联互通网络的纵向延伸和横向普及,我国民众的网络应用生活也随之进入了新时代,人们之间各种交往关系出现了新发展和新变化,这种新发展和新变化中也产生了棘手的问题,主要在于互联网应用实践领域所表征出来的各种悖德言论和悖德行为上,出现了诸多伦理失范或伦理问题,有的甚至引起伦理危机。因此,怎样力求客观公正地描述网络应用实践领域的道德现象,怎样开展深层次的伦理研究并回应我国现阶段人际利益与人际道德的本质关系,怎样概括以及如何定位目前我国广大网民在网络应用中所表现出来的道德感知、伦理认知及其所表现出来的道德水平、道德层次,怎样有针对性地引导和规制广大网民们健康的、科学的网络应用实践生活,达到网络社会生活和谐与有序,最终实现人的真正自由与"全人"发展,也从而最终维护马克思主义伦理道德观和社会主义核心价值体系的主导地位,就显得十分重要和必要。本书力图进行新分析、新论证、新概括和新总结,并力求做出新突破。

　　应该指出,随着我国互联网络与国际互联网络逐渐对接与并轨以及我国改革开放政策的不断深入和深化,一些人的日常网络生活以物质经济利益为根本利益诉求的欲望日益膨胀,拜金主义、金钱至上、"一切向钱看齐"等西方腐朽价值观开始在一些网民尤其是青少年网民中产生了诸多负面影响,尤其是在虚拟网络社会中,愈演愈烈,这是需要警惕的。在这种思潮影响下,人们单纯追求个体经济利益,过度追求个人物质享受,必然视国家整体利益和社会效益于不顾,有的网民甚至将亲情金钱化、爱情买卖化。对此,我国广大网民的道德要求、道德行为和道德觉悟将按照何种趋势,何种方向发展,这是近些年来学界共同关心和努力探究的问题之一。针对这种情况,我国互联网应用伦理学将如何做出科学阐释和理性回应?我国网民的伦理道德意识及其行为方式的"实然"与"应然"究竟该如何准确表达?又将如何被引导和规制?我国网络应用伦理将以何种趋势、向何种方向发展?以及将如何发挥价值引领和舆情导向作用?针对诸多此类问题,我国伦理学界必须避免长期以来过分偏重纯粹理论研究而轻视实际应用的传统习惯,必须紧跟网络应用实践时代步伐,及时把握网络实践时代脉搏并致力于思考这些问题,给出与时俱进的时代应答。

基于上述情况,本书试图进行伦理学方面的回应,并力求做出新突破。

本书研究立足元伦理理论面向网络应用实践的现实需要,著作灵感和动力缘起于以下两者驱使:其一为元伦理理论本身在新时代所呈现的内生逻辑和内生发展,其二为网络应用实践生活对伦理理论的迫切需要。在这两个因素及其相互之间的互溶作用下最终促成本书萌生与成形。

一、本书课题的国内外研究现状及趋势

国内学界关于本课题及相关问题的研究在时间分布、研究视角和研究内容上具有明显集中性。首先,从时间上看,有关网络应用伦理问题研究 20 世纪 80 年代末已在我国悄然兴起,但大多集中于 20 世纪末与 21 世纪初世纪之交的前后 10 年,进入 21 世纪以来,有关本课题研究相对较少,进入相对静止状态或冷淡期。其次,从研究视角看,五花八门,多种多样,但普遍较多者呈现如下研究视角:一是立足网络时代,从人际社会交往学视角分析和展示网络世界存在的伦理问题;二是立足传统元伦理学视角研究伦理学。也就是偏重纯粹理论研究,轻视实践实际应用,缺少理论与实际的结合,未能真正做到让理论指导实践,再让实践反哺理论,理论与实践二律始终未能相融与贯通,形成事实上的理论研究与实践指导相脱节的"两张皮"现象。再次,从研究内容或领域看,起初"应用伦理学"作为学科概念已经被广泛使用并出现了一些网络应用伦理学的分学科研究,但还未对网络应用伦理的"元伦理"问题进行专项研究,网络应用伦理多被解读为一般伦理学的"网络实践",而对网络应用过程中出现的伦理问题虽有研究涉及但并未深入。目前涉及的内容和领域越来越多,与本课题相关的已有一定进展的研究主要有三类:第一类是对数字化互联网伦理理论建设探究,第二类是互联网伦理失范问题研究,第三类是互联网+某类问题+伦理探索研究。这三类研究从总体上看,对网络伦理应用理论与实践问题虽然进行了初步探讨,但并未真正做到理论联系实际,而是"偏理论轻实践",学究式地"为研究而研究",形成理论与实践相脱节的"两张皮"现象。

综上所述,上述研究总体上对网络伦理应用理论与实践问题进行了探讨,也取得了一定的阶段性成果,也为本书课题开展后续研究奠定了较好的基础。鉴于目前对我国高校互联网应用伦理的国外研究资料了解相对甚少,在此略去述评。对于国内研究者而言,由于网络应用伦理问题大多与社会热点、社会大众文化心理、社会思想和社会价值观,以及对广大民众尤其是当代大学生思想政治教育工作休戚相关,又普遍涉及人们的"三观"、思想政治素养、道德伦理观念,因此网络应用伦理在今后研究趋势上必然是两个方面:一是更加注重马克思主义伦理观的建设和研究,通过传播新时代中国特色社会主义思想及社会主义核心价值观体系,深入网络应用实践伦理研究,体现形势性、时事性、时代性和价值观引领作用。二是注重理论与实践的衔接和应用,尤其是充分发挥理论实时指导实践,成为研究的趋势。

二、研究本书课题的理论和实践价值

本书研究具有独特的理论价值。首先,对于我国高校打造高质量互联网应用伦理学的课程具有重要理论价值和借鉴意义。"互联网应用伦理"学科建设在内容上聚焦时事、关注社会热点、贯彻系统实效、"形而上"与"形而下"相互贯通作用,同时要体现师生互动、严格执行党和国家方针政策等特点,探索出课程具有的视域开阔性、强意识形态性、理论与实践互通性,把互联网和自媒体伦理研究介入高质量"应用伦理金课"是一个全新切入点。其次,互联网应用伦理"金课课程"的打造需多种类型的创新形式,借用"互联网+应用伦理"形式提升传统德育课程质量具有时新效果,同时具有创新运用现代网络信息技术手段育人,用马克思主义伦理道德观叙说中国正能量故事、传递党和国家方针政策、培养社会主义核心价值观,实现润物无声中使学生成为新时代中国特色社会主义建设者和接班人的目标,具有十分重要的作用。

本书研究对高校哲学社会科学,尤其对思想政治教育及其高质量学科建设具有直接现实的学术研究价值和实践展示意义。互联网应用与伦理学相结合的课程教学是高校哲学社会科学课程中最具培养学生学术价值与实践应用价值这样双重价值的"灵魂"课程教学,互联网应用伦理研究的最终目的是服务于新时代中国特色社会主义事业,有利于促进以社会主义核心价值观为中心的和谐社会的形成。同时,由于网络应用形成的虚拟社会不同于现实的物质社会,互联互通的网络就成了党和国家宣传思想政治工作和进行思想政治教育的一块新型阵地,因此,在此情况下,及时地科学地展开对网络应用伦理问题的研究所产生的实际意义和学术研究价值也随之产生且必将带来重要的现实影响。另外,从课程建设与研究角度看,由于各大高校尤其是本科院校的学者们虽然有不少涉足该领域研究,但他们对该领域的研究普遍"重理论研究,轻实际应用"的科研作风没有根本改变,再加上该领域对应用实践的现实指导难度确实很大,真正能够发挥现实指导意义的少之又少,本书力图克服这些劣势,采取"理论与实际相结合""理论与应用相并重"的别样的路径和方法,对广大网民道德意识和道德行为的养成具有相对可操作性和现实引导性。此外,本书作为新时代互联网应用伦理研究,在打造出色"大思政"课程方面,既能发挥"思政课程"自身主力军功能,也能丰富"课程思政"协同育人实践。

三、本书的研究目标

本课题拟解决在新时代充分发挥思政课程作为"灵魂"课程在人才培养协同育人作用的新情况下,高校努力改变思政课程教学内容乏味、枯燥,教学形式陈旧、死板现象,采取创新教学内容与创新教学形式打造"大思政"课程。在内容创新上关注时政实效性、时事热点性,贴近学生学情实际;在形式创新上利用"网络舆情+马克思主义伦理学观点"丰富资源教学,实现思政教材第一资源课堂、网络舆情第二资源课堂、马克思主义伦理学理论第三资源课堂,"三堂"互融贯穿实践教学,构建"社会+思政教育+专业"互动相融的思政教育共同体,以达到铸魂育人目标。通过提升教师因材施教与精准释惑能力,将高校大学生培养成为高素质"理论+技能"复合型人才。

四、本书的研究内容

（1）元伦理研究复合网络应用实践研究，包括伦理、道德与伦理学新动向与新界定，伦理学基本问题探究，网络应用伦理基本问题研究，中外经典应用伦理析要，道德评价问题研究系统分析等。（2）网络应用伦理研究，内容含网络伦理实践与认知综述，网络社会交往伦理分析，电子商务伦理应用分析，网络应用科学技术伦理问题，网络应用中生命与健康伦理探讨，网络生活与消费伦理问题分析等。（3）网络舆情热点案例分析，涵盖网络应用伦理议题举要与方案、网络社会交往伦理议题举要与方案、电子商务伦理议题举要与方案、网络应用科技伦理议题举要与方案、网络应用中生命与健康伦理议题举要与方案、网络生活与消费伦理议题举要与方案。凡属伦理议题举要与方案皆提供系列经典应用伦理观视域下传统"伦理方案"，最后在马克思主义伦理学观点指导下给出最终相应"伦理结论"，让马克思主义伦理学观点发挥正确价值观引领作用。

五、拟突破的重点难点

本书课题拟突破的重点：在思政课程及其教学过程中进行大胆创新，把互联网应用技术和应用伦理理论等引入其中。借助"网络实时舆情＋经典应用伦理观＋马克思主义伦理学观点"等讯情资源的共同作用形成新的教学实践模式，这样能够解决大思政课程建设过程中面临的许多难题。本书课题拟突破的难点：高校思政课教师在大思政课程建设过程中始终要寓价值观引导于知识传授之中，敢于直面各种错误观点和思潮，用真理的强大力量引导大学生。本书课题拟从多角度对思政课程与教学进行实践探索，将科学精神、辩证思维、前沿理论、网络实践融入课程建设之中，把思政课程建设成为有深度、有难度、有挑战度的真正好课程。

六、力求创新之处

本书课题拟在两个方面有所创新：一是在大思政课程建设研究中把网络舆情热点问题作为案例引入伦理学课程及其教育教学研究之中。以解决思政课程建设研究诸多难题，达到吸引学生去探究和实践之效果。二是用中外经典应用伦理思想介入网络时事舆情案例分析之中，进行热点透视与探析研究，再用马克思主义伦理观点纠正网民偏颇看法和网络社会大众舆情错误倾向，及时关注高校大学生网络上思想动向，回应高校大学生困惑和疑虑，贯彻党和国家方针政策，引导并弘扬社会主义核心价值观，传递社会正能量，具有开拓创新意义。

七、研究的基本思路

本书研究拟从全面的和系统的宏观角度分析高校在打造"思政金课程"过程中面临多重困境的现状入手，考察提升思政课程的教学质量和教学效果以适应新要求的思路。探索充分借助现代网络传递大众舆情信息手段的优势，实现互联网时事舆情实效传播与伦理道德观点的高度融合，破除传统课堂教学中存在的价值引领、多样化教学体系构建、案例时效资源建设等方面的多重困境，打造"思政金课程"。探讨通过思政慕课、课堂革新、网络舆情讯息等多种资源和渠道的综合作用路径，共同打造具有政治性、思想性、针对性和创新性的精品思政课程，切实提高课程建设和课堂教学效果。

基本路线图：从新时代元伦理理论与网络应用实践内涵与特征入手——依据网络伦理舆情探索网络时事热点案例分析的路径——力求在传统经典伦理学中应用经典应用伦理观点与马克思主义伦理学观点相互观照视域打造高质量互联网应用伦理话语体系——推进内容丰富、特点鲜明的思政课程资源库建设研究——最终发挥社会主义核心价值观引领作用并力图介入课堂实践教学，打造优质高效、内容丰富、含金量高的"思政课程"和"课程思政"双构体系。

八、研究基本方法

本书课题研究拟采用哲学伦理学维度的"形而上""形而下"相结合、伦理理论与互联网应用实践相融合、纵向横向实证比较等方法，用规范与实证案例相结合的路径加以论证。在相关内容研究中，还将借鉴政治学、教育学、教学法等基础理论和研究方法。

本书的第一章网络应用伦理的根与基，第二章网络应用需以借鉴的经典应用伦理，和第三章网络应用中的道德评价问题，主要是研究伦理学的一般性理论知识及其原理等，以及经典应用伦理思想观点。第四章网络应用伦理的实践与认知，是由元伦理理论知识向网络应用伦理过渡的章节，概述网络应用伦理的实践与一般认知，以及对有关伦理案例进行议题举要分析，得出符合马克思主义伦理价值观的伦理结论。第五章网络社会交往伦理，第六章电子商务伦理，第七章网络应用科学技术伦理，第八章网络应用中生命与健康伦理，第九章网络生活与消费伦理，主要是研究和分析网络应用伦理的具体领域及其社会生活伦理实践情况案例。在网络应用伦理具体领域的每一章（包括第四章过渡章节）中，都设有相关领域的伦理议题案例举要，力图采取以往经典伦理学理论的经典伦理观点作为"伦理方案"参与伦理议题分析、释义之中，最后再以马克思主义伦理观点作为"伦理结论"进行最终总结和概括，达到既解决案例议题本身问题，又发挥价值引领作用，具有现实和实际的可操作性。在每一章中，也基本遵循从"是什么"、"为什么"到"怎么办"的先后逻辑顺序。除此而外，本书在每一章后面，还安排了"本章知识小结"和"本章问题思考"，供大家参阅。

本书研究内容虽然是2020年度江苏高校哲学社会科学研究重大项目"新时代高职院校'思政金课'建设研究"（项目编号：2020SJZDA149）和2023年度江苏高校哲学社会科学研究一般项目"新时代互联网应用伦理研究"（项目编号：2023SJSZ0354）的综合成果，但限于鄙人水平有限以及研究时间仓促，纰漏不当之处一定众多，只能恳求诸位学者、专家、大师们赐言指正！

耿立进

二〇二三年六月十六日

目录
Contents

导论 ·· 001

第一章　网络应用伦理的根与基 ·· 003
1.1　道德、伦理与伦理学 ·· 003
1.1.1　道德 ·· 003
1.1.2　伦理 ·· 005
1.1.3　伦理学 ··· 006
1.2　网络应用伦理的基本问题 ·· 006
1.2.1　网络应用的基本问题 ··· 007
1.2.2　网络应用伦理的基本问题 ··· 009
【注　释】 ·· 013
【参考文献】 ··· 013

第二章　网络应用需以借鉴的经典应用伦理 ·· 014
2.1　中国经典应用伦理 ·· 014
2.1.1　中国古代经典应用伦理 ·· 015
2.1.2　中国近代经典应用伦理 ·· 029
2.1.3　中国当代经典应用伦理 ·· 030
2.2　西方经典应用伦理 ·· 032
2.2.1　古希腊罗马时期经典应用伦理 ·· 033
2.2.2　欧洲中世纪基督教神学应用伦理 ··· 037
2.2.3　欧洲近代经典应用伦理 ·· 038
2.2.4　欧美现代经典应用伦理 ·· 044
2.2.5　欧美当代经典应用伦理 ·· 046

【注　释】 …… 061
【参考文献】 …… 061

第三章　网络应用中的道德评价问题 …… 063
3.1　基于特定立场的道德基本原则 …… 063
3.1.1　功利主义或最大幸福主义道德原则 …… 064
3.1.2　利己主义与个人主义道德原则 …… 066
3.1.3　利他主义道德原则 …… 076
3.1.4　人道主义、人本主义、人类中心主义道德原则 …… 078
3.1.5　集体主义与社群主义道德原则 …… 082
3.2　道德行为之研判 …… 094
3.2.1　道德行为与非道德行为 …… 094
3.2.2　道德的行为与非道德的行为 …… 095
3.3　道德选择之分析 …… 095
3.3.1　道德选择之前提：意志自由 …… 095
3.3.2　道德选择之责任：对道德结果负责 …… 097
3.3.3　道德冲突与选择 …… 097
3.3.4　道德代价与选择 …… 099
3.4　道德评价何以实现 …… 100
3.4.1　道德评价之前提：休谟问题 …… 100
3.4.2　道德评价之类型：自我评价与社会评价 …… 100
3.4.3　道德评价之形式：社会舆论、内心信念与传统习惯 …… 101
3.4.4　道德评价之依据：动机与效果之辩证统一 …… 101
【参考文献】 …… 102

第四章　网络应用伦理的实践与认知 …… 104
4.1　网络应用时代 …… 104
4.2　网络应用智能机械的伦理风险与伦理原则 …… 105
4.2.1　网络应用智能机械的伦理风险 …… 105
4.2.2　网络应用智能机械的伦理原则 …… 108
4.3　网络应用生活与网络应用道德 …… 109
4.4　网络应用的伦理原则 …… 110
4.4.1　社会主义集体主义道德基本原则主导网络生活 …… 110
4.4.2　社会主义集体主义道德基本原则引领诸他具体原则 …… 111
4.5　网络应用伦理议题举要与方案 …… 121
【注　释】 …… 147
【参考文献】 …… 147

第五章　网络社会交往伦理 ······ 148
5.1　网络社会交往与道德 ······ 148
5.2　网络社会交往的伦理特征 ······ 149
5.2.1　网络社会交往与传统人际社会交往的区别和联系 ······ 149
5.2.2　虚拟人与现实人在德性和德行表征上的区别和联系 ······ 150
5.2.3　网络道德与现实道德之间的反差与联系 ······ 150
5.3　网络社会交往的基本问题 ······ 151
5.3.1　网络社会交往的本质问题 ······ 151
5.3.2　网络社会交往中的网络科技问题 ······ 151
5.3.3　作为网络治理主体的人及人性问题 ······ 151
5.4　网络社会交往的伦理原则 ······ 152
5.4.1　有利无害原则 ······ 152
5.4.2　自律为主原则 ······ 153
5.4.3　不对歧视原则 ······ 154
5.4.4　公平正义原则 ······ 155
5.4.5　保护隐私原则 ······ 155
5.4.6　资源共享原则 ······ 156
5.4.7　真实描述原则 ······ 157
5.5　网络社会交往伦理议题举要与方案 ······ 158
【参考文献】 ······ 171

第六章　电子商务伦理 ······ 172
6.1　电商活动与伦理利益的界限 ······ 172
6.2　电商职业道德 ······ 173
6.2.1　遵纪守法 ······ 174
6.2.2　爱岗敬业 ······ 174
6.2.3　诚实守信 ······ 174
6.2.4　提高技能 ······ 174
6.2.5　节约包装 ······ 174
6.3　电子商务伦理议题举要与方案 ······ 175
【注　释】 ······ 192
【参考文献】 ······ 192

第七章　网络应用科学技术伦理 ······ 194
7.1　网络应用科技的道德边界 ······ 194
7.2　网络应用科技伦理的现状之维 ······ 195

- 7.3 网络应用科技伦理治理 ……………………………………… 197
- 7.4 网络应用科技伦理议题举要与方案 …………………………… 198
- 【注　释】 ……………………………………………………………… 221
- 【参考文献】 …………………………………………………………… 221

第八章　网络应用中生命与健康伦理 ………………………………… 222
- 8.1 网络应用中生命与健康状况 …………………………………… 222
  - 8.1.1 人属脆弱性 ………………………………………………… 222
  - 8.1.2 网络应用中生命与健康伦理现状 ………………………… 223
- 8.2 网络应用中生命与健康伦理原则 ……………………………… 224
  - 8.2.1 最底线原则："勿害" ……………………………………… 225
  - 8.2.2 次底线原则："无害" ……………………………………… 225
  - 8.2.3 底线的原则："公正" ……………………………………… 225
  - 8.2.4 道德的原则："有利" ……………………………………… 226
- 8.3 网络应用中生命与健康伦理议题举要与方案 ………………… 227
- 【注　释】 ……………………………………………………………… 244

第九章　网络生活与消费伦理 …………………………………………… 245
- 9.1 生活与消费的日益网络化 ……………………………………… 245
- 9.2 网络生活与消费的伦理问题 …………………………………… 246
- 9.3 网络生活与消费伦理议题举要与方案 ………………………… 252
- 【注　释】 ……………………………………………………………… 278
- 【参考文献】 …………………………………………………………… 278

后记 ………………………………………………………………………… 279

导论

伦理的本质精神属性就是它自身的实践性，离开人类社会的现实生活实践空谈伦理道德不仅毫无意义，而且本身也不利于伦理道德的建构。但伦理本身又不等于实践，伦理有它自身的来自理论甚至是纯粹理论（元伦理）方面的基本问题、基本理论、基本原理和基本架构。网络应用伦理作为伦理道德现象是在互联网使用领域的一种生活存在和现象存在，其实践性所呈现出来的"发生"、"发展"和"运作"无不彰显其背后的理论存在及其理论价值威力，因此，我们非常有必要通过网络应用领域的道德生活实践现象性存在，深究其背后的伦理知识体系及其运作规律的理论价值性存在，通过对其系统性深究、总体性探讨和规律性把握从而达到科学应用，并自如应对来自现象性存在（实践性存在）的互联互通网络，分清、把握和理顺虚拟网络世界与现实存在世界的区别与联系，通过其个性把握其共性，再通过其共性把握其差异性，科学地应用道德伦理知识并积极地、自觉地投身于网络应用生活实践，就能够达到网络社会生活"和谐"与"有序"，最终实现人的真正"自由"与"全人"发展。因此，对于网络应用伦理的研究者和实践者来说，在没有弄清伦理的基本问题、基本理论、基本原理和基本架构之前，盲目实践或空洞研究必定会大走弯路，不仅不可取，甚至有害。由此可见，网络应用伦理实践与网络应用伦理理论这二者关系是不能割裂的。

网络应用是一种新的实践。随着互联网的大众化普及和广泛应用，人们日常工作、学习、生产、生活、娱乐等日益网络化，这种网络化生活实践引起了不少伦理道德问题。过去传统人际交往范围相对狭小，人与人感情相对真切浓厚，而如今随着人们生产生活日益虚拟网络化，亲情淡薄、情感危机、社交恐惧等使得一些参与网络的人变成了"孤独的个体"，知识产权屡屡受到侵害，侵犯他人网络隐私权、电子肖像权时有发生；网络暴力、隔空道德绑架无处不在；网络病毒、网上诈骗防不胜防；游戏瘾、网游症、手机控成了新型精神鸦片，尤其成了不少青少年挥之不去的精神痼疾；网络垃圾信息、虚假信息泛滥成灾，网络色情、网络唆使、引诱、诱惑成了新的犯罪形式；西方网络化和虚拟化的腐朽价值观、金钱观、非道德主义、个人主义、利己主义等在不断侵蚀我们业已形成的中国特色社会主义（马克思主义理论主导的）意识形态诸领域，对我国社会主义核心价值观理论体系构成了严重挑战和巨大威胁。此外，由于部分人"小集团""小团体""小集体"等观念浓厚，与同行同业中存在恶性竞争以及受金钱主义价值观驱使，致使许多网络传媒平台尤其是自媒体平台、新闻媒体行业等为"博眼球"，片面追求大众"眼球效应"，互联网娱乐节目低俗化、色情化，电子公益广告商业化、金钱化，网络儿童节目有的甚至成人化、暴力化，各种网络模仿、剽窃、抄袭甚至侵犯他人知识产权等事件也时有发生。为此，针对网络应用实践领域的种种道德失范现象给人类"三观"（价值观、人生观、世界观）带来的负能量影响，有必要从网络应用实践视角，从实践学的"发生"、"发展"和系统"运作"视域来研究伦理道德现象及其存在的伦理问题。

网络应用伦理既是一种新理论，又是一种新实践。随着互联互通网络的日益广泛应用，其现象性存在及其实践性活动需要一种崭新的伦理理论的引导和规范，同时从反向来看，网络应用实践性活动及其现象性存在又反哺着网络应用伦理理论的新建构和新发展。网络应用伦理实践与网络应用伦理理论永远都是理论与实践之间不断循环往复，螺旋上升而相济相合，相融相生，并行发展的。正基于此，我们才说网络应用伦理是理论的又是实践的，需要在实践中不断进行理论创新，也需要在理论指导下进行不断实践。因此，紧跟互联网应用领域的新实践进行道德伦理问题深入研究和全面探讨就显得相当必要，当然这种研究和探讨还必须包括对互联网自身的理论前沿及其应用理论与实践的深究和探索，必须紧跟网络实践时代步伐。及时把握网络实践时代脉搏是网络应用伦理研究的应有之意和内在必然。在这里需要特别强调的是，我们这里所说的新实践并非必然对既往的伦理理论尤其是网络应用伦理理论及其知识体系的否定。事实上，也恰恰正是既往的伦理理论知识及其知识体系才奠定并指导了现行的网络应用伦理存在及其实践存在。因此，我们还必须充分认识和高度重视既往业已形成的伦理理论知识及其知识体系，加强其研究和学习也显得相当必要。

综上所述，要想建立符合马克思主义伦理观和我国社会主义核心价值理论体系要求的网络应用伦理的新理论和新规范，进一步推进我国网络应用伦理与业已形成的传统伦理道德体系相洽相融的互联网应用伦理体系的新建构和新发展，有必要将伦理学，尤其是元伦理学与互联网应用实践学这二者相结合，对人们伦理道德意识认知和实践性行为进行正确引导并加以重塑。这就是本书研究始终所要秉持的总体视角，也是本书研究的根本目的所在。

初步认知网络应用伦理道德现象，进而透过现象把握本质，我们还得从伦理学的一些基本理论及其知识体系开始了解和探讨。

第一章
网络应用伦理的根与基

伦理是人类社会特有的现象，它离不开人类及其生产、生活等实践活动。网络应用伦理作为道德伦理知识在网络应用实践领域的延伸应用，其根基仍然在于伦理知识体系本身，尤其是元伦理理论及其知识体系本身。为了更好地了解和把握网络应用伦理知识，我们有必要探究有关元伦理学的一些基本知识。为此，我们必须从道德、伦理、伦理学的基本概念及它们之间的相互关系中展开问题研究。

1.1 道德、伦理与伦理学

伦理学界有个共识：欲言伦理，必谈道德。只有知晓何为道德，方能言谈伦理；只有言谈伦理，方能获悉伦理学及其知识体系。在这里，我们首先从道德这个概念展开讨论。

1.1.1 道德

从词源学角度看，"道德"一词最初是分开讨论的，如《论语》谈到"道"有60多处，谈到"德"有38处，没有出现道德二字并用在一起。古语有云"道者，路也"，据《说文解字》，"道，所行道也"，表示供行人行走的大路、道路，后引申为各种事物发展变化的普遍规律、规则以及人与人之间相互交往相处的道理、总则；《管子·心术上》有言"德者，得也"，《说文》解释"德（又写作"惪"）"是"外得于人，内得于己"，这里"德"指的是收获，是对"道"的认知、感悟、体会方面的收获。道德二字并用是在春秋战国期间成书的《管子》《庄子》和《荀子》等书中，如《荀子·劝学篇》中说："故学至乎礼而止矣。夫是之谓道德之极。"其含义一般是指用以调节人与人、人与社会群体之间关系的行为规范。

英文中的道德（morals）是从拉丁文（mores）演化而来，是指习俗、习惯和社会风尚，后来衍生出人的性格、品性、德性等义，也含有规则、规范和法则之意。

从古今中外对"道""德"二字及"道德"一词的各种表述中，我们可以大致看出，道德是人的一种行为规范。这种行为规范是用来调节人与人、人与社会群体甚至是人与自然等关系的一种人为力量。那么，这种的道德人为力量与政治、宗教、法律相比是否具有强制性？也就是说，如果有人不遵守道德规范是否会受到惩罚呢？从社会实践角度看，政治和法律作为一种社会规范是由国家暴力机构（如军队、警察、法庭、监狱等）保证实施的。宗教作为一种规范在西方社会也是由暴力机构（如宗教裁判所）来付诸实施的。政治、宗教和法律具有强制性和他律性。但道德作为一种规范却不同，它一般来讲没有任何暴力机构来强制性要求人们遵守和执行。那么，道德是怎样在人与人、人与社会群体之间长期存在着的呢？它是依靠社会舆论（如官媒的公开表扬或批评，民间、坊间人们的评头论足、赞扬与谴责等）、传统习惯（如各种族、各民族、各地区的风俗习惯、社会禁忌等）和人们的内心信念（如道德良心、良知等）来调节人与人之间利益关系的一种社会规范。道德虽然没有政治、宗教和法律那样以惩罚为代价，让人感到由外而内的敬畏、恐惧而必须遵守和执行，但道德却能让人心悦诚服，如春风化雨般由内而外、由衷而发地遵守。可见，道德规范调节的范围远比法律规范调节的范围要广阔得多，我们从道德调节的面和范围角度上也可以这样理解，道德是广义的法律，而法律则是底线的道德（当然，严肃说来，道德和法律无论在强制力还是在规范性以及内涵与本质等方面都是不同的两个概念，二者不能混为一谈），法律规定的仅仅是最低限度的道德，不能再突破的道德底线。由此可知，道德除了具有非强制性特点外，还具有调节范围的广泛性和深刻的自律性。

从道德层面上来讲，人类行为可分为道德行为和非道德行为。道德行为是可以用善与恶、应当（应该）与不应当（不应该）、道德与不道德等评价词进行评价的行为，因此，道德行为又可以划分为道德的行为和不道德的行为。道德的行为是一种"善"的行为，"应当、应该"的行为，如"小张助人为乐""王某遵纪守法""张三热爱劳动"等等，就是一种"善"的行为，"应当、应该"的行为，因而属于道德的行为。而不道德的行为则是一种"恶"的行为，"不应当、不应该"的行为，如"这个人盗窃别人财物""小明这孩子小小年纪就为非作歹，尽干坏事""李四作为大学生上课不遵守课堂纪律"等等，就是一种"恶"的行为，"不应当、不应该"的行为，因而属于不道德的行为。非道德行为是一种不能用善与恶、应当（应该）与不应当（不应该）、道德与不道德等评价词进行道德评价的行为，如"我刚吃完午饭""花开了""这个人喜欢吃水果"等等，无法进行道德上的善恶、应当不应当的评价，因而这类行为就属于非道德行为，在这里需特别强调的是，"非道德行为"与"不道德的行为"不是一回事，而是属于两个不同的概念。

综上所述，所谓道德是指用善与恶、应当与不应当、道德与不道德等评价词进行评价的，依靠社会舆论、传统习惯和人们的内心信念来维系存在的，用来调节人与人、人与群体、人与社会、人的自我关系甚至是人与自然等之间利益关系的一种行为规范的总和。

1.1.2 伦理

据中国词源学解析，伦理一词中的"伦"指对人伦、辈分、人际关系等进行分群、别类、定序，使其和谐有顺序、有秩序；如《说文》所说"伦，辈也"，中国古代的君臣、父子、夫妇、长幼、朋友这"五伦"，就是指五种人际秩序和顺序关系。"理"本义为动词"治玉"，是指一种治理、理顺的行为动作，《说文》有言："理，治玉也。""伦理"就是把人际关系、人伦秩序按照一定的规律和规则进行治理、理顺、摆正关系的一种行为。从西方角度来看，英文"伦理"（ethics）一词源于古希腊文"ethos"，该词在早期古希腊哲学家论述中表示某种现象的实质或稳定的场所，后来专指一个地区或一个民族特有的生活习性和惯例，等同于汉语中"风俗""品性""道德""德性"等意思。可见，西方道德和伦理的辞源涵义基本相同。国内也有不少伦理学人如罗国杰、魏英敏、金可溪等认为道德与伦理二者含义基本是相同的，并没有实质性差别。"不论在中国还是外国，'伦理'和'道德'这两个概念，在一定的词源涵义上，可以视为同义异词，指的是社会道德现象。"[1]"无论在中国，还是在西方，'道德'与'伦理'都是一个意思。因此道德现象又可叫做伦理现象，道德行为又可称为伦理行为，道德判断又可以叫做伦理判断，道德学又可称为伦理学。"[2] 但无论国内外，学者们也并不否认伦理与道德之间也存在一定区别，如下：

第一，道德作为社会意识形态是指调节人与人、人与自然等之间关系的行为规范的总和。从本质而言，伦理则是关于人性、人伦关系及其结构等问题的基本原则的概括。

第二，道德侧重于反映道德活动或道德活动主体自身行为的应当。伦理则侧重于反映人伦关系以及维持人伦关系所必须遵循的规则和秩序。

第三，相对伦理而言，道德是主观自为法，重在自律性。相对道德而言，伦理是客观关系法，重在他律性。

第四，道德较多的指人们之间实际的道德关系或个人品性与个人修养，侧重于微观的个体层面。伦理则较多的指有关人伦与人际关系的道理，侧重于宏观的社会群体层面，一般来说不涉及个人的内在品性和修养。

第五，伦理更多地强调人伦秩序的内在和谐与外在秩序稳定，而道德则更多关注人与人之间的道德规范，强调伦理内在和谐关系的外在形式及其由外在形式所形成的既定价值取向。换句话说，如果不按照、不遵守伦理的内在规律，盲目地制定道德规范，达不到社会人际关系和谐的长效目的，可能会导致"道德绑架"等道德失范行为，如此制定出来的道德规范就会"假大空"，就没有实践指导意义和价值。

第六，相对而言，伦理比道德在应用领域纵向延伸（深）和横向扩展（面）要深入得多。就一般性而言，涉及人与人之间相对关系（主体与主体之间的相对关系）的既常用"伦理"一词表达也常用"道德"一词表达，涉及人与物、人与自然、人与环境等主体与客体之间相对关系的一般较常见的用"伦理"一词表达，相对较少见用"道德"一词表达，但这种关系表达词在具体应用领域也不能绝对化或教条式理解，只是相对性而已。

总之，伦理与道德这两个作为人类社会特有的客观存在实体，述其联系紧密无人置疑，辨其区别难免晦涩难懂，须有一定专业基础知识方能清解其意。简言之，仅在相对比较层面上讲，道德侧重于作为主体的个人内心主观道德感受，在他律与自律的相对关系上更多地偏向于内在自律，在动机与效用上更多侧重于动机善恶。伦理偏重于作为主体的人与人之间（人际之间）相对关系以及作为主体的人与作为客体的物（人与物之间，如人与自然、人与动物、人与植物、人与社会等等）相对关系的一种体现，在他律与自律的相对关系上更多体现的是一种外在他律，在动机和效用上更多侧重于实际效用和最终结果。道德侧重于主观的思想和意识，伦理侧重于客观的规则、规律和道理，道德是伦理产生的前提和基础，伦理是道德运行的引导和指向，是对道德的科学化、理论化、系统化和知识化的表达，二者都属于意识形态领域的哲学范畴。

1.1.3 伦理学

伦理学是关于伦理和道德的学说，是从总体上对伦理关系和道德现象的本质性、规律性和客观必然性的把握和追问的一门学科，侧重于对伦理和道德的理论性、科学性和总体性研究和追问的一门科学。换句话说，伦理学是对有关人际关系、人"物"关系（如人与大自然、人与生态环境、人与科学技术等等）以及人的自我关系等方面存在的道德现象和伦理关系问题以及由此得出的认知知识进行系统化研究、理论化概括、科学性说明和规律性总结的一门学说。

在网络应用时代，人们网络应用生活实践以及由此产生的道德现象、道德议题或伦理事件、伦理问题无不集中地聚焦于伦理学所研究的主要问题，因此，伦理学所阐释的理论知识及其所表达的知识体系也是学习和研究网络应用伦理的根本和基础。

1.2 网络应用伦理的基本问题

网络应用伦理所要研究的问题很多，如道德与利益尤其是物质利益的关系问题；道德与经济基础的关系问题；经济基础与利益的关系问题；道德、利益、经济这三者谁决定谁，谁反作用于谁以及它们之间有无同一性问题；网络应用伦理如何展开道德评价；网络科技与网络应用科技在伦理议题上如何区分、怎样区分；善与恶的评价标准问题；道德与社会历史条件有怎样的内在联系问题；道德的应然状态与实然状态的关系问题等等。但作为网络应用伦理的最"基本问题"是什么呢？不弄清这个问题，就无法深入研究网络应用伦理的其他问题，也无法用科学的网络应用伦理理论来指导网络应用伦理的社会生活实践。因此，我们必须对网络应用伦理的基本问题作出准确的、正确的和科学的回答。

所谓"基本问题"就是在所有问题中必须起到基础性和根本性作用的问题，对于网络应用伦理来说，就是要贯穿于网络应用伦理基本理论问题及其实践活动的发生、发展和运行始终的问题。网络应用伦理研究及其实践活动中的其他一切问题都必须围绕着这种基本问题而展开。这种"围绕"可能是清楚的显性呈现，也有可能是隐性的含蓄表达，但无论如何都有一个最基本、最简单的事实，那就是这种"基本问题"必须贯穿始终且必须是基础性、源头性的问题，否则其他一切问题都无从谈起，更无法开展。有关这个"基本问题"，我们可以从网络应用和应用伦理这两个层面加以研究和说明。

1.2.1 网络应用的基本问题

第一，关于网络技术是否存在伦理性问题。

网络科技是科学技术在互联网领域所取得的一种技术进步状态。一般来讲，网络技术遵循技术的一般特性和作为网络技术本身所具有的基本特征。从价值主体对价值客体进行道德评判的角度上说，技术遵循价值中性，无所谓善恶好坏，更无所谓"应当""不应当"，"技术本身是中性的或价值中立的，没有善恶之分，技术价值来自技术的社会应用后。"[3] 技术只描述事实、反映事实，表达的是"实然性"状态，只做"是"或"不是"的事实判断，而并不做"善"或"恶"、"应该"或"不应该"的价值判断，不参与事实评价，不对事实做"应然性"回答和判断。只有使用或应用科学技术进行有目的活动的人，才是伦理价值评价的主体或客体①。因此，正是基于技术价值中立视域，我们普遍认为，网络科技即网络科学技术本身不存在伦理性问题。从根本性原因上讲，只有涉及到人，才有可能涉及伦理性问题，不涉及到人，就无所谓伦理性问题。基于此，网络科技本身只是一种纯粹的技术存在，虽然只相对于人类来讲才称之为技术，但就技术这个纯粹性概念而言，它本身并无人涉及其中，所以网络技术遵循价值中立，无所谓伦理性问题存在与否之说。简而言之，网络技术本身不存在伦理性问题。

第二，关于网络应用技术是否存在伦理性问题。

正如上面所述，科学技术尤其是网络科学技术是不存在伦理议题的，也就不存在伦理性问题。但网络应用科学技术由于其"应用"二字的存在，问题就复杂多了。

关于这个问题，我们要做具体分析。严格来讲，应用科学技术有三层含义，一种是自然科学知识及其应用技术体系，另一种是应用科学技术的研究活动，再一种是科学技术的应用活动。就第一种情况来说，应用科学技术作为自然科学知识及其应用技术体系，尽管相对于人类而言被称之为应用科学技术，但它是没有也无须人类参与其中的，它是一种自然存在的客观状态，不因人的主观意志而改变，处于一种"静默"态，遵循科学技术价值中立的自然本质属性，因此，作为自然科学知识及其应用技术体系的应用科学技术必然遵循价值中立，不能对它进行道德价值评判或判断，或者说不能对它展开"善"或"恶"、"应该"或"不应该"的价值判断，只能对其进行"是"或"不是"、"真"与"假"的事实判断，所以，作为自然科学知识及其应用技术体系的应用科学技术不存在伦理性问题。就第二种情况来说，作为研究活动的应用科学技术又可以分为纯粹研究目的活动的应用科学技术和预设目的研究活动的应用科学技术这两种。作为纯粹研究目的活动的应用科学技术，尽管有人类目的、意志和行为参与，但它只为纯粹研究本身的目的服务，所以同样也遵循科学技术价值中立的自然本质属性，无所谓伦理性问题。至于预设目的研究活动的应用科学技术，无论其预设的目的是什么，都必然成为伦理的讨论议题，也就是说具有伦理性问题。具体来讲，应用科学技术中预设目的研究活动，如果其目的是为人类进步和完善发展服务的，那么这种应用科学技术就是善的；如果其目的是不利于或有害于人类进步和完善发展的，那么这种应用科学技术就是恶的。但无论其研究目的是善还是恶，其活动都进入了伦理议题的讨论范围之中，所以，该种研究目的活动的应用科学技术具有了伦理性问题。从这个层面上讲，也可以这么理解，作为预设研究目的活动的应用科学技术，尽管其申明或标榜研究目的如何纯粹，但都是带有极其强烈的预设目的性，与其他类型的应用科学技术相比，唯一不同之处只不过是其目的可能是事实上的不清，也有可能是自我预设目的不清，所以可以纳入或视作参与了伦理议题的讨论；又正因为其目的不清，也可以不纳入或不视作参与伦理议题的讨论，被排除在讨论之外。但无可否认的事实或结论是，无法准确对其活动的目的进行善恶的道德价值评判或评价，并不代表其没有伦理性问题，因此，只要是"预设目的"的，都被视为具有伦理性问题。也正基于此，所以我们才把作为纯粹研究目的活动的应用科学技术（虽有目的，但因为其没有"预设"目的，只是纯粹研究）说成是遵守道德价值中立，不进入伦理议题讨论，不存在伦理性问题。综上所述，不能对作为自然科学知识及其应用科技体系的应用科学技术进行道德评价，但是人类从事科学研究方面活动的应用科学技术，由于其可以分为纯粹研究目的活动的应用科学技术和预设目的研究活动的应用科学技术这两种，具体是否涉及伦理性问题要做具体分析。就第三种情况来说，作为应用活动的科学技术或科学技术的具体应用活动，由于其应用于人们的实际生活之中，存在极其强烈的目的性，是一种实实在在的有目的的实践活动，不能做到伦理价值中立，必须进行道德约束、道德规范、道德评价和道德指导。质言之，作为应用的科学技术存在强烈的伦理议题，必须进入伦理议题讨论范围，因而，具有了伦理性问题。

  网络应用科学技术是应用科学技术的分项，是应用科学技术的其中一种，遵循应用科学技术以及应用科学与应用技术的所有属性。网络应用科学技术应当通过研究活动和应用活动这两个实践环节，实现由"是"的事实到"应当"的伦理过渡，达到"事实"与"价值"相统一，工具理性与价值理性相一致。也就是说，凡是关涉互联网应用方面的科学研究活动及其应用技术活动方面出现的伦理道德问题都是网络应用科技伦理的研究对象和研究内容，而作为自然科学知识体系的应用科学和作为应用技能、应用能力的技术则不是网络应用科技伦理的研究对象和研究内容，这就是网络应用科技与网络科技在价值属性即是否具有伦理属性问题上的区别。

  网络应用科技是网络应用科学技术的简称。网络应用科学技术在早期是两个不同的概念，网络应用科学归应用科学，网络应用技术归应用技术。网络应用科学技术也有三层含义，一是网络自然科学知识及其应用技术体系，或者说是网络应用科技实践能力；二是指网络应用科学技术的研究活动；三是指网络科学技术的应用活动或者说是网络应用科技实践活动。首先，作为实践能力的网络应用技术指的是人类运用网络应用科学知识及其技术成果进行实践活动的一种技能、能力,这种技能、能力不进入实际实践活动之中,也处于"静默"态,因此,这个层面上的网络应用技术也遵循价值中立,不能对它进行道德评价。其次,作为研究活动的网络应用科学技术,又被分为纯粹研究目的活动的网络应用科学技术和预设目的研究活动的网络应用科学技术这两种。作为纯粹研究目的活动的网络应用科学技术,尽管有人类目的、意志和行为参与,但它只为纯粹网络研究本身的目的服务,所以同样也遵循网络科学技术价值中立的自然本质属性,可以看作无所谓的伦理性问题。而作为预设目的研究活动的网络应用科学技术,无论其预设的目的是什么,都必然成为伦理的讨论议题。也就是说,作为预设目的研究活动的网络应用科学技术具有伦理性问题。再次,作为实践活动的网络应用技术指的是人类运用网络科学知识、原理、规律及其技术成果为人类自身的网络生活服务的实践活动,是一种人类目的性很强的网络行为活动。人类的行为活动都是一种有目的的活动,现实生活中不同的人有不同的目的。从一般性的人性角度或视域看,符合自己目的的活动或行为在人的主观感受下被认为是善的、好的,违背或有害自己目的的活动或行为就被视为是恶的、坏的,既不有利也不危害自己目的的活动或行为,人们一般就很少对其道德价值进行道德评判,也就是通常表现的"道德漠视"。也就是说,作为实践活动的网络应用技术是随着人的主观目的不同而产生了伦理道德的价值(在此需要强调说的是,这里的"主观感受"确实在现实生活实践层面是客观存在的,并不是意图说明道德评价就没有客观性标准,事实上,道德评价是有客观标准的,道德评价是客观因素与主观因素相互之间有机辩证统一关系的一种价值存在),因此,也就有了伦理性问题。从另外一个角度或视域来讲,所谓网络科学技术价值中性观点实质上是对作为网络技术使用者——网络应用者——的主体性存在的隐性含蓄的侧面肯定,究其根源,网络技术的应用行为或应用活动之所以具有善恶价值评判,取决于使用该技术的人的根本利益和使用该技术的目的与方式。换句话来讲,网络应用科学技术被人从事的应用活动归根到底不在于网络技术本身,而在于使用网络技术者这个有目的的人。人创造了技术,决定着使用网络技术的方式和使用网络技术的目的,是因为有目的的人为使用,才有了伦理性问题的产生。因此,作为实践活动的网络应用科学技术无法遵守价值中立,必须进行道德约束、道德规范、道德评价和道德指导,是进入伦理问题讨论范围的,存在伦理性问题。

综上所述,作为实践能力的网络应用技术不存在伦理性问题,作为研究活动的应用科学技术其究竟有无伦理性问题需要做具体分析,而作为实践活动的网络应用技术必然存在伦理性问题。

1.2.2 网络应用伦理的基本问题

在人类社会生活尤其是今天网络被广泛应用的生活实践中,人类之所以需要"道德"这种作为人类社会特有现象的客观存在体存在,是因为道德与人类所需要的经济基础以及物质利益等一样,都是人类社会赖以存在的不可缺少的东西。道德作用于人类的精神生活,是维系人际关系的一种精神存在,重在一定生产力基础上和一定群体范围内对人们利益尤其是根本利益——经济利益——的适度调节和行为规制，使其处在都能被接受且都能被认可的社会关系之中。经济作用于人类的物质生活，是人类社会赖以生存和发展的物质基础，若无它，人类以及人类社会一刻也不能存在。利益是作为人类精神存在的道德和作为人类物质存在的经济这二者之间发生关系和作用的中间环节或中介。作用于一定的经济基础之上的利益尤其是物质利益，在道德的作用下，是对人们既有的物质财富做出有限的、相对都能被接受并且都能被认可的支出或分配。因此，道德、经济和利益这三者之间就在其现实性基础上有了不可分割的内在关系，都是人类社会不可缺少的客观存在体，都具有本体性特征，因而，也就都具有客观本体性属性。

除此而外，道德和利益还具有主观价值性存在的属性。道德具有价值性存在属性最根本原因就在于道德具有自身特有的评价、调节、约束和规范人们思想和行为的功能和作用，且这些功能和作用对人类的思想和行为以及整个人类社会具有普遍的、广泛的、持久的影响。利益具有价值性存在的属性是因为不同的人即使在同一个时期同一个经济生活水平上也有不同的利益尤其是物质经济利益诉求，同一个人在不同时期的不同的生活阶段所祈求的利益特别是物质利益也不同，这就导致了利益本身存在被需求或被祈求的价值本性，因而也就成了人类不可缺少的主观存在性，即主观价值性存在。

正基于此，道德和利益具有了客观的本体性存在和主观的价值性存在这双重身份的存在。

伦理问题尤其是网络应用伦理问题说到底，都可以归根于道德与经济、利益与经济、道德与利益这三组关系在人们需求尤其是物质利益需求上的关系问题，这是因为作为客观的本体性存在和作为主观的价值性存在的道德，其核心作用就在于调节人与人之间的各种利益关系，尤其是根本利益关系，以及这种关系所建立的经济基础是否决定并反映这种道德。所以，伦理尤其是网络应用伦理的基本问题只能归结为道德与经济、利益与经济、道德与利益这三组相互之间的关系问题。

首先，道德作为本体性存在与经济作为本体性存在的相互关系问题。

道德作为本体性存在与经济作为本体性存在的相互关系问题是网络应用伦理理论的首要的基本的问题，也是网络应用伦理中最具根本性的基本问题。一定时期里的道德与该时期内的经济都是作为人类利益关系的必然需要和必要条件，都是反映人作为主体性存在和有序生活的一种利益关系的表达，道德作为本体性存在是人类作为主体对道德作为客体的一种主观利益反映和表达形式，而经济作为本体性存在则是人作为主体对经济作为客体的一种客观利益反映和表达形式。就道德作为本体性存在与经济作为本体性存在的相互关系问题存在着以下两种客观事实。第一种就是谁决定和支配谁的问题，也就是说，是作为本体性存在的道德决定并支配着作为本体性存在的经济，还是作为本体性存在的经济决定并支配着作为本体性存在的道德？第二种就是这二者之间有无同一性的问题，即被支配或被决定的一方是否存在对另一方的反作用问题。这是任何网络应用伦理学都不能回避的基本问题。对第一种问题的不同回答对应着唯心主义网络应用伦理观或唯物主义网络应用伦理观，这是划分网络应用伦理观属于唯心主义还是唯物主义的分水岭。对第二种问题的不同回答，决定着道德作为本体性存在与经济作为本体性存在这二者之间是否具有能动性，即作为主观性存在的道德评价与作为客观性存在的经济基础之间是否可以能动反映或能动地被反映。

人类历史上最为科学、最能反映人类道德生活实践真实性的马克思主义网络应用伦理观认为，作为本体性存在的经济决定并支配着作为本体性存在的道德，是经济决定并支配着道德，而不是道德支配或决定经济。在道德作为本体性存在与经济作为本体性存在这二者之间是否具有能动性的问题上，马克思主义网络应用伦理观给出的答案是非常肯定的，也就是作为本体性存在的道德反作用于作为本体性存在的经济，道德对经济具有一定的能动的反作用。也就是说，一定时期的作为本体性存在的道德如果适应该时期作为本体性存在的经济，就会对本体性存在的经济起促进作用，反之，就会起阻碍甚至是破坏作用。这就是马克思主义网络应用伦理观在道德作为本体性存在与经济作为本体性存在的相互关系问题上的根本观点和根本看法。

其次，利益作为本体性存在与经济作为本体性存在的相互关系问题。

利益作为本体性存在与经济作为本体性存在的相互关系问题，是网络应用伦理的第二个重要的基本的问题，也是网络应用伦理中最具本质性的基本问题。利益与经济都是人类以及人类社会赖以存在的必不可少的欲求和需要，经济作为本体性存在是人类的一种客观需要，而利益作为人类的一种需要兼具主观性和客观性双重属性。作为人主观性需求的利益是人类在一定社会生产力和一定社会发展水平基础上的个体主观诉求，是人作为主体的一种具体生存需求尤其是物质利益需求。不同的人在同一时期和同一生存条件下具有不同的利益需要，同一个人在不同时期或不同生存条件下也会有不同的利益需要，且这种利益需要即使在质上相同也会有强烈程度（量）上的不同，也就是说，人们对利益的主观需求是多种多样的。作为人客观性需求的利益又是每一个人生活中都离不开和少不了的一种现实需要，既是人类社会中每一个人生存与发展的必不可少的前提条件和基础，又是人类作为类存在以及人类社会作为整体存在的必不可少的前提条件和基础，具有客观普遍性。

利益作为本体性存在与经济作为本体性存在的相互关系问题，存在着基本问题的两个方面。第一个方面就是作为本体性存在的利益与作为本体性存在的经济之间是谁决定和支配着谁的问题。是作为本体性存在的利益决定和支配着作为本体性存在的经济，还是作为本体性存在的经济决定和支配着作为本体性存在的利益？这个问题也是任何网络应用伦理学都必须回答的不能回避的基本问题，对这个问题的不同回答决定着它是唯心主义还是唯物主义的网络应用伦理观。第二个方面就是这二者之间是否具有同一性或能动性的问题。也就是说，一方是否反作用于另一方，怎样反作用于另一方。对第二个方面基本问题的不同回答决定着不同网络应用伦理观是否是可知论伦理观。

人类历史上最为科学、最能反映人类道德生活实践真实性的马克思主义网络应用伦理观认为，一方面，作为本体性存在的经济决定和支配着作为本体性存在的利益，经济基础决定利益分配的水平和方式,也决定着利益分配的公平正义与否。另一方面,作为人主观性需求的利益反作用于作为本体性存在的经济基础,作为人客观性存在的利益也同样反作用于作为本体性存在的经济基础。也就是说,当一定时期的道德适应该时期的经济基础时,无论作为人主观性需求的利益还是作为人客观性存在的利益都会促进该时期作为本体性存在的经济或经济基础;反之,无论作为人主观性需求的利益还是作为人客观性存在的利益都会阻碍甚至是破坏该时期的作为本体性存在的经济或经济基础。这就是马克思主义网络应用伦理观在利益作为本体性存在与经济作为本体性存在的相互关系问题上的根本观点和根本看法。

再次,道德作为价值性存在与利益作为价值性存在的相互关系问题。

作为价值性存在的道德与作为价值性存在的利益这二者相互关系问题,是网络应用伦理问题中第三个重要的基本的问题,也是网络应用伦理中最核心的基本问题。作为主观价值性存在的道德与作为主观价值性存在的利益这二者关系问题,其背后所隐含的本质和实质就是不同阶级、阶层和集团的根本性的物质利益诉求,是物质经济动因在道德生活中的利益表达和实质反映。这种道德价值性存在与利益价值性存在的相互关系问题包含基本问题的两个方面:第一方面是道德作为价值性存在与利益作为价值性存在尤其是经济利益价值性存在之间谁决定谁,谁支配谁的问题,是道德价值性存在决定经济利益价值性存在,还是经济利益价值性存在决定道德价值性存在,以及道德作为价值性存在对利益尤其是经济利益作为价值性存在有无反向作用的问题。对这个问题的不同回答决定着对道德本质、规律、作用等问题的不同回答,也就是说,决定着网络应用伦理的哲学基础是唯物主义还是唯心主义的根本意识形态问题,这是马克思主义网络应用伦理理论(或唯物主义网络应用伦理观)与一切唯心主义网络应用伦理和旧唯物主义伦理理论的根本区别。第二方面是个人利益价值性存在与集体利益(或国家利益、社会利益)价值性存在之间谁服从谁,谁优先谁以及在什么条件和前提下服从或优先的问题,是个人利益价值性存在服从集体利益价值性存在,还是集体利益价值性存在服从个人利益价值性存在的问题。如何回答这些问题,决定人们的网络应用伦理观将以什么样的原则、规范为内容,也决定着网络应用伦理学的体系和研究方法。伦理学的"一切问题都是围绕着上述基本问题的两个方面而展开的"[4],因此,对于网络应用伦理所研究的问题及其学科知识体系而言,一切问题也同样是围绕着上述基本问题的两个方面而展开的。

对于道德价值性存在与利益价值性存在的相互关系问题,马克思主义网络应用伦理观认为,二者相互关系问题包含基本问题的两个方面。第一个方面,谁决定谁、谁支配谁,马克思主义网络应用伦理观认为占社会统治地位的阶级、阶层或集团的利益,其作为价值性存在尤其是经济利益价值性存在决定着道德价值性存在,即利益价值性存在尤其是经济利益价值性存在,决定并支配着道德价值性存在,可以说有什么样的利益需求就会有什么样的道德存在。另外,道德作为价值性存在对利益尤其是经济利益作为价值性存在具有一定的反作用。也就是说,当道德作为价值性存在适应利益尤其是经济利益作为价值性存在时,道德作为价值性存在就会促进利益尤其是经济利益作为价值性存在的发展，否则，就会起阻碍甚至是破坏作用。第二个方面，有无反作用问题，马克思主义伦理观认为，在个体利益与真实的集体利益、真实的社会利益关系上（在马克思主义伦理观看来，无论是集体利益还是社会利益都有真假之分，只有那些能够真正把个人正当合法利益涵盖其中的集体利益和社会利益，才是真实的集体利益和社会利益，否则就是虚假的或虚幻的集体利益和虚假的或虚幻的社会利益），必须在强调个体正当利益的合理性的前提下主张真实的集体利益、真实的社会利益的优先性和至上性，当然，这种优先性和至上性是建立在个人利益与集体利益、社会利益有机统一辩证关系的基础上的（详见第三章关于个人利益与集体利益相关关系的论述）。在承认个体正当利益具有合理性的前提下，强调个人利益价值性存在必须服从真实的集体利益（或真实的国家利益、真实的社会利益）价值性存在，当个人利益与真实的集体利益（或真实的国家利益、真实的社会利益）发生冲突的情况下，主张个人利益价值性存在服从真实的集体利益（或真实的国家利益、真实的社会利益）价值性存在。这就是马克思主义伦理观在道德作为价值性存在与利益作为价值性存在相互关系问题上的根本观点和根本看法。

综上所述，从网络应用领域出现的种种伦理的基本问题可以看出，不同类型或种类的网络应用伦理观对网络应用伦理的基本问题所采取的不同价值认知和价值取向，往往是造成诸多分歧的重要因素，其中，不同阶级、阶层或集团及其物质利益动因也是不同伦理观价值取向在人际关系中所表露出来的深层次动因，是人际关系以及社会和谐与否的经济根源和源头。

【注　释】

① 伦理价值评价的主体或客体，又称道德价值评价的主体或客体，也就是说，人作为道德评价主体是对他人进行道德价值评价，充当评价他人的主体；人作为道德评价客体是充当他人道德价值评判的对象，是被他人评价，充当他人道德价值评价的客体。当然需要指出的是，充当道德价值评价的主体和客体也有可能是同一个人，即自我充当道德价值评价的主客体，自己给自己进行道德价值评价。

【参考文献】

[1] 罗国杰等. 伦理学教程 [M]. 北京：中国人民大学出版社，1986.
[2] 魏英敏，金可溪. 伦理学简明教程 [M]. 北京：北京大学出版社，1984.
[3] 王秀华. 技术社会角色引论 [M]. 北京：中国社会科学出版社，2005.
[4] 罗国杰. 伦理学 [M]. 北京：人民出版社，1989.

第二章
网络应用需以借鉴的经典应用伦理

就世界范围内保存下来的现有伦理史料看，中西方应用经典伦理思想史基本上代表了整个世界应用伦理的历史，成为世界应用伦理的主轴和方向，其光芒至今闪耀着人类之理性一面，其成就和贡献也已经大大影响了当今世界人们日常生产和生活，有的甚至还在指导、调节、规约着当今人们的思想和行为。在现如今网络生活应用中，针对这些中西方经典应用伦理观点，我们可以立足于马克思主义基本立场，对其进行理性看待和辩证借鉴汲取。

在这里，我们主要研究和分析中西方经典伦理学家们经典的具有代表性的应用伦理思想观点，尽管有的观点偏激，但单就伦理资料或材料研究学角度以及作为生活经验反面教训角度来看，它们仍然不失为"瑰宝"，我们需持开放态度和辩证观点视之。另外，在论述这些经典伦理思想之前，有一基本问题还需解决：该如何看待不同时期不同伦理学家不同——甚至相反或对应——的伦理观点？首先，不同时期不同伦理学家不同伦理观点，都不是孤立凭空产生，而是离不开当时社会政治与经济背景、前人业已提供的理论土壤以及伦理学家自身个性特质等因素；其次，各伦理观点的不同甚至相悖，都只是一家之言，我们都必须立足马克思主义基本立场对其进行批判性研究，科学地、辩证地和理性地对待，不可不加分析和研究地全盘接受，也不可简单、盲目、机械地全盘否定；再次，对待历史伦理遗产，一定要放在当时历史背景下去认识、理解和体会，要做历史的考察，阶级地分析，要有历史使命感和历史责任感，但这并非说我们不可以用古人的思维和观点分析当下的伦理现象，我们不应割裂历史与现代的联系，否则就成了纯粹历史主义或历史虚无主义。在解决这个问题之后，接下来在这里我们将论述中国古代、近代和当代一些主要经典应用伦理观点，以及古希腊罗马时期、欧洲中世纪、欧洲近代、欧美当代一些主要经典应用伦理思想。

2.1 中国经典应用伦理

中华上下五千年，应用伦理思想基本践行儒家道德伦理观路线，这种儒家道德伦理观路线体现了中国伦理文化的独特魅力，为人类应用伦理思想书写了辉煌一页。

2.1.1 中国古代经典应用伦理

需要说明的一点是，中国古代应用伦理思想是指 1840 年鸦片战争之前的中国经典应用伦理思想，据目前掌握的史料记载，这种中国经典应用伦理思想最早可以追溯到殷周时期。

(1) 殷周朝：制"礼乐"

中华道德源于早期先民图腾崇拜、宗教迷信、习俗禁忌、祭拜祖先礼仪。到了殷周时期，伦理道德的内核是"以德配天，敬天保民"；殷朝（商朝）礼仪缺损，周朝制礼编乐，形成了一整套贵贱、尊卑、亲疏等礼法制度，再加上周朝实行"分封制"，是故"礼""乐""分封制"成了伦理道德的外在形式。

(2) 儒家：道德论

① **孔子：仁与礼**　孔子伦理思想宏大庞杂，但其核心在于"仁"与"礼"。"仁"是"礼"的核心和内容，"礼"是"仁"的规范和形式。"仁"有两个层面内涵：人际层面是指"仁爱"，即对他人抱有爱人之心；国家层面是指"仁政"，即统治者实行以德治国。由"仁"可引申出多种德目，如对父母的孝、对兄弟的悌、对国家的忠、对朋友的信与义等等。孔子的"礼"基本承袭周朝以来的礼法制度，以定贵贱、尊卑的人伦差序。另外，孔子从"性相近，习相远"角度论证了道德教育的可行性和方法。

"仁爱"　我国先秦时期儒家代表人物孔子曾提出"仁爱"思想，体现了他的主体意识和伦理价值观念。儒家的"道德"（"德"通"得"）是对"道"的体认和获得（主要是指"人之道"，而非老子的"自然之道"），其核心就是"仁爱"。"爱人"，就是"仁"，他认为"仁者爱人"，人人都应该具有"爱人"之心，"人人有之"是人类永恒的价值主体和意识根基。

"道"与"德"　孔子的"道"相对于老子的"道"显得相对微观和具体。孔子的"道"主要是社会秩序层面和道德伦理层面的"道"，指的是一种社会道德理想状态，通过政治伦理和道德教育来推行三纲和五常，实现尊卑有别、长幼有序的人伦差序之道、礼仪之道。孔子的"德"指的是通过道德情感和人格修养达到对社会道德理想状态的一种感知和体悟。

"严等威、别亲疏"　孔子主张人与人之间应当具有严格的等级制度，等级至高者要威严四起，亲疏远近要有差别。

"厚葬久丧"　孔子还主张人死应当注重举行隆重的葬礼，应当在亲人坟墓旁搭建棚舍守灵数年。

② **孟子："四端善心"**　孟子从人性本善观点出发，继承并发展了孔子"仁"和"礼"之说，认为人人皆有恻隐之心、羞恶之心、辞让之心和是非之心，即仁、义、礼、智四端善心，这种善心只是自然的趋向于善，但现实社会中出现的不善，主要是外在环境和人不知保养所致，因此他提出保持善心的两种主张：一是作为道德化身的圣人（君王）实行"仁政"，以德治国，仁爱天下，从而达到从"上"至"下"的仁德

社会。二是在个人修养方法上"存心养性",通过道德主体的自为、自觉来扩充善性,达到人格的完美。

"大丈夫" 孟子曰:"富贵不能淫,贫贱不能移,威武不能屈。此之谓大丈夫。"这是对成年男人的道德理想化要求,是高尚人格魅力的象征。

"浩然之气" "'敢问:何谓浩然之气?'曰:'难言也。其为气也,至大至刚,以直养而无害,则塞于天地之间。其为气也,配义与道;无是,馁也。是集义所生者,非义袭而取之也。行有不慊于心,则馁也。'"(《孟子·公孙丑上》)孟子说:"难说清楚呢。它被看作是一种气,最盛大最刚强,依靠正直去养育且不伤害它,它会充塞天地空间。它被看作是一种气,与义与道相合;否则,它会萎靡。它会时刻积累仁义生成,并不是偶发的仁义行为就能得到的东西。如果行动问心有愧,这种气就萎靡消退了。"

"不孝有三" "不孝有三,无后为大。"(《孟子·离娄上》)不顺从父母为一不孝,无以养父母为二不孝,无继续供给(财物)给养父母为三不孝。

"劳心者治人,劳力者治于人" "或劳心,或劳力。劳心者治人,劳力者治于人。治于人者食人,治人者食于人:天下之通义也。"(《孟子·滕文公上》)孟子认为现实社会中的每一个人要么是脑力劳动者,要么是体力劳动者。脑力劳动者管理体力劳动者,而体力劳动者受脑力劳动者管理,这是天下公理。

"生死"观、"舍生取义" "生,亦我所欲也;义,亦我所欲也。二者不可得兼,舍生而取义者也。"(《孟子·告子上》[①])这是孟子对生、死、义三者看法。

"舍我其谁" "如欲平治天下,当今之世,舍我其谁也。"(《孟子·公孙丑下》)彰显了孟子的社会抱负和担负起建设国家和社会的自我责任意识。

"三迁"母意 邹孟轲母,号孟母。其舍近墓。孟子之少时,三迁居所,君子谓孟母善以渐化。还有"断织之诫"和"断机教子"以示孟母教子之心。"孟子之少也,既学而归,孟母方绩,问曰:'学所至矣?'孟子曰:'自若也。'母以刀断其织……曰:'子废学,若吾断斯织也。'……孟子惧,旦夕勤学不息,师事子思,遂成天下之名儒"(汉朝刘向《列女传·母仪传》)。

③ **荀子:"化性起伪"** 荀子从人性本恶观点出发,继承并发展了孔子"仁"和"礼"之说,认为人因欲而求,求而无穷,争而不止,引起祸患,恶是人的这种自然本性所致,因此他提出"化性起伪"进行道德制约的两种主张:一是君王实行"礼治",通过制定礼乐典章,序定礼法,确定人伦差序,从而达到天下众生明分使群各得其所。二是个人在道德修养过程中强化道德自觉,进行自我教化。

"礼""明分使群" 荀子认为,人生而群,群而无分则乱(分即等级辈分,人伦秩序)。再加上人性本恶,因欲而求,求而无穷,争而不止,引起祸患。于是有必要"明分使群",各就其位。"明分使群"的最好方法就是用外在的"礼"而治,因而主张修礼仪来整肃社会道德秩序。荀子的"礼"具有典章制度、礼仪标准、道德规范、伦理秩序等多重含义。

"乐"论 荀子认为"乐"可以使人情感舒畅,陶冶人的道德情操,从而能使民心向善，也能移风易俗。因而大力赞扬先王"制礼作乐"，为此，荀子还专门写了《乐论》："乐在宗庙之中，君臣上下同听之，则莫不和敬；闺门之内，父子兄弟同听之，则莫不和亲；在族长乡里之中，长幼同听之，则莫不和顺。故乐者，审一以定和者也，比物以饰节者也，合奏以成文者也，足以率一道，足以治万变。是先王立乐之术也。"极力主张"礼乐"结合。

"荣辱"观 "君子可以有势辱，而不可以有义辱；小人可以有势荣，而不可以有义荣。"（《荀子·正论》）荣辱各有两个方面，荣和辱都有内外之分。志趣良好，德行美厚，思虑健康等这是内在的荣，即义荣。受到表扬夸赞，获得荣誉称号等这是外在的荣，即势荣。悖乱礼义道德，骄横贪婪等这是内在的辱，即义辱。被人辱骂殴打，用绳子反绑等这是外在的侮辱，即势辱。君子可以有势辱而不可以有义辱，小人可以有势荣而不可能有义荣。有势辱并不妨碍成为尧，有势荣并不妨碍成为桀。君子兼有义荣、势荣；小人兼有义辱、势辱。这就是荀子对荣辱的区分。

"生死"伦理观 荀子认为，健康的生命在于依"礼"而行，子女对父母的孝顺和尊爱以及臣下对君王的忠孝都是健康生活的体现。因为"礼"能驯化人的道德情感，调节人们的生活，使人的血气通达，使人食欲、穿着、居住、动静等皆得其宜，否则干扰情感，困扰萦随，身体会陷于疾病之中。同时，"礼"也是对死亡的最好的道德回应，对待死者要给予厚葬，但厚葬的程度和级别要以身份等级进行区别对待，如天子棺椁七重，诸侯五重等等，每一等级都要有陪葬，还要有相对应的礼仪，以表对死者的尊重。

（3）墨家："兼相爱，交相利"

墨子代表下层民众利益，反对儒家厚葬久丧和"礼乐"之教，提倡节俭之德。反对诸侯之间兼并战争。他以爱人利人为道德原则，主张"兼相爱，交相利"，反对儒家爱有差等，认为仁爱就要人人平等，普遍适用，视人如己，不分他我。爱人利人则他必爱我利我，故能相爱。

① **墨子："人之性"（性善论）** "爱人利人""必兼亲疏""夷等威"。墨子认为禹是大圣人，"劳形以利天下"即"爱天下"。

"共利" "爱人利人"则共利，共利之利则大于单纯的利己。

"贵身""贵义" "万事莫贵于义。今谓人曰：'予子冠履，而断子之手足，子为之乎？必不为。何故？则冠履不若手足之贵也。又曰：'予子天下，而杀子之身，子为之乎？必不为。何故？则天下不若身之贵也。争一言以相杀，是贵义于其身也。故曰：万事莫贵于义也。"（《墨子·贵义》）

"人我相待，视人如己" "夫爱人者，人必从而爱之，利人者，人必从而利之，恶人者，人必从而恶之，害人者，人必从而害之。"（《墨子·兼爱》）

"背周道而用夏政" 墨子反对儒家之"礼"，认为"厚葬靡财而贫民，（久）服伤生而害事，故背周道而用夏政"（《淮南子·要略》）。

"清苦生活""尚强""尚力""行俭" 墨子创立了一个类似于宗教团体的墨者集团，要求保持清苦的生活，思、行与贫贱百姓为伍，主"兼爱非攻"，追求人人皆生产自利。

"三表法" 三表法是墨子在道德认识论方面提出的一种判断是非真假的标准。三表分别是：第一表"本之于古者圣王之事"，主要是指根据前人的经验教训来做判断；第二表"原察百姓耳目之实"，主要是指诉诸百姓耳目之实来做判断；第三表"废（发）以为刑政，观其中国家百姓人民之利"，主要是指从普通百姓的日常感觉经验中寻求理论依据来做判断。"本之"属于间接经验，"原之"属于直接经验，"用之"是将言论应用于实际生活，看其是否符合国家、百姓的利益，作为判断真假是非功过和决定取舍的标准。三表法坚持唯物主义的出发点，主张根据前人的间接经验、群众的直接经验和实际效果来判断是非。但有过分夸大感觉的作用之嫌，忽视理性认知的重要性。

动机论——巫马子：问"道" "巫马子谓子墨子曰：'子兼爱天下，未云利也；我不爱天下，未云贼也。功皆未至，子何独自是而非我哉？'子墨子曰：'今有燎者于此，一人奉水将灌之，一人掺火将益之，功皆未至，子何贵于二人？'巫马子曰：'我是彼奉水者之意，而非夫掺火者之意。'子墨子曰：'吾亦是吾意，而非子之意也。'"（《墨子·耕柱》）巫马子对墨子说："你主张兼爱天下，并没有利于人，我主张不爱天下，也不曾害于人。我们两人的功效都没有看见，你为什么自以为是，而老是责难我呢？"墨子回答："譬如街上的房子失火了，一个邻居准备取水去扑灭火灾，另一个邻居准备操起火把去助长火势，但是都还没有做到，你说这两个人谁好呢？"巫马子回答："当然是准备救火的邻居好，而那个想火上添油的人不好。"墨子微笑着说："对啊，虽然他们两个人的功效都没见到，但谁是谁非已能判定。这就是我自认为是，而以你为非的道理了。"墨子是动机论者。动机和效果一般具有一致性，但也经常有不一致的情况，但是如果有坏动机，如墨子所喻，人家救火，你却燎之，即使未遂，你也不能以效果未见而自辩动机之善。也就是说，动机的善与恶还是有实质性区别的。诚然，真正检验动机的还应该是客观效果。要使善的动机变成好的客观效果，就必须按照客观规律办事。

② **钜子集团："杀人者死，伤人者刑"** 钜子是墨子创立的类似于宗教团体的墨者集团的首领称呼。该集团有严格的绝对化的纪律，即"杀人者偿命，伤人者受刑"。团体成员都有献身精神，愿意为钜子集团赴汤蹈火。该团体也追求互助精神，主张"有力相助""有财相分""有道相教"等等。他们还主张"义"行人间，不能伤害他人，反对攻伐战争。

(4) 道家："清静无为"

道家以老子、庄子为代表，体现一种"道法自然"的生活处世哲学态度，认为人应该遵循宇宙、自然、社会之"道"，过"清静无为"和"守柔处弱"的生活。"无为"非"不作为"，而是一种"有为"，这种"有为"即是循"道"。"守柔处弱"就是少私寡欲、与世无争的"无为"之为。

① **隐者："贵己重生"** 隐者是指一群规避现实的明哲之士，在商周时期就出现，远早于道家，后来人数越来越多，到战国时期更是隐者归隐的鼎盛时期。道家学派是

隐士的主要来源，他们往往选择归隐乡野或山林，逃避残酷的社会现实，其目的不在于闻达于诸侯或追求其他名利等身外之物，而在于全真保身，贵己重身、善始善终。他们不愿意处在争斗环境中以危及安全与生命来换取生存空间，在他们看来，明哲保身是最现实的人生生活哲学和伦理价值理性，认为一切身外之物都是毫无意义的，只有生命最珍贵。

"孔子适楚，楚狂接舆游其门曰：'凤兮凤兮，何如德之衰也！来世不可待，往世不可追也。天下有道，圣人成焉；天下无道，圣人生焉。方今之时，仅免刑焉。福轻乎羽，莫之知载；祸重乎地，莫之知避。已乎已乎。临人以德！殆乎殆乎，画地而趋！迷阳迷阳，无伤吾行！吾行郤曲，无伤吾足。'"（《庄子·人间世》）孔子去到楚国，楚国隐士接舆有意来到孔子门前，说"凤鸟啊，凤鸟啊！你怎么怀有大德却来到这衰败的国家！未来的世界不可期待，过去的时日无法追回。天下得到了治理，圣人便成就了事业；国君昏暗天下混乱，圣人也只得顺应潮流苟全生存。当今这个时代，恐怕只能免遭刑辱。幸福比羽毛还轻，而不知道怎么取得；祸患比大地还重，而不知道怎么回避。算了吧，算了吧！不要在人前宣扬你的德行！危险啊，危险啊！人为地划出一条道路让人们去遵循！遍地的荆棘啊，不要妨碍我的行走！曲曲弯弯的道路啊，不要伤害我的双脚！"

"朝野" 古语云"小隐隐陵薮，大隐隐朝市"或说"小隐在山林，大隐于市朝"。老子是最有代表性的野隐，杨子是最孤独最寂寞的市隐；而庄子则是力表其主张的朝隐。居于山林是形式之"隐"，而真正做到"物我两忘"的是隐于最世俗的市、朝。

② **老子："道"与"德"** 老子的"道"相对于孔子的"道"显得更宏大和玄远。老子的"道"主要是宇宙、自然层面和社会、人生层面的"道"，指的是一种自然客观规律和社会普遍法则。老子的"德"是一种需要持有高度的智慧才能观照体会的驾驭策略。"道"是一种客观的存在，"德"是一种主观的体会，"道德"就是一种主观见之于客观的认知和感悟的过程。

"反者道之动" 老子的"反者道之动"是对其"道法自然"的核心的认知和感悟，这种认知和感悟过程的奥妙之处在于从"反"（"反"通"返"）而洞察，即从反的原理或者说从对立面来体认，就是从大而小，从小而大；从现而逝，从逝而现；从远而近，从近而远；等等。如此才能对"道"进行把握。所谓对"道"的理解就是从强势旺盛中看到其衰落毁亡的规律，从衰落毁亡中感悟到其强势旺盛的规律，复归返回其正道。

"守柔""处弱""处阴守柔""处下守柔""上善若水""做强" 从老子"反者道之动"的原理中觉察到人应该常守其本根之初心，不会争强而亡，老子称之为"守柔"。"守柔"是一种处事态度和人生智慧，"守柔"是常道，更是真正的知"道"。在老子看来，万事万物，芸芸众生都是以"处强"为生存准则，而无一以"处弱"为生存法则，求强而必争，必有为，必自是，物极必反而趋亡，必亡。"守柔"则不争，不争则无为，无为则不自是，物极必反而趋强，必强。故而"守柔"就是"做强"。

人生之道如"上善若水"，水即柔，以柔克刚，柔其实就是强，"守柔曰强"，"天

下之至柔，驰骋天下至坚。"（《老子》第四十三章）"故坚强者死之徒，柔弱者生之徒。"（《老子》第七十六章）

"道法自然""无为即无不为" 在老子看来，万事万物，芸芸众生都是以"处强"为生存准则，而无一以"处弱"为生存法则，求强而必争，必有为，必自是，物极必反而趋亡，必亡。"守柔"则不争，不争则无为，无为则不自是，物极必反而趋强，必强。为道的原则就是不争，守柔，以至于无为，无为的实质就是无所不为，即有为。"上德无为而无以为"（《老子》第三十八章），"为无为，则无不治"（《老子》第三章）。这也就是"道法自然"。

"返朴归真""少私寡欲""节欲制情" "道常无为而无不为，侯王若能守，万物将自化，化而欲作，吾将镇之以无名之朴。无名之朴，亦将无欲，不欲以静，天下将自正。"（《老子》第三十七章）"罪莫大于可欲，祸莫大于不知足，咎莫大于欲得。"（《老子》第四十六章）

"愚智" "民之难治，以其智多；故以智治国，国之贼，不以智治国，国之福。"（《老子》第六十五章）因而要"绝圣弃智"，去奇技淫巧而"民利百倍"。

"生死"观 "何谓贵大患若身？吾所以有大患者，为吾有身；及吾无身，吾有何患？"（《老子》第十三章）在老子看来，人总是要面临死亡的，身体本来就是自己的，有什么祸患值得害怕的呢？

"盖闻善摄生者，陆行不遇兕虎，入军不被甲兵；兕无所投其角，虎无所用其爪，兵无所容其刃。夫何故？以其无死地焉。"（《老子》第五十章）生死本来就没有发生，见到老虎也就无所畏惧，见到敌人也就毫不退却了。"夫唯无以生为者，是贤于贵生"（《老子》第七十五章）。

"重积德""国母" "重积德，则无不克；无不克，则莫知其极；莫知其极，可以有国；有国之母，可以长久"（《老子》第五十九章）。

"天道无亲，常与善人" 据老子《道德经》第七十九章记载："天道无亲，常与善人。"意思是说，天道没有亲疏，却会眷顾良善之人。善待他人，就是善待自己，做一个品行正直、心地善良之人，福虽未至，但祸已远行。民谚曰："善为至宝，一生用之不尽；心作良田，百世耗之有余。"善良永远是一个人最好的通行证。当你迷茫于阿基米德道德支点，不知左右时，记得提醒自己做一个良善之人。一点点坚持下来，你会发现越善良的人越幸运。这就是老子《道德经》的伦理智慧和人生哲学。

③ **庄子："南方之鸟"** 庄子不愿出仕为官，认为出仕为官就是当人家的祭祀品。相传楚王曾以重金请他为相，被他断然拒绝。据《庄子·秋水》记载，还有一次，梁国宰相惠施听说庄子要来取代他的位置，搜杀庄子多日未果，庄子前往见他，说了一个故事：南方有一种叫鹓雏的鸟，由南飞北，途中非梧桐树不栖，非醴泉不饮。有只猫头鹰正在吃一只死老鼠，抬头看到鹓雏后大叫一声"吓！"故事说完后，庄子说道："现在你也想用梁国的相位来'吓'我吗？"

"生死"观、"贱身"生命观 庄子认为人的生命极其渺小和微不足道，人的身体骨肉也是暂时的。人之生就像物之气，气散而人亡，如果人们都看轻自己的身体和生命,那还有什么值得担心和恐惧的呢?因此,当庄子老婆死时,庄子并没有伤心难过,反而敲盆而歌。庄子认为,人的原初本质就根本没有生,没有生就没有形,没有行就没有身体之躯,没有身体之躯就没有气。庄子临终前,弟子准备厚葬他,他却要求弟子将自己的尸体弃之荒野,弟子担心其尸体会被鸟吃掉,庄子却说,在地上被鸟吃掉和在地下被蝼蚁吃掉,有什么不同呢!

"不生不死""朝彻" 庄子认为,天下一切名利包括天体万物相对于身体和生命来讲都是外在于性,在性之外存在,即都以身外之物为外,外物之后,生假借于外物,生本无生。所以人不存在生与死,杀人者就不存在了。既然没有生,也就不存在生命的孕育。人是出入于不生不死之中,这就是"朝彻"。

"道""是非难辨,明智两忘" 庄子认为,人们总是喜欢是尧而非桀,然而夏桀自己则不这么认为,他反而是己而非尧,究竟孰是孰非?其实道德世界本无是无非,争论无益,不如"两忘"。以是是之,以非非之,这就是"明"。"明"是对"道"的真知。那么,什么又是"道"呢?在庄子看来,"道"不可闻,不可见,不可言;可闻,可见,可言,就不是"道"。因而"道"本身也是无是无非,不可分,不可辩的。"明道"就是真人。

"坐忘""心斋" 庄子认为,人们要想摆脱身外之物的困扰,获得灵魂与心境的宁静愉悦,方法在于"坐忘",就像颜回那样,堕肢体,黜聪明,离形去智,达到物我相一,人我物化。据史料记载,庄周做梦,梦中庄周与蝴蝶融合为一,他醒后始终不知道是庄周变成了蝴蝶,还是蝴蝶变成了庄周。

"伤生残性""贵身" 庄子认为圣人与盗贼都是被身外之物所拘、所累,为追求身外之物,以物易性,害了自身的身家性命。他举例说,伯夷为名死于首阳山下,盗跖为利死于东陵之上,他俩具体死因不同,但总体都是被身外之物(名与利)所累,在伤生残性方面是一样的。小人以身殉利,士人以身殉名,大夫以身殉家,圣人以身殉天下,何苦呢?无论圣人还是盗贼,固执于外物而累及身体,损害了生命,从生命伦理来讲都是一种恶的行为,没有任何道德的价值和意义。

"是非"观、"泯是非"、"善恶"观 庄子认为,道德上的"是"与"非"或者说"善"与"恶"是分不清的,是相对的,天下并无统一标准,更不能通过争辩来解决。道德上的是与非或善恶价值,因你、我、他(第三方)的主观情感倾向而具有主观性和相对性,没有客观统一的标准,因而无法说得清,辩得明,人们只会自是而非人。是非的争论没有价值,而且是非本身也没有价值,既然如此,我们最好的办法就是"泯是非"。

但是庄子同时也坚信,认识论上的"是"与"非"却是可以弄清楚的,他从相对主义认识论的无限与有限角度指出,以无限视之为有限,以有限视之为无限,是非皆明。

"有所贵""绝圣弃智" 庄子认为,世间之所以会有盗贼,是因为"有所贵",如果举世皆无所贵,那么谁也不会去盗窃。此外,他认为人们越是努力增智来防盗,反而便利了小偷,例如人们为了防盗,把箱子用锁锁住,结果小偷更加认为此必可盗,虽撬不开锁，干脆直接把箱子抬走。之所以会这样，原因在于人们"好智"，失去了质朴之性，趋于虚伪。那么，怎样才能改变目前的状况呢？那就是"绝圣弃智"。

（5）法家："任法而治"

法家以韩非为代表认为人性本恶，趋利避害，人与人甚至父母与子女之间皆以"利害"相互算计，因而必须"任法而治"，用威刑、赏罚代替道德教化来惩恶扬善。

① 韩非："威刑"　在韩非看来，德治教化完全是不切实际的。但是，如果依法而治情况就完全不一样了，他举例说："今有不才之子，父母怒之弗为改，乡人谯之弗为动，师长教之弗为变……州部之吏操官兵、推公法而求索奸人，然后恐惧，变其节，易其行矣。"（《韩非子·五蠹》）意思是说，有一个不肖的儿子无法用父母之爱、师教等道德感化的手段来改变他，但是，等到执法官吏一到，采用法律强制手段的时候，他立即恐惧变节，改恶从善了。他认为人性是"固服于势，寡能怀于义""固骄于爱，听于威"（《韩非子·五蠹》）。所以治国不能靠道德说教，而只能靠"威""势"（法治）。

"轻物重生"　"今有人于此，义不入危城，不处军旅，不以天下大利易其胫一毛，世主必从而礼之，贵其智而高其行，以为轻物重生之士也。夫上所以陈良田大宅，设爵禄，所以易民死命也。今上尊贵轻物重生之士，而索民之出死而重殉上事，不可得也。"（《韩非子·显学》）"义不入危城"，即入危城能获义名也不愿意进入，"不处军旅"，即有军功之赏也不愿意求得，因为这两者都有可能伤及身体，有害生命。

② 管子："仓廪实而知礼节，衣食足而知荣辱"　管仲有一句名言："仓廪实而知礼节，衣食足而知荣辱。"他认为，人性在于趋利避害，因利生义。只有人们富足以后才会重视名声和荣誉，从而担心自己违法犯罪，道德观念得以加强。

（6）杨朱："重生贵己"（最大幸福、善恶标准）、"轻物重生"

杨朱又名阳生、阳子居，他曾说"拔一毛而利天下，不为也"（《孟子·尽心上》）。有一些学者认为这并非利己主义，而是一种珍爱生命，不伤残身体的"重己贵生"的人生态度。生命只有一次，理应高于一切，如果逐于外物，则往往求利而伤，任何身外之物如名利、道德、尊严等，相对于身体皆为空无，世间唯生命可贵。"全性保真，不以物累形，杨子之所立也，而孟子非之。"（《淮南子·氾论训》）一方面，杨朱并不主张取天下之利来利己，他的目的仅在于身、性、命的全备；另一方面，他也并没有否认在自己保全自身的前提下可以利人；再者，杨朱也没有排除这种情况，如果"利人"有利于他自身的全身保生，他也会乐意去做；另外，如果他人身体有病，医生说拔一毛而能使他人起死回生，他一定欣然同意。不追逐荣誉和名利，不求人利己，也不无辜伤人，旨在重生；情欲适当满足，不过分贪念，旨在保身。另外，还有人理解杨朱观点为"为我"或"利己主义"，详见如下论述。

"为我"　杨朱说："拔一毛而利天下，不为也。"这并非利己主义，而是主张一种"为我"的思想观点。

"利己""利己主义"　杨朱言："拔一毛而利天下，不为也。"这种"利己"或者说"利己主义"仅在于"身体"或"生命"意义上才成立，不逐于外物，不逐于外利，仅仅是为了不伤害身体和性命，即不以伤身害命为交换条件来换取身体之外的任何好处，因为"利"乃身外之物，而"一毛"乃身内之物，不可互换。如果拔一毛而使他起死回生，他一定欣然为之。他还认为，人应尽量逃避施于身体的刑罚或压迫。

至于为了保身，是否可以伤害别人的身体、性命呢？史书没有记载，我们不得而知，理解时仁者见仁，智者见智。

(7) 宋子："见侮不辱""非攻""情欲寡浅""毕足"（互助均等思想）利他主义

宋钘，即宋荣子，战国初期人。"不累于俗，不饰于物，不苟于人，不忮于众，愿天下之安宁以活民命，人我之养，毕足而止，以此白心。古之道术有在于是者，宋钘、尹文闻其风而悦之。作为华山之冠以自表，接万物以别宥为始。语心之容，命之曰'心之行'。以聏合欢，以调海内。请欲置之以为主。见侮不辱，救民之斗，禁攻寝兵，救世之战。以此周行天下，上说下教。虽天下不取，强聒而不舍者也。故曰：上下见厌而强见也。虽然，其为人太多，其自为太少，曰：'请欲固置五升之饭足矣。'先生恐不得饱，弟子虽饥，不忘天下，日夜不休。曰：'我必得活哉！'图傲乎救世之士哉！曰：'君子不为苛察，不以身假物。'以为无益于天下者，明之不如已也。以禁攻寝兵为外，以情欲寡浅为内。其小大精粗，其行适至是而止。"（《庄子·天下》）

"见侮不辱"就是不以他人侮辱自己而感到耻辱，通过自己内心的无限宽宏大量来化干戈为玉帛。原因在于"明见侮之不辱，使人不斗；人皆以见侮为辱，故斗也。知见侮之为不辱，则不斗矣"（《荀子·天论》）。所以，为人处世要宽宏大量，非攻的方法在于调和劝说。

自己虽饥而不忘天下，"其为人太多，其自为太少"。

(8) 许行："务事""自耕自食""自食其力""均平"

许行，战国时期人。"故神农之法曰：'丈夫丁壮而不耕，天下有受其饥者；妇人当年而不织，天下有受其寒者。'故身自耕，妻亲织，以为天下先。其导民也，不贵难得之货，不器无用之物，……，而天下均平。"（《淮南子·齐俗训》）

(9)《吕氏春秋》

① "保生养性" "物也者，所以养性也，非所以性养也。"（《吕氏春秋·本生》）"养性"是物滋养身体，是保性，"性养"是人逐物而伤身，是失性，即物质财富是用来供养人的生命的，而不是用人的生命来供养物质财富。世间最有价值的事情就是"保生养性"，生命高于一切。

② "贵生""养性保生""利己" "天生人而使有贪有欲。欲有情，情有节。圣人修节以止欲，故不过行其情也。故耳之欲五声，目之欲五色，口之欲五味，情也。此三者，贵贱、愚智、贤不肖欲之若一，虽神农、黄帝，其与桀、纣同。圣人之所以异者，得其情也。由贵生动，则得其情矣；不由贵生动，则失其情矣。此二者，死生存亡之本也。俗主亏情，故每动为亡败。"（《吕氏春秋·情欲》）人虽然有七情六欲，但七情六欲都要适可而止，须皆以养性保生为本，否则伤身害体。

如果六欲有害于养性保生，则不可为之。"今有声于此，耳听之必慊，已听之则使人聋，必弗听。有色于此，目视之必慊，已视之则使人盲，必弗视。有味于此，口食之必慊，已食之则使人瘖，必弗食。是故圣人之于声色滋味也，利于性则取之，害于性则舍之，此全性之道也。世之贵富者，其于声色滋味也，多惑者，日夜求，幸而得之则遁焉。遁焉，性恶得不伤？"（《吕氏春秋·本生》）因此，利于行则为，不利于行则止，这就是所谓"全性保身贵己"。

(10)《易传》

①**"积小善成大德"** "善不积，不足以成名；恶不积，不足以灭身。小人以小善为弗益而弗为也，以小恶为无伤而弗去也。故恶积而不可掩，罪大而不可解。"（《易经·系辞下》）体现"积善"和"积恶"即德性的养成都是由小而大逐渐积累所致，告诫人们"小善之当为"和"小恶之不可为"。

②**"克欲制情"** 以情克欲，以欲制情，情欲对立，方能两全，不断地修正自己的缺点错误。

(11)《礼记》："礼乐为德"

"乐者，通伦理者也。""知乐，则几于礼矣。礼乐皆得，谓之有德。""乐由中出，礼自外作。乐由中出故静，礼自外作故文。""乐"的作用在于陶冶情操，增加德感，可以移风易俗，也是疗治物欲所引起的人乱之症的有效方法。

(12)《大学》："修身齐家"

《大学》开篇明义："大学之道，在明明德，在亲民，在止于至善。"那么，怎样才能做到"明明德"呢？"古之欲明明德于天下者，先治其国；欲治其国者，先齐其家；欲齐其家者，先修其身；欲修其身者，先正其心；欲正其心者，先诚其意；欲诚其意者，先致其知。致知在格物。"即修身齐家之道为：格物、致知、诚意、正心、修身、齐家、治国、平天下，最后才能"明德"，达到"止于至善"的境界。何为"至善"？"至善"是一种过程，永无止境的过程；是一种境界，永无止境的境界。

(13)《中庸》："中庸为德"

"喜怒哀乐之未发，谓之中；发而皆中节，谓之和。中也者，天下之大本也；和也者，天下之达道也。致中和，天地位焉，万物育焉。"喜怒哀乐的情感没有发生，可以称之为"中"；喜怒哀乐的感情发生了，但都能适中且有节度，可以称之为"和"。中是天下最为根本的，和是天下共同遵循的法度。达到了中和，天地就会各安其位，万物便生长发育了。

(14)《尚书·伊训》："与人不求备，检身若不及。"

对别人不求全责备，对自己要严格约束唯恐不够。对于约束和要求自己的态度则是"律己宜带秋气，处世须带春风"。对待他人不要苛求太严，吹毛求疵，更不要一味责难，对自己则要严格约束。清代张潮在《幽梦影》中注释道，对待自己要严格自律，就像秋风扫落叶一样严厉肃杀，而对待他人则要宽容忍让，就像春风般和煦暖心。

(15)《孝经》

①**"贵身"** "身体发肤，受之父母，不敢毁伤，孝之始也。立身行道，扬名于

后世，以显父母，孝之终也。夫孝，始于事亲，中于事君，终于立身。"由此可知，珍爱身体发肤即为贵身，有身方能行孝，重点在于立身行道；立身即是先事亲（父母），后事君（道德、国家、事业）；行道就是遵循天地宇宙万物之道。

②**"孝亲"** 《孝经》主张以德治理，以孝为纲本，以孝道为核心的孝亲伦理思想。认为如果一个人不能爱敬其亲而能敬爱他人之亲，是不可能真诚心悦的，因为连自己的亲人都不爱，又怎么可能做到尊爱他人之亲呢？"故不爱其亲而爱他人者，谓之悖德。不敬其亲而敬他人者，谓之悖礼。"《孝经》强调一种以家庭血缘为核心的尊亲差序的伦理道德。

(16)《左传》："多行不义必自毙"

"多行不义必自毙，子姑待之。"（《左传·隐公元年》）意思是"不义的事情干多了，必然会自取灭亡，你就暂且等待着吧"。

(17)《淮南子》："无为""贱物贵身""至德"

"无为"不是指寂寞无声，默然不动，引之不来，推之不去，更不是指老子的"无为"之道，而是说人应当不参与"志欲"和"好恶"，私志不得入公道，嗜欲不得枉正术（《修务训》）；随自然之性，而缘不得已之化（《本经训》）；事成而不居功，功立而无名于己（《道德经》）"为而不恃，功成而弗居"；内修其本而不外饰其末（《原道训》）。也就是说，对外物之利应该持正居中，不可沉湎于负面的东西，以给养身体，保真生命为本。这就是"至德"。

(18) 董仲舒：汉武帝顾问，"罢黜百家，独尊儒术"的推崇者

①**"阴阳之合"** 西汉时期董仲舒笃信"天人感应"，认为天子即天的儿子，受命于天，替天行道。天道循"阴阳之合"，即阴阳对立，合为一体，阳尊阴卑。君臣、夫妻、父子、男女等二者关系遵循"阳尊阴卑"的不平等伦理秩序。无论事实上如何，君主永远是善的化身，功劳归于君主，君主不可名恶，过错归责臣子，臣子不可名善，君要臣死，臣不得不死。

②**"性三品"说** 董仲舒认为人性有三品，即上品的圣人之性、下品的斗筲之性和中品的中民之性。圣人之性是至善的，不需后天教化改变；斗筲之性极恶，也不可后天教化改变。这两种品性都是极少数人占有，绝大多数人属于中民之性，通过后天教化可以改变而向善。

③**"义利观"** 董仲舒认为人的道德行为应该从两个方面考察：一是重动机轻后果，二是重义轻利。因而他提出了千古名言："正其谊不谋其利，明其道不计其功"（《汉书·董仲舒传》）。

④**"正其谊不谋其利，明其道不计其功"** 意思是与人交往时要端正自己的态度，不要以获取他人某种好处或达到某种目的，才决定与人结交。只要人讲义，不要人讲利以至取消物质利益，注重约束人们不道德和非法的求利行为是董仲舒的重要伦理思想。正：合于法则的；谊：通"义"，合宜的道德、行为；谋：谋求；利：好处。

(19) 扬雄

①**"善恶混"** 西汉时期扬雄提出"善恶混"人性论观点，"人之性也，善恶混，

修其善则为善人，修其恶则为恶人"(《法言·修身》)。依据人性"善恶混"，他提出了人分圣人、贤人和众人三个类别。

②"三人三门"　扬雄强调，人在性情层面是有层次之分的，因而其德行也会不同。依据性情之本然和修养之阶次，把人分三类：众人、贤人和圣人。"鸟兽触其情者也，众人则异乎！贤人则异众人矣，圣人则异贤人矣。礼义之作，有以矣夫。"(《法言·学行》)这三种层次的人在为善修养的自觉性上有差别，"圣人耳不顺乎非，口不肆乎善，贤者耳择、口择；众人无择焉。"(《法言·修身》)这样，三种不同层次的人就被归入相应的三个不同道德境门中，"天下有三门：由于情欲，入自禽门；由于礼义，入自人门；由于独智，入自圣门。"(《法言·修身》)

③"正己""学师"　西汉时期扬雄认为"正己"是修德的立身之本。"正己"的方法是"务学"，"学者，所以修性也。视听言貌思，性所有也。学则正，否则邪"(《法言·学行》)；"务学"不如"求师"，"务学不如务求师。师者，人之模范也"(《法言·学行》)。他还进一步推导了人的学习方法在于习学、求师和教化的可能性和必要性。

(20) 王充

①"德福"观　王充认为德行好坏并不必然导致幸福与否，也就是说好人未必有好报。道德行为的善恶无关乎人生过程的结果，因为人生的际遇，遇善遭祸的机缘，是偶然性使然，自有命定的结果在等待。

②"性混合"说　王充认为人性有善有恶，包括两种情形：一种是因秉气而成性之纯善或纯恶，所占人数极少；一种是性中有善有恶，所占人数极多。前者是上智下愚，不可教化；后者是中人，中人之性就是善恶混合而成，通过教化可以向善。

(21) 魏晋时期："贵生""纵欲"

魏晋时期由于政权更迭频仍，战争频繁，社会动荡，世人具有普遍的"贵生""纵欲"倾向。比如何晏："常恐夭网罗，忧祸一旦并。"(《言志诗》)蔡琰："人生几何时！怀忧终年岁。"(《悲愤诗》)阮籍："一身不自保，何况恋妻子。凝霜被野草，岁暮亦云已。"(《咏怀诗》)陆机："天道信崇替，人生安得长。慷慨惟平生，俯仰独悲伤。"(《门有车马客行》)王羲之："夫人之相与，俯仰一世，或取诸怀抱，悟言一室之内；或因寄所托，放浪形骸之外。虽趣舍万殊，静躁不同，当其欣于所遇，暂得于己，快然自足，不知老之将至。及其所之既倦，情随事迁，感慨系之矣。向之所欣，俯仰之间，已为陈迹，犹不能不以之兴怀。况修短随化，终期于尽。古人云：'死生亦大矣。'岂不痛哉！每览昔人兴感之由，若合一契，未尝不临文嗟悼，不能喻之于怀。固知一死生为虚诞，齐彭殇为妄作。后之视今，亦犹今之视昔。悲夫！"(《兰亭集序》)陶渊明："已矣乎！寓形宇内复几时？曷不委心任去留？胡为乎遑遑欲何之？富贵非吾愿，帝乡不可期。怀良辰以孤往，或植杖而耘耔。登东皋以舒啸，临清流而赋诗。聊乘化以归尽，乐夫天命复奚疑！"(《归去来兮辞》)曹操："对酒当歌，人生几何！譬如朝露，去日苦多。"(《短歌行》)

陶渊明："贵生""任自然"　"道丧向千载，人人惜其情。有酒不肯饮，但顾世间名。所以贵我身，岂不在一生？一生复能几，倏如流电惊。鼎鼎百年内，持此欲何成！"(《陶渊明集·饮酒二十首》)"质性自然，非矫厉所得。饥冻虽切，违己交病。"(《陶渊明集·归去来兮辞》) 意思是，本性任其自然，这是勉强不得的；饥寒虽然来得急迫，但是违背本意去做自己并不乐意去做的事情，身心都感痛苦。

葛洪：《抱朴子》

① **"以刑佐德"** "故仁者养物之器，刑者惩非之具，我欲利之，而彼欲害之，加仁无悛，非刑不止。刑为仁佐，于是可知也。""仁之为政，非为不美也。然黎庶巧伪，趋利忘义。若不齐之以威，纠之以刑，远羡羲农之风，则乱不可振，其祸深大。以杀止杀，岂乐之哉。"(《抱朴子·用刑》)

② **"修学务早"** "修学务早，及其精专，习与性成，不异自然也。"(《抱朴子·勖学》)

③ **"明哲保身"** "口不及人之非，不说人之私""未尝论评人物之优劣，不喜诃谴人交之好恶。"(《抱朴子·自叙》)

颜之推：《颜氏家训》 该书是魏晋时期颜之推所著，以推重明教为价值，总结明哲保身之处世良药，为后世家族内部示儿告子提供家教典范，阐述自胎教、幼教以致习尚成自然的见解：

① **"教子"** "父母威严而有慈，则子女畏慎而生孝矣。"(《颜氏家训·教子》)

② **"兄弟"** "兄弟不睦，则子侄不爱，子侄不爱，则群从疏薄；群从疏薄，则僮仆为仇敌矣。"(《颜氏家训·兄弟》)

③ **"俭德"** "孔子曰：'奢则不逊，俭则固；与其不逊也，宁固。'又云：'虽有周公之才之美，使骄且吝，其余不足观也已。'然则可俭而不可吝也。俭者，省约为礼之谓也；吝者，穷急不恤之谓也。今有奢则施，俭则吝；如能施而不奢，俭而不吝，可矣。"(《颜氏家训·治家》) 强调持家要勤俭节约，批评那些奢侈和吝啬的行为。能够做到肯施舍而不奢侈，节俭而不吝啬，那才是恰到好处的。如果保持朴素的生活作风，就必须善于节制欲望，才能知足常乐。

④ **"自律"** "自律：士而律身，固不可以不严也，然有官守者，则当严于士焉；有言责者，又当严于有官守者焉。盖执法之臣，将以纠奸绳恶，以肃中外，以正纪纲。"要严格要求自己，尤其是在做了官以后，更要严于律己。靠道德规范，也要靠法律准绳。

⑤ **"明哲保身""一技在身"** "涉百家之书，纵不能增益德行，敦厉风俗，犹为一艺，得以自资。父兄不可常依，乡国不可常保，一旦流离，无人庇荫，当自求诸身耳。谚曰：'积财千万，不如薄伎在身。'"(《颜氏家训·勉学》)

"铭金人云：'无多言，多言多败；无多事，多事多患。'至哉斯戒也！……古人云：'多为少善，不如执一；鼯鼠五能，不成伎术。'"(《颜氏家训·省事》)

"夫养生者先须虑祸，全身保性，有此生然后养之，勿徒养其无生也。单豹养于内而丧外，张毅养于外而丧内，前贤所戒也。嵇康著《养生》之论，而以傲物受刑；石崇冀服饵之征，而以贪溺取祸，往世之所迷也。"(《颜氏家训·养生》)

"仕宦称泰，不过处在中品，前望五十人，后顾五十人，足以免耻辱，无倾危也。"（《颜氏家训·止足》）

⑥**"寡欲以修身"** "《礼》云：'欲不可纵，志不可满。'宇宙可臻其极，情性不知其穷。唯在少欲知足，为立涯限尔。"（《颜氏家训·止足》）

(22) 周敦颐：直觉修养方法——"主静无欲"

北宋周敦颐认为"诚"既是"圣人之本""万物之本""性命之本"，贯穿于万物化生之中，是纯粹的至善，又是伦理中仁义礼智信的"五常之本，百行之源"。领悟"诚"这个本源的最好方法就是"主静无欲"，即少私寡欲以养心静，虚静恬淡，寂寞无为的体"道"（诚）方法。

(23) 邵雍：圣愚标尺——"以物观物"与"以我观物"

北宋邵雍认为圣人与愚人的差别在于圣人是"以物观物"，而愚人是"以我观物"。所谓"以物观物"就是以心中之理（即"天理"而不是"私理"）来观察事物和待人处事；"以我观物"则是从自己的一己私利来待人处事。对"以我观物"的愚人来讲，只有通过"安分"（即警告或劝说等方法）才能改邪归正，服从天理。对于仰慕圣人的贤人来讲，最好的方法就是"养心"。

(24) 程朱理学：客观唯心主义——"存天理，灭人欲"

宋朝的程颢、程颐兄弟和朱熹等人主张"存天理，灭人欲"的心性修养论，一方面要求人们在喜怒哀乐未发之时，保持内心的涵养；另一方面要求人们用理智进行格物致知，达到豁然贯通，体认天理。所谓"天理"实际上就是先秦两汉时期所说的"道"，"道"与"理"在二程这里是相通的，既指宏观的宇宙万物的根本规律和微观的具体事物的条理和规律，也指仁义礼智信的伦理道德原则和规范。由于"人心私欲，故危殆。道心天理，故精微，灭私欲则天理明矣"（《遗书·卷二十四》），所以修养心性的最好方法在于"存天理，灭人欲"。

朱熹说的"存天理"存的是孟子说"人之初性本善"的"善"，是人性中善的部分；朱熹说的"灭人欲"要灭的是荀子说"人之初性本恶"的"恶"，是人性中恶的部分。"存天理，灭人欲"中的"天理"指的是公道，是大善，是人的仁爱之心；"人欲"指的是贪欲、私心，是小恶，是人的自私之情。"存天理，灭人欲"就是指为人做事要符合公道，合乎天理，循道而行，克己省身，修身养性，摒弃私欲和贪心，不能依着自己的欲望为所欲为，要防范个人欲望的过度膨胀，追寻维护社会、道德、政风和民风的和谐与美好。

(25) 叶适、陈亮：事功主义——"存天理，留人欲"

浙东永康陈亮和永嘉叶适二人主张实学实用的事功主义，认为作为饮食男女的活生生的人的存在就必须消费衣食住行等生活必需品，所以"人欲"是人的正常心理，问题在于对"人欲"的合理控制，而不是"灭人欲"。所谓"道"就是人的喜怒哀乐，爱恨恶欲等要各得其正；所谓"天理"就是人的衣食住行等生活需要得到恰如其分的满足。"天理"与"人欲"并行不悖，既要永存"天理"，也要留住合理的"人欲"。

(26) 王阳明：唯心主义心学论——"致良知"

明朝王阳明认为心外无物、心外无事、心外无理、心外无义、心外无善，心就是理，心与理同向。古今中外，人人都有良知之心，因此"致良知"就能辨是非，懂善恶，视人如己，视国如家。"良知"是指一种知善而向善的能力，但这种能力在没有理性的主观意志的自觉下是不能实现的，只有经过"致"的过程，即除物欲和习染，才能达到"善"。

(27) 泰州学派

① **心学正统的异端——"百姓日用即为道"** 该派由王阳明弟子王艮开创，代表人物有王艮及其四传弟子罗汝芳等。该派认为"百姓日用即为道"，"道"与"身"是一回事。尊道在于尊身，尊身就是致良知，至善就是性自善。伦理道德离不开百姓日用中的风俗习惯和规范内容，道德理论离不开道德实践，空谈道德仁义这些空洞的理论没有实际意义。

② **李贽"童心"说** 李贽认为无论贵贱、圣愚，人一出生时本有未受外界习染的初心（童心），在童心驱使下人人穿衣吃饭，谋求自己的生存，趋利避害，保护自己的利益，但后天习染（如受程朱理学"存天理，灭人欲"影响）改变了童心，变成了假人，做假事，说假话。人人若能按"童心"去做事就是按"礼"在做事。"礼"也就是"不以孔子之是非为是非"，按童心做事，按自己本来的"欲"做事。

(28) 颜元："义利"观——"正其谊以谋其利，明其道而计其功"

颜元反对宋明理学家推崇的由董仲舒提出的"正其谊不谋其利，明其道不计其功"，认为这是只强调动机而否认效果的唯心主义。耕夫谋田产，渔夫谋得鱼，都是人对正当利益的谋取，不应把义与利对立起来，好动机必须讲求好效果，才能于人于己有实际贡献。

在如何处理伦理德性与科学理性、功利物性的关系上，古代曾出现过两种极端倾向：一种是董仲舒提出的"正其道不计其功"的绝对道德观；另一种是韩非倡导的绝对功利主义，认为人性本恶，在争于气力的时代讲道德的儒生不过是有害法治的蛀虫。颜元在总结历史经验教训的基础上，扬弃这两种极端主张，辩证地提出了"正其道以谋其利，明其道而计其功"的警世格言。附述有之，如同意者一认为："形不正者，德不来；中不精者，心不治"（《管子·心术下》）。同意者二认为："君子可以寓意于物，而不可以留意于物"（苏轼《宝绘堂记》）。

2.1.2 中国近代经典应用伦理

中国近代经典应用伦理思想主要是指1840年—1919年的思想。该段时间不同伦理思想家们从各自所处时代背景与自己具体社会生活实践中汲取伦理营养，著书立说，阐发自己伦理观点，呈现出了明显的时代气息特征和民族气质烙印。

(1) 魏源：民本主义历史进化观——"群变"观

魏源认为衡量历史进步和善恶的标准在于是否"便民"和"利民"，即凡是有利于人民群众的行为（如变法、改革等等）都是历史进步和善的行为，反之则不然，这就是他主张的"群变"思想。时代是发展变化的，用古代的尺度衡量当今时事是"诬今"，就不可能认清当前形势；反之，用今天的标准去衡量古代的"诬古"言论也是错误的。

(2) 康有为：人道主义博爱哲学——《大同书》

康有为认为人类的苦难程度与政治制度的优劣、文明程度的高低成正比。良好的政治制度可以防止或减轻人类的苦难。基于自由、平等、博爱观念的大同社会无等级之分、无贵贱之分、无主奴之分，无爵位、无教主，人人平等，婚姻自由，天下太平。

(3) 谭嗣同：主观唯心主义认识论——"我"是万物的尺度

谭嗣同认为世界之事的善恶标准只有"我见"，"我"是万物的尺度，"我"是宇宙的中心。一切事物都对于"我"才存在，一切以"我"而转移，没有什么除"我"而外的客观的标准存在。

(4) 梁启超

① **变易进化论——"新民说"** 我国近代学者梁启超从社会变易进化论哲学观出发，提出"新民说"，认为新时代国民应该：其一，超越个人利益的"小我"意识，具有利群爱国公德心的"大我"观念，"大我"之中自然包含"小我"，先公后私，"小我"服从"大我"；其二，克服"惰性"，具有进取和冒险精神；其三，摒弃奴性，具有自由、自爱、自立、自尊的独立人格。

② **"公理为衡"（"小我"与"大我"）** 梁启超从社会变易进化论哲学观出发，认为新时代国民在超越个人利益的"小我"意识后，必须要有利群爱国公德心的"大我"观念和意识，先公后私，"小我"服从"大我"。在"大我"之中的国民凡事皆以"公理为衡"，把"公理"作为判断是非善恶的标准，不唯古是从，不与谬误妥协，热衷于国家社稷，心系民族国运，为国之社稷献言献策，"道天下所不敢道，为天下所不敢为"，他说，"我有耳目，我物我格，我有心思，我理我穷，高高山顶立，深深海底行，其于古人也，吾时而师之，时而友之，时而敌之，无容心焉，以公理为衡而已"（《新民说·论自由》）。

(5) 章太炎：时代局限的悲观主义——《俱分进化论》

章太炎说："进化之所以为进化者，非由一方直进，而必由双方并进……若以道德言，则善亦进化，恶亦进化；若以生计言，则乐亦进化，苦亦进化……囊时之苦乐为小，而今之苦乐为大。"[1]② 意思是说，虽然"善"在进化进步，而"恶"也随时代一起进化而变得更"恶"，而随着科技手段的进步，造成人类的痛苦和灾难比过去更多、更重。

(6) 孙中山：进化论之唯物主义——"三民主义"

孙中山从进化论角度阐述新三民主义思想：民族——中华民族自求解放且国内各民族平等；民权——爱国民众具有一切国民之权利；民生——平均地权和节制资本。

2.1.3 中国当代经典应用伦理

中国当代经典应用伦理思想主要是指1919年—1949年期间的伦理思想。该段时间不同伦理学家们所阐发的应用伦理观点具有明显的西方色彩，呈现"西学东渐"的整体趋势。

（1）胡适

① **最有价值的利他——"为我主义"**　胡适从孟子"穷则独善其身"和易卜生"救出自己"思想中提炼出自己的"为我主义"伦理主张，认为"最真实的为我，便是最有益的为人"。把自己铸造成为具有自由独立之人格的人，这是最有价值的利他主义。

② **"实用论"**　胡适留学美国师从著名学者约翰·杜威，沿袭美国伦理学家皮尔士、詹姆士和杜威工具主义效用原则，坚持实用主义真理观，认为凡是能够给人们带来具体的利益和满意的效果就是真理，真理即有用，有用即真理。

（2）张君劢：二元论之"善恶"观——"克欲论"

张君劢认为，"人生者，介于物质与精神之间者也；其所谓善者，皆精神之表现，如法制，宗教，道德，美术，学问之类也；其所谓恶者，皆物质之接触，如奸淫，掳掠之类也。"[2] 认为"善"属于精神现象，而"恶"是接触物质所造成的，所以人类应该克制欲望。

（3）熊十力："理欲"之化解——"本心与习心"

我国近代伦理思想家熊十力认为人有两种"心"，即本心和习心。本心即初心，是人御物而不御于物的道德理性。习心是受情感和欲望所习染的物欲和功利之心。他认为人生而有身有形，便会有物质需求，便会有欲念，这属于正常现象，但是人如果一味地无原则地顺着欲念，便会产生人的物化、异化，从而偏离本心（初心）。人的这种追求外在事物，满足感性欲望的无原则习惯就是习心，习心是一种非理性欲求，习心常常使人偏离本心，因而要让人的本心主宰人的习心，这就是道德理性的统辖作用。本心是道德理性，习心是情感和欲望，本心可以御物而不御于物，习心表现为物欲和功利之心。因此，熊十力反对历来的"存天理，灭人欲"的传统理欲观。

（4）冯友兰

① **新儒派理学的继发——"人生四境界"说**　我国近代伦理思想家冯友兰从人们对人生了解与自觉（即觉解）所产生的人生价值和意义的不同程度和差异，把人的精神境界分为四个层次。一是自然境界：是指人纯粹按人的自然之性或社会习惯，不清不楚、混沌蒙昧地生活的状态。二是功利境界：有"我"的自觉，是"为我"一己私利而活。这是一种合乎道德的行为，而不是道德行为。三是道德境界：懂得义和利、取和与之间相辅相成关系，为自己之利同时也为社会、他人之利（即义）而生活。四是天地境界：在人和社会之外懂得无限自然和宇宙存在，摆脱了有形和有限的束缚，达到"天人合一"的圣人境界，是"有知而无知，有我而无我，有为而无为，物物而不物于物，极高明而道中庸"的境界。这四个境界由低而高，依次而进，构成自我超越的过程。

② **"觉解"**　冯友兰认为，事物是按规律运行的，并不一定人有觉解就知道应该如何应对，逻辑根据是自然决定的，有觉解的人并不能自然地"知道"，有逻辑的标准之存在并不能引出逻辑上的"知道"，更不能得出"知道"有标准就应该"知道"的结论。但是，人的智慧使他有理性的意志，在明辨是非中可以做到有知而无知、有我而

无我、有为而无为、物物而不物于物、极高明而道中庸。

(5) 贺麟

① "利己不是自私"　贺麟认为利己、利他、损人利己三者有区别。古今中外无论性善论还是性恶论都认为自私是恶，须克制铲除，但自私的意义是自保、自为、自爱，这是人与动物的生性。西方所谓天赋人权，说得露骨一点就是人人皆有自私的权利，若自私到坦白、开明、合理便是"利己"，利己是主义，是理想；但若利己到愚蠢、不坦白、不合理便是自私，损人利己便是不合理的自私，是恶。利他是善，利己介于利他与损人利己之间，是中庸之道。

② "意志自由论"　按照西方义务论伦理学基本原理，意志自由是道德判断和道德评价的基础。贺麟认为无论人的意志自由不自由，只要他做了不道德的事，社会总要责备他，法律总要制裁他，他自己也难免不忏悔自责：首先，因为它有道德意识，知善知恶，有良心，要负道德责任；其次，只要他承认自己是行为的主动者，即使出于下意识或一时糊涂或被他人操控，自己事前默许放任，就是意志自由，要对自己行为负责。最后，简言之，只要他是人，有个性、有人格就得负道德责任。

(6) 唐君毅："绝对责任"

唐君毅认为，道德生活是自由、自主的自我决定，自己对自己负有绝对责任，任何外部因素和环境都不构成不负责任的借口，"因为环境中之任何势力，如果不为你当下所自觉，他不会表现为决定的力量；如果已被你自觉，那他便仍为你当下的心之所对，你当下的心仍然超临于在他们之上。"[3]

(7) 青年毛泽东："利我"与"利他"关系论

青年时期的毛泽东在读泡尔生《伦理学原理》，针对利己与利他关系时说："盖人有我性，我固万事万念之中心也，故人恒以利我为主，其有利他者，固因与我为同类有关系而利之耳，故谓不可不利他可也。利他由我而起点也，……世无绝然与我无关而我贸然利之者也。"[4] 在批评叔本华的伦理观点时说："人类固以利己性为主，然非有此而已也，又有推以利人之性，此仍是一性，利人乃所以自利也。自利之主要在利自己之精神，肉体无利之之价值。"[5]

(10) 共产党人：动机与效果之统一论——"实践是检验真理的唯一标准"

在道德判断和道德评价上，中国共产党人（马克思主义者）在马克思主义的指导下，既重视对人的行为动机的分析，也注重对道德后果的考察，主张动机和效果的辩证统一，这种统一就在于实践，因为唯有实践才是检验道德行为的真正科学标准。

2.2　西方经典应用伦理

西方经典应用伦理思想大致可分为古希腊罗马时期、欧洲中世纪、欧洲近代和欧美当代这几个阶段。处于不同时期的西方伦理学家们各自以其独特视角阐述自己的伦理认知，在总体上反映出以唯心主义色彩为主题色调的一面，具有将较为抽象的人与自然关系视为本体意识存在思考范围的大视野，呈现了与中国应用伦理以儒学"仁"

"义"为核心的现实具体的将人与人关系视为本体意识存在思考范围的视角明显的不同，展现了西方人应用伦理思维意识的独特视角。

2.2.1 古希腊罗马时期经典应用伦理

古希腊罗马早期，生产力落后，人类处于蒙昧状态，受到来自大自然与社会的双重压迫，人们急需对人、人与人、人与自然、人与社会等感悟与认知，从而指导人类的精神世界。因此，一些崭新的伦理思想应时而生。

(1) 荷马史诗：最早记载了古希腊先民们早期道德思想

① **"目的与手段相分离"的"唯我道德"** 古希腊人早期对道德的思考主要是从神话、传说开始的，从荷马的两部史诗《伊利亚特》和《奥德赛》反映出的思想看，主要是通过英雄对战友之爱、家族之爱、城邦（国家）之爱所体现出来的人格魅力，如对智慧、勇敢、冒险、尚武、舍生取义、认同命运的讴歌与赞赏，为城邦公民树立道德楷模和宗教原则。同时对英雄在斗争过程中不免带有狡诈、阴险和残酷的"为达到目的而不择手段"的行为，给予了充分的道德宽容，体现了古希腊人早期朴素的唯我道德倾向。

② **肯定现世生活（"好死不如赖活"）** 古希腊人对于肉体与灵魂的结合状态即人的现世生活给予肯定和赞扬，因为只有现世的生活才是可感知和可体验的。而灵魂离开肉体（即人死后的灵魂处所也即"来世"）无依无靠，如烟随风飘散，似孤魂野鬼，这是一种不安宁的灵魂状态，希腊人是比较排斥的。据荷马史诗记载，战死于特洛伊沙场的阿喀琉斯的灵魂在黄泉之下遇到奥德修斯的脱体之魂时说道："奥德修斯啊，千万别想到死，即使在黄泉的世界当上死人们的王，也不如在人世间活着做一个既没有充饥的干粮也不拥有耕耘的土地的农奴。"（荷马《伊利亚特》第 23 卷）由此可见，古希腊人对现世生活与"好死不如赖活"观念的肯定。

(2) 赫拉克利特："思辨"的"生死有定数，存在有法则"

赫拉克利特认为世界的表象充满着对立与斗争，"斗争是万物之父"，而隐藏在世界表象之后的内在深处却是和谐，世界的和谐是由于相互对抗力量的势力均衡，犹如弓箭组合中的弓和箭的对立统一关系一样，因而"和谐乃万物之母"。由此可见，世界是既斗争又和谐，是一种相互之间的定力和保持，一方的存在离不开另一方力量的抗衡，永远处在一团"活火"般的动态平衡之中。这种世界观要求人们必须承认他者存在的价值取向，绝对征服和压制是违背人类社会生存法则的，只有相互认同才是自我存续的根本。

(3) 恩培多克勒："四根说"

恩培多克勒认为宇宙是由"火""气""水""土"这四个元素组成的根本物质，万物的产生与消亡是由这"四根"的混合与分离所致。混合与分离的动因来自"爱""恨"情感，当受"仁爱"情感支配时，世界表现最为和谐，犹如"球"之完美无缺，人民生活幸福快乐；而一旦"仇恨"情感混入时，世界的和谐就开始解体，战争、杀戮、肮脏、罪恶等横亘人间，"四根"分离，万物消亡。这告诫世人：美好与和谐的社会秩序取决于人们之间的相互友爱与仁慈，憎恨与争端是人类不幸的根源。

（4）毕达哥拉斯学派："灵魂说"与"逻各斯"

该学派认为灵魂是世界的理性，肉体是灵魂的坟墓，生命不死，轮回转生，把"来世"的价值提高到至高的地位。因此，人们需要在"现世"净化灵魂，提倡"节制""友爱""诚实"等美德，除此之外还需要拥有智慧和禁欲，依"逻各斯"而理性生活。

（5）德谟克利特："朗悦"生活与"无知即罪恶"

德谟克利特认为人的终极之善在于"清朗无影的心境""心灵的绝对宁静"，主张人的心情不应该受到快乐、恐怖、迷信等情感困扰，要真正做到"不以物喜，不以己悲"，要使心境永远处在宁静状态，这是人的幸福所在，也是人生的终极目标。德谟克利特思想体现出精神高于肉体的认识倾向，他说"肉体之美如果没有知性的内涵，那只是与动物同样的东西"。但德谟克利特也绝非对肉体快乐进行完全否定，相反，他极力主张人生要极力享受快乐，减少痛苦。但肉体与精神相比，应该是"精神优先"。人们往往在"肉体"与"精神"上走极端，那是出于"无知"。他说"罪恶的原因在于对美好的事物的无知"，是故"无知者无畏"也。

（6）普罗泰戈拉："尺度说"——"人是万物的尺度，是存在者存在的尺度，也是不存在者不存在的尺度"

智者学派普罗泰戈拉经过对物质世界及其人的价值的长期思考，深深感叹"世界浩大，为何而来？"短暂的个体生命在浩瀚世界之中该如何体现自身的价值？基于此，他提出了著名的论断"人是万物的尺度"。他说"人是万物的尺度，是存在者存在的尺度，也是不存在者不存在的尺度"。在自然之界与万物之中，人，唯有人，才是万物之灵，也是万事万物评判的最终尺度和标准。

（7）高尔吉亚："辩论术"乃"最高善"

古希腊智者学派在传授知识时一致认为，"辩论术"是一种操纵"逻各斯"的语言技巧。该派人物高尔吉亚认为，辩论的技巧对人来说是一种"最高善"，是青年应该具有的基本德性，是青年在国家社会生活中一种必不可少的德性素养。人们通过辩论"可以使自己获得自由"，又"能够在社会生活中支配他人"，达到说服别人的目的。（《高尔吉亚篇》425、451d）

（8）苏格拉底

①"德性即知识"（"没有人是故意作恶的""无知说"）　何为德性？在苏格拉底看来，人的能力、优秀性即为德性。德性是对人的灵魂的擢拔、提升，因此他呼吁人们要"对灵魂操心"（《申辩篇》《斐多篇》《克拉底鲁篇》《卡尔米德篇》《拉凯斯篇》）。那么该如何"对灵魂操心"呢？方法是遵照理性原则而生活。

那么，人在现实生活中依照理性生活所表现出来的德性，诸如智慧、节制、正义、仁爱、勇敢、诚实等因素的共同本质是什么呢？那就是人们行为中对"善美"的渴望。因此苏格拉底提出"没有人是故意作恶的"著名论断。现实生活中之所以会有人作恶，那是由于其"无知"所致，因其没有关于德性的知识，才会把坏事当作好事，从而产生恶的结果，是故"德性即知识"。

②"认识你自己"（"自知其无知""无知之自觉"）　在苏格拉底看来，"德性即

知识"，但这种善的"知识"的标准是什么呢？他认为这种知识不是相对意义上对"善"的现象把握，而是要具有"普遍客观性"的对"善"的本质的把握。苏格拉底清醒地意识到，由于人类认识的有限性及人类自身的"好自知"（自认为自己比别人知道得更多甚至是"全能全知"），人们至多达到对"善"知识之现象的理解而难以做到对"善"知识之本质的全然把握，是故，他认为当时自称全知的智者们其实也是无知的，他甚至自叹自己也是无知者。因此他呼吁人们要在"自知其无知"中不断反省，认识到"无知之自觉"是人唯一可以称为"智慧"的东西。鉴于苏格拉底"自知其无知"比别人更清醒，从另一个侧面也反映出他更智慧，古希腊德尔斐神庙的大门上曾赫然写着"认识你自己"这句著名的苏格拉底箴言。

③ "善人是幸福的，恶人是不幸的"（《高尔吉亚篇》） 人要善待自己，也要善待他人，这是苏格拉底的"善生"思想。人的幸福离不开人的行为的"善"。在现实生活中，行善之人由于他（她）人际关系和谐，精神生活或思想擢拔而高尚，灵魂无纷扰，是故他（她）是幸福的；恶人作恶引起他人、社会或国家的纷争，人际关系紧张糟糕，灵魂也不安宁，因而他（她）是不幸福的。

④ **教育"助产术"** 在人们"自知其无知"且"无知之自觉"之后，怎样才能使人们到达对"善"知识的把握与追求呢？苏格拉底认为教育的作用是不可缺少的。只有通过反复的问答、传授、探讨，才会使人的灵魂之婴儿得以诞生，教育者（提问者）如同助产师，被教育者（被提问者）如"孕妇"在灵魂深处孕育出"善"的知识。

⑤ **"复仇禁止"** 在古希腊传统道德观中，"复仇赞美"是普世观念，为家庭、氏族和城邦"复仇"不但是被允许的，而且是城邦美德。但苏格拉底却提出了相反的观点，认为"复仇"是相互之间的再一次伤害，是一种"罪恶"，因此他极力改变这种道德观念，主张"复仇禁止"思想。

(9) 柏拉图："四元德"与"哲人王"

作为苏格拉底最伟大的弟子，柏拉图在继承毕达哥拉斯学派"灵魂转世说"基础上，力图把老师的德性学说概括成为"智慧""勇敢""节制""正义"这四种德性，被称为"四元德"。柏拉图认为，理想城邦（即国家）应该是由"哲人王"（或说是"哲学王"）统治的城邦或国家。这是因为，人的灵魂素质有优有劣，对于德性要求也不一样，擅长思考的人——哲人王——以"智慧"为德；激情好动的人——军人——以"勇敢"为德；物欲强烈之人——农、工、商之人——以"节制"为德。因此热爱智慧的人（哲人王）应该作为国家领导者，对军队、农、工、商之人进行监督与管理，这在本质上属于分工的不同而已。

(10) 亚里士多德

① **"伦理德性"和"理智德性"** 柏拉图的学生亚里士多德把人的德性分为理智德性与伦理德性。理智德性是理性生活上的德性，是通过教育生成；伦理德性是人的欲望活动上的德性，是通过习惯养成。理智德性又分为实践理性的德性和理论理性的德性，实践理性的德性在于明智，理论理性的德性在于智慧，智慧是人的最高等的德性，因而又称之为"逻各斯"。

②"中庸"原理 亚里士多德认为在"过度""适度""不及"三者之间，只有"适度"才是不偏不倚正好命中了德性的特点，具备"善"的理念；"过度"与"不及"是"恶"的特点，"恶"是要么没达到正确，要么越过了正确。他强调，在实践中要做到"适度"是很难的事情，那么，如何才能做到"适度"呢？首先，要分清两个极端中哪一个离"适度"更远，就要及时避开它，因为它是与适度品质最对立的"恶"。其次，要把自己拉回到与"不能自拔"——如"纵欲""滥情"等——的相反方向，人们常常在享受快乐上不能自制，他说："对于快乐，我们不是公正的判断者。"[6] 对于快乐是非理性的纵欲还是理性的生活，人们往往分辨不清，最好的办法是谨慎回避这种快乐。最后，只要有努力的心态，无论偏向"过度"一些还是偏向"不及"一些，都是在曲折地接近"适度"，这样做在一定意义上就是"善"，就是"适度"。

③"可欲之谓善" 只有当一件事物达到非常完美无缺的时候，才体现善的本质或善的理念，因而往往也是人们的欲求。

(11) 亚里斯提卜

① 伦理"享乐主义" 古希腊罗马时期昔勒尼学派创始人亚里斯提卜认为，人的肉体上的快乐是现实的、眼前的、感性的，而且与精神上的快乐相比更具有强烈性，因而肉体的快乐优于精神的快乐。但现实生活中痛苦总是不可避免的，所以知识是人们避免痛苦获取快乐的手段。他主张快乐是善，是应该追求的东西；不快乐或痛苦是恶，是应该避免的东西。

② 知识、洗菜与交往 亚里斯提卜认为，现实生活中，痛苦是不可避免的，而且痛苦总比快乐多得多，要想得到快乐和幸福，必须善于辨别事实真相，为此，知识是人们避免痛苦获取快乐的真正手段。凡是有知识的人，必然做事慎重、谨慎，往往在细微之处显示非凡，能够洞察到与众不同的效果，最终得到多于痛苦的快乐。据载，有一次犬儒学派代表人物第欧根尼正在洗菜做饭，看到亚里斯提卜走过，就高声对他喊："你要学会做你的饭菜，你就用不着向国王们献殷勤了。"亚里斯提卜还口道："你要是知道怎样同人交往，你就用不着洗菜了。"

(12) 伊壁鸠鲁：神和宿命论的克星

①"我们等待着吧" 这是伊壁鸠鲁的名言，他主张人们的一切观点、做法、意见或辩论只是理论的东西，必须等待"经验的检验"，如果没有实践经验的检验都不能产生实际价值，毫无意义。

②"能动性原则"与"神不关心人" 伊壁鸠鲁抨击人们迷信天命、鬼神、占星术和灵魂不死等"无知"行为，他幽默地告诫人们，"神"很自私，只关心自己，不关心人，对人们生活中的善恶之事也不过问。事情的发生有的是必然的，有的是偶然的，而还有些是人为所致，所以我们应该发挥自己的主动性、积极性、独立性等"自由"行为，才能避免痛苦、烦恼和忧虑，从而达到真正的幸福。

③"快乐主义"与"不动心" 伊壁鸠鲁认为人生的目的是追求快乐，快乐是人生的全部归宿，因而快乐就是人生最高的善。但伊壁鸠鲁的快乐主义绝非是亚里斯提卜的享乐主义，更不是奢侈、纵欲、放荡不羁的快乐，而是指"身体的无痛苦和灵魂

的无纷扰"。也就是说伊壁鸠鲁的"快乐"是指身体的健康和灵魂的平静。灵魂的平静在于"不动心"。如何做到"不动心"呢？那就是心如止水，心无旁骛。

（13）犬儒学派："为德性而德性"

犬儒学派是指日常起居如动物一样放浪形骸、举止不羁，流浪街头或荒野，吃喝如犬兽，但思想豁达，"为德性而德性"生活的儒生们。主要代表人物有安梯昔尼、第欧根尼和克拉克等人。安梯昔尼认为善是人的唯一本质，善与恶绝对对立。世上之人除了善人就是恶人，没有第三种人，极力主张人们返归原始自然生活，避世绝欲。世间除了依德性生活，一切空无，皆不重要。其弟子第欧根尼认为人们可以在自身找到快乐，无需任何身外之物，更不需要他人及社会规范约束，因为人自有德性指导。据说亚历山大国王与第欧根尼交谈后叹道：如果我不是国王，我也想成为第欧根尼。温和的新犬儒克拉克本来很富有，在老师第欧根尼影响下放弃财产，过上了犬儒生活。

（14）斯多亚学派：代表人物有塞涅卡、奥勒留、芝诺等

① **"按理性而生活"或"按本性而生活"** 该派认为，人因分有神的理性而拥有理性，理性的神已经把万事万物安排得井然有序，世人的德性就在于按神的旨意去生活，此谓之"按理性而生活"或"按本性而生活"。

② **"依自然而生活"（"愿意的人，命运领着走，不愿意的人，命运拖着走"）** 该派还认为，自由是受必然制约的，人的德性就是人遵循必然性，依自然之理，按命运注定而顺然生活。塞涅卡曾说："愿意的人，命运领着走，不愿意的人，命运拖着走"。[7]

③ **奥勒留："群蜂利益"** 人类是一种社会存在，个人与集体的关系就像是整体大于部分的关系。奥勒留说道："不符合蜂群利益的东西，也就不会符合单独每一只蜜蜂的利益。"[8] "不要放纵自己，永远保持诚实的动机和坚定的信念。"[9]

（15）皮浪："悬搁判断"与"不动心"

皮浪否认事物有美或丑、公正或不公正的性质，认为对任何事物"最高的善就是不作任何判断、悬搁判断"（注："悬搁"意思是中止，既不肯定，也不否定），这样是为了避免独断，因为任何命题都有一个对等的反命题与它对立，二者都有同样的价值和效力。我们的感觉和意见都不告诉我们真理或错误，因此我们应该无意见，不介入，始终保持沉默，方能无烦恼。

皮浪的"不动心"有二：一是指一种随遇而安的态度，即平常心；二是指一种完全消极的态度，既无感情冲动，又无积极作为。据拉尔修传记，皮浪不关心任何事物，也不回避任何事物，对像摔倒、被狗咬之事的危险无动于衷。有一次他的朋友跌入泥坑，他径直走过，没有出手相助。还有一次在海上遇到风浪，别人都惊慌失措，他却若无其事，指着船上一头正在吃食的猪说，这才是人应有的"不动心"状态。

2.2.2 欧洲中世纪基督教神学应用伦理

中世纪（Middle Ages）是指公元5世纪西罗马帝国灭亡（公元476年），到公元15世纪文艺复兴和探索时代（地理大发现）这一段时期。这段时期的欧洲应用伦理学说沉浸在禁锢之中。整个欧洲中世纪应用伦理失去了应有的光芒，成了禁锢人们思想和行为的工具。尽管如此，从整个人类应用伦理思想史来说，仍然不失为应用伦理学界一块"瑰宝"，给人类后续道德伦理生活带来了巨大影响，具有深刻的学术研究价值。在此，只论述如下比较有意义的伦理观点：

奥卡姆的威廉（威廉·奥康）："奥康剃刀""如无必要，勿增实体""思维经济原则" 十四世纪英格兰逻辑学家奥卡姆的威廉提出"奥卡姆剃刀定律"，又叫作"奥康剃刀"，精准概括该定律就是"如无必要，勿增实体"，即"简单有效原理"。他在书中说道："切勿浪费较多东西去做用较少的东西同样可以做好的事情。""奥康剃刀"就是要把不必要的东西砍掉。如果对结果没有必然影响，那么为了保证高效、快捷，就必须大胆使用"奥康剃刀"。这就是哲学史上所谓的"奥康剃刀"。尤其是在企业管理决策时，应该尽量把复杂的事情简单化，抓住主要矛盾，解决最根本的问题。把海量数据带来的有效信息提炼出来，把无效信息剔除掉。这里面还存在着哲学的对立性。达到运用"剃刀"后的简单，必然需要对"剃刀"法则进行深入了解，对"砍掉"部分进行深刻剖析。只有穿透复杂，才能走向简单。

2.2.3 欧洲近代经典应用伦理

欧洲近代经典应用伦理主要是指公元 16 世纪到公元 20 世纪初的应用伦理思想。这段时期的伦理思想实质是以人取代神，把人神关系定格为人与人关系，将神的虚幻属性的外衣剥掉，把道德研究从天上拽到地上，强调现实中活生生的人的自我价值及其道德尺度，这一场思想解放运动揭开了人类应用伦理相对理性的新篇章。

(1) 但丁："走你自己的路，让人们去说吧"

但丁认为，人的行为不应受本能支配，而是要接受理性的指导，理性指导我们"走你自己的路，让人们去说吧"。

(2) 马基雅维利

①**"目的证明手段正确"** 意大利思想家马基雅维利认为，为了达到所提出的目的，可以采取任何手段，包括非道德手段，即"目的证明手段正确"，这又被称为马基雅维利主义。他甚至认为，"为了达到一个最高尚的目的，可以使用最卑鄙的手段"（《君主论》）。

②**"善——必然性"** 马基雅维利认为，是现实和应当脱离的道德通常把人引向失败，"谁要想信仰善，他就不可避免地就会在这么许多同善格格不入的人中间毁灭"（《君主论》）。人们是喜欢恶的，只有必然性才使他们走向善。这种必然性就是以力量为基础的权利。

③**"美德观"** 对于一个有美德的人来说，没有任何东西高于祖国的利益，为了祖国，一切手段都是绝对允许的，"应该用种种光荣的或卑鄙的手段来保卫祖国，只要是保卫祖国就是好的"（《君主论》）。

(3) 彼特拉克："我自己是凡人，我只要求凡人的幸福"

彼特拉克否定"上帝"对人的主宰和道德束缚，主张人世间的道德才是最现实、最实际的道德，他说："我不想变成上帝，或居住在永恒之中，或者把天地抱在怀抱里。属于人的那种光荣对我就够了。这是我乞求的一切，我自己是凡人，我只要求凡人的幸福。"[10]

（4）笛卡尔："我思故我在"

笛卡尔把人看成是一个时刻都"正在思考"的存在实体，因而提出"我思故我在"的著名命题，目的在于强调理性的权威，认为所谓理性就是人的"判断和辨别真假的能力"。

（5）斯宾诺莎：朴素的唯物主义者

①"理性命令"——从自然律到应然律　德性就是人依照自我自保的本性法则（自然律）而行动。由于人性是自私的，人的情感是道德的基础，也是善与恶的根源，所以理性是用来满足人的情感的手段，更是用来处理个人利益与他人利益关系的标准。为此，他提出了三条著名的"理性法则"：其一，德性的基础是使人自保，爱自保是一个人的幸福所在；其二，德性的目的在于使人追求德性；其三，凡自裁之人都是受人的自保本性以外的外因征服所致。斯宾诺莎力图用"理性命令"——"依理性而生活"——把人的"自我保存"的自然律与"追求公共利益"的应然律协调起来，力图说明人因"为利己而利他"。

②"重大原理"——"自由是对必然的认识"　斯宾诺莎第一次提出了一个关于自由的重大原理：自由是对必然的认识。他说"人是自然的一部分"，人具有自然的规定性，因而就不能摆脱自然规律而随心所欲，所以人是被动的，不可能具有完全的意志自由。但他也反对宿命论和决定论，认为人只要对外部原因和客观必然性有理性的、正确的认识和把握，人类就能获得自由。

（6）莱布尼茨

①"充足理由律"　伦理抉择的实质是如何处理自由与必然的关系问题，为了排除道德选择上的偶发境遇，他提出了著名的"充足理由律"命题，即"偶然性事物固然是存在的，但偶然性事物不是事物存在的充足理由，必然的实体才是事物存在的理由"。

②"前定和谐"　现实的世界因有了"上帝"而成为最好的世界（注：此"上帝"非传统意义上的上帝，而是指"理性"），现实世界的善因恶的存在而更加完美，善与恶皆源自"上帝"，"上帝"是善恶的最高裁判者。这就是道德的"前定和谐"。

（7）培根："经验是认识的唯一来源"

培根认为，人的认识过程是由感官知觉上升到理智知觉的过程，"经验是认识的唯一来源"。

（8）格劳秀斯："自然法"——"各有其所有，各偿其所负"

格劳秀斯从自利自保的人性论出发，认为自然法是维护社会关系和规范人们行为和职责的有效法则。自然法构成道德的基础。自然法之核心是"各有其所有，各偿其所负"。自然法要求：不可侵犯他人财产或不经他人同意而拿走他人之物；偿还因侵占所产生的额外之利；要信守诺言；赔偿因过失而给别人造成的损失；给非法者应有报应等。他还认为,受害人进行自卫甚至使用暴力,即使毁灭对方也是正当的。

(9) 霍布斯:《利维坦》——霍布斯的道德哲学经典

① **自然法——从"自然状态"到"社会状态"** 霍布斯在《利维坦》中认为人性是自私的、永恒不变的、恶的,人具有自我保存的先天欲望——权力欲、财富欲、荣誉欲、安全欲以及对死亡的恐惧等。在自然状态下,由于人们的欲求相同且无止境,而可欲求之物又不足,必然产生相互猜忌、竞争、争夺、怀疑和恐惧,或先发制人或武力摧毁对方,以求自保,"人与人就像狼与狼似的",是"一切人反对一切人"的战争状态。但人类理性与追求幸福的欲望最终会告诉人们,"战争状态"并不符合人类自身利益。因此人的理性呼唤自然法,以促使人类由"自然状态"进入"社会状态"。

第一自然法(根本律令):禁止人们去做自损生命或剥夺以保全自己生命之事;禁止人们不去做自己认为最有利于生命保全之事。

第二自然法(权利转让法则):为了生存与和平,自愿放弃和转让与他人对等的权利。

第三自然法(践约法则):所订信约必须履行,但须运用强制力保证实施。

第四自然法(无悔法则):接受他人单纯根据恩惠施与的利益时,应努力使施惠者没有合理的原因对他自己的善意感到后悔。

第五自然法(合群法则):每人都应当力图使自己适应其他人。

第六自然法(取和法则):宽恕悔过者的罪行,允许取和。

第七自然法(勿报复法则1):勿报复和以德报怨。

第八自然法(勿报复法则2):不得以行为、言语、表情、姿态表示仇恨、侮辱和蔑视他人。

第九自然法(平等法则):人生而平等。

第十自然法(权利放弃法则):任何人可放弃同等的自然权利。

第十一自然法(使者通行法则):凡斡旋和平的人都应当给予安全通行的保障。

在霍布斯看来,以上各自然法是文明社会规定人们以和平为手段实现人性自保目的的法则,其总则为"己所不欲,勿施于人"。

② **善恶尺度** 霍布斯认为,人性是自私的,永恒不变的。人具有种种欲望,如权力、财富、荣誉、安全等,在人的自然状态下,这些欲望的满足就是善,不能满足就是恶,人的欲望满足与否成了评判善恶的尺度。在人的社会状态下,没有战争,即和平就是善,反之就是恶。

(10) 哈林顿

① **"理智就是利益"** 哈林顿认为,尽管人性自私和利己,但理智告诉我们,国家利益或公共利益大于个人利益或局部利益,这是自然法则。人的理智就在于理解、反映和表达这种利益关系。因此他提出"理智就是利益"的命题。

② **小孩子"分饼法"** 哈林顿认为,人性是自私和利己的,人是寻求促使自己利益最大化的"理性人"。那么,在利益分配上如何实现自己利益最大化的欲望呢?这是

一个众多哲学家们千年苦恼且争论不休的话题，竟然被两个小姑娘用智慧解决了——有两个小姑娘分享同一块饼，谁都想获取相对较大的那部分，于是她俩制定了一个规则：一个人具有负责分饼的权利，另一个人具有优先选拿的权利。那么，当且仅当分饼的人均等分割时，才能使自己利益最大化而不至于自己吃亏，因为另一个具有优先选拿权的人会把较大那部分拿走。为了使自己不吃亏，负责分饼的小姑娘只有想方设法去均分，这样的结果才能实现利益均等。

(11) 约翰·洛克

①**"快乐就是善，痛苦就是恶"**　英国近代著名伦理学家洛克认为事物之所以有善恶之分，是因为人有痛苦和快乐的感觉，"快乐就是善，痛苦就是恶"。所谓"善"就是"能引起（或增加）快乐或减少痛苦的东西"；所谓"恶"就是"能产生（或增加）痛苦或减少快乐的东西"。

②**"自己给自己立法"**　约翰·洛克认为，善与恶是对人的天然的利害，人具有趋利避害的本性。人不但需要外在的法庭——法律，还必须有内在的法庭——道德与良心，"自己给自己立法"。一个人违反外在的法律不一定会认真反省，但如果违反道德和良心，就很难"挺着脖子、厚着脸皮活下去"，从这个意义上讲，道德法相对于一般意义上的法律更为主要。

(12) 哈奇森："最大多数人的最大幸福"

哈奇森认为，一种道德行为必须在行为动机上是纯粹无私的，而且在行为结果上也必须是利他的。凡是出于仁爱的动机且增进社会福利的行为皆为善。确定善的价值量大小的依据为"最大多数人的最大幸福"，其计算方法就是：道德行为的善的量与享有的人数的乘积。"凡是产生最大多数人之最大幸福的行为，便是最好的行为，反之，便是最坏的行为。"[11]

(13) 巴特勒："人性层次""自己为自己立法"

巴特勒把人性看成是综合系统的结构，既有与动物共有的自然性情，也有人所特有的性情，于是提出了"人性层次"说：诸如感觉、嗜欲、情欲、情爱等与动物共有的欲望属于人性的最低层次；自爱与仁爱属于人性的第二层次；良心属于第三层次。第一层次人性受第二层次人性的制约，而第三层次的良心则是对前两个人性层次的总指令，从而实现人"自己为自己立法"。

(14) 休谟

①**"休谟问题"——伦理学上的"哥白尼革命"**　不可知论者休谟最早指出，"是"和"应当"不是一个层面问题，"是""不是"属于事实判断，"应该""不应该"属于价值判断。关于事实判断与价值判断的问题，伦理学史上把它又称为"休谟问题"。休谟指出，"我所遇到的不再是命题中通常的'是'与'不是'等联系词，而是没有一个命题不是由一个'应该'或一个'不应该'联系起来的"[12]。由"to be"（是）为判断连接词的事实判断并不能必然直接地推导出以"ought to be"（应该）为判断连接词的价值判断。

②**道德"同情说"**　休谟认为，道德源于情感，这种情感既不是自爱的利己心，

也不是仁爱的利他心，而是人的同情心，"人性同情别人的倾向"。人们通过心理联想产生与他人一样的同等情绪，"乐他人所乐，悲他人所悲"。休谟在"道德篇"中，把人的苦乐感作为判断道德行为善恶的标准，但在《道德原理探究》中，又把"利益、效用"原则作为判断道德行为善恶的标准。

(15) 亚当·斯密

① 道德"同感说"　斯密认为人性中有同情他人的特质，"悲他人所悲，哀他人所哀"，这样的情感共鸣就是同感。"联想"和"共同经验"是道德同感发生的机理。道德评价就是对激起行为的动机和效果能否引发情感共鸣的判断，同感即为善，反感即为恶。

② "斯密问题"——"经济人"与"道德人"之"矛盾"　斯密认为人性既有自私的利己心，又有同情仁爱的利他心，他在《国富论》中强调经济人行为受市场驱动而必然显示出利己性，而在《道德情操论》中又详细分析了道德人行为的同情利他性。在市场规则和市场机制作用下，经济人行为主观利己，客观利他。他强调利己心是人性的主要倾向，也是利他心发生的前提和必要条件，没有人的利己心，也就没有道德的同情同感。是故"经济人"与"道德人"之间并无矛盾，学界流传的"斯密问题"其实是虚假的伪命题。

(16) 爱尔维修、霍尔巴赫："利益原则"

他俩认为人的自爱情感导致了人的趋乐避苦的本性。凡是使人快乐的就是善，反之就是恶；凡是对自己有利的行为都是合乎道德的行为，反之就是不道德的行为。一切道德判断、道德评价都是以是否对自己有利为原则，利益支配着人们的一切道德评判。利益立场不同，评价结果随之不同。

(17) 霍尔巴赫

① "人是环境和教育的产物"　霍尔巴赫认为人性天生无善恶、好坏之说，人的行为之所以有善恶之分，是后天"环境和教育"所致。

② "德行说"　霍尔巴赫认为"德行不过是一种用别人的福利来使自己幸福的艺术"[13]。

(18) 边沁、密尔："苦乐原理"——功利主义

边沁认为，趋乐避苦就是人类行为的最终目的，道德行为的评判标准在于是否增加人的快乐或减少人的痛苦。密尔认为行为的动机在于快乐和痛苦，道德的评判标准是功利原则或"最大幸福原则"，"赞成或不赞成任何一种行为，其根据都在于这一行为是增多还是减少利益当事人的幸福。"[14] 密尔与边沁不同的是，密尔认为快乐不仅有量的多少，而且有质的区别，认为"做一个不满足的人比做一头满足的猪要好；做一个不满足的苏格拉底比做一个傻子要好"，因为"傻子或猪的看法不同，这是因为他们只知道这个问题的他们自己那方面，苏格拉底这类人却知道两方面"。

(19) 康德：最"秀"的才，最"象牙"的塔——说不尽的康德

① "头顶之天上繁星，心中之道德律令"　德国古典哲学和伦理学家康德的名言表达了他对真理和道德的敬畏："有两事充盈性灵，思之愈频，念之愈密，则愈觉惊叹日新，敬畏月益：头顶之天上繁星，心中之道德律令。"意为"有两种东西，我们愈时

常、愈反复加以思维，它们就给人心灌注了时时在翻新、有加无已的赞叹和敬畏：头上的星空和内心的道德法则"。

②**"康德思维"——哲学上的"哥白尼式革命"**　欧洲传统思维认为人是浩瀚宇宙中的微粒，欲望是人的主人，人围绕着自然旋转。康德则颠覆欧洲传统观念，认为：人不是欲望和自然的奴隶，而恰恰相反，人是欲望和自然的主人，自然围绕人来旋转——人的认识活动不是心灵服从外物，而是外物服从心灵。

③**"三大批判"之"真、善、美"**　康德写了著名的三大批判：《纯粹理性批判》实现哲学之"真"——"人为自然立法"；《实践理性批判》实现伦理学之"善"——"人为自己立法"；《判断力批判》实现美学之"美"——"人为审美立法"。康德认为，贯穿于人类时代进程的伦理价值意识始终在于"真、善、美"。

④**"为义务而义务"——动机论**　康德认为，具有普遍必然性的道德法则源自人的善良意志，依道德法则行事是普遍的、必然的义务或责任，一切行为只有出自义务才有道德价值，否则就没有道德价值。评价行为之道德与否，不必看行为的结果，只需看行为的动机即可，动机善则行为善，动机恶则行为恶。

⑤**"绝对命令"和"条件命令"**　康德的"命令"就是指支配行为的理性观念，其表述形式有假言命令和定言命令两种。定言命令又称"绝对命令"。康德认为，人是理性存在物，人的本质在于理性，理性为人类自己立法。人的行为善恶最终由理性来评判。道德的最高法则就是"绝对命令"。"绝对命令"把善行本身看作目的和应该做的，它出自先验的纯粹理性，只体现为善良意志，与任何利益企图无关，因而它是无条件的和绝对的。"绝对命令"仅仅要求道德行为者在行为活动前自问："指引我如此行事的规则是否具有道德法则的形式特征——对类似境遇中的一切人同样适用？"康德的"绝对命令"，在于强调意志自律和道德原则的普遍有效性，它体现了康德伦理学的实质。康德的假言命令又称"条件命令"，该命令是有条件的和相对的，不具有普遍性，不可以普遍化，认为"善是一种手段而不是目的，善行就是达到偏好和利益的手段"。如果其他人不能遵循你所选择的行为路线，那么这条行为路线就是"条件命令"。由于人们的行为目的各不相同，"条件命令"是不适合作为道德标准的。

"绝对命令"式一："人是目的。"换言之，人是目的，不是手段。

"绝对命令"式二："不论做什么，总要做到使你的意志所遵循的准则永远同时能够成为一条普遍的立法原理。"换言之，绝对命令要求你的行为所遵循的行为准则具有普遍性，可以普遍化，"做人人应当做的事"。

"绝对命令"式三："意志自律。"换言之，决定人的道德行为的思维意识——意志——是自律而不是他律。

(20) 黑格尔：奥林帕斯山上的宙斯——最善于思辨的怪人

①**"存在即合理，合理即存在"**　黑格尔说："凡是合乎理性的东西都是现实的；凡是现实的东西都是合乎理性的。"黑格尔说这句话时处在普鲁士封建王朝时代，前一句话在于维护封建统治，具有反动性；后一句话在于推翻封建统治，具有革命性。两句综合起来并结合当时社会处境，可见黑格尔是站在革命和进步立场上的。

② **"紧急避难权"** 黑格尔认为，作为个人具体的特殊的"福利"，应该从属于作为抽象的普遍的"法律"，如圣克利斯宾偷皮革为穷人制鞋子，其行为虽然是道德的，但不合法，因而是不能容忍的。但如果在非常紧急的情况下，可以为个人"福利"而"违法"，这叫"紧急避难权"。

2.2.4 欧美现代经典应用伦理

欧美现代经典应用伦理思想主要是指 19 世纪后期到第二次世界大战之前的欧美资本主义世界的应用伦理思潮。这一时期的经典应用伦理学说主要以西方资本主义人文价值体系为中心，以实用主义为主要特征，显示西方人现实与理性的独特一面。

(1) 皮尔士、詹姆士、杜威：实用主义"效用原则"

代表美国近代实用主义思想的皮尔士、威廉·詹姆士、约翰·杜威认为，任何东西只有经过实践或实验所证明的实际效用才具有善的价值。皮尔士把"实在就是有效"作为评断事物的实在性的根本原则，这就是他提出的著名的"效用原则"，又称"皮尔士原则"。詹姆士认为，无论什么观念，只要它在实际上有用或具有当时的"现金价值"，就是真理。真理须用行动的后果来证明并受到未来事实的校正，于是他提出"真理即有用，有用即真理"的著名公式。杜威系统化前二者观点。

(2) 叔本华——悲观主义的非理性的"懦弱"

德国哲学家叔本华从人性自私利己出发，认为生命意志的所作所为无所谓善恶，人的欲望不断，需求无穷，因而人生总是痛苦不止，饱餐过后仍饥馋不已，昨日欢乐如烟云一般，剩下还是虚无、烦恼和痛苦，生命苦短，人生几何。痛苦即是生命意志的本质。解决痛苦的方法有二：一是通过艺术的"观审"达到暂时的麻醉和解脱；二是通过禁欲达到永久的解脱。但他不是提倡自杀，而是提出自愿绝食而亡等方法获得解脱。

(3) 尼采——悲观主义的非理性的"雄起"

德国哲学家尼采从人性自私利己出发，认为生命意志的所作所为无所谓善恶，强力意志的本质就是对生命意志的"释放"：强者对弱者的支配权力，就是争夺、兼并、压迫、鲸吞、损害、征服，对异己的镇压、残害和强制。人有高低贵贱，"超人"即英雄，是强力意志的体现，是挽救人类堕落的救星。

(4) 斯宾塞：进化论伦理观

英国哲学家斯宾塞认为所有的恶都是由不适应环境造成，善的行为就是做有助于物种环境适应性的行为，他说："任何有助于后代或个体保存的行为，我们把他视作相对于物种而言的善的行为，反之否然。"[15] 道德的价值就在于做有利于自我、他人和种族的保存与发展的行为，当三者都兼达时，善值最大。

(5) 居友、柏格森：生命伦理观

法国哲学家居友和柏格森主张，人类的道德行为原则必须从人类的生命动态——生命力的生殖和生长——中寻找。他们认为生命力生殖表现有三：一是智力生殖即精神生产，把思想和智慧传递给他人，显示高度的利他主义；二是情绪生殖与感觉生殖，把感情、情绪发散至他人，"悲他人所悲，乐他人所乐"；三是意志生殖，就是产生一种有利于他人的欲望和行动。生命力生殖的利他性并不是自我行为的目的，而是自我生命力扩张和升华的手段，根本目的仍在自我生命本身。人们的道德责任和义务在于发挥生命的能量，去工作、去行动、去创造。最大的罪恶是懒惰和惰性。

（6）罗素、桑塔耶那："价值源于欲望和情感"

英国哲学家罗素和美国哲学家桑塔耶那认为价值以及价值认知源于欲望和情感。桑塔耶那指出，主体的偏爱构成了价值的基础，价值以及对价值的认知只有与个人自身的欲望、情感和兴趣相联系且具有正当性才有道德意义。

（7）罗素："性道德说"

罗素认为"没有知识的爱和没有爱的知识都不能产生高尚的生活"[16]，必须对人们进行开明的性教育，使人们获得宽容、仁慈、诚实和正义等性爱美德，为此，他强调男女在性爱关系、结婚、离婚等方面的基本道德有四：一是杜绝早生早育；二是恋爱男女可在不要孩子前提下享有性关系的自由；三是离婚自由；四是"应该尽可能把性关系从经济的腐蚀中解脱出来"[17]。

（8）哈特曼：价值现象学中的"死亡反价值"

德国哲学家哈特曼认为"价值即本质（理想）"。生命是一种正价值，而死亡是一种反价值。生命的衰落、衰败和堕落及对生命的敌视、娇宠、压制、厌恶、不适和摧残是对物体生命、精神生命和人格生命的无化。

（9）克尔凯郭尔：存在主义伦理学"孤独的个体"

丹麦伦理学家克尔凯郭尔认为人生就是一个孤独存在，一个活生生个体的孤独旅程，独自承担着一切，独自感受着孤独、忧虑和绝望。人生经历"梦""醒""醉"，即感性游梦、理性自醒、宗教狂醉三阶段，这是一种不断超越感性、突破理性，最后趋向永恒信仰的人生超度状态。

（10）萨特

① **自由主体伦理学"存在先于本质"** 法国哲学家萨特主张"存在先于本质"，人作为存在主体，有超脱所有存在物的尊严和自由。人是绝对自由的个体，自我自由地选择和决定一切，不存在用来羁绊人的所谓"上帝"、共同人性、决定论或宿命论。但人的这种绝对自由受伦理道德和具体境遇制约，其行为在选择时承担道德责任。

② **"反律法主义"（"无律法或无规则方法""良心直觉论""本能论"）** 萨特揭示了世界存在的无条理，认为人类在进行道德选择或决断的任何时刻都处于"前无托词，后无庇护"的独特境地，主张"人们进入道德决断境遇时，不涉及、不凭借任何道德原则或道德准则"，因为处于道德决断时刻的人们都是依据他自己处于"当下存在的具体时刻"的"独特境遇"来选择自己的道德行为。

③ **"自由与决定"** 萨特认为"人有选择的自由，但是人没有不选择的自由"。"说到底，不选择任何方法也是选择一种方法。不做决定本身也是一种决定。他不能逃避自由。他必须是自由的。"这是个人之存在对自由和决定的必然选择。

（11）弗洛伊德、弗洛姆：精神分析伦理学"爱论"

奥地利心理学家弗洛伊德和德裔美籍心理学家弗洛姆从医学、心理学入手，探讨个体心理人格、社会文化心理与道德行为的发生、发展机制。弗洛伊德认为唯乐原则是人性趋利避害的道德基础，他通过释梦方式解读性、性爱、本能等活动，认为人的道德行为从"本我"向"自我"再向"超我"方向发展。弗洛姆则借助心理学和人道主义阐释人格问题，提出爱的艺术在于精通爱的理论，善于实践，把爱作为生活的最高旨趣。

2.2.5 欧美当代经典应用伦理

欧美当代经典应用伦理思想主要是指第二次世界大战结束之后直到今天存在于欧美资本主义世界的应用伦理思潮。这一时期的经典应用伦理学说主要以美国的人权、自由、民主价值体系为中心，彰显浓厚个人主义和人本精神，强调以功利主义与效用性为价值理性追求的一种伦理思潮。

(1) 鲍恩（美国波士顿大学哲学系教授，完整人格伦理）

① "人格世界"（"人是目的"） 美国现代著名伦理学家鲍恩认为，人类所面对的世界存在双重性质，即表面可见的图像性和内在不可见的非图像性，世界因此被分为表象的"现象世界"和内隐的"人格世界"，前者是表象的，是内隐的，是本质和实在。"人格世界"是一个充满人性理想、人性目的和力量的价值世界。在整个世界中，人是真正的目的，一切其他的物质有机体存在都只是"表现和显现内在生活的一种工具"[18]。于是，鲍恩提出著名的"人格三律"（"人格道德法则""人格道德律""人格道德原则"）。

② "逐渐实现你自己" 鲍恩认为，人本身是一种理想的存在，不是既定不变的，而是变化发展的，因而人性复杂多变。人格的实现只是一种可能性的不断实现，人在人格上始终思考着两个问题，即我"应当成为什么"和我"应当做什么"，此中，"我们只能逐渐地成为我们自己"或"逐渐实现你自己"[19]。

(2) 弗留耶林（美国南加利福尼亚大学伦理学教授，创造性人格伦理）

① "人格价值" 美国现代著名伦理学家弗留耶林认为，尽管人格的核心在于个人，但人格的最高价值却在于个人对社会、对上帝善的付出，而不是个人自我，他说："最高的人格只有通过把各种能力完全奉献给社会、奉献给正当、奉献给上帝才能实现。"[20]

② "人格艺术" 弗留耶林认为，"在一个具有反思能力的世界中，对于个体来说，最重要的问题之一，就是使各种需要、欲望、目的和习惯适应社会秩序的更大的需要"[21]。人格的创造性绝不是逃避或不适应社会规则，而是个人对社会秩序的自觉意识和"与社会合作"的艺术性价值存在。

(3) 布莱特曼（美国波士顿大学伦理学教授，价值人格伦理）

① "应然"与"实然"（"科学"与"价值"） 美国现代著名伦理学家布莱特曼认为，"应然"是价值的本质，"实然"是自然的本质。自然的存在必须用自然科学的手段加以研究和把握，而自然科学通过预测、发现、实验、论证、实践检验等多种方法来认知和控制自然，获取规律和真理。然而，自然科学本身只提供"实然"之手段，

而不体现"应然"之价值,"它给予我们手段,但并不给予我们目的"[22]。科学技术管控自然,给人类创造了福利的同时,也给人带来了非价值、负价值或反价值的矛盾,而人成了"实然"之手段和"应然"之价值相矛盾的阿基米德支点,因为人既是自然的存在,也是价值的存在,人因为存在,所以存在。

② "实然与应然之冲突"("自然世界与价值世界之冲突""人格冲突") 布莱特曼认为,人是自然世界与价值世界之矛盾和冲突的中心场所,就外部而言,这二者主要表现为人与自然的矛盾和冲突,如灾荒、地震、海啸、风暴等自然灾害,因为人既是自然的存在,也是价值的存在,人是存在的交接点;就内部而言,主要是指人类价值世界之内部的矛盾与冲突,主要表现为个体与他人或社会,以及个体人格或心灵内部的冲突与困惑,他说:"灵魂由于其欲望与知识、无知与偏见、软弱与力量、雄心与胆怯、冷酷与良心而处于冲突之中。现代社会特别是我们的资本主义和战争化的社会最普遍的事实之一,便是在同一个灵魂内,一种高度精密化的技术理智和一种兽性般的道德共同存在着。专家对自然的知识,甚至是专家的心理学知识常常伴随着一种无良心的对他人权利的蔑视。"[23]

③ "人格冲突与统一" 布莱特曼认为,人格冲突是人类价值世界之内部的矛盾与冲突,主要表现为个体与他人或社会,以及个体人格或心灵内部的冲突与困惑。但是,人格冲突在根本上是可以理解和合作的,其基础就是"理性与爱",他说:"至少有两种基本不可改变的所有人类行为的目标,它们可以称为理解和合作,或者称作对真理的尊重和对人格的尊重,或者说是理性与爱。"[24] 这是因为:一方面,从动态的角度看,人类的目的并非静止不变,于目的和手段之间的相对性而言,目的本身具有工具性价值和目的性价值,"手段可以成为目的,目的也可以成为手段"[25]。另一方面,人类存在着一种普遍的最终目的性的价值追求——"真、善、美、崇拜与爱"。所以,人格冲突在"理性与爱"的指导下,可以进行理解和合作,实现最终的同一。

④ "伦理原则" 布莱特曼认为,价值人格伦理学的伦理原则有三条。第一原则:"对人格的尊重"或"理解与爱的原则"[26],包括对自我人格、他人人格和神圣人格(上帝)的尊重。第二原则:"自然是神圣人格的一种启示"[27],人格指宗教或上帝。第三原则:"精神自由"[28] 的人格是独立的精神人格,它不被一切外在的人、事、物所累及。

(4) W. E. 霍金:(美国哈佛大学伦理学教授,自我人格伦理)

① "良心观" 美国现代著名伦理学家 W. E. 霍金认为,良心是内在人格的一种自我意识、自我检省、自我控制和自我整合,与社会的本质在于"寻求交往或依赖的邻友"不同,良心的本质在于"寻求权威",寻求一种内在的和群体的精神的权威。

② "个人"与"国家" W. E. 霍金认为,在个人与国家的关系上,首先是个人先于国家,因为正是个人的需要才产生了国家这一共同意志的代理者;其次是国家优于个人,因为个人的需要正好说明了个人尚未得到完善的发展和条件,而国家恰好满足了个人的完善需要。他说:"正是个体的各种需要和首创了国家,并继续创造着国

家。这意味着个体先于国家;也意味着国家先于完善的个体。他需要国家成为他在自己身上并使之成为的那个个人。"[29]

(5) 雅克·马里坦（法国新托马斯主义神学家，存在形而上学伦理）

①**"人存在主体性"** 法国现代新托马斯主义神学家和存在形而上学伦理学家马里坦认为，人存在的主体性表现在于他"既接受着，也给予着"。人存在主体性中的自我中心意识，只意味着"接受"而无法"给予"。"给予"是人存在主体的最高境界，它通过对物质性的个体存在和自我封闭的洞穿，通达精神人格存在和爱之存在。这种"给予"就是真正的人存在主体性。他说："他通过理智并依靠知识中的超存在而接受着，通过意志并依靠爱中的超存在而给予着。这就是说，依靠在他自身内把其他存在作为内在的吸引力而指向他们，并将自己给予他们，而且依靠馈赠式的精神存在指向他们，将自己给予他们。'给予比接受更好。'精神的爱的存在是自为存在的最高显露。自我不仅是一种物质个体的存在，而且也是一种精神人格的存在，只有在自我是精神的和自由的范围内，自我才占有他自己并把握他自己。"[30]

②**"灵魂负责"** 马里坦认为，人的灵魂是形式（共相）的，不可见的。人的肉体是质料（殊相）的，可见的。人的灵魂不依赖肉体而活着，但人的肉体却依赖于灵魂而活着。人的灵魂是一个精神实体。人的灵魂使他能够对自己负责，使他能够自我选择并按照他自己的目的和命运来做决定。

③**"共同善"、"个人善"与"公共善"** 马里坦认为，社会的目的是团体的善或共同的善，是社会实体的善，必须代表团体中每一个成员的根本利益，代表每一个个体善之有机整合的价值目的，如此才会被诸个体接受。他说："如果社会实体的善不被理解为一种人类个人的共同善，正如不把社会实体本身理解为是人类个体的一个整体，则这个概念也会导致另一种极权主义的错误。"[31]

共同善只是基于各个人类个体的共同目的，但代表着共同善的社会目的却并不等于每一个人的自我目的，这是二者的差异。但是，个人善是基于个人目的的基础上的个人人格的总体指向，而并不仅仅是个人的物质目的。正是基于超个体性的人格指向上的共享，才促成了个人目的与社会目的的沟通，达到内在目标的统一。共同善的共同目的性基础是内在的人性和主体化，它不同于作为"蜜蜂个体"集合的公共善——共同目的性基础在于外在的客观性和被动适应性。

④**"共同善"与"个人善"** 马里坦认为，真正的社会及其共同善不但必须以公正合法的正当秩序为外在的先决条件，而且也必须以人类之爱、团结、友谊和平等为内在的动力和目的。这就是共同善所必需的道德原则和规范。社会与个人有共同的人性价值作为他们相通的基础，社会确保公正，其合理的社会秩序必须得到个人尊重。个体是社会的基础，与个体相联系的权利和尊严也必须得到社会尊重，这是人的"一种神圣的权利"。

⑤**"社会规律"** 马里坦认为，内在的矛盾运动导致人类社会的整体进步以部分的牺牲和丧失为代价，这种代价既有个人的也有社会整体的，但社会的总趋势是进步的，其动力源自人类精神自由的历史力量和作为精神实现的工具的技术进步，"人类社

会的生活以许多丧失为代价而进步。它的发展和进步多亏源自精神和自由的历史能量之生命活力的勃发和超升,多亏常常处于精神之前但却在本性上只要求作为精神之工具的技术改善"[32]。

⑥"非人的人道主义"("技术至上"、人的"异化"与"物化") 马里坦认为,科学技术的发展体现了"人在各种物质力量面前的一种进步的退却。为了统治自然,人作为仅次于神的世界造物者,事实上被迫越来越使他的理智和生活屈从于种种不是人类的而是技术性的必然,屈从于他围其转动并侵犯着我们人类生活的那种物质秩序的力量。——上帝死了:人这些现在的实利主义者以为,只有当上帝不是上帝时,他才能成为人或超人。"[33]

人对技术至上的信仰以及人的实利主义和物欲膨胀,使人与物、人与技术、人与自然等相互关系恶化了,使人自己由物质技术的主人变成了物质技术的奴隶,导致了人的异化、非人化和物化,这是以人为中心的人道主义带来的恶果,他说:"倘若事情长此以往,用亚里士多德的话来说,世界似乎将会成为只能是野兽或神居住的地方。"[34] 马里坦称这是"非人的人道主义"。

⑦"真正的人道主义"("新的人道主义") 马里坦认为,人对技术至上的崇拜以及人的实利主义和物欲膨胀,使人与物、人与技术、人与自然等相互关系恶化,带来"非人的人道主义"恶果,人正因此而有罪,需要"自我拯救"或"救赎"。唯一拯救的方法在于建立以神为中心的"新的人道主义",唤醒人的"信仰之力量"、"理性之力量"和"爱之力量"。上帝既是人的最高理想和希望,也是人格化内在精神完善的动因,他将还人以人性、目的和完善的人格,重新给人以自由和尊严。

⑧"人的权利"("重建人学"、再造"新人") 马里坦认为,人的权利分三类,分别由自然法、成文法和国家法赋予并确保。第一类属于"人类个人的权利",这类权利主要关乎个人的生存、自由和人权等方面,由自然法赋予并确保;第二类属于"市民个人的权利",这类权利主要关乎个人的政治活动、政治生活等方面,由成文法赋予并确保;第三类属于"社会个人的权利",这类权利主要关乎个人的经济活动、经济生活等方面,由国家法赋予并确保。[35]

人的权利是神圣不可剥夺的,它既是人之所以为人的自由与尊严的体现,也是检验该社会或国家是否符合人性要求,是否公正正义的标尺。在此基础和前提下,人还要履行社会、国家或团体赋予的义务,为他们的共同善服务。

(6)卡尔·巴尔特(或译卡尔·巴特)

"伦理问题"现代瑞士新教神学伦理学家卡尔·巴尔特认为伦理问题是实现从"实然"向"能然"("应然")之人作为存在状态及行为之理想的可能性问题。这种可能性问题主要表现在"善恶问题"和"责任问题"[36]。

(7)尼布尔("集体的道德迟钝")

美国当代基督教应用伦理学家尼布尔认为,作为最高道德理想,"个人在于无私",其易激发,较为敏感;"社会在于公正",但其难以激发,容易迟钝。尤其在科学主义以科学至上为价值目标追求下,现代文化陶醉于科学的成就之中,科学不仅支配现代人们生活的各个领域，而且也控制着人们的思维方式，严格的逻辑和因果必然性、决定论等使人们失去了选择的自由，也失去了道德责任感，必然引起"人类集体的道德迟钝"。为此，我们必须让无私的动机所激发的个人的道德行为来拯救最高道德价值，而社会道德也必须为"所有人的生活寻求机会均等"，"把公正而不是自私作为最高的道德理想"[37]。

(8) 约瑟夫·弗莱彻尔（美国境遇伦理学家，哈佛大学伦理学教授）

① "道德决断"："道德决断"的方法或路线有三种

A."律法主义"（"合法主义""法道德学说""理性律法主义""圣经主义""法典论"）是指以"先定原则"作为人们道德决断或道德选择的强制性方法。弗莱彻尔认为，西方三大宗教犹太教、天主教和新教都是律法主义，编制道德律法，依据甚至曲解《圣经》或其他教义典籍，制定各种不容置疑的道德行为规则。

律法主义有两种：天主教道德家以"自然或自然法为基础"的理性律法主义；新教道德家利用《圣经》的神启意义来制定道德规则的神启律法的圣经主义。

B."反律法主义"（"无律法或无规则方法""良心直觉论""本能论""非律法主义"）：法国现代伦理学家让-保罗·萨特揭示了世界存在的无条理，认为人类在进行道德选择或决断的任何时刻都处于"前无托词，后无庇护"的独特境地，主张"人们进入道德决断境遇时，不涉及、不凭借任何道德原则或道德准则"，因为处于道德决断时刻的人们都是依据他自己处于"当下存在的具体时刻"的"独特境遇"来选择自己的道德行为。

C."境遇论"（"境遇方法""情境主义""偶因论""环境论""现实主义"）：是由美国当代伦理学家约瑟夫·弗莱彻尔反对罗宾逊等人提出的，道德行为除"爱"这个绝对不变的最高原则、最高标准和最终根据外，还有其他的具体规则。他认为在道德决断中唯一合理的方法是介于律法主义和反律法主义之间的境遇伦理学方法，其伦理核心在于"境遇决定实情"，除"爱"或"上帝之爱"这唯一一条且绝对的规范外，其他皆无，再也没有别的道德规范和原则，道德决断中"境遇的变量应视为同规范的即'一般的'常量同等重要"。在具体境遇中，道德选择的实际的"计算方法"和绝对的"'爱'的规范"可以而且应当统一起来，以"达到一种背景下的适当——不是'善'或'正当'，而是'合适'"。

② "境遇"与"爱论" 约瑟夫·弗莱彻尔认为，道德选择中的境遇之"爱"是"上帝之爱"，"上帝之爱"的本质是人之爱或爱人，世人通过对上帝之爱来达到爱世人，也包括爱自己的目的。"爱是为了人，而不是为了原则或上帝"，道德行为决断中的"爱"始终要落实到人，也要落实到道德选择中的具体境遇，因而"境遇"很重要，甚至可以认为"境遇改变规则或原则"，具体"规则或原则"只是"探照灯"而非"导向器"，具有相对性，不具有绝对性，必须基于具体境遇才有意义。

③ "为爱而决断"（"生活本身就是决断"） 约瑟夫·弗莱彻尔认为，每个人都是自我选择的主体，必须面对生活做出各种选择，不选择也是一种选择，不决定也是一种决定。"人不能逃避自由，因之也不能逃避决定"，道德决定是基于爱和境遇的创

造性行为，而不是以律法或原则为依据的被动遵从。

④ **"适用原理"** 约瑟夫·弗莱彻尔认为，道德境遇中选择必须遵循实用主义原则。实用主义把善、真和知识这三者完美地结合在价值真理之下。他非常赞同詹姆士把"真理"和"善"称为"便利"，杜威系统化前二者观点，把"真理"和"善"称为"给人以满足的东西"，F.C.S.席勒则称为"有用的东西"。弗莱彻尔认为，道德境遇中不应当关注超现实的理想目的（即"应当"），而只应关注个人的目的需要，价值真理在于"便利"和"适用"，除此之外，别无其他。

⑤ **境遇中的"非准则的准则"** 约瑟夫·弗莱彻尔认为，境遇中的道德决断必须遵循六条行为准则。决断准则一："爱是唯一的永恒善"，意旨为"只有一样东西是内在的善，这就是爱，此外无他"。凡符合上帝（爱）之需要和目的者才是善，因为只有以爱为目的，才能真正导向以人为中心而不是以原则为中心的道德决断。决断准则二："爱是唯一的规范"，意旨为"基督教决定的主要规范是爱，此外无他"。这一命题的基本要求是把一切价值规范都浓缩为爱，爱是唯一的价值规范。决断准则三："爱同公正是一码事"，意旨为"爱同公正是一码事，因为公正就是被分配了的爱，仅此而已"。爱在实际生活中的运用主要表现为爱的公正分配。公正即是给予邻人的爱，"爱是给予别人一切应得之物"，应得的爱，合理分配的爱，是基于世人之爱的同情和积极给予。爱就是公正，公正就是爱，"除了爱，我们什么也不欠别人的"。"爱必须考虑一切方面，做一切能做之事"。决断准则四："爱不是喜欢"，意旨为"爱追求世人的利益，不管我们喜欢不喜欢它"。爱的第一含义是"善行"，而不是情感的好恶，不仅要爱可爱者，而且要爱不可爱者或不喜欢者，即爱是指爱所有人，无论你喜欢还是不喜欢。当然，上帝之爱也包含个人的自爱，因为任何人都是爱之主体，也是爱之客体和对象。爱的第二含义不是友爱或性爱，而是不求回报或补偿，是无条件的、普遍的。如果说利己主义道德是"我考虑的一切是我自己"，"互助论"道德是"只要我有所取，我就有所奉献"，那么，境遇论道德就是"我要奉献，不要任何回报"，是一种利他主义的上帝之爱的道德。在弗莱彻尔看来，性爱的本质是情感、欲望、剥削，友爱的本质是对等交换，而上帝之爱则是无私奉献。决断准则五："爱证明手段之正当性"，意旨为"唯有目的才能证明手段之正当性，此外无他"。首先，目的与手段之间是相对的，离开目的谈手段是空洞抽象的，同样，离开手段谈目的也毫无意义。其次，手段的正当与否取决于目的，境遇中的道德抉择的目的是上帝之爱，手段是否正确最终取决于能否实现这种爱。再次，手段和目的在具体境遇中可以相对转化。手段是目的的组成部分，而不仅仅是实现目的的工具。从次，手段的正当性不单独取决于目的之证明，而且还最终取决于境遇之实证，即"一切都取决于境遇"。最后，目的的神圣性同时证明手段之神圣性。凡有助于达到上帝之爱这一崇高目的的运动或手段同该目的本身一样神圣崇高。决断准则六："爱当时当地做决定"，意旨为"爱的决定是根据境遇做出的，而不是根据命令做出的"。简言之，"依境遇做决定，依境遇而行动"，"境遇决定道德"。境遇所关注的不是过去和传统，也不是遥远未定的将来，而是此时此刻的现在。这要求人们从顺从律法走向爱的行动，哪怕这是一个"痛苦危险的步骤"。用马丁·路

德的话来说，就是使人们此时此刻"勇敢地犯罪"。境遇不是让现实适应规则，而是让规则适应现实，让现实去修改规则，创造规则。

⑥"良心困境"（"道德困境"）　约瑟夫·弗莱彻尔认为，"良心困境"或"道德困境"不仅仅是"两难困境"，而且是"三难困境"或"多难困境"，因此"上帝之爱"要求人们必须"开动脑筋"，解除困境，不仅要把"爱"与"公正"相统一，还要借助"适用原理"行事，以求最大价值的实现。在这里，弗莱彻尔用"上帝之爱"取代边沁、密尔的"快乐原则"，用"适用原理"代替"功利主义"，用"最大价值的实现"代替"最大多数人的最大利益"，用功利主义的"幸福"来解释其"按上帝的旨意行事"，和功利主义有异曲同工之妙。

⑦"一切都取决于境遇"（"依境遇做决定，依境遇而行动""境遇决定道德"）约瑟夫·弗莱彻尔认为，"行为之善与恶、正当与不正当，不在于行为本身，而在于行为的境遇"，同样，"爱的方法是根据特殊情境做出判断，而不是根据什么律法和普遍原则"，而是"一切都取决于境遇"，"依境遇做决定，依境遇而行动"，"境遇决定道德"。境遇不是让现实适应规则，而是让规则适应现实，让现实去修改规则，创造规则。某一行为之所以为善，在于它"恰巧"在某种特定境遇中实现了与上帝之爱的目的的契合。

(9) 罗宾逊：温和"境遇论"

罗宾逊等人认为，我们在任何时候，任何境遇中寻求行为之正确答案的最终根据应当是绝对不变的"爱"这个最高原则，这也是我们评价一切道德行为的最高标准。在具体境遇中除了"爱"这一最高规则永恒不变、不可修正外，还有基督教伦理的具体规则，但这些具体规则可以根据具体境遇而适时进行修正。

(10) 凡勃伦

①"凡勃伦效应"　美国学者凡勃伦认为，与产品越降价、需求越增多的一般规律不同，特定的产品越涨价，需求越增多。部分上流阶层的消费目的在于炫耀自己的社会地位和成功，满足虚荣心，所以价格越高，需求则增加；相反，如果降价，体现上流阶层的界限变得模糊，则需求减少。

②伦理下的"凡勃伦效应"　凡勃伦在需求与消费关系上提出了著名的"凡勃伦效应"理论，其伦理化应用也得到了广泛认同：与社会资源或自然资源的普通大众化需求与消费关系不同，若某种既定的社会的或自然的资源在占有和消费过程中，其方式越独特、越稀缺，在部分上流阶层中的非主流个体则越自觉个体存在价值的优越。部分上流阶层的消费目的在于，炫耀自己的社会地位和成功，满足虚荣心，所以越独特越稀缺，其需求则越增加；相反，如果越趋于普通大众化和平民化，体现上流阶层的界限就越变得模糊，需求则越少。

(11) 华生、巴甫洛夫

①"刺激-反应论"　美国现代行为主义伦理学家华生继承苏联生理学家、心理学家巴甫洛夫的"刺激-反应论"，认为人类行为习惯是外部条件刺激作用的结果，是由后天学习而形成的。这种行为习惯的形成受频因律和近因律这两条基本规律支配。

②"频因律"与"近因律"　频因律是指人的行为反应受某种刺激的次数愈多，则对该反应愈敏感，以至最终形成某种行为习惯反应动作。近因律则是指人的行为反应对某一刺激在时间上发生得愈近愈频，则该反应对刺激的重复性发生之可能性就愈大。

(12) 斯金纳（美国哈佛大学教授，行为技术伦理学家）

①"环境与行为论"（"技术与行为论"）　美国当代新行为主义伦理学者斯金纳认为，外部环境（科学技术）与人类行为之间类似于"刺激-反应"理论，不仅仅是决定与被决定关系，而且还有相互主动的关系。环境与条件（含遗传因素、科学技术控制等）对行为除有决定一面外，环境（技术）在很大程度上也是由人的行为造成的。环境（技术）与人类行为的影响和作用是双重和双向的。但是，人不仅能倚赖环境，受制于环境，还能够利用环境，就像人类利用造出的原子弹等核武器来制止战争一样，人们也可以用它来发动战争，祸害人民。他说："我们不单是关心反应，而且关心行为，因为它影响着环境，特别是社会环境。"[38]

②"自由与尊严论"　斯金纳认为，"自由不过是强化作用的相倚关系，而非这种相倚关系所产生的感受"，是人们行为过程中的一种"逃避或逃脱环境中所谓'不利的'因素"的一种倾向，是由行为的厌恶性后果产生的。尊严则是由"正强化作用"产生的，是行为主体在正强化意义下受褒奖后乐于重复该行为的行为事实。

③"反比论"一　斯金纳认为，行为所获褒奖程度与行为发生原因的可见度之间成反比关系。某行为的原因愈明显，则该行为受到的奖赏就愈少；反之，某行为的原因愈隐蔽，则它可能得到的奖赏就愈多。"行为不单纯为了得奖时，才有可贵之处。"

④"反比论"二　斯金纳认为，限制或惩罚不能达到使行为者弃恶从善的目的。作为人的价值和尊严的美德和善行，在人被限制或惩罚中会大打折扣。任何行为的控制都与人的价值尊严成反比关系，控制愈严，表明人的自由度越小，尊严愈低；反之，控制愈弱，人的自由度就愈大，尊严就愈高。

⑤"科学与尊严论"　斯金纳认为，"撇开科学分析的应用不谈，基础的科学分析本身就已降低了人的尊严或价值……科学的概念使得人显得卑贱，因为'自主人'已经不是值得羡慕的东西了。如果说'羡慕'是指因令人惊叹而博得赞美，那么我们所敬慕的行为就是我们尚无法解释的行为"[39]。

⑥"事实、感觉与善恶论"　斯金纳认为，行为或事实之好坏（善恶）并不取决于我们的感觉，而取决于它们能否强化人们行为这一可解释的感觉事实。像人们常说物理学只告诉我们如何制造原子弹而无法告诉我们应不应该造原子弹，生物学只告诉我们如何控制生育而无法告诉我们该不该这样做一样，科学只关注事实，而不关注伦理（感觉）上的应该与不应该，伦理（感觉）上的善恶在于是否得到正负强化。在道德行为及其价值判断上，斯金纳用"如何感觉的事实"代替了道德领域中的"'应该与否'的感觉"，在他看来，解决了"是然（事实）"与"应该（价值）"的矛盾，他的行为技术科学将价值科学与事实科学统一了起来。因此，他断言："称某物好或坏时所做的价值判断，其实就是根据事实的强化效果将其加以区别。"[40]

⑦ "环境对行为负责"　斯金纳认为，对行为者的惩罚本身并不能解决人们的行为问题，人之所以会做出错误行为，绝非他们主观情感一类的动机使然，而是行为环境造成的。人的行为受制于环境，特别是社会环境。科学的行为控制首先且根本是环境的控制，"物理技术减少了人们受自然惩罚的机会，而社会环境改变之后则可减少操在别人手中的惩罚"，唯有科学才能减少人们行为的误差，使之趋于合理。"问题的实质在于控制技术的有效性。任凭加强责任感，我们也无法解决酗酒和少年犯罪问题。该对错误行为'负责'的是环境，也正是环境需要改变，而不是个人的一些性质……我们只为一个目的：使环境更安全。"[41]

(13) **新功利主义（现代行为功利主义与现代规则功利主义）**

新功利主义是20世纪中后期，在英国古典功利主义基础上发展而来的西方的一种功利道德价值学说。新功利主义分为现代行为功利主义和现代规则功利主义两种类型。这两种对立的功利主义伦理学观点主要分歧在于：在"行为结果"之善恶决定"行为本身"之善恶问题上，着重看"行为本身"还是看"行为规范"。

① **J. J. C. 斯马特（20世纪中后期，现代行为功利主义代表人物，英裔澳籍哲学家）：行为功利主义**　行为功利主义是把行为的最后实际效果所带来的功效之大小作为判断该行为善恶与否之标准，而不是以某种普遍的道德原则之功利大小为善恶标准的伦理观。也就是说，行为功利主义把行为理解为个别的行为，直接以具体境遇下的行为结果作为判断行为善恶与否的标准。

② **理查德·布兰特：规则功利主义（又称准则功利主义，20世纪中后期现代规则功利主义代表人物有美国的理查德·布兰特、福特、辛格尔、罗尔斯，英国的图尔闵、黑尔）**　规则功利主义是把行为的某种普遍的道德原则之功利大小作为判断该行为善恶与否之标准，而不是以该行为的最后实际效果所带来的功效之大小作为善恶之标准的伦理观。也就是说，规则功利主义把"行为"理解为"行为的类"，它不以某一特殊境遇下的行为结果来判断行为的善恶，而是以某一普遍行为所必须遵循的规则的功利大小作为判断行为善恶与否的标准。

(14) **理查德·布兰特："行为法则"**

20世纪中后期，现代规则功利主义代表人物美国的理查德·布兰特认为："在一个人可能履行的各种行为中，他在该时间里所履行的那种行为乃是具有履行之最强有力倾向状态的那种行为。"[42] 由于人的行为是多样的、可改变的和可调节的，因而就需要规则来规范人的行为选择。

(15) **约翰·罗尔斯（当代美国最杰出政治伦理学家之一）**

① **"正义论"（"道德正义论""道义论"）**　当代美国最杰出政治伦理学家之一罗尔斯认为："如同真理是思想体系中的首要美德一样，正义是社会各种制度的首要美德。"[43] 道德生活和社会政治（制度）的最高理想在于利益的正义（公正）分配，道德评价不应该以最大利益或最大限度的幸福为善恶标准，正义与公正才是道德价值的基础和核心，也是社会选择的原则基础。

② **"作为公平之正义"**　罗尔斯认为，社会的每一个公民所享有的自由权利具有

平等性和不可侵犯性。"每一个人都拥有一种以正义为基础的,即使以社会整体福利的名义也不能侵犯的不可侵犯性。因此,正义否认了以一些人的更大利益而损害另一些人的自由的正当性。正义不允许为了大多数人的更大利益而牺牲少数。在一个正义的社会里,公民的平等自由权利不容置疑,正义所保障的权利决不屈从于政治交易或社会利益的算计。"[44]

③ "原初状况"与"正义选择"　罗尔斯用"原初状况"理论改造了洛克、卢梭、康德等人的"社会契约论",认为正义原则是人类在"原初状况"下理性选择的结果。"原初状况"(自然状态)是一种纯粹的假设的理想状态。原初的每一个人都产生了利益认同,意识到以社会形式进行合作,远比单靠孤身一人更能够过上较好生活,但是在社会合作中的利益分配上,每个人都在自我算计使自己获得较多利益分配。正是这种社会合作与利益认同中的个体利益差异产生的利益冲突,才需要一系列原则和规范来指导,作为指导原则的公平之正义就是这些规范和原则的最优选项。

④ "原初状况"与"理性选择"　罗尔斯认为,理性是人的本质存在,在原初状况(自然状态)下,正是人类的理性使人们认识到社会合作和选择公平之正义原则的必要性。但这种原初状况下的理性有三个特点。A. "无知之幕":基于尚无主客观条件或状况的特殊性知识进行的理性选择。人们尚缺乏某些特殊事实的知识,不是说缺乏健全的理性,也非贬低原初人们的理性。这恰是人们对社会契约(社会合作)和正义原则的一种共同视点。B. "最低的最大限度规则":是"最大限度"和"最小限度"的折合,是最低限度的基础上所能达到的最大限度,也是原初人们在优先考虑最恶劣环境或最差条件下最大限度地实现自己利益的理性选择。该原则是对社会中最少受惠者的兼顾,是与机会均等和差异原则相联系的,是对功利主义为"最大多数人的最大限度的善"而忽视社会中"少数人"基本利益的错误做法的否定。功利主义偏重"最大多数人"而忽视"少数人",实际上是肯定大多数人而牺牲少数人的利益,这在根本上违背了公平之正义原则的本质要求。C. "无利益偏涉的理性":不是指人们的相互冷漠,而是指在原初状况下,人们互不嫉妒,不为爱恨所动,各尽可能的无偏忌的思维和行动方式。不是霍布斯所指的"自然状态"下人与人之间的"豺狼关系"或"战争状态"所呈现的人性先天的自私自利,因为每一个人的自为并不必然以损害他人为前提或结果,理性告诉人们,任何人都不能最终从损害他人的行为中获得好处。当然,也不是卢梭所说的人性先天仁爱利他和人生来平等,相反,罗尔斯认为人生来并不必然平等,人的自然生理因素和社会背景等原因,常常决定人与人之间最初的不平等。人的本性既非自私自利,也非无私利他,而是"无利益偏涉"。要限制人的原初不平等只有通过消除人们的不平等意识才有可能实现。

⑤ "可容忍的不平等"　罗尔斯认为,完全消除不平等是不可能的,也是有难度的,但不平等应限制在可容忍的限度内,即一种不平等的后果必须对每一个社会成员尤其是处于社会劣势地位的人有利,而且不平等的分配要比简单人为的平等分配给社会所有人尤其是处于社会劣势地位的人带来更大利益。

⑥ "正义"第一原则:"自由优先"原则　(1)每个人都有平等的权利主张自由,

享有完备体系下的各项平等自由权。（2）每个人所享有的自由与其他人在同体系下所享有的各项自由权必须兼容，即这个体系中的平等政治自由权的公平价值必须予以确保。

⑦"正义"第二原则："最低的最大限度"原则（"正义优先效率"原则）（1）对处于最不利地位的人最为有利。（2）依附于机会平等条件下的职务和位置向所有人开放。

罗尔斯认为，效率原则必须在公平原则前提下才能纳入社会财富或利益分配领域，社会公正分配的基点不是社会中的大多数或平均值，也不是少数优先者，而是社会中处于最不利地位的人的最大利益，这就是"最低的最大限度"，其基本要求是：不以牺牲一部分人的利益来增加另一部分人的利益，而是在社会竞争和分配中优先保护弱势群体的利益。也就是说，在既满足社会所有人利益又考虑优越者利益的同时，给最劣者最大利益。"对所有人都有利"的最恰当解释是"对处于最不利地位上的人最有利"（阿基米德点）。因此，正义的第二原则应该是这样的正义分配：首先是对处于最不利地位的人最为有利；其次是依附于机会平等条件下的职务和位置向所有人开放。

"正义"第二原则："平等"之"公平机会原则"　各项职位及地位必须在机会平等的条件下对所有人开放。

"正义"第二原则："平等"之"差异原则"　使社会中处境最不利的成员获得最大的利益。

⑧"良心拒斥"　当代美国最杰出政治伦理学家罗尔斯认为，"良心拒斥"就是"或多或少不服从直接的法令或行政命令"。"良心拒斥不是一种诉诸大多数人的正义感的自愿形式"，不是基于"共同体的信念"，而是基于个人的内心意愿。同时，"良心拒斥并不必然建立在政治原则之上，而可能建立在那些与宪法秩序不符的宗教原则或其他原则之上"[45]。

(16) 罗尔斯、诺齐克："道德应得"

"moral desert"（道德应得）是指"道义上所应该获得的（赞扬、地位、财产、荣誉、声望、利益、奖惩、刑罚等）"，也就是说"合义"，即"合情""合理"（如"贪污受贿""强取豪夺""不义之财""弄虚作假"等，即可谓"道德不应得"或"非道德获得"）。

"合义"与"合法"有时是相一致的，有时是不一致的。一致的情况是"合情合理又合法"（"君子爱财，取之有道"、"诚实劳动，合法经营"所得、"正其谊""谋其利"等）；不一致的情况是"合情合理不合法"，"合法"不一定"合义"。

"一个正义的图式回答了人们有权要求什么的问题，也满足了他们基于社会制度的合理期望。但是，他们有权要求的与他们之内在价值并不成比例，也不依赖于他们的内在价值。调节社会基本结构和特定个体义务与职责的正义原则并不涉及道德应得，也不存在任何使分配份额与道德应得相对应的倾向。"[46] 应得——"这种原则要求，总体的分配份额要直接依道德优点而改变，任何人都不应该拥有大于那些道德优点较为显著的人的份额"[47]——在罗尔斯和诺齐克这两个人那里，对于以"道德应得"作为分配正义标准都是持反对态度的。

(17) 罗尔斯

① **"合法期望"**（legitimate expectations），是指符合法律规定的获取或有法律依据的期望所得，亦即"合法"。

② **"亚里士多德原则"（"亚氏原则"）** 当代美国最杰出的政治伦理学家之一罗尔斯研究亚里士多德《尼各马可伦理学》发现，追求自我完善的价值认知是人们的始终追求，是亚氏"自我完善论"的基本主张，他冠之为"亚氏原则"。该原则为"若其他条件相同，人类均以实践他们已实现的各种能力（天赋的或后天教养而获得的能力）为快乐之享受，而这种快乐享受又使这种实现的能力不断提高，或使其更为复杂丰富"。也就是说，"在其他条件相等时，人们喜欢运用他们的现实能力（他们的先天的和后天的能力），喜欢的程度越高，这种能力就实现得越多，或者说，这种能力就越复杂"[48]。更明确地说，如果人们对某事越熟练、越擅长，那么，他们就越趋向于或越喜欢于做这件事；倘若有两样活动人们都同等熟练和擅长，那么，他们总是更趋向于选择那种更挑战、更复杂、更需敏锐的辨别力的活动。

③ **"阿基米德点"** 古希腊哲学家、物理学家阿基米德曾说过："如果给我一个支点和足够长的杠杆，我会把地球撬起。"后人把这所谓的支点引申到伦理学领域，把人类道德价值和道德认知中的"善"的理念和原则支点称为"阿基米德点"。罗尔斯把"公平正义"作为他的阿基米德点。

④ **"自尊之善"（"自尊""自珍"）** 罗尔斯认为，人的"自尊"或"自珍"是最高的个体之基本善。它有两点：（1）自尊包括一个人对自我的价值感或价值存在感，他对"善"理念的可靠之确信，对自我生活计划的可靠之确信，即确信它是值得实现的；（2）自尊意味着对自我能力的确信。也就是说，自尊即是人对自我的价值感和自我能力的信心。自尊之善的实现需要"合宜的环境"，含主客观方面：（1）拥有一个合理的生活计划，尤其是一个能满足亚氏原则的计划；（2）感到我们的人格和行为受到同样为人尊敬的他人及他们共享的那些社会团体的赞赏和肯定。[49] 也就是说，"自尊之善"在主观方面需要主体内在的自我实现动机和追求，在客观外在环境方面需要社会交往中来自他人的尊重和肯定。亚氏原则也同样表明这一点，人在根本上乃"天生是一种政治动物和社会动物"。

⑤ **"悔恨"和"羞耻"** 罗尔斯认为，"悔恨"是由善的缺乏或丧失所引起的"一般情感"；"羞耻"是由各种对自尊这一特殊的善的打击所引起的道德情感。二者都是"自尊"或"自珍"所呈现的表象，既关涉主体主观内在的自我实现动机和追求，也关涉客观外在环境方面的社会交往中来自他人的尊重和肯定。

⑥ **"环境"道德论（"三段"道德）** 罗尔斯认为，人们的道德感是人自身属性（道德理性）在公平正义环境中逐渐发展起来的，是人内在主观因素和外在客观环境双重作用的结果，分三个阶段形成。第一阶段："权威道德"，又叫"儿童道德"，在一个组织良好的家庭环境中，来自父母等长辈的爱与关怀，感染和同化了孩童对父母的爱、信任与服从，即孩童在"互爱"环境中逐渐形成自尊、服从、谦逊等道德人格认知品

质。第二阶段:"社团道德",是在社会合作团体以及各种社会关系中形成的独立生活道德,是"适合于个体在他所属的各种不同社团中的角色之道德标准所给定的。这些标准包括常识性的道德规则及其使他们适合于个人特殊状况所要求的调整规则"。社团道德培养了人们正义、信任、忠诚、正直、平等等人际交往之道德规则认知品质[50]。第三阶段:"原则道德",又叫"正义原则",是基于社团合作交往道德生活认知,进而提升到对更为普遍的道德原则和规范的理解和认同,"倾向于遵循那些在他的各种地位中都适合于他,并由社会的赞同与非议所建立起来的各种道德标准"[51]。这就是"正义原则",亦即"原则道德"。"原则道德"是追求一种最为共同的和最为普遍的"善"的道德感,是正义的人类之爱,是人类道德的最高境界,亦即对人类正义原则的最为理性和最为崇高的道德把握。

⑦"道德法则"(道德"三则",或称"道德心理学法则") 罗尔斯的道德心理学三法则如下。道德第一法则:假定家庭教育是正当的,且父母爱那个孩子并明显地表现出他们关心他的善,那么,该孩子通过不断认识到父母对他的显明的爱,他就会逐渐地反过来爱父母。道德第二法则:假定一个人由于获得了与第一法则相符合的依恋关系而实现了他的同情能力,且假如一种社会安排是正义(公正)的并被所有人公开承认是正义(公正)的,那么,当他人带着显明的意图履行他们的义务和职责并实践他们的职位的理想时,这个人就会发展同社团中的他人的友好情感和信任的联系。道德第三法则:假定一个人由于形成了与第一、第二条法则相符合的依恋关系而实现了他的同情能力,假如一个社会制度是公正的并且被人们了解为公正的,那么,当这个人认识到他和他所关心的那些人都是这些社会安排的受惠者时,他就会获得相应的正义感[52]。

(18)帕累托:"效率原则"("帕累托最优""帕累托标准""最适宜原则")

帕累托效率,也称为帕累托最优或帕累托标准,是由意大利政治经济伦理学家帕累托在1909年提出的概念,即在某种既定的资源配置状态下,任何改变都不可能使至少一个人的状况变好,而又不使任何人的状况变坏,而这个"最优的状态标准"就被人们称为"帕累托标准"。

理论主张:A.如果群体的任何变动使构成该群体内一部分个体的状况发生改善,而其他一部分个体发生恶化,则该活动缺乏效率。只有该群体内个体状况相对平衡且无更差或恶化时才具有效率。B.提高群体成员的经济状况的措施不能基于现固有财富的再分配,而是应基于现有分配之平衡,且在促使创造更多财富以提高所有成员的分配份额时才有效率。也就是说,以增加社会财富的绝对总量而不是改变原有总量的相对比例来改善每一成员所得份额时,才有效率。

(19)弗洛伊德:"发生学"道德

弗洛伊德从精神分析学角度把人的道德发生(道德认同情感)归为孩童在早期生活中受父母等长辈的感染和同化,进行道德学习和模仿的结果。

(20)罗伯特·诺齐克

①"个人不可侵犯"("他人也不可侵犯") 美国哈佛大学哲学系教授罗伯特·

诺齐克认为，康德"人是目的，而不仅仅是手段"的基本要求在于个人不可在没有他人许可下为实现其目的而牺牲或利用他人。这意味着人可以作为他人的手段，亦会产生某人为个人目的而把他人作为手段来利用的道德风险。

在诺齐克看来，"最低限度地用特殊化的方式把人作为手段来利用"也是绝对禁止之行为，因为"任何个人都不可侵犯"，亦即在任何合法背景下，即便在特定境遇中或特殊状况下，对他人（权利）都时刻不可侵犯[53]。

② "个体善"与"社会善"（"虚幻实体论""社会虚幻体""个人权力至上论""极端个人主义论""个人是唯一的目的，社会只能是手段""人权至上"） 罗伯特·诺齐克沿袭18世纪爱尔维修"社会是个人之总和"的合理利己主义观点，以及萨特现代存在主义"不真实的社会共在"等观点，他认为，相对于个人这个唯一真实存在的实体而言，社会或国家只是一个虚幻的非存在性实体，"不存在任何为其自身善而历经某种牺牲的具有一种善的社会实体。所有存在的只有个体的人、不同个体的人，他们都有他们自己的个体生活……高谈一种总体的社会善以掩盖或有意图这一事实，以此方式来利用一个人，这并不足以尊重和说明这样一个事实：他是一个分离的个人，他是他所拥有的唯一生命。他不想以其牺牲去换取某种失去平衡的善，而任何人都没有资格把这一点强加于他。"[55]

④ "道德约束"（"他人也不可侵犯"） 罗伯特·诺齐克认为，人是相互分离的个体存在，因而，道德约束的实质不是个人为他人或社会善的自我非定性约束，也不是基于自我牺牲的义务性执行，而是基于个体权利的肯定性执行，因为同样"他人也不可侵犯"。"在我们中间不可能发生任何道德平衡行动，不存在任何为了导向一种较大的总体社会性善而把人的价值看得比我们生活中的某一个人的价值更重，不存在任何为他人而牺牲我们中的一些人的正当牺牲。这是一个根本性的观念：即不同的个人有着相互分离的生活，所以任何人都不可能为他人而遭受牺牲，这一根本性观念奠定了道德方面约束之存在的基础，而且我以为它也导向了一种自由主义方面的约束，即禁止侵犯他人。"[56]

⑤ "对动物的功利主义"和"对人的康德主义"（"独立生命存在的绝对权利"） 罗伯特·诺齐克认为，独立生命体的存在具有无限至上性，因为它是真实的生命存在，对生命的尊重理应获得优先权。因此，他反对轻视一切动物生命（含人），傲慢对待个体生命权利而偏重并不存在的虚幻的所谓人和社会的"共同权利"，因此，他反对那种无视个体生命之统一性的"对动物的功利主义"和"对人的康德主义"的双重标准做法[57]。

⑥ "行为禁止原则" 罗伯特·诺齐克认为，冒险或任何独立者的行动乃是一种创造性或"生产性"活动，无冒险便无所得，这种冒险所得将最终惠及他人，因此，冒险行为不应当被笼统禁止，对某一行动禁止，只有在它已危及他人的境况下才具有正义合法性。冒险行动有三种：其一，即便已补偿某人遭侵犯损失，该触犯界限的行动也会遭到禁止或惩罚，否则就得证明它没有僭越（在诺齐克看来，这不符合公正原则，因为遭受侵犯的人已经得到补偿，则冒险行动就不应该再被禁止，更不应该受到

惩罚）；其二，如若遭受侵犯的人已获相应补偿，则该僭越行动应该被允许（在诺齐克看来，符合公正原则）；其三，如若所有僭越之冒险者都得到了补偿，则无论他们是否已被证明僭越，该冒险行动都应被许可（在诺齐克看来，符合公正原则）。在这里，诺齐克认为，"补偿"既针对受损者也针对冒险者，因为冒险者本人也付出了代价，他们经历了未冒险者所没有经历过的痛苦和危险[58]。

⑦ "补偿原则"　罗伯特·诺齐克认为，在正常境况下，任何人都无权禁止他人做他愿意做的事情，"补偿"既针对受损者也针对冒险者，因为冒险者本人也付出了代价，他们经历了未冒险者所没有经历过的痛苦和危险，如果你要禁止，你就应当对被禁止者给予补偿，因为"只有在你已经补偿了那些被禁止者情况下，你才有权利去禁止他们"[59]。

⑧ "自由分配观"　罗伯特·诺齐克认为，分配的正义性不是基于"均等原则"，而是基于"人权至上"前提的自由分配，任何以损害个体权利为代价而纯粹追求财富均等或缩小差别的分配都是错误的。

⑨ "财产占有的正义"　罗伯特·诺齐克认为，财产占有的正义必须基于"人权至上，神圣不可侵犯"前提，财产占有的正义原则遵守三条规定。第一条："获取正义"原则（"占有"优先原则）。"财产的原始获取，即对尚未持有的物质的挪占"符合正义，"一个按照获取正义原则而获得某种财产的人有资格占有该物"。第二条："转让正义"原则。凡是建立于"人权至上，神圣不可侵犯"基础上，如自愿交换、合法转移、馈赠、契约、援助等，都是符合正义的，"一个按照转让原则而从另一个有资格占有该物的人那里获取该物的人有资格占有该物"。第三条："校正正义"原则，即对"财产占有的不正义的校正"。凡是违背"人权至上，神圣不可侵犯"原则的行为，如欺诈、拐骗、诱惑、盗窃等，不符合正义，必须给予校正，"除了通过反复运用规定的第一、二条外，任何人都没有资格占有该物"。

概括地讲，一个人如果按照获取正义原则和转让正义原则，或按照校正正义原则（由前两个原则指定）而有资格占有这些财产，那么，他的财产占有才具有正义性。据此还可以推论出，一个人如若他的财产占有从头到尾都是正义的，则他的整个占有或分配趋势便都具有正义性[60]。

⑩ "财产分配的正义"　罗伯特·诺齐克认为，分配的正义性不是基于"均等原则"，而是基于"人权至上"前提的自由分配，任何以损害个体权利为代价而纯粹追求财富均等或缩小差别的分配都是错误的。在财产占有的正义前提下，分配的正义才能展开，如果一种财产（财富）的分配符合每一个人的财产占有资格（权利），则为正义，反之，为不正义。因此，分配正义原则为："如果每一个人都有资格占有他在分配条件下所拥有的财产，则该分配就是正义的。"[61]

（21）哈耶克："价值分配原则"

奥地利裔英国新自由主义的代表人物哈耶克认为，在自由社会中，应该"按照一个人对他人的行动和对他人的服务之可见价值来分配"。此"价值分配原则"在社会层面尤其是资本主义社会具有进步意义，也为我国社会主义公有制条件下实现分配公正和共同富裕提供了一定意义上的伦理学术研究价值。

【注　释】

① 本章《孟子》篇均选自《十三经注疏》，中华书局1980年版。
② 详见章太炎发表于1906年的代表作《俱分进化论》。
③ 详见张东荪《兽性问题》，出自1926年8月刊于《东方杂志》第二三卷第一百一十五号。
④ 约翰·斯图尔特·密尔（John Stuart Mill，1806—1873），旧译称穆勒，其著有《功利主义》《论自由》《政治经济学原理》《代议制政府》等。而詹姆斯·穆勒（James Mill，1773—1836）则是约翰·斯图尔特·密尔的父亲，著有《论政府》一书。这两人都被翻译成密尔或穆勒，但今天大家所说的密尔一般是指约翰·斯图尔特·密尔，而把他父称为老密尔。老密尔是边沁功利主义忠实的继承者和践行者，他曾通过严格教育试图将其儿子约翰·斯图尔特·密尔也教育成为一名功利主义学者，不出其所望，约翰·斯图尔特·密尔在功利主义道路上走得比其父更远，在思想史上的地位也远比老密尔要重要。

【参考文献】

[1] 刘文英. 中国哲学史（下卷）[M]. 天津：南开大学出版社，2002.
[2] 吕希晨，陈莹. 精神自由与民族文化——张君劢新儒学论著辑要[M]. 北京：中国广播电视出版社，1995.
[3] 唐君毅. 道德自我之建立[M]. 北京：人生出版社，1963.
[4][5] 陈少峰. 中国伦理学史（下册）[M]. 北京：北京大学出版社，1997.
[6] 亚里士多德. 尼各马可伦理学[M]. 廖申白，译注. 北京：商务印书馆，2003.
[7][10] 宋希仁. 西方伦理思想史（第2版）[M]. 北京：中国人民大学出版社，2010.
[8][9] 马可·奥勒留. 沉思录——一个罗马皇帝的哲学思考[M]. 朱汝庆，译. 北京：中国社会科学出版社，1998.
[11] 周辅成. 西方伦理学名著选辑（上卷）[M]. 北京：商务印书馆，1996.
[12] 休谟. 人性论（下册）[M]. 北京：商务印书馆，1980.
[13] 霍尔巴赫. 自然的体系（下卷）[M]. 北京：商务印书馆，1999.
[14] 边沁. 道德与立法原理导论[M]. 牛津：牛津大学出版社，1823.
[15] 斯宾塞. 伦理学原理（第二卷）[M]. 纽约：查理斯父子出版公司，1896.
[16][17] 罗素. 为什么我不是基督教徒[M]. 北京：商务印书馆，1982.
[18][19][20][21][22][23][24][25][26][27][28][29][30][31][32][33][34][35][36][37][38][39][40][41][42][43][44][45][46][47]

[48][49][50][51][53][54][55][56][57][58][59][60][61] 万俊人. 现代西方伦理学史（下卷）[M]，北京：中国人民大学出版社，2010.

[52] 约翰·罗尔斯. 正义论（第1版）[M]. 何怀宏，何包钢，廖申白，译. 北京：中国社会科学出版社，1988.

第三章
网络应用中的道德评价问题

我们在探讨了中西方经典应用伦理思想后，就有必要来进一步研究和掌握网络应用中的道德评价问题了。这种网络应用中道德评价问题的核心要素主要涉及一些基本的应用伦理学原理和规律。这些原理和规律分布于道德原则、道德行为、道德选择和道德评价等方面。本章主要讲述什么是道德原则、道德行为、道德选择与道德评价，主要典型的道德原则有哪些，道德行为该如何研判，道德行为与非道德行为该如何区分，道德的行为与非道德的行为又是怎么回事，道德选择如何展开，面对道德冲突该如何选择，什么是道德代价，面对道德代价我们又该如何抉择以及如何开展道德评价，等等。

3.1 基于特定立场的道德基本原则

在人类的生活实践中，"道德"这个概念如同政治、经济、法律等概念一样，是人类现实社会生活中不可缺少或无法抹去的一种客观存在，因此，作为支撑"道德"或"道德现象"的道德原则也就成了绕不开的话题。道德原则作为一种处理主体与主体、主体与客体相互关系的伦理性存在，集中地体现在个人与他人、个人与集体、社会与自然等的相互关系上。为了便于处理和调节这种相互关系，经过人类长期的社会生活实践，人们便概括、总结出了诸如个人主义、利己主义、利他主义、功利主义、人道主义、集体主义等基本指导思想作为道德基本原则。

在伦理学意义上，作为概念或定义存在的"道德基本原则"，确切地说，是指用来处理人与人、人与社会、人与自然等各种利益关系的基本道德准则，是用以调节、调解或调整人们之间、人我之间甚至是人与物之间相互关系的各种道德规范要求的极具前提性和极具根基性的指导原则，因此，我们有时候又称之为"道德根本原则"。

一般来讲，不同的阶级、阶层或利益集团，由于他们以利益形式表现出来的经济地位或经济基础不同，他们之间的道德立场一般也是不同的。在道德立场不同的前提下，道德立场所表征出来的道德基本原则必定也不同。基于特定道德立场的道德基本原则主要有以下几种，现介绍如下。

3.1.1 功利主义或最大幸福主义道德原则

功利主义（又称最大幸福主义）作为一种道德原则，是西方世界一种有巨大社会影响的伦理思潮，具有深刻的历史渊源。因此，我们必须对其展开历史性考察并作深入分析研究。

一、对功利主义或最大幸福主义道德原则的历史考察

功利主义道德基本原则是指将实际功效或利益作为道德评判最基本标准的伦理观点。该观点最早萌芽于培根和霍布斯的伦理学说中，18世纪的哈里森·孟德威尔和斯密对其都有一定的发展。功利主义的集大成者和代表人物则是18世纪末19世纪初英国哲学家边沁和密尔，边沁和密尔最终将其建立成一种系统的有严格论证的伦理思想体系。边沁在《道德与立法原理导论》中首先使用"功利原则"这一概念，他认为，行为的动机在于快乐和痛苦，道德的评判标准是功利原则或"最大幸福原则"，他解释说："赞成或不赞成任何一种行为，其根据都在于这一行为是增多还是减少利益当事人的幸福。"[1] 密尔继承边沁功利原则，自称是第一个使用"功利主义"这一概念的人，他在《功利主义》中说：功用是道德基础，亦即最大幸福，行为之"是"与它增进幸福的倾向为比例，行为之"非"与它产生不幸福的倾向为比例。[2] 由此可见密尔和边沁一样，把功利主义理解为最大幸福主义，幸福就是快乐，不幸就是痛苦。不过密尔在继承和论证边沁的功利原则问题的基础上更进一步，要求不但区分快乐的量，而且区分快乐的质，认为"一个不满足的人要比一头满足的猪要好些"，强调只有精神上的宁静才是真正的最大的善（幸福）。马克思和恩格斯在指出这种思想的谬误时，肯定它至少有一个优点，即表明了社会的一切现存关系和经济基础之间的关系。边沁和密尔的功利主义（最大幸福主义）是对自古希腊罗马时期的哲学家亚里斯提卜、伊壁鸠鲁、卢克莱修，贯穿到近代英国学者坎伯兰、哈奇逊、休谟等以及法国学者爱尔维修、霍尔巴赫等快乐主义思想的直接继承并加以发展，单就这一点来看，功利主义与幸福主义、快乐主义甚至是利己主义有明显的内在渊源和理论默契。

在功利主义思想家看来，人是趋乐避苦的，道德原则在于顺应人趋乐避苦的天性来调节个人与他人、个人与社会之间关系。功利主义认为，社会利益是一种虚构的利益，不具有个人利益那样的真实性，只是个人利益的简单算术式相加，因而在个人与他人、个人与社会之间关系上应当以个人利益为基础，社会利益应当服从个人利益，从而增大人们的最大幸福，最终实现增进个人的最大快乐。也就是说，功利主义道德基本原则是在基于"趋乐避苦""趋利避害"哲学思想基础上的一种利益调节方式，试图用来调节个人与他人、个人与社会的利益关系，"个人利益是唯一现实的利益"，"社会利益只是一种抽象，它不过是个人利益的集合"。在功利主义学者看来，基于个人利益的简单相加得来的社会利益是一种虚幻和虚构的集合，因而是不真实的，只有个人利益才是真实存在的。要想增加人们的幸福，方法只有一个，那就是无限增加和放大

单个人的最大快乐。在功利主义者看来，个人利益是社会利益与个人利益相统一、相一致的基础。强调社会利益、集体利益是一种别无他法的权宜之计，归根到底还是在于个人利益。

这种功利主义道德基本原则受到来自美国实证主义倾向的伦理学家摩尔（1873—1953）等人的猛烈抨击，摩尔在《伦理学原理》一书中指出：边沁和密尔的功利主义的快乐原则是一种"自然主义谬误"之说。马克思也指出，把人与人、人与社会的一切关系都归结为功利原则的评判标准是愚蠢之举，是一种形而上学的抽象应用。

在我们今天看来，边沁和密尔的功利主义（最大幸福主义）伦理原则属于"前功利主义"（又称老功利主义）。由于"前功利主义"种种弊端，在当代西方伦理学界出现了"后功利主义"（又称新功利主义）思潮，主要有两种流向：规则（或准则）功利主义和行为功利主义。规则（或准则）功利主义沿袭边沁和密尔"前功利主义"的"快乐就是幸福、不幸就是痛苦"的效用原则和个人最大幸福思想，强调不要看特定的情境，要看一般情况下（即从抽象的、一般的规则出发）服从这个规则会带来怎样的功利效用。也就是说，行为功利主义与规则（或准则）功利主义是两种对立的伦理学争论，区别在于：把行为结果的善恶作为决定行为的正确与否，着重看行为本身还是行为规范的不同。行为功利主义把具体行为境遇（此时此地）理解为个别的行为，直接以行为结果判断行为的正确与否。规则（或准则）功利主义则把行为本身理解为行为的类，它不以每一特殊行为（此时此地）的结果来判断行为的正确与错误，而是以泛化了的普遍的抽象行为的结果作为判断行为正确与否的标准。当代持行为功利主义观点与持规则（或准则）功利主义观点的伦理学者争论不休，其实，这两种功利主义没有清楚的界限，道德行为必然形成其规则，而规则也一定体现于行为之中。从根本上看，二者在功利主义原则问题上并无二致，其实质都是在修正"前功利主义"的严重反义务论思想，企图以功利效用原则的道德具体行为或抽象泛化的一般道德规则来调和功利主义内部派别分歧。"一般说来，或至少在适当的情况下，人们将直接使用功利原则来说明什么是正当的、尽义务的；换言之，就是通过了解哪种行为将促使或可能促使世界上的善最大限度地超过恶来说明什么是正当的、尽义务的。"[3]

二、对功利主义或最大幸福主义道德原则的分析和评价

在马克思看来，功利主义把现实生活中的一切利益关系都归结为功利关系，并用功利主义方法论来论证其合理性，从表面上看似乎是合理和科学的，但实际是一种脱离现实的形而上学论证，是很愚蠢的。[4] 不可否认，后功利主义修正了前功利主义的不少偏颇观点，相对来讲具有某些进步意义。但从根本上和本质上讲，后功利主义在看重个人利益，轻视社会、集体利益，重效果、轻动机等方面继承了前功利主义思想，是前功利主义在当今时代下的一次变种。

首先，无论前功利主义还是后功利主义（准则功利主义和行为功利主义），二者都是基于抽象的人性论："趋乐避苦"、"趋利避害"或"自私自利"（资产阶级思想家所认为的人性论，其实质是人的自然属性），人的天性（准确地说应该是人的自然属性，

而非真正的人性）是以"趋乐避苦""趋利避害"等历史唯心主义人性理论假设为出发点，没有脱离资产阶级所坚持人性论调的窠臼。在马克思主义看来，功利主义人性假设——"趋利避害"——只是人的自然属性，或者说是动物的本能反应和表现，人的真正本质属性应该是人的社会性，应该建构在人的本质在于他的社会历史性这一历史唯物主义观点的层面上，即"人的本质不是单个人所固有的抽象物，在其现实性上，它是一切社会关系的总和"[5]。

其次，应当强调指出，在阶级社会里，功利主义还具有强烈的阶级色彩，没有所谓的超阶级的功利主义。就前功利主义（老功利主义）来说，是资本主义社会生产资料私有制经济基础在经济自由竞争时期的必然产物，是资产阶级个人利益与资产阶级整体利益（社会利益）矛盾激化的产物。就后功利主义（新功利主义）来说，是资本主义社会资产阶级固有矛盾在新时期条件下不断趋于激化的产物和表现。

再次，资产阶级的功利主义割裂了或至少没有摆正个人利益与社会利益及其之间的相互关系。功利主义认为，社会利益是一种虚构的利益，不具有个人利益那样的真实性，因而没有必要纠缠社会利益，社会利益也只是个人利益的简单算术式相加，因而在个人与他人、个人与社会之间的关系上应当以个人利益为基础，社会利益应当服从个人利益。在功利主义者看来，强调社会利益只是一种别无他法的权宜之计，在马克思主义看来，这是十分荒谬的。诚然，确实存在虚假的社会利益，资本主义社会虚假的社会利益处处存在，确实让功利主义思想家蒙蔽了双眼。但在真实的社会利益中，如果没有支撑社会利益的"一切社会关系的总和"，个人利益又如何得到有效保障？另外，功利主义强调个人利益至上，强调社会利益服从个人利益，一旦让"个人利益"凌驾于"社会利益"之上，功利主义的最终结果只能是利己主义。

最后，功利主义一般不要求个人在利益上作出任何牺牲，即使强调在某种条件之下牺牲个人利益，也只不过是一种权宜之计。功利主义认为无论人还是动物的所谓"利他"，都是违背"趋乐避苦"和"趋利避害"的本性（资产阶级思想家称之为人性，我们称之为生物本能），都是道德层面上的恶。从马克思主义观点来看，为了他人利益、真正的集体利益和真正的社会利益，在必要的条件下作出必要的"个人牺牲"是合理的，当然，马克思主义同样也反对不必要的无谓牺牲。

因此，在马克思主义看来，我们不是一般意义上的反对功利主义，而是反对资产阶级狭隘的、利己的、极端的功利主义，主张以无产阶级和广大人民根本利益为最高道德标准的"功利主义"，亦即真实的集体主义道德原则的"功利主义"。

3.1.2 利己主义与个人主义道德原则

在伦理学发展史上，利己主义道德原则和个人主义道德原则都是属于有比较深厚社会基础和历史渊源的道德原则，再加上利己主义道德原则和个人主义道德原则这二者之间又存在错综复杂的内在联系和历史因缘关系，为了全面了解其来龙去脉以及深入把握其内核，必须对这两种道德原则做历史性考察和分析研究。

一、对利己主义（兼个人主义）道德原则的历史考察和历史审视在中国古代，如战国初期的主张"重生贵己"的杨朱（又称杨子）就是被认为是利己主义思想及利己主义道德原则的建构者和拥护者。杨朱的惊世名言"拔一毛而利天下，不为也"就是对利己主义最为经典的概括。在杨朱看来，"身者，所为也；天下者，所以为也"（《吕氏春秋·审为》）。在"身体"与"天之下万物"关系上，"身体"是本，"天之下万物"是末，因此不能"断首以易冠，杀身以易衣"（《吕氏春秋·审为》）。在如何增进个人与自我利益上，道家经典人物庄子和杨朱一样说得也很明确，庄子进一步认为，"为善无近名，为恶无近刑，缘督以为经，可以保身"（《庄子·养生主》）。由此可见，作为道家代表人物的庄子和杨朱一样都是"贵己重身"者，但不同的是，庄子虽然有利己主义思想倾向，但其本质在于重视个人的存在价值和现实意义，而杨朱在中国历史上，则一般被理论界认为是比较典型和老道的利己主义代表人物和标志人物。

在西方世界，利己主义常常是伴随着个人主义发展而发展的。在古代希腊时期，智者学派关于个人地位与作用的独立思考，堪称西方个人主义思想发端。伯利克里关于个人主体性地位的认识中，始终认为"人是第一重要"；普罗泰戈拉以人为评价标准，明确提出"人是万物的尺度"的道德命题，这与以往普遍以物为评价标准的"逻各斯"的命题提法存在明显不同，把人抬上了重要位置；随后的快乐主义代表人物伊壁鸠鲁等人进一步认为，人人都在"追求快乐"和"避免痛苦"，这是人在自然面前的一种生存方式和应当行为，没有什么比这种行为更重要，等等。这些新思想还是主要强调人作为类属上的整体性存在，重视人相对于物的地位和价值，在当时的历史背景下具有一定的历史进步意义和人文学术研究价值。

欧洲中世纪在经历长期的对个人主体性地位和个人存在价值的否定（禁欲主义）之后，尤其是在文艺复兴时期，迎来了个人主义思潮的极大发展，人文主义思想家们注重个人的个性解放，强调个人的自由、价值与权利，个人的社会平等权，发挥个人的创造创新潜力以及个人积极性、主动性等。文艺复兴时期的先驱者但丁认为，每一个人都有自己的生活样式，不必在意别人的看法和说辞，个人为自己意志负责即可。号称人文主义之父的弗朗西斯则强调个人应当追求眼前与现实的尘世生活。伯拉雷在《巨人传》中指出，个人应当"想做什么就做什么"。这些极具个人主义倾向的思想在反对欧洲中世纪基督教神学禁欲主义和封建专制主义，主张资产阶级个性解放和个人权利与自由方面，相对于古希腊时期把人作为整体性来理解的人本主义已经有了巨大进步——把人作为现实感性的一个个活生生的个人，应当值得肯定和赞许，是一种历史性进步。

西方17、18世纪的霍布斯、洛克、孟德维尔、斯宾诺莎、爱尔维修等人则认为"一己私利"是追求感官上的"快乐"，他们所标榜的"快乐主义"实质就是利己主义的最经典的翻版。霍布斯从"人的本性是自私的"人性论观点和前提出发，认为人与生俱来的目的就是追求个人利益，为个人利益而进行的一切活动都是正当的。然而在自然状态下每一个人的个人利益因为得不到有效保障，所以"人对人就像狼一样"，主张"一切人反对一切人的战争"是自然状态下的人的自然行为，因此，需要道德与自然法来保证个人利益在由自然状态进入社会状态后相对能有保障。霍布斯把道德伦理的调节作用视为唯一的功利关系，维系这种功利关系的基本原则就是一种公开的利己主义。洛克反对霍布斯公开的利己主义，提出了合理的利己主义思想，强调不能为了个人利益而损害国家和社会的利益。为此，洛克主张利用契约精神，个人把属于个人自己的一部分权利通过签订契约的办法上交给社会和国家，以此使个人利益得到有效维护和保障。洛克的个人主义思想观点为现代西方个人主义道德原则打下了坚实的思想基础。爱尔维修则从"利己主义"人性论前提出发，认为人的利己本性永远不会改变，道德的判断标准就应当为维护人的利己本性而设定，但每一个人在追求个人利益的时候不得和不应当损害他人利益和社会利益，因为他人利益和社会利益是个人利益的总和，如果增进社会利益，也就在增进个人利益，所以，人应当把"合理利己主义"当作一种当然的道德原则。利己主义思想从抽象的人性论观点出发，经过众多资产阶级思想家的不断修正，已经发展成为一种非常系统和完整的道德学说理论体系，把几千年来剥削阶级信奉的"人不为己，天诛地灭"的道德观念演绎得淋漓尽致，被看作是人类不变的"自私自利"自然本性，也作为一种普遍的道德认知被信奉，有相当广泛的社会基础和社会影响。利己主义与历史和当代的快乐主义、功利主义甚至是利他主义都有一定的因缘关系。从古希腊快乐主义思想家伊壁鸠鲁等人，到近代霍布斯、斯宾诺莎、爱尔维修等人，都把"一己之私利"看成并等同为"一己之快乐"，是故，利己主义也往往被称为快乐主义。不但如此，在 G. E. 摩尔看来，"利己主义者往往既可以表现为追求个人快乐的快乐主义者，又可以表现为追求个人最大幸福的功利主义者，甚至还可以表现为以'爱他的邻居'为一己快乐的手段的利他主义者。"[6]

从历史与现实生活角度看，利己主义也可在其利己程度上和范围上细化为以下四种情况：单个人利己主义、群体式利己主义、极端利己主义和合理利己主义。具体说来如下。

（1）单个人利己主义。这种单个人利己主义在资本主义社会比较盛行，就是资产阶级思想家所鼓吹的"自我一致"利己主义。他们从抽象人性论和人性前提出发，认为"自私自利"是人的本质，"自爱"是人的必然的行为法则，道德作为评价标准应当顺应人性的"自私自利"，把单个人"一己私利"视作一种合理的价值存在，每个人自我的"自利"都超越和重于社会利益和国家整体利益，也超越和重于他人利益。一切为了单个人自己利益，算计和计较单个人私利的得失利害，不愿为他人、集体、社会和国家利益牺牲属于单个人或自己的任何东西。单个人利己主义不是一两个人的利益行为，而是个人利己行为在社会层面上的每一个人的个人常态化行为，在资本主义社会是一种社会常态化状态下比比皆是的现象。

（2）群体式利己主义。这种群体式利己主义在封建社会比较典型，在资本主义社会也较为常见，通常表现为现实生活中的家庭家族式和宗派形式下打着的"集体主义"幌子，还表现为企业行业和行规形式的"集团主义"，还有的是地方区域式的"社群主义"，阶级阶层式的利己主义、社会层级式的利己主义、法西斯专制式利己主义等等。在马克思主义经典思想家看来，这种群体式利己主义往往被批评为山头主义、小集团主义、本位主义、宗派主义、地方主义、狭隘的民族主义，甚至是大国沙文主义等等。这种以某种"集体"形式出现的利己主义具有一定的虚伪性和欺骗性，容易使人认为是一种真正的集体主义道德原则。群体式利己主义往往打着"集体主义"旗号，把个人所在的小集团利益看得高于一切、重于一切，不择手段为小集团利益服务，其实质是放大了的个人利己主义。

（3）极端利己主义。这种极端利己主义直到目前为止，存在于除原始社会以外的一切社会形态之中，虽然在人数上不具有社会普遍性，但存在于相对较少的个人和群体之中，其社会危害性极大。这种极端利己主义奉行"人对人就像狼一样"和"一切人反对一切人的战争"的人类社会丛林法则，主张个人一己私利高于一切，膨胀个人利益并将个人一己私利赤裸裸地凌驾于他人和社会利益之上，完全视他人和社会为达到自己目的的工具和手段，自认为自己的存在是唯一的目的性存在。这是一种赤裸裸的利己主义，其社会危害和负面影响极大。

（4）合理利己主义。这种合理利己主义在近代西方社会比较流行，它的理论基础来自18世纪法国思想家爱尔维修、霍尔巴赫和德国的唯物主义思想家费尔巴哈等人的思想。他们从"自私自利"的自然人性出发，认为个人利益是个人一切行为的出发点和最终落脚点，人人生而平等，追求个人自由、平等和人权是个人正当的行为，个人利益的维护需要个人自己争取，因而个人利益是合理的，只要在获取个人利益的同时不损害他人利益、社会利益的情况下，就应当得到社会普遍的承认和认可。因此，这种利己主义又被称作为"不损人的利己主义"。这种思想对马克思主义理论有不小影响，比起极端利己主义也进步了许多。但我们也应当看到，在近代资本主义社会由于其生产资料私有制的经济基础的存在，"不损人的利己主义"很难在社会上得以实现和推行。从"合理利己主义"出发，当个人利益与集体利益、他人利益发生矛盾和冲突时，既然必须利己就必然会去损人、损集体、损社会、损国家，即使不损人不损集体，也会去损公肥私、中饱私囊。可见，所谓的合理利己主义只是一种道德理想而已，其最终命运结果也是倒向极端利己主义或群体利己主义怀抱。原因就在于合理利己主义无论如何包装自己，终究是利己主义，在实践层面上，最终于社会、于他人甚至最终于利己主义本身都是在实质上的有害无利，尽管这种利己主义在表面上看起来对利己主义本身是有利的。

另外，合理利己主义按照利己主义在当今时代自我包装的程度，还可以细致划分为以下两种：一种是普通利己主义或一般式利己主义，另一种是精致利己主义或高智商利己主义。普通利己主义或一般式利己主义也就是托克维尔所说的"温和的利己主义"，这种利己主义在一般情况下显现得比较客观实在，没有更多的掩饰、矫情或遮掩，公开为一己私利呐喊、代言和服务，显得相对平和、实在、真实，除了只注重个人或自己所在的小集团范围的利益外，不以损害他人或社会为实现自己利益的目的和手段。而现如今的精致利己主义或高智商利己主义相对显得矫情或掩饰，经过精心打扮甚至伪装，显得高智商、世俗、老道，更善于利用各种机会主义形式达到自己的目的。这种利己主义有时候在强调利己的同时也虚伪地强调利他和利社会的一面，认为只有考虑到他人和社会的适当利益时,才能更好地保护自己的实际利益。高智商是精致利己主义最大特征,是"精致"和"利己主义"二者的结合,具有很强的虚伪性、欺骗性和狡诈性。

从个人主义和利己主义的区别和联系看,虽然利己主义在总的历史发展过程中随着个人主义发展而发展,二者也都强调个人的重要性,但二者区别也是明显的,利己主义往往表现得更加自私自利,强调"一己私利"的至上性甚至是无限至上性,看重自我私利的得失,把善恶是非的道德评判标准定格在"一己私利"上,甚至为此不惜牺牲或损害他人、集体和社会利益;而个人主义相对于利己主义表现得相对公允,个人主义含有合理利己(正视个人合法利益)的成分,如强调个人的人权,个人的价值与尊严,个人的社会平等权利,强调个人的主体性地位,注重个人的道德良心、美德和愿意一定程度上的自我牺牲行为及承载、发扬一定程度上的个人牺牲精神,还强调个人活动和个人价值在社会历史发展中的作用等等。不可否认,无论利己主义还是个人主义都曾经在人类发展史和人类文明史上,尤其在西方世界反封建专制主义、特权等级、教会势力等方面,起到了非常积极的作用。

无论利己主义还是个人主义在本质上和形式上都是与集体利益相对立的。在个人主义和利己主义看来,集体主义反个人、轻个人甚至是迫害个人自我利益正当性,不尊重个人自我价值、尊严、自由和平等权利,因而必须要用个人至上或自我私利取而代之。事实上,集体主义原则并不因重视和强调集体利益的重要性而否认或无视个人与自我利益的正当性、合法性。个人或自我利益、价值、尊严、自由和平等权益是集体主义道德原则的应有内涵和涵括的应有之意。在个人或自我问题上,集体主义与利己主义、个人主义的差别在于:集体主义不是从虚无缥缈的个人抽象概念为出发点和落脚点来实施道德评价,而是把道德评价问题以及道德评价对象——人——的问题放在具体的、历史的社会生活实践之中进行的。利己主义和个人主义所主张的抽象的"人性自私本性"的人性论观点,从根本上违背了马克思主义"人性是具体的历史的"人性基础观点,马克思主义从人的社会历史性出发,认为人的"自私自利"不是先天具有或与生俱来的。"自私自利"只是在生产资料私有制经济基础的社会形态中才产生、存在和发展的,同时人类社会生产力发展不足、不充分,物质财富发展不充足和不平衡等也是导致"自私自利"行为存在的重要因素。在原始社会里,没有私有观念和利己行为,在将来的共产主义社会也不会有私有观念和利己行为,这都说明基于抽象人性论观点得出的"自私自利",连同利己主义和个人主义一样都将不会永恒存在,终究将湮灭于人类历史长河之中。

二、对个人主义道德原则的历史考察和现实反思

个人主义是以生产资料私有制为经济基础的社会的必然产物,在资本主义社会里尤为盛行,还一度被视为社会的普遍道德原则。个人主义道德原则从抽象的人性论人性基础出发,其理论渊源可以追溯到古希腊哲学家普罗泰戈拉提出的"人是万物的尺度"的命题,即个人主义道德原则最为经典的重要表述。近代资产阶级代表人物霍布斯则基于"人的本性是自私的"理论前提,认为人活动的所有目的就是在追逐个人利

益的道路上不停地赛跑，霍布斯认为，人与人相互关系是"一切人反对一切人的战争"，因而人类社会遵循动物世界的"丛林法则"，即人处于"人对人就像狼一样"的生存行为状态。除霍布斯外，洛克、亚当·斯密、尼采等人在其伦理学说中都有比较系统全面的论述，他们把个人主义普遍化为个人行为的合理原则，并使之成为道德的主要内容和判断善恶的重要标准，进一步使个人主义的理论观点得以系统化。

自19世纪中期开始，个人主义开始出现与利己主义相区别的相对独立的思想体系，也是在西方进入19世纪和20世纪后，个人主义思想系统化和理论化才进入成熟时期。空想社会主义者首先将"个人主义"，作为"社会主义"的相对术语使用，但对"个人主义"还没有明确的概念。直至19世纪法国思想家托克维尔将"个人主义"作为明确概念与"利己主义"加以相区分，他说，"个人主义是一个新的观念创造出来的一个新词。我们的祖先只知道利己主义。"[7] 托克维尔认为，个人主义是民主制度的产物，正是因为民主制度才造就一个个身份平等的人。个人习惯于自己掌握自己的命运。20世纪实用主义者美国人杜威为了修正个人主义弊端，将个人主义注入了新内容进而提出了与"旧个人主义"相对应的"新个人主义"概念。其认为货币造成个人"个性"泯灭，认为个人不应不停地忙于赚钱和舒适生活，而是应发挥个人的积极性、主动性和进取精神，展现个人应该具有的发明创造力、开创进取力和新活力。当代美国学者哈耶克指出，今天的个人主义和利己主义、自私自利没有必然关系。哈耶克认为个人主义只是把个人当作人来尊重，把自己的看法和趣味视作自己范围内至高无上的权利。个人主义道德原则与私有财产制度相适应，在政治上要求自由、平等与人权，反对国家和社会过度干预个人生活；在个人生活中主张个人自己奋斗，自己对自己行为和结果负责。在当时的历史条件下具有不少进步意义。

在伦理学发展史上，由于利己主义道德原则和个人主义道德原则都是属于有比较深厚社会基础和历史渊源的道德原则，同时，又由于利己主义道德原则和个人主义道德原则这二者之间内在错综复杂的联系和历史因缘关系，再加上个人主义作为一种道德原则与集体主义道德原则在本质上是根本对立的，个人主义崇尚个人利益的至上性，因此，从集体主义道德原则角度看来，容易把个人主义等同于利己主义，不加区分或非理性地排斥。其原因主要来自两大方面：一方面，从认识论角度来看，人们习惯上往往容易把个人主义理解为利己主义或把二者相提并论并加以排斥，因此，在我国，个人主义一直被当作集体主义道德原则的对立物存在着，成为类似于"自私自利""自我中心""损公肥私"等的代名词，这也确实误解或曲解了个人主义的本真内涵。事实上，集体主义道德原则在主张集体利益至上的同时，也并不一般意义上地反对个人主义，而是在主张集体利益与个人利益这二者利益兼顾的情况下，反对不正当的个人利益或极端的个人主义利益。另一方面，由于个人主义与利己主义存在一定的历史因缘和错综复杂的内在联系，也容易使人们在情绪上产生排斥心理，如排斥利己主义一样排斥个人主义。事实上，个人主义道德原则与把个人一己私利得失始终视为唯一衡量是非标准的利己主义道德原则不同，个人主义道德原则含有合理利己（即正视个人合法利益）的成分，如强调个人的人权、个人的价值与尊严，强调个人的平等权利，强调个人的主体性地位等等，与利己主义道德原则在本质上也有一定的区别。个人主义也一而再再而三地申明自己与利己主义的本质区别，表明自己在崇尚个人至上时仅仅管自己干什么，而不管别人在做什么，更不会损害他人、社会和集体的利益来达到自己个人的目的。尽管如此，利己主义道德原则与个人主义道德原则无论如何确实有着某些相似甚至是部分相同之处，但利己主义道德原则的基本特点是以自我为绝对中心，以一己私利为自己思想和行动的绝对准则和作为自己是非对错评价的核心与标准。利己主义强调个人权利和个人利益的绝对至上性，个人私利高于其他一切，自己是唯一的目的性存在，其他人或社会都只是充当自己目的性存在的工具和手段。利己主义道德原则与个人主义道德原则都是产生于生产资料私有制经济基础之上，是在私有制社会土壤中孕育和诞生的，在人类社会的长河中，只要私有制土壤存在，二者将会长期存在，不会马上消失，但随着私有制土壤的最终消失也终究走向消亡。

对个人主义道德原则的反思，学界有两种对立的声音：一种认为，社会主义社会要坚持集体主义道德原则就必须反对个人主义；另一种则认为，个人主义道德原则曾经在历史上有过巨大作用，在今天社会主义市场经济建设中也有不可小觑的现实价值，因此，还需要个人主义道德原则来引领社会主义市场经济的快速发展。对于这两种极端化观点，我们必须旗帜鲜明地加以批判和坚决反对。诚然，个人主义强调个人积极性、主动性和个人的创造价值，主张个人的自由、平等和个人的人格、价值、尊严，在唤醒民众的个人自我意识，鼓励民众大胆追求个人生活、发挥个人自身潜力等方面确实具有非常积极的作用，但其主张以个人利益为尺度，视个人利益为神圣目的，以个人利益为每一个人的一切行为评价标准是根本错误的。个人主义在个人与他人、集体和社会方面，把个人视作唯一的目的性存在，而把他人、集体和社会仅仅视为工具性手段存在，颠倒目的与手段并绝对化目的和手段也是十分有害的。另一方面，坚持集体主义道德原则并不是一般意义上的绝对反对个人主义。事实上，个人主义所主张的合理或合法的个人利益，也是集体主义道德原则所支持的。对集体主义道德原则的坚持和维护并不是建立在对个人主义的一味地反对上，而是应当辩证看待和汲取个人主义所主张的合理成分。

对个人主义道德原则的反思与评价，必须把个人主义放回原先具有的历史环境中来分析和理解。个人主义主张的个人主体性地位、个性解放和个人积极性、主动性和个人的创造价值的发挥，是在反奴役、反封建、反宗教和反禁欲主义过程中逐渐显露出来的，具有历史进步性。个人主义高举人权、自由和平等，高扬个人人格、尊严与价值，解放个人等具有明显的反封建性。个人主义其合理成分不仅完善了个人，也推动了资本主义政治、经济和社会的发展。这些对个人主义道德原则的历史考察，说明我们不能简单否定个人主义作为道德原则对西方社会所具有的合理性和进步性，但是，这也并不必然说明个人主义道德原则在我国存在就是合理的和进步的，这是我们必须要加以强调和说明的。

第一，从集体主义道德原则与个人主义道德原则的区别和联系来看，无论是集体主义道德原则还是个人主义道德原则，都是把对方视为与自己截然不同的一种价值存在。在个人主义道德原则看来，集体主义是一种反对个人，轻视个人甚至是迫害个人，无视个人自我利益正当性，不尊重个人自我价值、尊严、自由和平等权利的道德原则，因而必须先欲用个人本位或个人利益至上取而代之而后快之。事实上，集体主义原则并不因重视和强调集体价值和集体利益的重要性而否认或无视个人与自我个人利益的正当性、合法性。个人或自我利益、价值、尊严、自由和平等权益是集体主义道德原则的应有内涵和涵括的应有之意。所以真正把集体主义和个人主义对立并割裂开来，把个人与社会对立并割裂开来，使个人在集体与社会中实现个人权益尤其是个人合法权益受阻碍的不是集体主义道德原则，而恰恰是个人主义道德原则本身。从表面上看，个人主义道德原则主张个人至上和个人本位，既不亏欠他人，也不会窥视和寻探他人，更不攫取和损害他人利益，不从他人那里拿走什么，一切皆靠自己，一切皆与别人无关，所以他人、社会和集体就不应该反对个人主义道德原则的存在和发展。事实上，个人主义仅把个人的命运系于个人的奋斗，而一旦发展成为个人主义的个人由于脱离他人、社会和集体而孤立存在，到最终必然不顾家庭亲情、社会友情而妻离子散、朋走友飞、众叛亲离，个人主义所主导的个人将永远是"孤独的个人"，这样的社会就变得十分可怕。

第二，在对待个人利益与集体利益上来看，个人主义道德原则和集体主义道德原则有着截然不同的标准。个人主义道德原则以个人利益是否得到满足为根本判断标准，只有个人利益得到有效维护和有效满足才是道德价值上的善，危害或损害个人利益以及个人利益不能得到有效满足就是道德价值上的恶，正如爱尔维修所说，"个人行为是个人行为价值的唯一而且普遍的鉴定者"[8]。个人主义道德原则往往把集体利益或社会利益看作是虚伪或假体，在他们看来，即使存在集体利益或社会利益，也只不过是众多个人利益的算术法简单相加，即便如此，加起来的意义在哪？所以，在他们看来，集体利益或社会利益是虚幻和不切实际的，只有个人利益才是真实和现实的，因而，集体利益应当从属于个人利益。关于这一点，个人主义道德原则和边沁、密尔的功利主义道德原则并无二致。但从集体主义道德原则角度来看，真实的集体利益才是具有道德价值的，因此，真实的集体利益是否得到真正落实和维护是个人道德行为的评价依据。需要指出的是，集体利益并不一定都是真实的集体利益，那些与个人利益相对抗或排斥个人利益的虚假集体利益，并不能真正把个人正当合法利益视作自己集体利益的一部分，并辩证统一和有机对待个人利益。在集体主义道德原则看来，集体利益并不是众多个人利益的算术式简单相加，个人利益和集体利益应当建立辩证统一关系，这种辩证统一关系是既包含个人利益又高于个人利益的一种真实的利益集合体。同时，这种真实的利益结合体或真实的集体利益并不反对一般意义上的个人利益，而是反对个人通过非法非正义手段攫取的个人利益，也就是说，只有那些与真实的集体利益获得在手段和目的上始终保持一致的个人利益，才是真实集体利益所支持、赞许和保护的，也是真正的集体利益的内涵和内有本意。因而，个人利益应当服从于真实的集体利益，在此基础上，个人利益与集体利益才能建立起辩证统一的有机关系。

第三，从个人主义道德原则的人性论基础来看，从理论根源上讲，个人主义道德原则是建立在资产阶级思想家所认为的抽象人性论的前提和基础上的。资本主义学者立足抽象人性——"人的本质是自私的"这一观点，认为人与生俱来"自私自爱"，由此得出人的本质就是自私的，并用这一狭隘偏见的观点企图说明个人主义的合理性，这是站不住脚的，更是反科学的。正如马克思主义经典作家所说，"人的本质不是单个人所固有的抽象物，在其现实性上，它是一切社会关系的总和。"[9] 其实，人性与人的根本属性不是一回事，不能画等号，属于两个完全不同的概念。人的属性所表征出来的特征是多样的。人的属性既有存在于自然界的生物学意义上的属性，也有存在于人类社会的人类所特有的社会学意义上的属性，既有政治学意义上的属性，也有精神文化意义上的属性，还有宗教学、民族学、经济学、伦理道德学等层面上的属性特征。另一方面，人性这个概念也不是抽象的，一成不变的，而是具体的、历史的、复杂多变的。把人的某种属性问题归结为人性，等同于人性并抽象化理解人性，在本质上是错误的、荒谬的和危险的。资产阶级学者们把人的自然属性与抽象人性混为一谈，如果不是先天的阶级局限性所致，就是后天理论素养上的不足，抑或是故意混淆视听，以达到不可告人的或别有用心的邪恶目的，需要我们引起高度的和足够的警惕。资产阶级及其代理人——资产阶级思想家、理论家，把人的自然属性看作人性，并把人的特定自然想象说成是人性，在理论上企图使用人的自然生物属性的某些特征阐述政治学、社会学等只有人类社会才独有的政治现象、社会现象显然是经不起理论推敲和逻辑演绎的。事实上，在人的属性中最根本、最本质、最重要的属性不是人的自然生物属性，而是人的社会属性。在人的社会属性中，最关键、最本质、最核心的东西就是人的本质问题。事实上，人的本质问题是人对自身生活于其中的特定的社会关系及其把握这种既定的社会关系尤其是物质生产关系，并从事生产劳动、制造生产工具，结成人与人之间物质利益关系的一种能动性的特殊表达的问题，这是人区别于其他动物的一种特殊本质，即人之所以为人的标志。人在其他层面上的属性都受这种本质属性的限制和规定。这也从侧面说明，人的"自私"与"自利"并不是生而有之的，而是后天多种因素相互作用的一种特殊现象和表露。在这些影响因素中，尤其需要强调的是，生产资料私有制的私有属性对人所表征出来的"自私"或"自利"起到了至关重要的作用，甚至是决定性作用。当然，其他因素的影响作用也不可小觑，如后天的教育、人长期成长于其中的环境、个人特殊的人生际遇等。总之，把人的某些自然属性上的特殊表征看作人性，是一种偏颇认知，这恰是伦理诉求、哲学理性和科学精神的所反对和坚决摒弃的。

第四，从个人主义道德原则的工具手段上来看，个人主义道德原则把个人看成是目的，把他人和社会看成工具和手段，没有看到个人与他人、社会之间相互依存的辩证关系。资产阶级思想家鼓吹个人主义道德原则，强调个人的历史作用，把个人利益视为至高无上，认为个人（自己）是唯一的目的性存在，他人、集体和社会只不过是充当达到自己个人目的的工具性手段，仅此存在而已。在马克思主义经典作家看来，在人类历史长河中，只有把人（即自己和他人）都看成既是目的又是手段，才是符合历史发展本身和历史发展规律的。马克思说："（1）每个人只有作为另一个人的手段才能达到自己的目的；（2）每个人只有作为自我目的（自为的存在）才能成为另一个人的手段（为他的存在）；（3）每个人是手段，同时又是目的，而且只有能成为手段才能达到自己的目的。"[10] 事实上，在个人与他人、个人与社会、个人与集体等方面，目的和手段、工具与价值都是双向的和辩证的，没有人只是充当他人的手段，也没有人只作为他人目的，个人与社会、个人与集体同样如此。孤立地和片面地看待个人与他人、个人与集体、个人与社会的关系都是错误的。

第五，个人主义道德原则所崇尚的个人绝对自由和个人利益绝对至上也是十分有害和危险的。资产阶级思想家鼓吹的个人主义道德原则，是在反专制和反封建尤其是在反基督教禁欲主义的历史背景下发展起来的，主张个人自由和个人利益至上在当时历史条件下具有一定历史进步意义。但在一部分个人主义支持者和理论家看来，力图突破自由的界限，主张"绝对自由"是十分危险和有害的，是一种无政府主义和无法规、无纪律和无约束的行为，是具有反社会性质并最终会危害社会的行为，必须加以批判。事实上，绝对无条件的自由是没有的，任何自由都是有前提和限度的。抽象的、无条件的、不受任何限制的"绝对自由"在现实社会中是不存在的。另外，人的自由和个人利益都是在一定社会条件的保障下，得到一定社会关系（如个人与社会、集体、国家的既定相关关系）的确认和认可后才得以真正实现，不受任何条件限制和制约的"绝对自由"和"个人利益绝对至上"只会破坏既定的社会秩序及社会正常发展。

第六，个人主义道德原则所膨胀起来的"个人的一切都凌驾于社会之上"的做法和想法也是不妥的，容易滑向利己主义方向。个人主义道德原则所标榜的所谓的与利己主义的本质区别是极易令人怀疑的，不可否认，个人主义确实与利己主义存在一定的区别，注重个人自主性地位的发挥，个人积极性、主动性和创新精神的施展，注重个人良心和个人美德，甚至在一定条件下愿意对自己个人利益作出部分牺牲，尤其是在反封建、反特权、反专制和禁欲主义的过程中作出重大贡献，但其理论根基——其所鼓吹的"人性自私自利"以及其所信奉的"个人至上""个人本位"，与利己主义在总体价值目标指向上是很难严格区分的。个人主义坚持"个人本位""个人至上"，在缺乏对个人主体意识进行正确价值引导和科学导向的情况下，极其容易认为"个人的一切都凌驾于社会之上"，从而导致个人一己私利的泛滥、流行，容易危害他人、集体、国家和社会。事实上，资产阶级思想家们都一直在与利己主义的斗争中不断修正利己主义，把利己主义控制在"合理"范围之内，从而保持个人主义的相对"纯洁"。另外，建立在生产资料私有制经济基础上的个人主义道德原则之所以没有倒向利己主义，还有一部分原因就在于建立在私有制经济基础上的国家，都有法律、制度、宗教、道德伦理等方面的强有力的规范保障。

在社会主义中国，由于经济基础、人文价值、文化背景、政治架构、人性论前提等都与个人主义道德原则的资本主义环境存在本质区别，所以，个人主义作为道德原则在中国没有存在的理由、基础和环境。当然，我们也不能对其简单化否定和片面化理解，可以汲取其合理成分为社会主义建设服务。

3.1.3 利他主义道德原则

在伦理思想史上，利他主义是作为利己主义直接对立面而存在的一种道德原则，它不是以个人一己私利为善恶是非标准，而是积极强调他人、集体和社会利益，崇尚他人利益至上，主张和颂扬为他人作出牺牲并以此作为善恶、是非的评价标准的道德原则和生活态度。

一、对利他主义道德原则的历史考察

在中西方伦理思想史上，都有利他主义推崇者和倡导者，利他主义思想家们也力图从不同视域加以论证说明。

在中国伦理思想史上，儒家算是利他主义道德原则的主要倡导者。孔子、孟子、荀子甚至后来的朱熹等儒家经典人物都是利他主义道德原则的主要说教人。儒家的"仁"和"义"不是对自己的"仁"和"义"，而是对他人的"仁"与"义"。孔子曰："君子喻于义，小人喻于利"（《论语·里仁》），儒家一直以来"重义轻利"，不是说儒家不重视自己的利益，而是在儒家看来有比自己的利益更重要的利益，那就是他人的利益。作为有高尚品德的君子之人能够重视他人利益甚于重视自己利益，这样的行为和思想意识就叫"仁""义"，而小人则相反，因而小人没有"仁""义"。孔子曰："志士仁人，无求生以害仁，有杀身以成仁"（《论语·卫灵公》），在孔子看来，为了他人之"仁"，宁可牺牲自己的生命，有害于他人之"仁"的行为绝对做不得，即使牺牲自己的生命也要"杀身成仁"。荀子主张"以公义胜私欲"，孟子有曰"人皆有不忍人之心"，朱熹说"公而无私便是仁"，等等，在儒家看来，利他甚于利己为"仁心""仁义"，利他是人性的需要和使然，在某种条件下有必要牺牲自己的生命以便"仁义"地利他。

在西方伦理思想史上，利他主义是西方盛行的比较典型的把社会生物学观点引入到伦理学中，用实证方法论证利他合理性的一种思想理论观点。17世纪英国思想家沙甫慈伯利、爱尔兰学者哈奇森，以及巴特勒、康德等都是利他主义道德原则说教者和倡导者。沙甫慈伯利认为人性主要方面在于善而非恶，人与生俱来就有道德感，互助和仁爱是天性，会为他人利益和社会利益舍弃个人私利。哈奇森认为人只有无私地为他人付出才能感到快乐和满足，因此，他强调自我牺牲是必要的，自我牺牲也是人的道德价值所指向的。巴特勒认为人的本性不在自然性而在人的社会性，良心、自爱、仁爱共同构成人的社会性，其中良心居于统摄地位，那种利己思想是不符合人的道德性的。康德则认为"无私利人"是对个人行为进行道德评价的唯一原则，在康德看来，因为道德法则不是在于维护个人利益的利己行为，而是在于维护愿意牺牲个人利益的行为。19世纪法国实证主义哲学家和伦理学家奥古斯特·孔德最初把"利他"这个概念引入伦理道德观念中，并以此作为其伦理学体系的基础。后来英国的斯宾塞等人也延用该伦理思想。孔德论述道，人类思想和行为兼有"利己"和"利他"这二者之冲动，而道德行为的作用就在于使前者服从后者。利他主义者还从人的"一半是天使，一般是野兽"角度，力图从人的本能需要是多方面的来论证人的"自私"和"利他"

行为的复杂性存在。社会心理学家巴特森认为，利他行为应该是指那些不图日后回报的助人行为。当某人看到有人需要帮助时，他既有可能产生专注于自我的内心焦虑不安，也有可能产生专注于他人的纯粹同情情绪，因而会产生相互对应的两种利他行为价值取向：一种是纯粹为了减轻内心的紧张与不安而采取助人行为，该情境下受内在动机驱使，是为了纯粹自我服务，行为实施者企图通过助人行为来减少自身的内心痛苦，使自己感到轻松释然，也即自感到一种自我价值存在，我们称之为自我利他主义（ego altruism）取向；另一种情境下是受外部动机驱使，是为了纯粹地帮助他人，从而做出助人行为以减轻他人而非自我的痛苦，其目的是实现他人而非自我的幸福，这种情况才是纯利他主义（pure altruism）取向。在当代，美国哈佛大学教授威尔逊在其《社会生物学——新的综合》一书中，将动物利他现象与人的利他现象做了比较，证明了人类天生也存在利他动机，但利他行为及利他行为的增强也依赖于人类社会的不断进化。因此，威尔逊从生物学视域对人类的利他主义道德原则提供了实证支持。但是，社会心理学家基本一致的看法是：所有的利他行为最终都可以产生自我报偿的结果，这使利他主义行为者最终滑向了利己主义者怀抱。在当代西方有不少学者已经看到或意识到利他主义的危害，开始由生物学视角转向了人类学、社会学、经济学、宗教学、伦理学、哲学等更广阔视角来展开对利他主义的研究。

二、对利他主义道德原则的评价

利他主义道德原则借助于动物界某些动物，尤其是较高层次的动物所具有的"利他"行为本能来论证人类社会中人的"利他"性一面，从抽象的人性论——人的自然本能属性和动物本性需求来论证"利他"的合理性，而忽视人的本质属性在于人的社会性，忽视人"在其现实性上是一切社会关系的总和"[11]，同时，从马克思主义观点看来，利他主义显然超出了阶级立场和阶级范围，成了超现实的个人之间的道德调节手段和道德调节原则，而回避了道德的社会物质基础和阶级意识。因此，利他主义在本质上和根本上仍没有跳出从利己主义出发的剥削阶级，尤其是资产阶级道德观念。现如今中国特色社会主义进入新时代，由于集体主义的道德原则包含了利他主义部分合理成分的道德内涵，但为捍卫集体主义道德原则的纯洁性，需特别指出，决不能将集体主义简单地归结为利他主义，也不能简单粗暴地排斥利他主义，而是要科学地、辩证地看待和研究利他主义。

因此，有两种偏激的错误倾向，我们必须加以反对：一种是把利他主义等同于集体主义观点，另一种是把利他主义不加考虑地全盘否定。

就第一种情况而言，把利他主义等同于集体主义的观点，实际上是对集体主义的误解。无可否认，集体主义强调集体利益的重要性的同时，也强调个人正当合法利益（即相对于集体利益是一种"利他"利益），但集体主义不能归结为利他主义。利他主义是以抽象人性论和人性基础为出发点和落脚点，把人的自然本能属性和动物本性需求混为一谈，更没有看到人的社会性（巴特勒看到了人的"社会性"，但他眼中的"社会性"从根本上或本质上讲，仍然没有跳出人类社会学意义上的生物自然本性），更是忽视人的本质属性，"人的本质不是单个人所固有的抽象物，在其现实性上，它是一切社会关系的总和。"[12] 利他主义和集体主义虽然都强调人的"利他"行为和自我牺牲精神，但是利他主义是建立在生物学意义上的"利他"和自我牺牲，没有看到人所在的一定社会关系的经济基础以及在此基础上所产生的上层建筑架构，尤其是政治思想、意识形态及其阶级状况。换句话来说，利他主义的"利他"是无原则、无条件的"利他"，自我牺牲精神也是无原则、无条件的"自我牺牲"，极易导致对个人利益和个人行为及其正当性与合法性的压制和束缚，甚至会走向新的禁欲主义，这是集体主义道德原则所坚决不允许和坚决反对的。

就第二种情况而言，把利他主义不加考虑地全盘否定既不符合科学精神，也不符合马克思主义辩证唯物主义思想内核。由于利他主义道德原则强调他人利益、集体利益甚至是社会利益，对个人一己私欲有限制和规范作用，并对个人道德品行和人格完善有促进作用，这对当今社会主义市场经济建设中一部分人片面追求个人利益，甚至不择手段一门心思地捞取一己私利，算计个人得失等行为所带来的负面影响具有矫正之用。强调社会主义市场经济环境下每一个经济人都应当具有利他、利国、利社会精神。因此，利他精神在今天社会主义市场经济体制不健全、法制不完善的环境下，对于个人主义利益追求在部分人眼里过度膨胀所带来的负面影响，在遏制唯利是图行为和打击坑蒙拐骗行为等方面，具有存在的积极意义和存在的道义价值。但由于利他主义道德原则基于错误的人性论假设——人性基础即抽象的人性论（人的自然本能属性和动物本性），导致它片面强调"无私利他""个人牺牲""自我奉献"，不仅与社会主义市场经济的经济基础及其内在机制不相符，而且也与社会主义市场经济体制的建设发展目的、目标相去甚远。当代中国发展社会主义市场经济的根本目的是要满足人民群众日益增长的美好生活需要，尤其是人们对美好的物质、文化的需要，不能也不容许一味地限制个人正当合法权益，而恰恰是应该满足个人正当合法权益。因此，利他主义尽管有合理性一面，终究不可能、不应该也无理由成为新时代中国特色社会主义道德原则。

3.1.4 人道主义、人本主义、人类中心主义道德原则

人道主义、人本主义和人类中心主义作为近现代西方世界的道德原则，它们之间存在着一定的内在联系和因缘关系，也具有深刻的历史渊源，我们应当对其开展历史性考察和分析研究。

一、对人道主义、人本主义、人类中心主义道德原则的历史考察

在人道主义、人本主义和人类中心主义这三者中，相对来讲，人道主义更具历史性，因此，我们首先从人道主义开始展开历史性考察。

（1）人道主义道德原则

人道主义是源于欧洲文艺复兴时期的一种思想和道德学说，提倡把人和人的价值置于解决人际间所有问题之首，关怀人、尊重人，以人为中心，主张人与人之间人格与权利平等、互相尊重，人与人之间互助、友爱，倡导人的身心全面发展，肯定人的社会平等权利与尊严，尊重人的价值。

在西方伦理史上，人道主义观念最早萌芽于古希腊雅典民主派政治家伯里克利的民主思想。他指出，人是万事万物中第一重要的东西，一切活动都要围绕人来展开，他尊重并肯定了人的主体性地位和人的价值存在。雅典思想家普罗泰戈拉在《论神》一书的开头就写道："至于神，我既不知道他们是否存在，也不知道他们像什么东西。有许多东西是我们认识不了的：问题是晦涩的，人生是短暂的。"他认为神是不可知或根本不存在的，因此提出"人是万物的尺度"的著名命题，人"是存在的事物存在的尺度，也是不存在的事物不存在的尺度"，这是古希腊时期关于人本思想的最著名、最经典论述。

文艺复兴时期，启蒙思想家们以"世俗的人"为中心，反对长期以来人们被经院宗教以神为中心的思想禁锢。"人文主义之父"彼特拉克公开指出："我自己是凡人，我只要求凡人的幸福。"蒙台涅则认为，要求现世的人们放弃现世的感性快乐和物质生活，就是违背了人的本真属性，就是反人性。人文主义先驱者但丁在《神曲》中写道，用人权反对神权。启蒙思想家们用全新的"人道主义"反对传统的"神道主义"，并把人道主义作为一种新的道德原则，适应了当时资产阶级反封建专制制度、反宗教神学，是一次不折不扣的思想解放运动，具有进步意义。

17、18世纪的欧洲人道主义一反启蒙运动时期感性主义色彩，走上了人道理性主义之路。笛卡尔指出，用理性调节感性，以期人类的真正自由。培根提出"自爱全福利说"，阐述爱自己、爱他人、爱国家，既反对利己主义，也反对对个人利益需求的藐视。莱布尼茨指出自爱是基础，仁爱是条件，利他才能利己，没有理性制约，人的自然本性就不能确立道德原则。伏尔泰认为兼爱自己与他人之"爱"应该成为社会道德原则。卢梭也认为人应该是理性的动物，但他并不否认人的感性一面。他极力主张社会公共利益是道德原则的尺度，强调人应该从自爱走向仁爱。至此，西方伦理史上的自由、平等、博爱、公正初现理性原形。

（2）人本主义道德原则

人本主义道德原则是由人道主义道德原则演化而来的伦理学说。该学说在哲学观点上是属于人本学唯物主义，是一种把人生物化的形而上学唯物主义学说。在伦理学上该道德原则不同于欧洲传统人性理论观点，认为作为现实的凡世的有血有肉的自然人个体是具体的而非抽象的、是现实的而非虚幻的，自然存在着的人应该对自己的行为负责任，人类有自由意志，有能力决定自己的目的和行动方向，因而作为构成人类社会因子的人是道德的尺度和道德的基础。作为道德原则之"爱"，除了关爱自我，还应关爱他人、社会和国家。人本主义道德原则以19世纪德国的费尔巴哈、格律恩、克利盖及之后俄国的车尔尼雪夫斯基，20世纪的萨特、弗洛姆、马斯洛、罗杰斯和保罗·库尔茨等为代表。

在德国古典人本主义哲学家费尔巴哈看来，"人是人的最高本质"，人是目的而不是工具，强调人的自身价值。作为具体的现实的有血有肉的感性实体存在的人是人类社会构成的因子，也是道德的基础和道德的尺度。作为道德的基本原则的"爱"是人与人关系存在的基础，人不应该践行狭隘的利己主义，人们应该倡导"普世的利己主义"，把"爱"由己推及他人、社会和国家甚至全人类，为此，他还将自己的哲学称作"人本主义"或"哲学中的人本主义原则"。19世纪40年代的社会主义学者格律恩、克利盖是费尔巴哈的追随者，认为爱是人类的本性，将来社会主义和共产主义是"爱"的场所、家园，主张用人道主义作为生活理想。20世纪，萨特提出"存在先于本质"哲学观点，主张人是自己定义自己的实体存在，因而人具有绝对自由，"自由"在萨特那里成了道德原则和伦理归旨，他说，"之所以是人道（本）主义，因为我们提醒人除了他自己外，别无立法者。"[13]弗洛姆在整合马克思主义历史观基础上提出了以人为本的人道主义伦理学思想，关注人类命运共同体。他认为资本主义异化了自由，人实质上成了资本剥削和利润赚取的工具，是不自由和非人化的。他深信人类存在一种积极的自由状态，但需要人自我争取，认为"爱"是实现自由和维系人际关系的不二法宝，能够弥合一切社会关系存在。

当代美国著名人本主义心理学家亚伯拉罕·马斯洛反对将人的心理低俗化、动物化，强调从人的直接经验和内部感受中来剖析人的心理，注重人的本性、兴趣、理想和尊严的价值存在，认为人类的自我实现和为了实现理想而进行的创造性活动是人类的行为的决定因素。他还特别关注人个体存在的知觉、情感、信念和意图，于是他在1943年发表《人类激励理论》，将人类需求形象地表述为阶梯状，从低到高按层次分为五种，即生理需求、安全需求、社交需求、尊重需求和自我实现需求。罗杰斯在人本主义"性善论"、"潜在论"和"价值论"的基础上，阐发他的教育目标，特别强调教育应该注重培养具有主动性、独创性和创造性的人。概括地说，教育所培养出来的人应该是个性充分发展的人。这种的人才具有主动性和责任感，具有灵活地适应变化的能力，是自主成长的人，因而能够实现自我价值。美国当代学者保罗·库尔茨认为，人道（本）主义作为人类幸福道德哲学，在没有超自然的创造者或神的存在下，同样使生活有了意义，强调"现代化社会需要道德，现代化的人需要道德精神，但是现代化的道德应当是基于个体的现实生存方式，应当关注人的需要及其满足方式，应使道德更加符合人性，应当使道德更多地关怀世俗利益，应当防止现代社会中的道德堕入神秘主义或幻想主义"[14]。

（3）人类中心主义道德原则

人类中心主义道德原则就其起源上讲，是人道主义和人本主义道德原则在伦理学发展史上的异化或演化。人类中心主义是在哲学伦理观上总是与人以外的一切事物（包含大自然存在的非人动物、植物甚至无机物等）相比较而言的一种理论观点，该理论观点将全部人类看作属类存在并以整个人类为中心和人类活动的出发点，把人类的利益作为价值原点和道德评价依据，有且只有人才是价值判断的主体。

从理论上，德国古典哲学家康德最早提出"人是目的"这一命题，被认为是人类中心主义在理论方面的典型代表。该观点主张在人与自然的相互作用中以人为本，将人类的利益置于首要的地位，强调人类的利益应成为人类处理自身及与外部生态环境关系的根本价值尺度，只有人与人之间才有真正意义上的义务。人是目的，而自然只是对这种义务和目的起到工具性作用。从人类中心主义内部派别来讲，该人类中心主义观点在伦理学史上代表了强人类中心主义倾向。随着近年来生态环境的不断恶化，强人类中心主义道德原则受到了非人类中心主义（即生态中心主义）的猛烈批判。非人类中心主义（即生态中心主义）认为人类中心主义是生态破坏和环境污染的罪恶之源，人类应当全面摆脱人类中心主义伦理思想羁绊，建立一个以自然生态为尺度的伦理价值体系和相应的道德发展观。在非人类中心主义的强烈批判和修正下，弱人类中心主义观点开始发展。虽然弱人类中心主义的理论落脚点和归宿与强人类中心主义一样，旨在满足人类的生存和发展需要，但弱人类中心主义主张对人类利益和过度需求进行合理、理性的把握和权衡，反对将人类利益和需要绝对化，主张自然存在物的价值与存在意义并不仅仅在于它们能够满足人类物质上的需要，它们还具有精神价值，能够丰富人类的精神世界和文化需求。自然物也有其内在价值，具有存在的正当性和合理性，因而自然物也是目的而并非仅仅是工具。但无论强、弱人类中心主义，都受到了来自非人类中心主义的批判和责难。客观地讲，非人类中心主义从生态伦理角度，主张以自然为中心来克服和修正人类中心主义对人的地位和价值的过度张扬有一定的积极意义，对当今人类在处理人与自然的关系问题上提供了可以借鉴的道德智慧和伦理方案。

二、对人道主义、人本主义、人类中心主义道德原则的评价

总体而言，西方资产阶级思想家所倡导的人道主义、人本主义和人类中心主义道德原则是在反封建专制主义特权和反基督教禁欲主义以及资本主义社会各种矛盾不断呈现并有进一步激化趋势的历史背景下提出来的，无可否认，具有一定的历史进步意义和时代学术研究价值。

我们也不难发现，在西方世界，无论奉行人道主义、人本主义或人类中心主义道德原则的思想家们怎么标榜或如何说明，这些道德原则都有一个不变的人性论基础或者说人性观前提，即都是建立在抽象的形而上学的人性论基础上的。因而，它们都不能科学地、客观地和辩证地反映道德原则及其发展的客观规律性，所以从根本上讲都是不正确或荒谬的。马克思主义伦理学并非在一般意义上反对人道主义、人本主义和人类中心主义道德原则，事实上，马克思主义恰恰是建立在唯物史观基础上的人道主义、人本主义和人类中心主义的倡导者和建构者，从道德的角度看，这种建立在唯物史观基础上的人道主义、人本主义和人类中心主义应当成为社会主义道德原则的补充、完善和发展。

第一，马克思主义认为社会存在决定社会意识，人、人性和人的本质是现实的、具体的和历史的，是由人所从事的社会实践和社会关系决定的。人的本质是建立在现实性基础上一切社会关系的总和。马克思主义从未否定人的价值和地位，主张全人类解放和人的自由全面发展，关注人类命运共同体的发展。同时，马克思主义尽管也主张人道（人本、人类中心）主义道德原则，但反对抽象的和虚无的人道主义、人本主义、人类中心主义道德原则及其所宣扬的自由、平等、公正和博爱。

第二，马克思主义认为，一定的道德原则及其理论体系是建立在一定的生产资料所有制经济基础之上的上层建筑。西方资产阶级思想家所倡导的人道主义、人本主义

和人类中心主义道德原则及其理论体系必须放在资本主义经济制度即生产资料私有制经济基础上加以考察和分析说明。资本主义社会并没有真正把现实中的人即无产阶级和广大劳动人民当成社会主体性存在，无产阶级和广大劳动人民在异化劳动下，仅仅充当了"工具"和"手段"，人与人关系变成了物与物关系，无产阶级和广大劳动人民的价值被异化了，原因就在于生产资料被私人占有了。如果说，资本主义社会把现实中的人当成目的性存在，那么，这里的"人"只能是资本家或资产阶级自己罢了，目的和手段在资本主义社会里是经常处于分离状态的。所以，西方资产阶级思想家所倡导的人道主义、人本主义和人类中心主义道德原则，无论其如何宣称超阶级、超时代、超国家甚至超历史阶段，都没有普遍性。

在中国特色社会主义市场经济体制下，马克思主义的人道主义或人本主义原则具有积极现实意义。第一，马克思主义的人道主义原则所主张的"现实具体的历史的人性"分析，为市场经济下不同人的不同层次的美好生活需求提供并奠定了人性论道德哲学基础。党的十九大报告明确指出，"我国社会主要矛盾已经转化为人民日益增长的美好生活需要和不平衡不充分的发展之间的矛盾"。为此，我们党在充分肯定不同人不同美好生活需求和同一个人多样化需求的具体情况下，实行公有制为主体、多种所有制经济共同发展的基本经济制度；在分配制度上，也实行了按劳分配为主体、多种分配方式并存的分配制度，以期满足不同人不同的多样化需求。第二，马克思主义的人道主义原则对"人的地位和人的价值"的肯定和弘扬，以及对"人的主体性作用"的阐释，为市场经济下发挥人的主观能动性、积极性和创造性提供了理论上的支持。同时也有利于克服市场机制的机械化负面影响，避免市场经济下经济利益至上导致的人的异化、物化。第三，马克思主义的人道主义原则中"自由、平等、公正和博爱"的观点，为市场经济下和谐社会建设提供了伦理道德支持。提倡新的人道主义，为避免市场竞争环境下两极分化、回归和谐协调的人际关系有促进作用。第四，马克思主义的人道主义原则中"以人为本"以及"为全人类解放"和"人的全面自由全面发展"等思想观念，为社会主义市场经济发展指明了方向和归旨。

3.1.5 集体主义与社群主义道德原则

对于"集体主义"这个概念，研究视域或研究角度不同，概括和总结出来的定义、内涵、范围、性质等也不同。为了较为客观和全面地理解"集体主义"，我们非常有必要将"集体"与"个人"这两个概念放到一起对照研究并作历史考察。

"人"的概念有单复数之分，单数上的"人"即个体、个人，是指人在数量上的唯"一"性，强调的是人作为生物性自然存在和作为社会性关系存在的一种个体单一性。复数上的"人"即人们、众人，是指人在数量上的"多"，是一种群体性或集体性存在，强调的是人们作为生物性自然存在和作为社会性关系存在的一种数量上的绝对众多性。虽然这仅仅只是一种简单抽象的而非具体历史的考察，也略见"个人"与"集体"之间非常复杂的内在关系。

从伦理思想史视域考察，我们从早期原始人类对大自然各种图腾的崇拜中可以看出，原始人没有把自己和大自然分离开，而是始终把自己和大自然视为一体。也就是说，原始人没有个人或个体"意识"。个人或个体"意识"开始产生并逐渐增强是在人类进入阶级社会或者说是人类进入文明社会以后，如考古挖掘的甲骨文以及《诗经》等反映出来的中国早期先民关于人与人关系问题、人的自我意识感知问题等的思考。古希腊《荷马史诗》以及后来的自然哲学家也有类似的关于个人与他人、人与自然、人的自我意识等问题的思考，再后来，对这种问题的思考就呈现遍地开花的局面，如苏格拉底的"认识你自己"、普罗泰戈拉的"人是万物的尺度"。柏拉图、亚里士多德关于个体的论述、个人本质的概括，尤其是亚里士多德在政治学中从个别与一般视域论述个人与集体的关系问题，从人的社会性、政治性规定了人的本质，具有相当的历史高度。古希腊罗马时期的关于人学问题、人的本质问题的论述，在总体上积极向上，充满着乐观主义气息。到了欧洲中世纪，伦理学进入人神关系的形而上学的抽象论证阶段，神成了人的主宰，人与神的关系"不像奴隶制那样令人厌恶，但却更加虚伪和不合乎人性"[15]。整个近代欧洲时期是伦理学大发展时期，也是相对辉煌时期。文艺复兴时期的思想家把人神关系由天上拉回到地面上的人间，从以神为中心转变为以人为中心，从反封建角度看，具有不小的进步意义。黑格尔、康德和费尔巴哈等都曾经对个人与集体、人的本质问题进行了较为详尽和深刻的论述。黑格尔把人看作绝对精神的客观外化，并进行辩证分析。费尔巴哈则在人本主义基础上把人作为直观感性的自然存在物，并在其与大自然相互关系中来定义什么是"人"，具有一定的进步意义。现代西方伦理学从叔本华"生殖意志"、尼采的超人"强力意志"，到弗洛伊德的"本我、自我、超我"，再到萨特"存在先于本质"，都是在人本与存在主义基础上建构"人"（个人、集体），定义人的本质。在研究"人"学的发展史上，上述伦理思想家关于人（个人、集体）以及人的本质的论述都具有一定的历史意义和学术研究价值，但从科学视角看，都仅仅是对"人"作了简单抽象的（而非具体历史的）和形而上学的论证与说明。

关于"人"（个人、集体）以及人的本质的观点，马克思主义作为辩证唯物主义和历史唯物主义世界观和方法论在当今世界最新、最有科学价值的成果，其经典论述把对"人"（个人、集体）的研究真正推到历史高峰。

马克思主义伦理学把人放回到人类历史发展长河中和社会生活实践中作具体的历史考察和分析，认为"人的本质不是单个人所固有的抽象物，在其现实性上，它是一切社会关系的总和"[16]。也就是说，个人本质具体表现在人类历史发展的纵向长河这条线上，也表现在具体的现实实践生活这个横截面上，纵向坐标线与横向横截面的交汇点就是我们所应当理解的个人本质。强调个人本质的历史性和社会性并不是要抹杀个人与个人之间的差别，而恰恰是想强调个人与个人之间的差别，正是这种差别才使个人在社会生活实践中真正成为现实的个人，离开社会的、历史的、集体的个人无法得到确证。

"集体"这个概念如同"个人"概念一样也是一个哲学范畴，不能狭义理解为某一小集团、小团体、小圈子，也不能简单理解为某一大集体、某一阶层、某一阶级或某种全民性集团。哲学范畴的"集体"是相对于哲学范畴的"个人"而言的。从一般性视域分析,抽象的"集体"范畴相当于抽象的"整体"或抽象的"社会"范畴,其涵盖范围与广度不少于或不窄于"整体"或"社会"涵盖的范围与广度。从特殊性视域分析,"集体"范畴必须落实到整体或社会的某一现实的、具体的集团、阶层、阶级或国家。在同一"集体"内,集体范畴在涵盖范围上绝不意味着局部,但却可以表征为各种或大或小的、实实在在的局部实体,且这种或大或小的、实实在在的局部实体必须在根本上反映、体现或显示"集体"范畴的本质内涵。

再者,"集体"范畴不仅仅表现在涵盖范围和广度上,更主要的是体现在"集体"范畴在所反映出来的性质上,即"集体"范畴在所代表的整体或社会的利益方面,尤其是在物质经济利益的真假程度这个问题上,是真实的"集体"还是虚幻的"集体"?是现实可得的"集体"还是遥不可及的"集体"?对此,我们必须要做进一步分析。

虚幻的"集体"又称虚假集体或虚构集体,顾名思义,就是其虚假或失真地代表整体或社会的利益:一方面它并不代表本"集体"中所有人的真正的普遍的整体利益诉求,另一方面也不代表或不能真正代表隶属于这个"集体"的各个成员的个体利益。正如马克思、恩格斯在《德意志意识形态》中所说,历史上在经济、政治和国家政权上占统治地位的各个剥削阶级所指称的"集体"都属于虚幻的"集体"。具体说来,虚幻的"集体"之所以虚幻,其原因如下。第一,之所以不代表或不能真正代表所有人的真正的普遍的整体利益诉求,原因就在于,在一切私有制经济基础上建立起来的"集体",其占统治地位的阶级利益所体现的统治阶级局限或限制了他们所谓的代表"社会普遍利益"。事实上,在私有制社会中,统治阶级无论主观上是否真正想代表社会普遍利益,但在客观上总是要为一己私利的阶级利益而自觉或不自觉地服务,原因就在于一切私有制社会必然存在着统治阶级和被统治阶级这样两大根本利益对立的阶级,其阶级利益具有不可调和性。第二,之所以不代表或不能真正代表隶属于这个"集体"的各个成员的个体利益,根本原因也是在于统治阶级和被统治阶级这样两大根本利益对立的阶级及其阶级利益的不可调和性。具体来说,就是生产资料私有制和在其基础上产生的社会分工迫使他们必须组成必然的"联合体",但这种"联合体"又是受偶然性因素支配的。因而,这种"联合体"在某种条件下联合起来,又必然在一定条件下分散或分解,因为他们之间是一种客观的阶级间的"异己联系"。在封建私有制社会里,虚幻的"集体"更是盛行,例如以家族为中心的宗法"集团"、家族"联合体"、封建制式下的"集体"主义等等,个人以及个人所在的家庭被要求必须绝对服从宗族集体利益,酿成了诸多人间悲剧。这是我们需始终警惕和汲取的教训,为此,我们必须进一步探讨真实的"集体"概念内涵。

真实的"集体"又叫理想集体,是相对于虚幻的"集体"而言的。之所以说是真实的"集体"就在于它消灭或消除了作为经济基础的生产资料私有制,建立了以生产资料公有制为经济基础的所有制形态,从而把社会利益普遍性、宏观性和个人利益具体性、真实性有机辩证地统一了起来。由于消除了生产资料私有制以及在此基础上建立的旧社会分工,人们不再受偶然性因素支配,也不再以阶级间"异己联系"存在,而实实在在成了一切人的"自由联合体"。正基于此,真实的"集体"在人类社会历史进程中被视为最理想集体。

社会主义社会的建立为人类走进真实的集体奠定了坚实基础和提供了前提条件。我们的集体虽然在性质上来说是真实的,但在一定时期、一定范围内在某种条件下仍然有不真实的集体存在,就某些具体的集体而言,可能还存在着一些虚假的成分(如搞一己私利的小集团、小帮派、地方保护主义等等)。因此,如果我们今天不加以重视和研究,使集体朝向正确的方向发展,片面要求个人奉献和付出,就容易导致真实的集体出现虚假成分,这是我们必须警惕的。真实的集体一定是代表着全体社会成员利益的,能够代表该组织内部每一个成员的正当利益。同时,真实的集体既受法律保护又体现法律规定,既具有道义上的正当性又具有法律上的合法性,是有充分法律依据的。道义上的正当性是真实集体的性质界定,合法性是真实集体的底线界定。在今天的社会主义市场经济建设中,除了强调集体的道义性,还必须强调集体的合法性,一旦失去合法性这个底线界定,集体也就不再是真实的集体,而成为名义上的真实集体,即借真实集体之名行虚假集体之实的虚假集体。而在社会主义现代化强国建设中,真实的集体还必须是公正高效的集体。公正代表着在该集体中所有成员都能平等得到对待,高效代表着在该集体中所有成员都能发挥作为集体整体功能属性的属于个人一因子的实际效用,也代表着成员所组成的集体应当发挥的作为集体整体功能效用的集体效用。总之,在一个真实的集体中,集体既体现公平又发挥高效,是公平与效率的一种有机的辩证统一体。

在对"个人"概念与"集体"概念作具体的、历史的考察之后,我们再来总体地、宏观地把握这二者关系,即个人总是集体中的个人,集体也总是由个人组成的集体。这二者之间存在内在客观的辩证关系。首先,个人总是集体中的个人,必须强调个人的集体性质。个人作为社会集体生活实践的个体存在,必须承担集体赋予自己的社会责任和义务,要自觉自知自己的集体使命。一方面,离开集体的个人就会丧失作为集体成员的资格,因此也就没了集体赋予个人应当享有的权利和个人应当承担的义务,义务和权利同时消失,因而,伦理道德意义上的个体生命也就即刻结束。另一方面,既然集体是由个人组织起来的,那么集体就具有了单个人所无法具有的整体功能和作用,但集体整体性功能和作用的发挥,必然使单个人受益或得益其中,这就是说,个人总是集体中的个人,既发挥了集体效用和生机活力,又充分展现个人道德价值和个人主体意识。其次,集体也总是由个人组成的集体,必须强调集体的个人性质。集体需要每一个单个人的价值展示以及个体积极性、主动性和创造性的发挥。集体一旦失去个人的具体活动展现以及个体积极性、主动性和创造性的发挥,那么,集体也就成了抽象的、枯燥的和孤独的空壳集体。集体应当是众多个人的属性升华,但又超越众多个体。因此,集体与个人的短暂分离、对立和制约是相对的、有条件的。集体与个人既对立又统一。一方面,从集体视域看,集体既制约个人也促进个人,既蕴含个人又超越个人,集体始终是处于主动地位的,是集体与个人辩证关系的第一动力因。另一方面,从个人视域看,个人也不是简单被动的个人,而是展现集体活力的一因子,其积极性、主动性和创造性在一定的历史条件作用下，反而成了推动集体发展的第一动力因。但是，这种第一动力因的发挥必须在集体引导和规约下才能充分展现出来。因此，个人与集体的辩证关系都是有条件的，一旦脱离条件，在现实生活中，个人就成了没有集体的虚拟个人，集体也就成了没有个人的空壳集体，这就形成了虚幻的"集体"和虚拟的"个人"。换句话来说，脱离条件的集体或个人在现实生活中是根本无法存在或生存的。我们必须从"个人"哲学概念中考察"集体"概念，再从"集体"哲学概念中研究"个人"概念，才有可能最终把握集体主义以及社会主义集体主义道德原则。

基于以上前提性与奠基性分析，集体主义作为道德原则成了人们普遍关注的中外伦理学道德原则之一。应该特别指出，集体主义是社会主义道德原则在伦理学上的本质特征，也成了我国社会道德原则的基础，即社会主义集体主义道德原则。所谓社会主义集体主义道德原则就是指，在生产资料公有制作为经济基础的社会主义国家和社会里，对待个人与集体的价值关系和利益关系，不是奉行"个人价值和利益至高无上"，而是主张以"集体价值至高无上，集体利益高于个人利益，但又不忽视个人利益"为道德评判标准，主张把个人与集体价值和利益有机地辩证地统一起来的道德原则。为了更加全面和地清晰地理解我国社会主义集体主义道德原则，我们对其进行历史依据、现实依据、理论依据以及集体利益与个人利益这二者之间的辩证关系共四个方面的考察和分析。

一、历史依据

在伦理思想史上，集体主义精神是为数不多的能够自始至终伴随原始人类的精神力量。最早的集体主义就是原始社会集体主义，具有广泛性和全社会性特征，淳朴无私。但是这种集体主义存在明显的狭隘性，仅仅局限于本氏族成员范围之内，一旦越出该范围，可能就是兵戎相见、血流成河。进入私有制社会，由于以生产资料私有制为经济基础及有在经济和政治领域占统治地位的剥削阶级的存在，古老、无私、淳朴的集体主义已不复存在，代之以阶级利益集团为核心。尽管统治阶级有时也自我标榜虚幻的"集体主义"，但真正的集体主义走了样。封建主义私有制和资本主义私有制产生后，虚幻"集体主义"仍然盛行，且极具欺骗性。正因为如此，伦理学家对其的论证也不得不脱离了历史和现实，走向了简单的抽象的形而上学的论证。如18世纪法国启蒙思想家卢梭和德国哲学家黑格尔对集体主义思想就作了抽象的和形而上学的系统论述。卢梭基于反对洛克式个人主义，提出自爱与仁爱即个人利益与集体利益相结合，但集体利益是最高道德标准，个人利益应该从属于集体利益，为此他提出著名的社会契约论，论述道："公共的利害不仅仅是个人利害的总和，像是在一种简单的集合体里那样，而应该说是存在于把它们结合在一起的那种联系之中。它会大于那种总和，并且远不是公共福祉建立在个体的幸福之上，而是公共福祉才能成为个体幸福的源泉。"[17] 卢梭在个人利益与集体利益关系的论述，充分肯定了集体主义思想的重要性。德国古典哲学家黑格尔虽然没有直接提出集体主义思想，但他有关个人与国家关系的论述蕴含着个人与集体思想的火花。黑格尔基于反对个人主义提出要把个人特殊利益上升为普遍利益,在"特殊"中寻找"普遍"。黑格尔认为,"普遍"就是伦理道德,他说:"个人存在与否,对客观伦理来说是无所谓的,唯有客观伦理才是永恒的,并且是调整个人生活的力量。"[18] 接着,黑格尔论述道,在客观伦理调节下,要把个人利益与普遍利益相结合,强调个人利益应该服从普遍利益即国家利益,"由于国家是客观精神,所以个人本身只有成为国家成员才具有客观性、真理性和伦理性"[19]。黑格尔认为,国家利益具有集体主义利益的内涵。这是黑格尔在个人与集体关系上,对集体主义重要性比较经典的论述。虽然黑格尔是唯心主义哲学家,但他在个人利益与国家利益关系上重视国家利益即集体利益的思想,为我们今天构建科学合理的集体主义道德原则提供了素材。无产阶级的集体主义在无产阶级与封建阶级、资产阶级的针锋相对的阶级斗争过程中产生。在革命初期,作为政治原则,无产阶级用集体主义原则来调节无产阶级内部之间的政治经济利益关系,这是无产阶级集体主义原则产生的历史根源。随后,经过与封建主义或资本主义大斗争的时期以及大斗争胜利以后时期,为了把一切无产者和广大劳动人民都联合起来以便于最终取得革命胜利,集体主义无论在人数范围上还是在本质内涵上都得到了丰富和充分的发展。此外,就无产阶级革命的根本目的而言,从伦理意义上讲,就是要使个人摆脱"偶然性"因素的控制,使个人能够真正驾驭自己,从而实现人的全面自由的发展。马克思、恩格斯虽然没有直接使用"集体主义"这一概念,但他们的著作中有关集体主义思想的论述却非常丰富。应该指出,斯大林是第一个明确提出把"集体主义原则"作为社会主义道德原则的人。我们国家几代领导人对社会主义社会集体主义道德原则都有经典的论述。综上所述,集体主义作为社会主义社会的道德原则不是无缘无故凭空产生的,而是具有深厚的历史依据。

二、现实依据

中华人民共和国成立以来,中国共产党作为执政党,为我国社会主义集体主义道德原则的实行提供了可靠的政治保障和方向引领。1956年底"三大改造"(农业、手工业和资本主义工商业)的成功完成,为我国社会主义集体主义道德原则的实行提供了坚实的经济基础。1978年中国实行改革开放,社会主义市场经济体制的建立、发展、完善、深化以及中国特色社会主义道路的深入推进都为我国社会主义集体主义道德原则的实施、执行提供了充实的物质保障,也提供了更宽广视野。综上所述,集体主义作为社会主义社会的道德原则是有现实土壤的,具有充分的现实依据。

三、理论依据

集体主义作为社会主义社会的道德原则,从元伦理学理论来讲,正是伦理理论在具体社会形态领域的展现。正如一切私有制社会中无论统治阶级怎样鼓吹其道德原则(如有时候也强调集体主义),但其利己主义的本性是改变不了的,原因就在于生产资料私有制的经济基础没有改变,所以呈现出来的始终是虚幻集体。而我国在生产资料社会主义公有制基础上建立的集体主义道德原则,使得集体主义与公有制在人类历史上第一次真正实现了一致和统一,所以其呈现出来的就是真实集体。集体(集体主义)作为社会生活的一种存在范式,都是与一定生产资料所有制结合在一起的,集体(集体主义）只有与公有制结合才能真正实现统一，一旦与私有制结合，无论统治阶级如何企图调和，在本质上必然表现冲突，因而就必然或多或少显示或彰显出虚伪性的一面。再者，一定的道德原则总是与一定的道德基本问题相一致，就我国社会主义道德的一般性原理而言，其与我国社会主义道德的基本问题相一致，集体主义作为社会主义道德原则必然是我国的社会主义道德中基本问题的具体体现。社会主义集体主义道德原则作为我国社会主义道德调节的最主要手段，必然是社会主义一切道德问题和道德理论的核心和中心，同时也是解决一切社会主义道德议题的基本原理，因此，也就必然成为马克思主义伦理学的基本道德原则。另外，从道德调节手段角度看，集体主义多年来在我国社会生活中早已发挥主导性调节作用并已经深入人心。集体主义无论作为道德理论还是作为道德原则，已经成为事实上调节人们之间相互关系、个人与集体之间相互关系的主要手段和道德规范要求。同时我们也要看到，集体主义作为道德原则在我国社会生活中，有可能会被别有用心的人（如敌对势力）掺杂虚假成分并加以曲解或利用，容易产生道德事件，酿成这样或那样的道德悲剧，严重危害集体主义道德威望，这是我们必须时刻警惕和加强防范的。即使是在今天，人们也并不是都能十分准确地把握和明白无误地使用集体主义道德原则，同时也会在贯彻集体主义道德原则时出现这样或那样的偏差，当然，这仅仅是怎样准确把握和怎样严格坚持贯彻集体主义道德原则。值得我们注意的是，问题不在于否定集体主义道德原则，而是在于怎样正确坚持集体主义道德原则，也反过来需要我们进一步加强对道德理论不断的深入研究。就道德规范体系而言，集体主义来自社会主义道德规范体系，又高于其他社会主义具体道德规范，成为社会主义具体道德规范的最高道德规范。从道德评价体系来看，无论是对社会主义社会中人们的道德行为进行善恶评价，还是对人们道德素养和品行进行好坏的评判，道德境界高低的界定都必须依据社会主义集体主义道德原则。社会主义集体主义道德原则成为价值质量衡量的标准和尺度，也是价值数量衡量的度量计或数量计。综上所述，集体主义作为社会主义社会的道德原则也是有伦理学理论支撑的，具有充分的理论依据。

四、集体利益与个人利益这二者之间的辩证关系

道德原则的一个最重要任务就是调节不同利益主体之间的利益关系，在众多利益关系之中，集体利益与个人利益之间的关系是最基本又最突出的，也是最常出现的一对利益关系。集体主义道德原则作为社会主义最基本道德原则，必须要也必然要面对集体利益与个人利益之间的利益分配和协调问题。从道德调节目标来看，社会主义集体主义道德原则要在我国社会中有效调节集体利益与个人利益之间的关系，正确处理这二者之间的辩证统一关系是我国社会面临的一种常态。为此，我们有必要先从"集体利益"和"个人利益"这两个基本概念入手展开研究。

如同"集体"概念一样，"集体利益"也是一个哲学概念。从范围和覆盖面来看，"集体利益"不是指某一社会集团的局部利益，也不是指某一社会集团某一方面的利益，而是指中国最广大人民的核心利益、根本利益和长远利益，是中国最广大人民利益的总和（"总和"也并不意味着每一个人利益的简单相加），具体表现在政治利益

（如民主与法治、公平与公正等等）、经济利益（如物质财富的增加、物质生活水平的提高等等）、文化利益（如接受文化教育、享受文化娱乐生活等等）、社会利益（如社会长期和谐稳定、人民享受幸福安康社会环境等等）……从性质上来看，"集体利益"如同"集体"有虚幻集体和真实集体一样，也分为虚幻的集体利益和真实的集体利益。马克思主义的集体利益是真正的集体利益，集体利益始终是个人利益得以存在的条件和基础。所以，集体主义的核心和重点在于对"集体利益"的规范和建设。集体利益这个概念从一开始出现就受到长期以来主张个人利益至上的资产阶级理论家们的攻击和讥讽。他们把集体利益与个人利益对立起来，把集体利益与专制主义利益相提并论。应当指出，资产阶级理论家们虽然在认识上面有些过激和片面，但是确实给我们在今后的"集体利益"的规范和建设中提了个醒：严格区分和防止混淆集体利益与专制主义利益。我们以往也确实有过将集体利益片面凌驾于个人利益之上的宣传和教育，也有忽视对"集体利益"要求和建设的一面，其惨痛教训不能不吸取。实际上，片面强调"集体利益至上""个人利益要绝对服从集体利益"确确实实会导致专制主义利益以及禁欲主义思想泛滥，严重伤害人们个人正当利益欲求，不利于人们积极性、主动性和创造性的发挥。而这种集体利益不是马克思主义的集体利益理论观点，马克思主义的真实的集体利益恰恰是对个人正当利益的肯定，是对人的自由发展的实现，对人的全面发展的实现，正如马克思自己所说，"这样一个联合体，在那里，每个人的自由发展是一切人自由发展的条件"[20]。就社会主义制度下的集体利益而言，真正的社会主义集体利益，一定是在马克思主义集体利益理论的指导下，在中国共产党领导下，中国最广大人民的最长期利益（而不仅仅是眼前利益），是最长远利益（而不仅仅是当下利益），同时也是最根本利益（而不仅仅局限于细枝末节的利益），更是中国最广大人民的最核心利益，是各方面利益的总和。

"个人利益"在哲学上最一般的概念表达就是个人一切需要的总和。从个人需要的角度看，最主要表现在经济物质需要上，所以又称为个人经济利益。此外，还有政治利益、文化利益、社会利益、精神利益等。实事求是地说，个人利益无论在什么时候都是客观存在的，但是，又无论在什么时候都是有正当与不正当之分的。从伦理价值诉求看，既要重视个人利益，又要区分其正当与否，让个人利益诉求符合"伦理应当"或"道德应得"。

集体主义道德原则所理解的个人利益必须是一种合乎"伦理应当"或"道德应得"的个人利益，它应当是如下这样的。首先，个人利益是一种客观存在，有正当与不正当之分，个人正当利益是个人一切正当需求的总和，进入集体主义道德原则讨论范围；个人不正当利益不具有"伦理应当"或"道德应得"，因而与集体主义道德原则背道而驰，不进入集体主义道德原则讨论范围。其次，个人正当利益的实现所要达到的目的和所借以实现的手段与集体主义道德原则的实现目的和实现手段始终保持一致。个人正当利益之所以正当，就是因为其实现目的和实现手段与集体主义道德原则的实现目的和实现手段自始至终相向而行，或者说个人正当利益的实现是在集体主义道德原则的许可和支持下进行的。再次，个人正当利益受一定的历史时期、历史条件或一定的

"境遇"支配。换言之，在条件允许的情况下行使个人正当利益具有正当性，但在条件不允许的情况下，尽管属于正当利益，但如果继续行使也不具有正当性。从国家和社会提供的条件和环境看，个人正当利益的满足受制于一定条件和环境下全体国民待遇相对公平的满足。换句话说，个人正当利益的满足是在全体国民待遇相对比较中而获得的。最后，个人的正当利益还要求个人应当合理节制自我欲望。个人正当利益如果不加以合理节制或一旦个人私欲无限制膨胀，常常会导致个人正当利益流变成不正当利益，由本来的"正当"转变成为结果"不正当"，从而发生性质上的改变。

在社会主义集体主义道德原则中，关于个人利益与集体利益的辩证统一关系应当作如下理解。

一方面，集体利益必须是真实的集体利益，不能是虚幻的、不切实际的、片面凌驾于个人利益之上的集体利益。从集体利益的构成上来说，集体利益是组成该集体的所有成员个人利益的总和与汇总，同时还必须是集体利益中所有成员个人利益的最集中利益代表。从集体利益的性质上来说，其既统辖和驾驭着个人利益又融于个人利益，既超越个人利益又不异化于个人利益，总是最大化体现最广大民众（人民）利益诉求和利益愿望，因而在集体主义原则中总是力图最大化避免和消除历史中反个人一面，充分发挥集体利益，最大限度地成为尽可能多的个人利益的真实代表。换句话来说，集体利益始终是个人利益的集体利益。

另一方面，如同集体利益离不开个人利益一样，个人利益也始终离不开集体利益。个人利益决不能游离于或离开集体利益，个人利益总是集体利益中的个人利益，不能脱离集体利益而独立存在。也就是说，个人利益必须依赖着集体利益，不能脱离集体利益而成为纯粹的个人利益，是集体的个人利益。换句话说，个人利益必须与集体利益始终保持方向一致，个人利益的实现和实现所要运用的手段必须与集体利益休戚相关。

从以上两个方面来看，集体利益原则上是个人利益在道德要求上的最高理想状态，是为达到集体利益与个人利益这二者和谐共生的"双赢"状态，而同步实现的价值目标诉求。从伦理理论上讲，这二者之间无论哪一方出现利益偏差或损失，都是这种最高理想状态的完美性的欠缺和流失，因而需要及时止损和弥补。

首先，集体利益原则上既强调个人利益与集体利益的统一性，又强调这二者之间的辩证性。集体利益的存在价值就在于保护和发展个人利益和个人自由，发挥每一个加入集体的个人的活力，实现个人人生价值和维护个人人格尊严，从而最终实现人的全面发展和自由发展。没有个人的发展，没有个人对自己正当利益的要求和保护，也就没有集体及集体利益的发展。集体利益作为个人利益的总和，不是个人利益的简简单单的相加，而是必须成为个人利益最集中、最权威、最忠实和最现实的体现，是每一个的个人利益的有机融合体（简简单单相加的所谓集体利益是发挥不了整体功能效用的，而只有把每一个个体的个人利益进行有机融合的统一集体才是真正的集体，才能发挥"部分之和大于一"的功能效用）。集体利益在功能导向上，引导着每一个个体的个人利益与集体利益方向一致，保证每一个个体的个人利益不会成为个人非正当利益或一己私利。

其次，个人利益作为构成集体利益的一分子（因子），必须为集体利益提供动力，围绕在集体利益周围为集体利益奉献和服务，唯独如此，才能始终保证集体利益愈加巩固并坚实发展个人利益。个人利益获得的正当途径必须是通过合法劳动或诚实经营对集体利益做出有效奉献。就一般性而言，个人利益的正当性与集体利益的真实程度的高低有正向关涉性。集体主义原则在肯定个人正当利益的同时，也要求个人正当利益保持在正当范围之内，不能将所有的个人欲望和片面需要都纳入个人正当利益范围，一旦超过必要限度就会使个人正当利益发生性质上的改变。个人利益是否具有正当性要视全体社会成员的共同利益或集体利益而定，只有与集体利益及社会历史发展方向和发展要求相一致的个人利益才具有合理性和正当性。集体利益保护的是个人正当利益，集体利益同时也排斥个人不正当利益。再者，个人利益的获得必须在集体利益的统领下进行。反过来，集体利益只有在真实的前提下，才能真正统领个人利益，也必然统领个人利益。个人利益被集体利益统领的程度高低也决定着集体利益真实程度的高低。

再次，集体主义道德原则强调集体利益与个人利益之间关系的辩证统一性。集体利益离不开个人利益，个人利益也离不开集体利益。脱离集体利益的个人利益往往会倒向一己私利，在伦理上演变成个人主义和利己主义。没了个人利益的集体利益就会异化成为虚假的集体利益或在某种程度上减少真实集体利益的分量，在伦理上有异化为专制主义利益和极权主义利益的风险，最终流变为失去集体利益实质的虚假集体利益套壳，变成大号的利己主义利益或个人主义利益。所以，在集体主义原则看来，不存在无个人利益的集体利益，也不存在无集体利益的个人利益，集体利益和个人利益是有机辩证统一的关系。

最后，尽管集体主义原则强调集体利益和个人利益是有机辩证统一的关系，但在集体主义原则看来，集体利益和个人利益是有机辩证统一关系的基础不在个人利益而在集体利益，集体利益具有相对的至上性。一方面，当不正当的利益与集体利益发生矛盾或冲突时，个人利益必须服从集体利益，以维护集体利益的至上性与权威性。另一方面，在集体、国家、民族、人民大众所代表的集体利益受到严重威胁的紧急关头，个人利益，即使是个人正当合法利益也必须服从集体利益，甚至要求牺牲个人正当合法利益。还有一种情况，当个人正当利益与不正当的集体利益发生矛盾或冲突时，集体主义道德原则也绝不袒护不正当的集体利益，否则就会损害个人正当利益，也就是说，集体主义道德原则所主张的集体利益至上性，不是片面地一味主张个人利益绝对服从集体利益，不是无原则、无纪律、无要求的。集体主义道德原则既强调集体利益和个人利益的有机辩证统一性，又强调集体利益具有相对的至上性，强调以集体利益为基础、出发点和目的。这样的集体主义原则，才是真正的完美的集体主义道德原则。

另外，集体主义道德原则不仅是处理集体利益与个人利益之间关系的道德原则，也是处理集体与集体之间利益关系的道德原则。在中国特色社会主义改革开放和市场经济体制建设过程中，一般来讲，集体与集体的利益在总体上或大体上是一致的，不存在根本利益冲突，但在一定时期或一定条件下，也会出现不同利益集团主体之间的局部利益矛盾或冲突，这时有必要以集体主义道德原则来进行评价和调节。一般来讲，在小集体与大集体都是真实集体的情况下，首先强调小集体利益应当服从大集体利益，对大集体利益的服从也是对小集体利益的维护。但是，这种服从不能走向绝对片面的一面，应防止过头或过火，否则，就会倒向专制主义或极权主义。其次，必须强调虚假的集体利益要服从真实的集体利益，不道义的集体利益要服从道义的集体利益，不合法的集体利益要服从合法的集体利益。在市场经济建设热潮中，还必须以法律为规范和准绳，以人民根本利益为核心，连同集体主义道德原则一起共同规约各种利益集体之间的关系。

正是基于以上说明，我们才认为集体主义道德原则是社会主义社会必须坚持的最美好的道德原则，同时也需要不断坚持和完善这一理论原则。

需要补充说明的是，关于个人正当权益，罗尔斯、诺齐克对此有较深层次的研究，尤其罗尔斯对"道德应得"（或称"道义应得"）和"合法期望"（或称"合法期许"）有深刻论述，我们可以将之作为研究内容，取其精华去其糟粕，借鉴学习辩证吸收。罗尔斯、诺齐克都认为"moral desert"是指"道义上所应该获得的（赞扬、地位、财产、荣誉、声望、利益、奖惩、刑罚等等）"，也就是说"合义"（即"合情""合理"）。如那些"贪污受贿""强取豪夺""不义之财""弄虚作假"等等，即可谓"道德不应得"或"非道德获得"。"一个正义的图式回答了人们有权要求什么的问题，也满足了他们基于社会制度的合理期望。但是，他们有权要求的与他们之内在价值并不成比例，也不依赖于他们的内在价值。调节社会基本结构和特定个体义务与职责的正义原则并不涉及道德应得，也不存在任何使分配份额与道德应得相对应的倾向。"[21] 应得——"这种原则要求，总体的分配份额要直接依道德优点而改变，任何人都不应该拥有大于那些道德优点较为显著的人的份额"[22]。在罗尔斯和诺齐克这两个人那里，对于以"道德应得"为分配正义标准都是持反对态度的。另外，罗尔斯又谈到了另一个概念叫"合法期望"（或称"合法期许"），罗尔斯的"合法期望"（legitimate expectations），是指符合法律规定的获取或有法律依据的期望所得，也就是说"合法"。综述罗尔斯、诺齐克观点，用中文表述就是："合义"（即"合情""合理"）是道义上所应该获得的，与"合法"有时是相一致的，有时是不一致的。一致的情况是"合情合理又合法""君子爱财，取之有道"，"诚实劳动，合法经营"所得，"正其谊，谋其利"等；不一致的情况是"合情合理不合法"，"合法"不一定"合义"（即"合情""合理"），因为"合法"是一种法律上所应该获得的。或者说"不法"与"不义"、"合法"与"合义"（合情合理）不是一回事。

在对待个人主义与集体主义关系问题上，除社会主义提倡的集体主义道德原则外，西方出现了一种"新集体主义"思潮，又名"社群主义"。它是20世纪80年代后期具有超前意识的学者在西方国家主张的个人主义道德原则弊端漏出、几近崩溃的背景下提出的一种新伦理理论。所谓"社群主义"是指把个人及其自我最终看成是由他或她所在的社群（邻里、城市或国家）决定的，强调国家、家庭和社区的存在价值，倡导爱国主义，在伦理价值观上强调集体权利优先于个人权利原则的一种伦理思潮。"社群主义"主要代表有桑德尔、麦金太尔、沃尔策、丹尼尔·贝尔、迈克·华尔采、戴维·米勒、伊兹欧尼等人。

当代社群主义的"社群"概念可追溯到古希腊时期的亚里士多德。他在《政治学》中提到的"城邦"也即"政治社群"。其后，黑格尔关于道德与伦理生活的区分深刻影响了社群主义的发展。在黑格尔那里，道德只是抽象的普遍的道德原则，而伦理生活是对某一个社群而言的特定的伦理原则，也是社群的最高伦理原则。当代社群主义者基本秉承了亚里士多德、梯尼斯、黑格尔等人关于社群的基本思想。桑德尔、麦金太尔、沃尔策、丹尼尔·贝尔、迈克·华尔采、戴维·米勒等社群主义者从不同的角度对社群主义作了种种论述。社群主义者桑德尔批评罗尔斯的《正义论》提出的"权利优先于善"命题，始终将罗尔斯的自由主义与个人主义的暧昧视为一种邪恶和谬误。在"正当与好"或理解为"行为的善"和"至善——社会的基本好"的价值判断中，社群主义毅然地选择了历史维度，将整个人类的幸福（至善）融入自己的信仰体系。另外，社群主义者提出，个人主义关于理性个人可以自由地选择前提的论述是错误或虚假的，理解人类行为的正确方式是把个人放到具体社会与历史背景中去考察。社群既是一种"善"，又是一种"必需"，人们应当努力追求而不应当放弃。

总的来说，社群主义的核心思想是强调社群（邻里、城市或国家）对于自我和个人的优先性。社群主义方法论的实质是集体主义，它把社会历史事件和政治经济制度的根源归结为诸如家庭、社区、邻里、城市、国家、民族等社群的运动。在道德价值论上，社群主义则把"公共利益"视为"公共善"、最高层次的善，认为个人的自由选择能力受社群所限，并且各种个人权利都不能离开个人所在的社群，认为个人权利既离不开群体也离不开公共利益。相反，只有公共利益和群体利益的实现才能使个人利益得到最充分的实现，所以，是公共利益或社群利益或集体利益，而不是个人利益，才是人类最高道德原则。

必须指出，社会主义社会提倡集体主义道德原则，但"集体主义"并不局限于社会主义社会。从伦理思想史看，"集体"这个概念是很复杂的，为了科学合理地构建新时代中国特色社会主义道德原则，对"集体"这个概念作具体的历史的辩证的分析是很必要的。为此，我们从两个维度——范围和性质——来分析"集体"这个概念。从"集体"范围上看，集体有狭隘集体如某一利益集团的"小圈子""小团体""小派别"等等，"集体"也有代表某一国家的全体人民、全体民族、社会各阶层甚至是全世界、全人类"命运共同体"的范围广泛的集体。从这个维度看，上述的社群主义显然是狭隘的集体主义，而作为社会主义道德原则的集体主义则是范围广泛的、内容全面的。从"集体"的性质上看，集体有真假之分，即有虚幻的集体和真实的集体。凡是打着"集体"的旗号以达到个人利益（私利）为目的的集体都是虚构出来的，是假集体、虚幻的集体；凡是维护和遵循个人利益与集体利益辩证统一，既维护个人利益又维护集体利益，当集体利益受到危害时，主张适当地、合理地、必要地牺牲个人利益以维护集体利益为目的的"集体"都是真（实）的集体。从这个维度看，不难分析出上述的社群主义的"社群"属于虚幻的集体，而作为社会主义道德原则的集体主义中的"集体"则是真实的集体。

再者，从伦理学研究的道德原则之评判标准看，作为社会主义道德原则的集体主义合乎道德存在计算公式——"利益相加最大值"原则和"利益相减净余额"原则。在个人利益与集体利益相一致时，社会主义集体主义原则遵循了"利益相加最大值"原则，以"和"为利，力求个人利益与集体利益最大化；在个人利益和集体利益不一致时，甚至是相悖时，社会主义集体主义原则遵循了"利益相减净余额"原则，以"差"为利，要求个人利益（无论合理与否）作出必要牺牲，正如学者王海明教授所说："当二者发生冲突而不能两全时，遵循集体主义原则而自我牺牲，其差为利，利益净余额是增加了，符合利益冲突时的道德终极标准'最大利益净余额原则'，因而是应该的、道德的、善的。"[23]

综上所述，作为社会主义道德基本原则的集体主义在范围上是广泛的而非狭隘的，在性质上是真实的而非虚幻的，在评判标准上合乎道德存在计算公式——"利益相加最大值"原则和"利益相减净余额"原则，因此，我们在新时代中国特色社会主义背景下必须坚持以集体主义道德原则作为我们道德行为和道德评价的依据。

3.2　道德行为之研判

从伦理学角度看，人类的行为不外乎两种类型：伦理行为与非伦理行为，或者说，道德行为与非道德行为。

3.2.1　道德行为与非道德行为

所谓道德行为，又称伦理行为，是指道德主体在一定道德意识支配下自主选择所产生的有利或有害于他人或社会的行为。归其要旨，道德行为因其具有善恶意义，是能够而且也必须用"善"或"恶"进行评价的行为。所谓非道德行为，又称非伦理行为，是指既不是由一定的道德意识引起，也不涉或无关乎他人或社会利益的行为。因其不具有善恶意义，无须用"善"或"恶"进行评价。

那么，怎样区分和判别是道德行为还是非道德行为呢？首先，道德行为的实施主体必须是人，不是人做出的行为，就不是道德行为；如牲畜等做出的行为无论有利还是有害于人类都不属于道德行为。其次，道德行为一定是道德主体在某种道德意识支配之下做出的行为，没有一定的道德意识支配，谈不上道德行为。比如精神病患者在精神病症发作期间失去了道德意识，婴儿或幼儿道德意识还没有形成时所做出的行为，都不属于道德行为。再次，在道德意识支配下做出的还必须是自由选择行为。那么，如果是被逼、被诱、被迫等外力作用下做出有害或有利于他人、社会等的行为属不属于道德行为呢？答案是视情况而定。如果这种被逼行为没有任何自由选择余地，完全是受他人意志支配，如被击昏迷而按拇指画押就不属于道德行为；如果虽然被逼但仍有选择余地，如被人灌醉而开车致人死亡等则仍然属于道德行为，因为当事人虽然被人灌醉，但仍有选择不开车的余地。也就是说，这里所讲的自由选择行为肯定属于道德行为，但道德行为并不局限于宽泛意义上的自由选择与否。最后，道德行为必须涉及他人或社会的利益，做出有利或有害于他人或社会利益的行为。比如"农夫在田地里干活""今天我吃了三个馒头"等无涉及他人或社会利益，都不属于道德行为。

3.2.2 道德的行为与非道德的行为

从动机和效果来看，道德行为（伦理行为）又分为道德的行为和不道德的行为。所谓道德的行为也就是善的行为，也称善行，就是道德主体做出有利于他人或社会的行为，由于这种行为符合人类道德普遍认可的价值精神（应当强调指出，世界上不存在超阶级的普世价值观，我们这里所指称的"普遍认可的价值精神"是基于和符合马克思主义道德立场的伦理价值观及其精神系统），所以说是善的行为。而所谓不道德的行为也就是恶的行为，也称恶行，就是道德主体做出有害于他人或社会的行为，由于这种行为不符合人类道德普遍认可的价值精神（解释同上），所以说是恶的行为。

除道德的行为和不道德的行为外，在人们实际道德实践中，还有一种行为是难以作出道德或不道德的区分的。这种行为无论从动机还是效果看，既不有利也不有害于他人或社会，若判定为道德的行为则显得过高，若判定为不道德的行为又显得过低，属于"道德可容忍但不提倡的行为"。当然，这种行为并非是独立于道德的行为和不道德的行为之外的第三种类型的行为，仅属于过渡性质的行为，如果从该行为实施的整个道德过程以及该行为实施主体所呈现出来的一贯道德品行来看，这种"道德可容忍但不提倡的行为"最终会滑向道德的行为或不道德的行为这两种道德行为类型中的一种。鉴于该种行为处于"过渡时期"，所以我们应该高度重视，努力通过教育、感化、培养、熏陶等手段使其向道德的行为方向转化。

3.3 道德选择之分析

道德选择是指道德行为主体（个人或社会团体）在一定目的和道德意识驱使下，对某种行为或观念所呈现出来的善与恶、好与坏、利与害、正当与不正当等作抉择和取舍的一种道德活动。道德选择是道德意识活动的一种重要形式，也是道德行为产生的前提，又是通过道德行为具体体现出来的行为活动。那么，当道德行为主体面对具有善恶对立性质或具有道德价值差别等的多种道德行为时，能否有选择的自由，这是道德选择必须要讨论的前提问题。

3.3.1 道德选择之前提：意志自由

在面临各种对善与恶、好与坏、利与害、正当与不正当等的抉择和取舍时，道德主体是完全自主自由，还是受到种种限制甚至是被迫而"身不由己"？在伦理思想史上，有必然决定论和绝对意志自由论之争。

必然决定论是指自然界和人类社会所产生或发生的一切现象都是由某种客观原因引起,该原因又是由某一终极客观事物如"道""绝对精神""绝对意志"等所决定。必然决定论在古今中外都有代表人物,如中国古代儒家代表人物孔子、孟子、荀子等等,欧洲中世纪的奥古斯丁、托马斯·阿奎那,德国古典哲学家黑格尔等等。必然决定论者在道德选择问题上,往往主张人们的道德行为是完全受某种客观必然性支配的,人们没有也不可能有意志自由。这种观点的错误在于:在道德行为和道德观念选择问题上,把必然性的决定作用推向极端或绝对化,从而忽视了人们的主观能动性和人的主体自决性,否认人在多种道德行为和道德观念中进行选择的可能性,即否认人有选择善恶的能力和意志。既然人没有选择善恶的自由和行为、意志,那么人们就没有理由对自己所做出行为的结果承担任何道德责任,这种思想实质是为因道德选择所产生的行为结果承担道德责任开脱责任、撇清因缘关系。

就绝对意志自由论而言,绝对意志自由论代表人物有古希腊唯心主义诸哲学家、欧洲中世纪的经院神学诸哲学家以及德国古典哲学家康德等等,他们往往否定必然性的支配作用,把自由与必然看成是互相排斥、互相冲突的,认为人的意志根本不受自然力量、社会束缚,把人的行为选择看作不受任何必然性支配的一种个人自主活动的行为。道德自由论就属于意志自由论中的一种,主张人们道德行为和道德观念的选择是在绝对自由意志指导下的自由选择。绝对意志自由论在现代西方得到很大发展,以存在主义者萨特最具代表性。萨特认为,"人是自己造就自己""他通过自己的道德选择造就自己"[24]。在他看来,人在进行道德选择时是绝对自由的,完全受自己的自由意志支配。有案例说,一青年曾向萨特求教,是去战场抗击德军的进攻,还是留在家中和母亲在一起?萨特说,"你是自由的,所以你选择吧""没有任何普遍的道德准则指点你应该怎么做""自由是选择的自由,而不是不选择的自由。不选择,实际上就是选择了不选择"[25]。因此,可以看出,萨特最终滑向了唯心主义和绝对自由主义方向。意志自由论强调人有选择的自由,因而应该对自己的道德责任负责,但意志自由论显然走过了头,人因选择太自由而处处负责任,时时负责任,就等于什么都不负责任。

由此可见,无论是机械的必然决定论还是绝对意志自由论,都没有正确处理自由和必然之间的关系。换句话说,人们进行道德选择与否,必须要正确分析和处理两个关键性前提:道德选择的客观性(外在必然性)和道德主体的主观性(主体选择的内在自由)。这二者是辩证统一的,缺一不可。

第一,道德选择是一种在社会实践基础上受一定的客观社会历史条件制约的活动。道德选择的外在客观必然性构成了人们道德行为选择的客观前提。一定的社会历史条件是任何人或群体在进行道德选择时都绕不过的场所、条件或因素,人们的道德选择都是一定社会历史条件提供的选择,人不能不受外在必然性的制约。一定的社会历史条件主要包括一定时期的生产力水平,人们生活的社会经济、政治、文化等制度,人与人之间交往关系,具体生活环境,道德风俗习惯,文化水平,社会意识形态等等,这些都是人们在进行道德选择时都无法绕过的外在必然性。当一定的社会历史条件还不成熟时,就不能用超过当时社会历史条件的道德标准要求人们做出某种道德选择,如马克思所言,"如果他要进行选择,他也总是必须在他的生活范围里面、在绝不由他的独自性所造成的一定的事物中间去进行选择"[26]。再者,一定社会历史条件下可供选择的道德选项的存在以及各种道德冲突也是客观存在的并且受到该客观存在制约,没有这些因素,道德选择就无从谈起。所以,人们的道德选择是一种在社会实践基础上受一定的客观社会历史条件制约的活动,根本不存在不受一定客观必然性制约的绝对意志自由的道德选择。

第二,道德主体的主观性即主体选择的内在自由也是道德行为选择的主观前提。在道德选择中,人的意志自由是非常重要的关键因素。在现实的道德实践中,道德主体可以而且也能够在诸多可能性中自主地作出取舍和抉择,是意志自由的体现。没有人的自觉自愿的意志自由,就无理由要求道德主体承担相应的道德责任。

综上所述,道德选择之前提在于意志自由,但这种自由又不是绝对的自由,是受客观必然性制约的自由,是自由和必然的辩证统一。

3.3.2 道德选择之责任：对道德结果负责

道德选择是以意志自由为前提,又以道德责任为结果。既然道德选择是道德主体自觉自愿的意志自由的结果,那么道德行为主体就必须承担因自己道德选择而产生的道德结果——道德责任。黑格尔说,"人的决心是他自己的活动,是本于他的自由做出的,并且是他的责任""当我面对着善与恶,我可以抉择于两者之间,我可对两者下定决心,而把其一或其他同样接纳在我的主观性中,所以恶的本性就在于人能希求它,而不是不能避免地必须希求它"[27]。据此,人必须承担道德责任。

那么,怎样来区分和确定不同的道德责任呢？由于人们的道德选择受客观条件如一定社会的政治、经济、文化以及个人在当时社会关系中的地位等诸多因素制约,又受到主观条件如"三观"(人生观、世界观、价值观)、道德认知、知识水平、身体和心理状态等因素制约,即选择的历史条件或背景不同,选择的自由程度当然也不一样,有多大的自由程度就相应地承担多大的责任。总之,责任的量与自由的度是成正比关系。对于那些主、客观条件都受到限制的经过个人努力仍无济于事的选择所承担的责任远比那些主、客观条件皆已具备但仍不扭转局势、听之任之的道德责任要小得多。

从道德选择的条件可以看出,人们既不能对一切道德行为都承担全部道德责任,即"人要为一切行为负责"的绝对意志自由论观点,也不能对任何道德行为都不承担道德责任,即"人不为一切行为负责"的机械的必然决定论观点。人们只能在一定限度内,对自己的行为选择承担相应的道德责任。总之,根据道德选择的自由度来衡量相应道德责任的大小,是马克思主义伦理学的一个基本观点。

3.3.3 道德冲突与选择

在人类社会生活中,道德这个词之所以存在并介入人们的日常生活之中,是因为人们希求人际关系的和谐有序、社会生活的和谐安宁,这是一个构筑人类命运共同体的应然状态。这种应然状态下的道德理想从一个侧面反映出人类社会实然状态下的道德生活不和谐——道德冲突的存在。所谓道德冲突是指人们在实际道德生活中由于伦理观念和道德准则等相互矛盾、相互抵触而导致道德困惑的一种二律背反的特殊境遇。道德冲突构成了道德选择的存在前提。

在伦理思想史上，解决道德冲突的方案多种多样，但归纳起来主要有以下四种。一是条件分析论方案。主张这种方案的代表人物有实用主义学者杜威、境遇论者弗莱彻尔和功利主义者斯玛特，他们主张依靠道德冲突时的此时、此地的具体背景、境遇，具体问题具体分析，从而取舍化解道德冲突的最佳方案。二是绝对自由论方案。主张这种方案的代表人物有康德和萨特等。他们认为，道德冲突是人的主观行为造成的，因而人的自主抉择是不受任何限制的，也是自己意愿的一种随机行为。萨特由"存在先于本质"论提出自由是人存在的最高道德价值，因而人们在道德冲突中，个体无论做出何种选择都是合理的。三是道德虚无主义方案。这种方案的主要代表是叔本华，他认为道德是无用的、虚无的、不存在的，人们不可能有道德冲突，即使有也无须在道德选择中作出取舍，在道德中作出取舍就是一种不取舍。四是道德权威主义方案。这种方案的代表人物有孔子、孟子、荀子等先秦儒家以及朱熹等，他们主张用权威人物或占统治地位的统治阶级的道德观念和道德标准作为解决道德冲突的首要选项。在新旧道德冲突时，孔子说"吾从周"，主张新道德要服从旧道德。总体上讲，这四种方案都有一定的道理，但都经不住理论推敲。在马克思主义看来，面对道德冲突的解决方案应注重以下几点。

第一，阶级分析道德方案。阶级分析道德方案是指在利益对立的阶级社会里，运用马克思主义的阶级划分观点，从阶级对立和阶级斗争的角度分析社会道德现象并作出道德选择的方法。在阶级社会里由于不同的阶级有不同甚至是对立的经济利益、文化利益和社会利益等，他们往往从自身利益出发萌生或制定自己的善恶道德标准，因而在道德实践和道德观念中，道德冲突时有发生，要善于运用阶级分析法分析历史上的道德冲突并判断人们的道德选择。

第二，维护生产力发展道德方案。生产力是促进人类社会不断向前发展的最终决定力量。凡是有利于生产力发展的道德选择都是有利于全人类进步的道德。在新、旧势力道德冲突中，新势力往往代表生产力发展要求，具有强烈的时代性，我们要与时俱进，审时度势，选择有利于维护和促进生产力发展的道德行为。

第三，维护集体主义道德方案。集体主义原则是社会主义道德原则，当个人与他人、集体、社会发生道德冲突时，我们应选择维护他人、集体和社会的集体主义道德方案。当然，我们这里所说的"集体"，是真实的集体，而不是虚幻的或虚假的集体。这里的"集体主义"也特指社会主义集体主义道德原则，而不是其他社会里或其他阶级如资产阶级和封建势力所指称的"集体主义"，因为这些"集体主义"不是真实的"集体主义"，而是虚幻或虚假的集体主义。

第四，具体问题具体分析道德方案。具体问题具体分析是马克思主义理论一贯的思维立场和方法论。在具体道德冲突中，我们要根据道德冲突的具体境遇、场景、社会历史条件等作具体分析和研究，从而确定选择最终道德行为。

总之，以上道德冲突解决方案不是孤立存在的。在具体道德冲突中，有时是多种道德方案综合运用，形成合力，才能正确选择科学合理的道德行为，作为我们道德行动的指南。当然，以上的道德方案也只是各种切实可行方案中主要的几种，而不是仅有这几种。同时，我们也要守正创新，既继承优秀道德方案又要开拓创新，既要符合时代要求，又要符合马克思主义世界观和方法论，以作为我们面临道德冲突时应对和解决道德冲突的行动指南。

3.3.4 道德代价与选择

道德代价是指人们在道德实践中为了达到一定的善的道德目的和道德结果而采取或引起的道德牺牲、丧失与损害的行为过程或所承担的消极的道德后果。这种道德代价往往是指具有正价值指向的合乎道德的善的价值的丧失、损害和牺牲。道德代价可分为物质代价与精神代价，也可分为宏观的社会代价（如社会整体道德滑坡、社会道德价值沦丧和背弃、环境污染等等）与微观的个人代价（如必要的个人牺牲、利益损失等等）。

值得研究的是，道德代价不仅表现在为实现道德之善的目的、效果上，还表现在道德行为所借助的手段、工具上。道德选择中手段的使用和工具的损耗、磨损甚至丧失也是道德代价的一种体现，但这种使用和丧失必须建立在必要和合理的前提下，我们必须反对那种为了善的结果而做出手段和工具上的无谓的或不必要的付出和牺牲。不能为了善的目的而不择手段，手段和工具的选择也有合理与不合理、正当与不正当之分。

据此，我们认为，道德代价的合理和正当选择标准应该是"代价最小化"和"善值最大化"的有机统一。付出的成本最小，获得的收益最大，这是对道德代价作出道德选择的最为理想状态。"代价最小化"和"善值最大化"是我们在面临道德选择时的行为标准，这是一个问题的两个方面。首先，我们要注意在"善值最大化"的前提下力求"代价最小化"。不可否认"代价"意味着一种牺牲，"道德代价"意味着合理诉求、有益价值、正当利益等正价值的损害，这在某种程度上是一种"恶"，但这种"恶"，在实质上和根本上又是一种"善"。但为了这个目的"善"，我们不是不讲手段和条件的无谓牺牲和一味付出，否则就会妨碍我们对这个目的善值的追求。是故，我们必须强调在力所能及、尽可能的情况下选择最小代价，减少不必要或过度的付出和牺牲。我们应该秉承"两害相权取其轻"的价值理念。其次，我们还要注意在"代价最小化"前提下力争"善值最大化"。毋庸置疑，"善值最大化"符合人们道德精神和伦理诉求，我们应该秉承"两利相权取其重"的价值理念。在"代价最小化"前提下的力争"善值最大化"也是一种理想状态。但问题是，具体道德行为的发生往往是难以预测和估量的，有时候付出代价太小可能达不到效果，有时候付出代价太大也未必达到效果，还有的情况下，看似效果与代价大小相关，实质上效果与代价的大小无关，也就是说，代价与效果并没有必然的正相关关系。这种情况又该如何？儒家集大成者孔子的解决办法是"中庸之道"，"中庸之为德也，其至矣乎，民鲜久矣"（《论语·雍也》)。亚里士多德也说,"中庸是最高的善和极端的美"[29]。这说明,在面临道德代价与选择时,"执两用中"的中庸之道具有一定的实践指导价值和意义,但也不可教条式用之。

3.4 道德评价何以实现

评价是主体(人)对客体(人或物)的性质和价值的判断或评定。所谓道德评价是指道德主体根据一定的道德准则对道德客体(自己或他人)的道德行为或其他道德现象所作的善与恶、正当与不正当、道德与不道德的价值判断。道德评价的前提是某种行为或现象要有道德价值。价值是客体(即人或物)属性对主体(即人)应然性、目的性和理想性需要(有用与否)及满足程度的肯定与否定。道德价值是主体对客体(道德行为或其他道德现象)是否符合自身的应然性、目的性和理想性需要以及有无价值、正负价值、多少价值的评价。道德评价总是围绕人们的利益,是涉及人类社会关系中最核心——利益的价值取向性活动,因此,道德评价是一种价值判断,而不是事实判断,这是休谟问题的症结所在。

3.4.1 道德评价之前提:休谟问题

"不可知"论者休谟最早指出,"是"和"应当"不是一个层面的问题,"是""不是"属于事实判断,"应该""不应该"属于价值判断。关于事实判断与价值判断的问题,伦理学史上把它又称为"休谟问题"。

休谟发现"事实"是一种实然的状态,"价值"(道德评价的善恶)是一种应然的状态,二者属于互不相干的不同的领域,比如说,"这朵花是红色的",并不表明与主体的利益关系,也没反映主体的态度和看法,这纯属事实判断;"这朵花是红色的,真好看"就表明与主体的利益关系,也反映出了主体的态度和看法,这就是价值判断。在伦理领域,休谟指出,"我所遇到的不再是命题中通常的'是'与'不是'等联系词,而是没有一个命题不是由一个'应该'或一个'不应该'联系起来的"[30]。由 to be(是)为判断连接词的事实判断并不能必然地直接地推导出以 ought to be(应该)为判断连接词的价值判断。那么,事实判断与价值判断是否具有统一性或一致性?道德评价是否具有真理性和科学性呢?休谟只是提出了这个问题,但他作为不可知论者没有也无法作出解答。

3.4.2 道德评价之类型:自我评价与社会评价

从道德评价的主、客体是否具有统一性来看,道德评价可分为自我评价和社会评价两种类型。

自我评价是指道德行为人对自己道德行为的动机、过程和结果的一种善恶评判或表明善恶倾向性的态度。由于道德评价的主体和客体都是自我,主客体具有高度的统一性,这使得道德的自我评价具有相当的复杂性,这是因为:一方面,由于道德评价本身就是一种价值评价、利益评价，容易让自己在自我评价时"当局者迷""执迷不悟"，从而不能正确、客观地评价自我。另一方面，正是因为道德评价的主客体都是自我，自己对自己的行为动机总比别人对自己了解得更清楚、更明白，所以又更容易产生"旁观者迷，当局者清"的更为客观、更为公正的道德评价。那么，怎样解决道德的自我评价上的这种复杂的"一律背反"问题呢？答案就是苏格拉底那句名言——"认识你自己"。正确认识自己，就要把自己摆在"自知而自明"的位置上，就要充分发挥道德"良心""良知"的作用。要站在他人、集体和社会的立场上，既要结合自己的利益，又要从他人、集体和社会的利益出发，对自我行为的动机、过程和结果进行客观公正的分析，决不能仅仅从一己私利的角度进行评价。

所谓道德的社会评价是指社会、集体或他人对道德行为人的道德行为动机、过程和结果的一种善恶评判或带有善恶倾向性的态度。道德的社会评价主要依靠传统习惯和社会舆论两种形式。传统习惯（含风俗习惯）是一个地区或一个民族所特有的社会风尚。社会舆论包含民间的口头议论和官方的大众传播两种方式。民间、坊间的评头论足虽然没有官媒那样正规，但"人言可畏""道德杀人"所产生的道德舆论压力不可小觑。

3.4.3 道德评价之形式：社会舆论、内心信念与传统习惯

道德是依靠社会舆论、传统习惯和人们的内心信念等评价形式维系存在的一种行为规范现象。社会舆论包含口头议论和大众传播两种方式。口头议论主要是指民间、坊间、街头巷尾、田间地头等非正式场合的普通民众的评头论足；大众传播主要是指以报纸、杂志、广播、电视、网络、自媒体等为传播媒介的正式的评论、社论或民间个人媒介评价等。内心信念主要指道德良心、良知，这是一种自我认知、自我控制、自我约束、自我调节和自我评价的道德情感。这种情感是和责任感、荣誉感以及羞耻心等相联系的。良心、良知在趋善避恶上具有"自为""自动"的特点，尽管每个人的良心作用大小不一，强弱有别，但对自我的不良行为有提醒告诫，对自我的善良行为有坚定信念的作用。传统习惯（含风俗习惯）是一个地区或一个民族所特有的社会风尚，对道德行为的评价也起到相当的作用。

社会舆论、传统习惯和人们的内心信念等评价形式能够形成舆论氛围，给道德行为当事人造成巨大的精神压力，从而促使当事人约束自我行为，对自己的邪念和不道德的行为感到内疚和羞愧，达到弃恶从善的目的；对"助人为乐""见义勇为"的人给予褒扬和赞许，从而达到弘扬社会正气的目的。

3.4.4 道德评价之依据：动机与效果之辩证统一

道德评价的根本问题在于如何考察某种道德行为所产生的动机、效果及其相互关系，所以动机和效果是考察和评价道德行为的两个重要依据。所谓动机是指道德行为人的道德行为发生前的某种愿望或意图；所谓效果是指道德行为人的道德行为发生后所实际产生的后果。首先，道德评价必须考察行为的动机，坚持动机论观点。任何人

的道德行为都是出于一定的动机或出于一定的意图、目的，并受这种动机和意图、目的的支配。如果在道德评价时不考虑行为人的动机而只考虑效果则是不全面、不科学的，如某人出于坏动机而"歪打正着"干出了好结果，则并不能说明他（她）是善的。但动机论观点也有一个致命的弱点，那就是如何考察一个人的动机。动机属于主观的东西，在行为发生前只存在于行为人的头脑中，难于客观地考察。其次，道德评价必须考察行为的结果，坚持效果论观点。道德行为发生的实际效果对社会产生了实际影响，具有实际意义。如果对某种道德行为只考察其动机而不考察其实际效果，同样也是错误的，如某人出于好的动机，但由于种种原因导致了坏的结果，这样也不能说明此人是恶的。但一味地片面地坚持效果论观点也是不全面、不科学的。

由此可见，道德评价必须坚持行为的动机与效果的辩证统一，既反对单纯的动机论观点也反对单纯的效果论观点。任何动机都包含着一定效果的预测和追求，任何效果都是受某种动机的支配和利导。一般来说，既没有不受任何动机支配的效果，也没有不追求任何效果的动机，好的动机往往会引出好的结果，坏的动机往往会引出坏的结果。动机的善恶常常与后果的好坏有直接的联系，但有时候还会出现善的动机由于种种原因产生了恶的结果，而恶的动机有时候也会由于某种机缘巧合导致了善的结果。这些都是现实客观存在的，这就增加了道德评价的难度。不过，这也并不影响从动机与效果的辩证统一中考察的总观点，动机和效果的辩证统一在于现实生活中的实践，要把道德行为评价放在生活实践中辩证考察其动机与效果，用实践来检验和验证，这是一种必然的和可行的科学方法论。

【参考文献】

[1] 边沁. 道德与立法原理导论［M］. 时殷弘，译. 北京：商务印书馆，2000.

[2] 约翰·穆勒. 功用主义［M］. 北京：商务印书馆，1957.

[3] W. K. 弗兰克纳. 伦理学［M］. 北京：三联书店，1987.

[4]［8］［15］罗国杰. 伦理学［M］. 北京：人民出版社，1988.

[5]［9］［11］［12］［16］［20］马克思恩格斯选集（第一卷）［M］. 中共中央编译局编译. 北京：人民出版社，1995.

[6] G. E. 摩尔. 伦理学原理［M］. 长河，译. 北京：商务印书馆，1983.

[7]［28］倪愫襄. 伦理学简论［M］. 武汉：武汉大学出版社，2007.

[10] 马克思恩格斯全集（第三十卷）［M］. 第 2 版. 北京：人民出版社，1995.

[13]［24］萨特. 存在主义是一种人道主义［M］. 上海：上海译文出版社，1988.

[14] 保罗·库尔茨. 保卫世俗人道主义［M］. 北京：东方出版社，1996.

[17] 卢梭. 社会契约论［M］. 北京：商务印书馆，1980.

[18]［19］黑格尔. 法哲学原理［M］. 北京：商务印书馆，1961.

[21]［22］万俊人. 现代西方伦理思想史（下卷）［M］. 北京：中国人民大学出版社，2010.

［23］王海明. 伦理学原理（第三版）[M]. 北京：北京大学出版社，2009.
［25］萨特. 存在与虚无 [M]. 北京：三联书店，1997.
［26］马克思恩格斯全集（第三卷）[M]. 北京：人民出版社，1960.
［27］黑格尔. 法哲学原理 [M]. 北京：商务印书馆，1961.
［29］亚里士多德全集（第八卷）[M]. 北京：中国人民大学出版社，1994.
［30］休谟. 人性论（下册）[M]. 北京：商务印书馆，1980.

第四章
网络应用伦理的实践与认知

4.1 网络应用时代

随着互联网络的普及和大众生活网络化的极速发展，人类社会已经进入网络应用时代，更准确地说是"互联网＋"时代。从应用技术角度看，当今时代所呈现的网络应用技术，其实质是技术应用的虚拟化、数据化、数字化在计算机技术与信息技术上的一种有机结合，是一种超越传统物理空间概念和传统一维时间概念的、具有开放性和隐匿性同时并存特征的、互联互通的一种应用技术存在。被网络化的国际互联网是网络应用技术的最主要代表，在网络互联和网络传播中起到了主导作用。

在当今人们生产生活日益网络化时代，用来约束人们行为的传统道德伦理规范也不可避免地随之扩展、延伸到了虚拟网络世界中。从单纯的理论与实践二分法视域看，网络伦理实践与认知属于近年来兴起的应用伦理学范畴，它是伴随着1969年12月因特网（Internet）在美国首次实现连接而来，我国则是由1987年9月20日钱天白教授发出"越过长城，通向世界"的第一封电子邮件拉开序幕。经过半个世纪左右的膨胀式发展，以互通互联为链接方式的因特网除了连接了千家万户的固定电脑，还让"地球村"实时互动的智能移动客户端如智能手机等电子产品实现了互联互通，其方便、快捷程度史无前例。现如今随着网络传媒技术的飞速发展和不断涌现，诸如智能化手机联网、智能手机电子报刊、IP跟踪电频、移动网络数媒电视、移动网络广播、露天网络电子屏电视等比比皆是，令人应接不暇。另外，博客、播客等大众化网络自媒体（网络主播）也大量涌现。种种迹象表明，网络虚拟世界呈现一片"欣欣向荣"的景象。互联网给人们的日常生活如工作、学习、娱乐、交往，甚至是出行等带来了诸多便捷，实现了人类长期以来梦寐以求的信息共享、平等对话、参政议政、远程互动等在以往生活中被认为是不可能的活动。但网络生活实践也告诉我们一个残酷的现实：互联网是一把双刃剑，在给我们带来诸多福利的同时也给我们带来了诸多的危害和潜在的危机。亲情淡薄、情感危机、社交恐惧症等把每一个人变成了"孤独的个体";知识产权屡屡受到侵害,窥探他人隐私、侵犯他人肖像权时有发生;网络暴力、网络媒体道德绑架无处不在;网络病毒、诈骗软件防不胜防;游戏、网游、手机成了新型"精神鸦片",尤其对广大青少年的身心健康造成了损害;网络垃圾信息、虚假信息泛滥成灾;西方腐朽价值观、金钱观、非道德主义、享乐主义等在不断入侵我们业已形成的马克思主义意识形态的各领域,对我国社会主义核心价值观理论体系构成了严重挑战和威胁。更有甚者,在行业内部的不健康竞争以及金钱主义驱使下,不少网络媒体单位或部门为"博眼球",片面追求大众"眼球效应",互联网娱乐节目低俗化、色情化,网络公益广告过度金钱化、商业化,网络儿童节目成人化、暴力化,各种模仿、剽窃等侵犯知识产权事件也时有发生。种种迹象表明,互联网所产生的负效应不容小觑,因为"技术的进步,常常比伦理学的步伐要急促得多,而正是这一点对我们大家都构成某些严重威胁"[1]。人类善良意志和正义理性所面临的不仅仅是观众的"鼠标下的德性""指尖下的德性",更是整个网络时代所有人的德性。

4.2 网络应用智能机械的伦理风险与伦理原则

网络应用智能机械主要指,信息化条件下在网络使用过程中出现的具有人类部分属性的"机器人",这种"机器人"有的甚至已经完全智能化、超人化,具有完全超越自然人的身体、生理、心理、智商等方面的能力,引起了人类的伦理担忧和道德恐慌,在伦理学界唤起了学人们的众多道德思考,给人们的网络应用伦理实践及认知带来了巨大影响。

4.2.1 网络应用智能机械的伦理风险

互联网、大数据、人工智能等新一代信息技术的迅猛发展和广泛应用已经深度改变了人们的生活方式和人际交往范式。网络科技产品本身的广泛应用存在着巨大的伦理风险,引起了人们普遍的伦理担忧和道德恐慌。作为信息化产物的对话式人工智能(AI)机器人ChatGPT一经问世,迅速火遍全球,该人工智能机械设备(人工智能)以其强大的语言功能、海量的数据库及其敏锐的超强算法等信息加工处理能力让世人惊叹不已。那么,怎样看待或认知这项由信息化带来的具有"革命性"和"颠覆性"的科学技术成果及其引起的伦理担忧?这是摆在世人尤其是伦理学人们面前的,必须以科学的、理性的应答来回应的一个时代问卷。

首先,在人与人工智能的主客体关系上,我们认为,人始终是主体,人工智能至多算是一种类主体的客体。一方面,作为目前人工智能领域在人机对话方面取得最为先进成果的ChatGPT也确实具有了其他客体都无法具有的"优势",比其他智能机器人更具有类似人的属性,具有了主体性特征。它"上知天文下知地理",无所不知无所不答;它能处理许多繁杂问题并完成一些高难度任务,如编程、推演几何图形、解算数学难题、写论文创稿件、与人对弈棋局等等。更令人惊叹的是ChatGPT在模仿具体人物口吻和神态语气，谈论意见、看法等属于主观感性问题处理方面也毫不逊色于人类。这些让它比人还像"人"，就更不用说其他人工智能机械（人工智能）了，与ChatGPT交流问题更接近一场"人与人之间"的交流。从这个层面上讲，在人与人工智能的主客体关系上，不像是主体与客体之间的关系，而更像是主体与主体之间的关系。另一方面，尽管不可否认某些人工智能如ChatGPT具有某些类似人类属性和部分功能特征，甚至在某些功能上还有人类无法超越的一面，但是，人工智能毕竟是"人工"的成果，是人类劳动的产物，最终受人类支配和控制。从这一点上来说，人是主体，人工智能是客体，二者之间主客体关系不容置疑。

其次，人与人工智能在道德力方面迥然不同：人有道德力，人工智能却没有任何道德力。人的能力包括体力、智力和道德力三个方面。体力是指人的身体上所展现出来的内存于肌肉骨骼之中的自然体能，是人及人的智力和道德力存在的前提和基础，没有体力就不会有健全的智力和完整的道德力。智力是指人的生理上所呈现出来的内藏于大脑之中的智商水平，是一个人认知事物和处理事情的能力，是人的体力和道德力在智商水平上的另一种呈现和发展。而道德力就是人的一种道德能力，如道德情感能力、道德意识能力、道德行为能力、道德意志力等等，是人和人类社会特有的道德现象。换句话讲，道德力就是特指人的心理上所呈现出来的内藏于大脑之中的一种在道德情感、道德意志、道德价值判断和道德行为选择等方面所展现出来的能力，是一个人处理和对待人、事、物及与其相互关系的道德认知水平和道德行为能力等方面的总称。道德力是人类社会进入文明社会尤其是现代文明社会的最有价值的能力，在技术狂热和工具沉迷的智能社会显得尤为重要。智能社会已经迫使我们人类不得不思考以下三个方面：一是必须进行自我道德反思，摆脱技术主义狂热和工具主义人性。二是必须对现实社会进行人文观照，坚持公平与正义原则，唤起人们内心的正义感和仁爱心。三是必须立足人的普遍性和"全人"发展，把控人类终极关怀，实现人对技术的控制以及对技术成果（如ChatGPT等人工智能）的超越。因此，道德力是人类社会尤其是智能时代社会中不能替代，更不可或缺的核心能力。道德力在人的三种能力（即体力、智力和道德力）中属于最核心能力。

人工智能尽管从表征上看，似乎也具有某些"道德力"，如能进行某些"道德行为"简判等等，但从实质和本质上说，其是没有任何道德力本质的。对于人工智能机械尤其是ChatGPT机器人来说，它就是受制于人类欲望驱使或指使的尝试，不断触及道德领域的边界，只要人类"投喂"给它有关人类欲望等相关伦理理论和道德知识，它就能在存有大量伦理数据的大数据库中迅速搜寻并通过其高强度的算法，"反刍"并将知识进行重组和整合，然后就像镜子一样得出所谓的道德价值"判断"，有时人们还会发现它经常"一本正经地胡说八道"。究其原因，应该强调指出，道德的本质属性就是它的实践性，离开人类社会现实的实践生活谈论道德话题，就必然也只能是"胡说八道"。这一点对于人自身来说是如此，对于ChatGPT机器人就更不用说了，机器人无法进行生活实践，更不能对伦理道德进行实践，因为实践是道德的本质精神属性。

不可否认，正是因为人工智能机械尤其是ChatGPT机器人具有模仿人类作出"道德"简判这一优点，人类某些常规的道德决策和道德推理等活动可以让渡给人工智能机器人，让其承载人的工具理性，借助算法得出伦理结论，但算法决策和伦理结论的背后仍然是人为的决策，离不开人的行为。人类将某些由道德理论、原理、知识等形成的道德共识、道德原则，甚至把道德案例流程化和程序化为道德数据代码，嵌入人工智能机器人系统，以处理和解决某些确定场景中的简单道德选择问题。但对于那些属于道德冲突和伦理困境等方面的道德难题的决断，由于"肚里无货"，人工智能如ChatGPT也无能为力，它只是回答"我是一个 AI 语言模型，不对道德问题做判断"，不能自主地做出道德判断和决策。诚然，道德是一种实践理性和实践精神，道德判断和道德决策是需要理由来支撑的，人工智能的决策和判断逻辑在缺乏透明性和可解释性的情况下，人工智能的黑箱性质及其承载人的工具理性的性质决定了它的道德判断只能是有限的和受人控制的，所以，难以作出真正意义上的道德决断。

综上所述，人工智能尤其是 ChatGPT 机器人，尽管其体力充沛，智力过人，但唯独没有道德力。

但是，人工智能尤其是 ChatGPT 机器人给人类带来的伦理风险，还是相当巨大的，我们决不能掉以轻心。

首先，人工智能尤其是 ChatGPT 机器人有可能被别有用心的人用来宣传极端言论、种族歧视，煽动仇恨和对立情绪等，对人类和谐相处、公平正义等构成了不小的挑战。人类出于不同目的对人工智能机器人输入大量带有伦理道德主观倾向的歧视数据信息，如历史偏见、对他国和人民的成见、特定文化优越性等等，如果人类不加以约束和控制而任其发展，势必会制造大量伦理事件，产生道德风险。

其次，人工智能尤其是 ChatGPT 机器人给学术研究带来了一定的伦理挑战。如果把科研创作人员的思考活动交给 ChatGPT，那么，科研创作人员就会丧失表达自己思想或想法的能力。如人们出于好奇心用 ChatGPT 进行造假，进行一些违反道德伦理的创作，那么在求知欲诱使下就会与道德善渐行渐远，最终成了道德恶。假如从事学术科研活动的人失去"人"的思考与参与，那么，这无疑是人类社会和人类历史的倒退。从科学技术本身来讲，这绝不仅仅是技术滥用的伦理后果可以归结的，无疑是十分可怕的。

再次，对人工智能机械尤其是 ChatGPT 机器人在使用中造成的负面影响，该如何追究伦理责任问题，也产生了伦理挑战。在人与物作为主客体的传统意义上，人是主体，物是客体，大家达成共识。但人工智能机械尤其是 ChatGPT 机器人越来越具有人类的某些思维能力和行为能力，甚至在某些方面比人还像"人"，超越了人类的思维能力和行为能力，二者已经不再是简单的人与物之间的主客体关系，也不是主体与另外主体之间的关系，而是主体与类主体的关系，尽管这种主体与类主体关系在本质上仍然属于人与物的主客体关系。在这种关系下，人工智能机械在使用过程中造成事故或灾难的负面影响，如让人工智能操作汽车方向盘造成交通事故，究竟是由谁来承担主体性（即主客体的主体）责任就是一个伦理难题。在大数据和信息化条件下，人作为传统意义上的具有排他压倒性主体性地位的伦理责任时代已经一去不复返了。人工智能机械的设计师、制造商、所有者和使用人是否还是一切责任尤其是伦理责任的实际承担者也就很难界定了,这增加了一定的伦理风险。

最后,人工智能机械尤其是ChatGPT机器人的出现在一定程度上给社会公平与正义原则带来了伦理挑战。互联网技术的应用是人类的进步,它是"去中心化"的助推器,这是一种关乎自由、平等和开放的社会公平与正义愿景,但人工智能机械尤其是ChatGPT的出现似乎让"去中心化"又返回到"中心化"。现实社会生活中权力的过分垄断导致了再"中心化",破坏了社会公平与正义原则。人工智能算法隐蔽难测,信息及信息源不对称、不透明,信息技术本身因技术门槛致使信息壁垒、数字鸿沟大量涌现,大数据在传播信息、搜集数据、共享成果的同时,也为一些国家和利益集团利用人工智能机械,霸道干涉他国内政或为攻击他国提供了智能漏洞和信息暗网,严重威胁他国主权和安全,违背社会公平与正义原则的现象与趋势越来越明显。如何缩小或规避数字鸿沟、信息壁垒以增进人类共同福祉,这是一个全球性和具有国际意义的道德议题。

此外,人工智能机械尤其是ChatGPT机器人,呈现出比人更像"人",更接近"人"的事实,那么,人工智能机器人到底算不算"人"?又是在什么层面上算是"人"?其设计师、制造商、所有者和使用人又应当承担什么样的责任,怎样承担责任?比人更像"人"的人工智能机器人一旦出现,人类以及人类社会将面临怎样的前途和命运?道德与伦理是否就意味着实践本性的改变?人类究竟还受不受伦理道德的调节和制约?这都是关乎人伦道德的根本问题,急需伦理学人们及时回应和应对。

综上所述,网络应用智能机械的伦理风险不容小觑,必须严肃对待。

4.2.2 网络应用智能机械的伦理原则

从根本上讲,网络应用智能机械的出现是人类的进步现象,它为人类及其发展提供了工具和手段。但网络应用智能机械,尤其是以ChatGPT机器人为代表的人工智能似乎有点"走过头",给人类带来了不小的伦理风险和道德挑战。为此,我们必须将网络应用智能机械尤其是以ChatGPT机器人为代表的人工智能设定和限制在一定的伦理原则之下,使之更好地为人类最终福祉服务。这些伦理原则应该体现在如下几个方面。

第一,在价值理性上,必须以服务人类为根本宗旨。这条原则也是国际社会达成的共识。我国在2022年颁布的《关于加强科技伦理治理的意见》第一条伦理原则就是"增进人类福祉",这也就是对让人工智能机械以服务人类为根本目的和价值理性的伦理原则的客观表述。

具体如下。首先,人类处理人与物的关系时不能离开"人是目的"的价值理性,那些混淆人与物主客体关系以及非人类中心主义、弱人类中心主义的理念在本质上是错误的。其次,人工智能无论多么先进,多么更像人类,都毕竟终究还是物,是人造物,只不过是被人格化了的物。即使人工智能机械在某些功能方面优越于人,反客为主,但在其存在的意义和价值上,人的主体性和本体性地位无物可及。再次,从道德认知主体上看,人工智能机械尤其是ChatGPT机器人虽然在算法和记忆上超越人类,但其在道德认知上不具备认知主体地位，无法与人相提并论。最后，从道德价值论角度看，人工智能相对于人而言只能充当人实现自己目的的工具和手段，只具有外在道德价值而不具有内在道德价值，只有人才具有道德内在价值。因此，人是目的，也是万物的尺度，人工智能机械尤其是 ChatGPT 人工智能机器人，其有无道德价值以及道德价值量大小必须取决于其满足人类需要的程度，必须以人类为中心，遵守服务人类的伦理原则。

确立人工智能以服务人类为根本宗旨的伦理原则，必须要始终确保人类主体性和主导性的地位，必须把作为人造产物的人工智能机械始终置于人类可控可为的范围之内，避免人类福祉、尊严和人格受到任何损害或伤害。

第二，在工具理性上，必须以安全可控为目标手段。以 ChatGPT 机器人为代表的人工智能是信息化条件下的当代科学技术的最新发展，其安全性、可靠性与可控性有待进一步验证和确认，涉及的领域和范围都比较广泛，人类稍有不慎，就会造成难以挽回的后果，产生不可逆转性的灾难，因此，人类在使用何种具体的工具或手段上不能麻痹大意，必须小心谨慎待之，以确保我们国家的、民族的长远利益和根本利益不受影响或破坏。

第三，在利益分配上，必须以公开透明为政治诉求。为了体现利益分享上的公平与正义，增强人与人之间的和谐，人工智能机械设备在其研发、生产、加工、塑形、制造、运输、销售等各个方面都必须遵守信息公开和透明原则。另外，在其大数据搜集、存储、跟踪和计算等方面也必须公开透明，以免产生不必要的壁垒。人工智能算法隐蔽难测，导致信息及信息源不对称、不透明，信息技术本身因技术门槛致使信息壁垒、数字鸿沟出现。大数据在传播信息、搜集数据、共享成果方面应当维护公平与公正价值，不应当储备过时、落后、不准确、不科学、不完整、不人道或带有歧视、偏见的信息源。总之，以公开透明为政治诉求的伦理原则必须得到有效支持和严格执行。

4.3　网络应用生活与网络应用道德

在人类社会实践中，现实生活总是离不开道德规范的引领和约束。同理，网络应用生活虽然具有虚拟性、非面对面性，具有不同于现实生活实践的一面，但网络应用生活终究是人际交往的一种生活存在方式，同样离不开道德（网络应用道德）的规范和引领。网络应用道德离不开两个核心要素：一是网络，二是道德。网络提供的虚拟空间不是现实存在的物理空间的对立面和相异存在，而是物理空间的虚拟延伸，是现实世界的有机组成部分，但这也并不意味着现实生活中的一切道德规范都适用于网络应用空间，传统社会中所形成的伦理规范和道德约束及其运行机制与在信息网络化、虚拟化时代所适用的存在差异，需要高度重视和有针对性的专门建构。但话又说回来，这种专门建构的网络应用伦理也并非脱离现实存在的伦理道德，它必须立足既有道德规范，利用现有的道德原则及其运行机制培育生成网络应用道德体系。同时，网络本身并不构成网络应用道德治理的主体,也不构成网络应用道德治理的客体,它只是网络应用道德实施的平台和载体,真正构成网络应用道德治理主体和客体的仍然是现实生活中的人,即网络的使用者。网络应用道德就是以研究和探讨人们应当怎样正确使用网络以维护好良好的网络人际关系,即在网络应用社会(虚拟世界)中人与人之间应当怎样秉持道德认知、道德态度和道德行为来诠释、把握和维护好应然的有序和谐的网络应用人际关系。

在如今互联网络普及和大众生活网络化极速发展的时代,人类社会已经不再可能回归过去的传统社会生活模式,在生活高度依赖虚拟网络的现今时代,更准确地说是高度依赖互联网而形成"互联网+一切"时代,人们的生产生活方式发生了革命性变革。"互联网+"时代给人类最为深刻的印象就是网络应用科技的飞速发展,这种飞速发展改变了人类传统交往方式,增添了全新的社会架构伦理认知模式,因此,重塑人与人之间紧密友善的关系伦理链接,进而体现互联网新时代人际良性互动模式与情感联结效应成为现行社会急需解决的时代课题。那么,我们有必要在社会主义市场经济体制和新时代社会主义核心价值观引领下,妥善利用互联网的科技优势,在"实然"网络道德背景下弘扬善良公民价值观。营造新时代善良社会风气关键在于有效地汇集社会无数的善言善行,在社会层面上努力打造一个和谐、文明、富强的"应然"道德生活环境。

4.4 网络应用的伦理原则

网络应用生活需要网络道德,良好的网络道德是网络社会文明进步的标志,也是网络时代精神的价值诉求。在全球网络互联互通的国际环境下,社会主义集体主义道德基本原则是我国互联网生活时代的最基础性和最根本性的道德指导原则。在社会主义集体主义道德基本原则指导下,我们还要立足于马克思主义基本立场,对当今西方世界主导的基于西方资本主义价值观立场的网络道德原则进行辩证的、科学的和理性的对待,取其精华,去其糟粕,辩证吸收和汲取。

4.4.1 社会主义集体主义道德基本原则主导网络生活

随着我国参与网络生活的人数越来越多,为了网络社会生活的和谐有序进行,我们必须特别强调社会主义集体主义道德基本原则仍然是我国网民网络生活的最基础和最根本的道德指导原则(注:有关社会主义集体主义道德基本原则的详细论述见第三章,在此不作重复细致累述,只作概述)。

在全球网络互联互通的国际环境下,西方世界主导的网络道德原则是基于生产资料资本主义私有制经济的西方意识形态及其价值观体系始终占据和掌握着整个网络世界联机主动权和话语主导权的一种网络生活原则。由于西方敌对势力企图利用网络舆情舆论生事造势,蓄意进行思想渗透和破坏活动,再加上我国暂时处于整个网络舆情舆论体系及话语权的被动地位,因此,在此背景下,我们必须坚持以社会主义集体主义道德基本原则主导我国网民的网络生活。

在我国网民日常网络生活中，社会主义集体主义道德基本原则一方面代表着最真实的网络集体利益，是我国所有网民利益的最集中最忠实的代表。从网络集体利益的根源上说，其是建立在社会主义生产资料公有制经济基础之上的，从而消除了经济根源上的人与人之间的不平等，实现了人类有史以来真正意义上的经济源头上的平等，既统筹和代表着每一个网民个人利益又融于每一个网民个人利益，既超越于网民个人利益又不异化于网民个人利益，总是最大化体现最广大网民的利益诉求和利益愿望。另一方面，如同网络集体利益离不开广大网民个人利益一样，广大网民个人利益也始终离不开网络集体利益。广大网民个人利益决不能游离于和离开网络集体利益，网络个人利益总是网络集体利益中的网络个人利益，不能脱离网络集体利益而独立存在。从以上两个方面来看，网络集体利益原则上应成为每一个网民个人利益在道德要求上的最高理想状态，从而达到网络集体利益与网络个人利益这二者和谐共生的"双赢"状态，同时实现价值目标诉求。从伦理理论上讲，这二者无论哪一方出现利益偏差或损失，都是这种最高理想状态（网络集体利益与网络个人利益辩证相融）的完美性的欠缺和流失，因而需要及时止损和弥补。就网络集体利益与网民个人利益之间的辩证关系而言，首先，网络集体利益既强调网民个人利益与网络集体利益的统一性，又强调这二者的辩证性。网络集体利益存在的价值就在于保护每一个网民个人利益和发展每一个网民个人自由，发挥每一个加入集体的网民个人活力，实现网民个人人生价值和维护网民个人人格尊严，从而最终实现广大网民的网络"全人"发展。其次，广大网民个人利益作为构成网络集体利益的一分子（因子），必须为网络集体利益提供物质或精神动力，围绕在网络集体利益周围为网络集体利益奉献和服务，唯有如此，才能始终保证网络集体利益愈加巩固并坚实发展每一个网民个人利益。再次，集体主义道德原则强调网络集体利益与每一个网民个人利益之间关系的辩证统一性。网络集体利益离不开网民个人利益，网民个人利益也离不开网络集体利益。从集体主义原则来看，不存在无网民个人利益的网络集体利益，也不存在无网络集体利益的网民个人主义利益，网络集体利益和网民个人利益总是有机辩证统一的关系。最后，从集体主义原则来看，网络集体利益和网民个人利益关系的有机辩证统一的基础不在网民个人利益而在网络集体利益，网络集体利益具有相对的至上性，因此，在非常必要和紧急的情况下，广大网民要为网络集体利益做出必要的个人利益的牺牲。这就是我国网民应当具有的正确的网络集体利益与网络个人利益关系的辩证理性思维和道德伦理认知。

4.4.2 社会主义集体主义道德基本原则引领诸他具体原则

因特网（Internet）最早诞生于美国，是于 1969 年 12 月首次在美国国内由局域网发展到全国范围内的互联互通网，其经历了由 ARPAnet 到 NSFnet 再到 Internet 的过程，在 20 世纪 70、80 年代由美国迅速发展到整个西方世界。我国互联网是从 1987 年 9 月 20 日由我国"网络之父"钱天白教授首次实现与美国因特网对接开始渐渐发展起来的，进入 90 年代以后，互联网开始普及全国，成为普通民众日常生活不可缺少的一个组成部分。

互联网伦理也最早开始于欧美资本主义世界，为了规范西方国家各自国内网民网络生活行为，维护网络虚拟世界生活秩序，在西方资本主义个人自由世界里逐渐形成了基于西方资本主义私有制经济基础的、以西方资产阶级价值观及其思想意识形态体系为核心的一系列网络伦理原则和规范体系。这些网络伦理原则和规范体系主要包括早期基于功利论（最大幸福主义）的自主、自由原则及其规范，后来由于基于功利论（最大幸福主义）的自主、自由原则及其规范体系出现了众多弊端，为了修正其弊端，又不得不提出基于义务论和权利论基础的平等、兼容、开放、互惠、公正、无害等诸多伦理原则及其规范体系，从而形成了直到今天还一直坚持和遵守的诸多伦理原则理论体系。

由于英语语种及其语言风格一直主导网络世界，汉语在整个网络世界语言体系中始终处于被边缘化地位，加上我国网民是被动接受西方国家主导的网络话语体系，再加上西方敌对势力企图利用网络舆情舆论生事造势，蓄意进行思想渗透和破坏活动等诸多原因，我们必须坚持以社会主义集体主义道德基本原则主导我国网民网络生活，同时加强对西方资产阶级的网络道德原则理论体系的深入研究和深刻剖析，辩证理性看待和合理借鉴吸收。也就是说，我们必须在坚持社会主义集体主义道德基本原则指引下，还必须立足于马克思主义道德伦理基本立场，对当今西方主导的基于西方价值观立场的网络生活道德原则不可一味拒之门外，必须对其加强分析和研究，进行辩证的、批判的、科学的和理性的对待，采取辩证吸收和有鉴别汲取显得十分有必要。

具体说来，西方世界所主张的网络生活道德原则在总体上和系统上是以个人主义道德基本原则为核心和基础的，包含自主、自由、平等、兼容、开放、互惠、公正、无害等诸多道德具体原则（注："道德具体原则"是相对于"道德基本原则"而言的，为了区分于"道德基本原则"，在本论著中又被指称为"伦理原则"，在有的学者论文论著中，把"道德具体原则"又习惯性指称为"道德规范"）的一种原则与规范体系，这种原则和规范体系是建立在抽象人性论基础、私有制经济基础和资产阶级阶级基础之上的，因而必然具有人性基础论、经济基础论和阶级基础论意义上的三大缺陷。

（一）从理论基础视域看，西方世界网络生活道德原则及其规范体系缺乏科学性，体现了其人性及其理论基础上的抽象性。

首先，从人性基础看，资产阶级思想家立足于历史唯心主义的抽象人性——"人的本质是自私的"的观点，认为人与生俱来的"自私自爱""自私自利"源自动物都有"趋乐避苦""趋利避害"等反应特性，由此得出人的本质就是自私的观点，并且企图用这一狭隘偏见说明个人主义道德基本原则甚至是利己主义道德基本原则的合理性，这是站不住脚的，更是反科学的。其实这些都只是人的自然属性，或者说是动物的本能反应和表现，人的真正本质属性应该是人的社会性。马克思主义认为，社会存在决定社会意识，人、人性和人的本质是现实的、具体的和历史的，是由人所参与的社会实践和社会关系决定的。人的本质是建立在现实性基础上一切社会关系的总和，所以应当把人放回到人类历史发展长河中和社会生活具体实践中作具体的历史的考察和分析。正如马克思主义经典作家所说,"人的本质不是单个人所固有的抽象物,在其现实性上,它是一切社会关系的总和"[2]。也就是说,人的本质具体表现在人类历史发展的长河这条纵向线上,也表现在具体的现实实践生活这个横截面上,纵向坐标线与横向横截面的交汇点就是我们所应当理解的个人本质。强调个人本质的历史性和社会性并不是要抹杀人与人之间的差别,而恰恰是想强调人与人之间的差别,正是这种差别才使个人在社会生活实践中真正成为现实的人。同时,人性与人的根本属性不是一回事,人的属性是多方面也是多层次的,既有自然属性也有社会属性,既有政治属性也有文化属性,既有经济属性也有宗教属性等等,仅仅把人的属性问题与人性相提并论,既混淆了这二者的概念也混淆了这二者的关系和区别。资产阶级思想家把人的自然属性等同于人性,并把人的自然属性称为人性,用人的自然性来解释社会现象显然是错误的、反科学的。人的属性中最根本的属性不是人的自然性,而是人的社会性,在人的社会性中,最关键的是人的本质问题。人的本质是人能够在一定的社会关系中从事生产劳动,制造生产工具,这是人区别于一切动物的特殊本质,即人之所以是人的标志和本质。人的其他属性都是受人的本质属性制约和规定的,人的道德性也是受这一本质属性规定和制约的。人的"自私"和"自利"不是与生俱来的,而是后天形成的,尤其主要是由后天生产资料私有制的经济基础决定的,当然也与教育因素、环境因素、个人社会实践等诸多因素有关。把人的某种特殊现象看成人性,是以偏概全、以特殊性取代普遍性,这正是伦理精神、哲学精神和科学精神所反对和坚决摒弃的。

其次,从理论基础看,以边沁、密尔为代表的近代传统功利论(功利主义),以康德、罗斯为代表的近代传统义务论(道义论)和以罗尔斯、诺齐克为代表的当代新兴权利论(正义论),共同构成了西方社会网络道德原则和规范体系的三大经典理论基础。功利论和义务论的理论焦点在道德与利益的关系的分离与对立,而不是在关系如何统一和怎样统一上。功利主义主张用道德价值之外的目的性价值如实际效用、实际效果或实际效益等作为道德评价(善恶评价)的根本标准,特别看重对人的行为结果所带来的实际功效和实际效果的考察,追求幸福和效用最大化。而义务论则认为应当以道德价值之内的动机性价值如人的理性、人的义务或人的良心等为道德评价(善恶评价)的根本标准,重在对人的行为实施前的思想动机的考察。归结到利益与道德这二者的根本关系上,功利论坚持利益决定道德,利益对道德具有绝对的至上性和优先性;而义务论则坚持道德决定利益,道德具有绝对的至上性和优先性。他们各自代表着道德与利益相互关系的两个极端,彼此互不相让各执一端,各有所长也各有所短。而罗尔斯和诺齐克的权利论(正义论)虽然看到了功利论与义务论各自的弊端,企图规避和调和功利论与义务论之间的矛盾和分歧,但是,权利论(正义论)本身又是建立在非历史的、过于理想化的抽象假设上,导致了现实的诸多缺陷,成为抽象空洞、没有实际价值和实际指导意义的纯粹理论。因此,西方社会网络道德原则和规范体系也就失去了理论基础上的科学性。

我国网民的网络生活道德原则是在马克思主义伦理学指导下,在基本的价值取向和基本的价值追求上,超越了功利论、义务论和权利论这三大理论的片面性和抽象性,实现了真正意义上的具体的、历史的辩证统一。这一原则从人们的网络生活利益和网络道德的辩证统一性出发，既强调广大网民网络生活利益对网络道德的决定性作用，又坚持人们的网络道德对广大网民网络生活利益的能动性反作用，更充分保障了广大网民的网络权利，实现了真正意义上的道德、利益、权利这三者之间关系的有机辩证统一。马克思主义伦理学指导下的社会主义集体主义道德基本原则和具体原则（伦理原则），也主张功利论，但不同于西方资产阶级的片面的狭隘的功利论（功利主义），与边沁、密尔的功利论（最大幸福主义）也有本质性和根本性区别，是代表并立足于中国最广大网民和中华民族各个民族网民的根本利益、长远利益和整体利益的功利论（功利主义），也是着眼于各种具体利益、眼前利益和局部利益的功利论（功利主义）。因而，这种功利论（功利主义）又是与马克思主义的义务论（道义论）、权利论（正义论）紧密联系在一起的，然而又与康德、罗斯式义务论以及罗尔斯、诺齐克式权利论（正义论）有着本质性和实质性区别，它始终是与中华民族伟大复兴中国梦、社会主义现代化建设的实实在在的事业、国家和人民的实际利益紧密联系在一起的，并为其道德理论提供论证和价值归旨。它超越传统功利论、义务论、权利论这三者之间的分歧与对立，必然要求将这三者有机整合为辩证统一整体，实现三者的统一和升华。在我国，网络社会生活道德基本原则和具体原则（伦理原则），是社会主义道德建设的一个有机组成部分，必须要求以马克思主义伦理学为指导，在社会主义条件下实现功利论、义务论和权利论的统一和升华，因此，社会主义集体主义道德原则是我国网络社会广大网民网络生活的基本指导原则，同时内含其他具体道德原则（伦理原则），如自主、自由、平等、兼容、开放、互惠、公正、无害等。

（二）从经济基础视域看，西方世界网络生活道德原则及其规范体系缺乏普遍性，体现了经济根源上的不平等性。

众所周知，西方世界网络生活道德原则及其规范体系是建立在资本主义生产资料私有制经济基础之上的。经济基础决定上层建筑，有什么样的经济基础就会有什么样的政治思想及意识形态体系。个人主义道德基本原则作为西方世界网络生活基本原则，无疑是由资本主义私有制经济基础性质决定并受其制约的，个人主义道德基本原则作为上层建筑对资本主义私有制经济基础性质所表现出来的资本家利益所能发挥的实际能动性反作用极其有限（注：所谓道德基本原则是指处理个人利益与集体利益或社会整体利益之间关系的根本准则，是调节和调整人们相互之间各种关系的最基本性和最根本性的指导原则）。因而，个人主义道德基本原则及在此基础上建立起来的具体道德原则或规范（如自主、自由、平等、兼容、开放、互惠、公正、无害等）在西方网络世界所能发挥的实际调节作用非常微弱，如资本主义国家广大网民在网络生活中发生的网络伦理事件比比皆是，已经产生了严重的伦理危机。网络诈骗、网络暴力、网络色情一度泛滥成灾，亲情淡薄、情感危机、社交孤独症、社交恐惧症等把一些网民变成了"孤独的个体"，知识产权屡屡受到侵害，窥探他人隐私、侵犯他人肖像权时有发生，网络病毒，网络唆使、引诱、诱惑充塞整个网络，腐朽价值观、金钱观，非道德主义、享乐主义等无处不在，资产阶级利益集团控制整个资本主义世界的网络信息，独霸信息资源，垄断信息控制权和主导权，等等。这些危机的根源就在于生产资料被少数资本家独占，广大网民在生产资料上一无所有，处于被动地位。因而，西方世界网络生活道德原则及其规范体系缺乏经济基础的普遍性和全民性，体现了经济根源上的不平等性。

我国网民的网络生活道德原则是建立在生产资料社会主义公有制基础上的，具有经济基础和经济根源上的全民性和普遍性，从而为我国广大网民网络生活提供了社会主义集体主义道德基本原则的坚实基础。社会主义集体主义道德基本原则作为我国网民网络生活基本原则，无疑也是由生产资料公有制经济基础决定并受其制约的，但社会主义集体主义道德基本原则作为我国经济基础的上层建筑，对公有制经济基础所表征出来的全体广大网民的整体利益所能发挥的实际能动性反作用非常巨大。因而，社会主义集体主义道德基本原则及在此基础上建立起来的具体道德原则或规范（如自主、自由、平等、兼容、开放、互惠、公正、无害等）在我国网络世界所能发挥的实际调节作用也非常广泛。尽管如此，我国网民网络生活仍然会出现诸多违背社会主义核心价值观的伦理事件或悖德现象，但这些伦理事件或悖德现象绝大多数是建立在广大网民根本利益一致基础上的，其中也有一些现象相当恶劣，从本质上讲，是西方资产阶级腐朽人生观、世界观和价值观及其腐朽意识形态体系对我国网民正常网络生活的一种滋扰和破坏所致。因此，只要我们在思想上和行动上给予足够重视，注意加强防范，就一定能够减少这些伦理事件或悖德现象的发生。

（三）从阶级基础视域看，西方世界网络生活道德原则及其规范体系缺乏全民性，体现了阶级局限性和虚伪性。

毋庸置疑，西方世界网络生活道德原则及其规范体系是资产阶级控制和主导的，代表资产阶级的整体利益，而广大民众和无产阶级被排斥在外，完全处于被动接受的地位和处境。尽管如此，资产阶级企图掩盖这个事实，竭力鼓吹全民性和所谓的真实性，体现了资产阶级的阶级局限性和虚伪性。事实上，在资产阶级国家中，资本家及其代理人无论主观上是否真正意识到要代表全体民众利益，在客观层面都总是不自觉要为其阶级利益服务，究其缘由，就在于所有私有制社会形态必然存在着统治阶级与被统治阶级这两种利益根本对立的阶级，其阶级利益的本质无法调和。而且，资产阶级之所以不能代表或不代表真正意义上的全民利益，根源也正是统治阶级与被统治阶级这两大根本利益相互对立的阶级及其阶级利益的无法调和。详细说来，就是资本主义生产资料的私有性以及在此私有性基础上的社会分工致使他们不得不必然组成"联合体"，然而这种"联合体"常常受到偶然性因素支配。所以，这种"联合体"在一定条件影响下可以联合起来，又必然在一定因素干扰下分解或解散，原因在于它们之间形成了一种受客观必然性支配的阶级之间的"异己联系"。

我国网民的网络生活道德原则是由无产阶级自己掌握和主导的，代表广大劳动人民自己的阶级整体利益，而广大劳动人民本身就是无产阶级这个阶级的一个有机组成部分。由于不存在剥削阶级赖以存在的私有制经济基础，所以剥削阶级作为一个阶级整体已经被消灭。所以，我国广大网民在网络生活道德原则的具体制定中完全处于主动领导地位，从而能够从全民性利益出发，把集体利益和全社会利益的普遍性、宏观性与网民个人利益的具体性、微观性、真实性有机辩证地统一起来。由于消除了生产资料私有制以及在此基础上建立的旧社会分工，人们不再受偶然性因素支配，也不再以阶级间"异己联系"存在，而实实在在成了一切人的"自由联合体"。

基于以上分析，在我国网络生活道德原则和规范体系建设方面，必须坚持和加强以社会主义集体主义道德基本原则来主导我国网民网络生活，并以此为根本指针，辩证吸收和合理扬弃西方资本主义世界网络生活的道德具体原则和规范体系，为我国人民和谐有序的网络生活服务。具体说来，在社会主义集体主义道德基本原则的主导和引领下，理性汲取西方资本主义的自主、自由、平等、兼容、开放、互惠、公正、无害等诸多原则或规范，辩证合理地制定我国网民网络世界具体道德原则（伦理原则）如下。

(1) 主体自主伦理原则

所谓主体自主伦理原则是指网络生活行为人把每一个网络个体既视为目的又视为手段，是目的和手段的辩证统一。

在西方资本主义网络世界里，每一个网络主体都把自己视为目的而把他人视为手段，把人的目的性存在和人的手段性存在分离和对立起来，与康德的"永远把人当作目的，永远不把人仅仅看作手段"义务论观点相左，其根本原因就在于资本主义社会的生产资料资本主义私有制经济基础把广大无产阶级网民排除在资本占有之外，而仅仅局限于对资产阶级的一己私利的占有之中，因而，广大无产阶级网民的主体自主原则往往成了一句空话。无可否认，对于资产阶级而言，主体自主原则是真实的，往往能够实实在在实现把自己当作目的而把他人当作手段，但对于广大无产阶级网民来说，却仅仅被他人当作实现他人目的的手段，而很难实现自己被他人当作目的的目的性存在。因此，在资本主义社会里，人作为目的和作为手段往往是分离和对立的，永远无法实现辩证统一。因而，网络生活的主体自主原则对于广大无产阶级网民来说就成了事实上的空话。

在我国网民网络生活中，主体自主伦理原则能够得到真实的体现，就一般的可能性和条件具备上，每一个网民都能够在客观上把每一个网络个体既视为目的又视为手段，从而实现目的和手段的辩证统一。究其原因，就在于我国社会主义社会的生产资料社会主义公有制经济基础使广大网民都占有了生产资料，从而使广大网民的主体自主伦理原则有了经济基础上的物质保障，同时也是建立在网络信息资源共有共享的信息平等权基础上的。我们倡导的主体自主伦理原则是在维护集体利益和他人利益前提下的自主，任何自由权利和自主权利都是有限度、受规约的，任何不受限制和规约的自主是不现实的。

按照主体自主伦理原则规定，网络主体能够获得意志自由以及社会权利和义务上的平等权，那么，对于参与网络生活的广大网民而言，必定要表现为自主，也就是广大网民把自己作为目的而不是作为手段而存在，同时也必定要求把他人作为目的而不是作为手段而存在，换句话来说，广大网民都在客观上能够把自己和他人视作目的和手段同时存在。以此为出发点，每一个网络主体要想成为真正意义上的网民，就应该自主决定他可以决定的最大利益。一旦某个网络主体的自主权被他人非法剥夺，就说明该网络主体并没有被视作应该受到尊重的网民来对待，就不具有自主性，这就是主体自主伦理原则的主要内容所在。

(2) 主体自由伦理原则

主体自由伦理原则是指参与网络生活的网络行为主体具有在意志自由基础上自主选择自己的网络生活方式和网络行为方式的自由，有充分表达自我个体意见和观点的自由。任何个人、组织或其他网络行为主体不得干涉他人的正常的自由自主行为，不得压制或影响他人正常的和应有的言论自由。

在西方资本主义网络世界里，依据主体自由伦理原则，每一个网络主体从理论上讲似乎可以获得真正的自由，但这种自由只有资产阶级才能享有，对广大无产阶级网民来说是不现实的也是不存在的自由。由于资产阶级垄断了网络信息占有和控制，基于信息算法、网络科学技术、大数据库存接入和输出、话语主导和控制权等方面的霸道独占，广大无产阶级网民只能被动接受，无法主动自由获得，因此，对广大无产阶级网民来说，主体自由原则只是空头支票而已。那么，对于资产阶级来说，是如何实现自身不受约束的自由和利益最大化的呢？这要归结到资产阶级个人主义基本道德原则是以自由放任的资本主义生产资料资本家所有制（私有制）为逻辑和历史根据的，资本的本性与整个资本主义社会整体的稳定和发展的需要相悖，与网络信息社会的发展要求也背道而驰。在资本主义道德原则建设上，有一个基于理论与现实都无法抹去的悖论：一方面高扬和鼓吹个人主义道德价值，另一方面又不得不同个人主义道德价值自身存在的缺陷及其造成的现实危害作斗争。因此，西方资本主义思想家不得不力图在理论上寻求突破来克服和修正个人主义道德基本原则中存在的缺陷，寻求自主、自由原则以外的诸如平等、公正、互惠、无害、兼容等诸多原则，但是资产阶级在政治上的统治地位尤其是在网络信息和网络科技等诸多方面的控制、独占、垄断，使得全社会全民的网络公平、公正、自由与平等等不可能真正实现，这些自由和平等只在资产阶级内部享有，对广大无产阶级网民来说，都是空洞和不切实际的。

在我国网民网络生活中，主体自由伦理原则变成了我国广大网民实际的行动。网络为我国广大网民提供了空前的自由度和广阔的开放空间，但是任何自由都是有条件、受约束和受限制的，无条件的自由和不受任何约束、限制的自由都是不存在的。我们所倡导的主体自由伦理原则是主体自主选择自己的网络生活方式和网络行为方式的自由，是充分表达自我个体意见和观点的自由，同时又是在社会主义集体主义道德基本原则指导和规制下的自由。如果没有对他人利益、集体利益、社会利益和国家利益的维护，仅仅强调网民个人利益最大化，必然违背社会主义集体主义道德基本原则，这种主体自由伦理原则也就失去了社会主义集体主义道德基本原则的根本指导，成了失去主体自由的自由，也就没了主体真正的自由。

网络社会为其每一个网络主体提供了相对自由的空间，每一个网络主体的行为的自由程度和自由范围相对于过去的传统物理社会，已经有了巨大变化。把自由作为一种伦理原则的目的就在于强调自由也是网络道德行为主体应当享有的权利。就一般性而言，网络行为主体享有自由权利不应以行使自我自由权利为由而妨碍其他网络行为主体所应享有的自由，其他网络行为主体的自由权利同样也应受到应有的尊重。

(3) 公平正义伦理原则

公平正义可谓是人类社会尤其是现代网络社会具有持久价值的基本理念和规则诉求，也是我国构建网络应用法治社会的价值理念和目标诉求。公平与正义在伦理学范畴中具有相似性，与"公道"是同义词。"公"指不偏袒，"平"指如一碗水端平，不偏端。"正"指正直，"义"为义正、正义。公平与正义在现代社会往往被称作公正。公平与正义作为网络应用伦理原则是指在处理和调节网络人际关系时出于无私的公正之心，不对包括自己在内的任何人持有偏袒之心，是对人们权利和义务之间相称关系的确认和认可。在中国，"正义"一词最早见于《荀子》一书，与此同时也出现了公道、公正无私、中正等相同或相近概念，《说文》和《经籍纂诂》都认为"公、平、正、直"四字互训[3]。在西方，正义观念最早出现于古希腊，苏格拉底、柏拉图、亚里士多德都有详细论述。苏格拉底说"不愿行不义之事就足以证明其为正义。……守法就是正义。……正义和一切其他德行都是智慧"[4]。柏拉图在《理想国》中也多次提到正义的重要社会意义。亚里士多德则把公平正义誉为政治生活的首要美德，正义以公共利益为依归，是某些事物的"平等（均等）"观念，平等意味着"数量相等"和"比值适当"[5]。爱尔维修和霍尔巴赫认为制度或规则的公平正义是完善社会制度的基础。罗尔斯认为社会的公平和正义是社会的首要德性。平等意味着相同性，是"人们相互间与利益获得有关的相同性"[6]。从一定意义上讲，人类社会发展史就是一部不断追求平等与正义的历史。亚里士多德有平等参与管理的理论观点，雅典城邦也力图推行和实现"平等"与"正义"，此观念对古罗马社会也有巨大渗透和影响。启蒙运动思想家更是狂热于其中，稍后的孟德斯鸠、洛克、卢梭都对此著书立说。法国《人权宣言》有言，"平等就是人人能够享有相同的权利"。由此可知，社会的公平正义是人类从古到今都一直在追求的生活理想。

必须指出，无论古代还是近现当代，西方社会所鼓吹的公平与正义都是建立在抽象人性论基础上的，同时也具有阶级局限性。另外，西方思想家所鼓吹的绝对化完全均等，在马克思主义看来，既不现实也不可能，正如恩格斯所说："两个意志的完全平等，只是在这两个意志什么愿望也没有的时候才存在；一旦它们不再是抽象的人的意志而转为现实的个人的意志，转为两个现实的人的意志的时候，平等就完结了。"[7] 在当今我国，我们所主张的公平正义从本质上来说是不同于西方的，也区别于过去传统意义上的主张绝对均等的平均主义思想。平等原则不是抽象的而是建立在社会主义公有制坚实的经济基础之上，并在个体人格独立和种属尊严完全平等基础上，承认并尊重个人潜能差异，保证"全人"发展（全面发展和自由发展）。因此，在现代人的网络社会生活与实践中，把公平正义引入虚拟网络生活既是对公平正义政治生活的一种坚守，又是对网络社会和谐美好秩序的一种期盼，是现代网络社会每一个网民都应当具有的道德诉求。

公平正义伦理原则要求我国每一个网民在网络生活中，应当秉持公平与正义原则利用各种网络信息资源，不独占、不私占、不霸占网络信息与传媒技术及其带来的库存数据、各种信息资源等，尽量做到以客观事实为依据，以实事求是为原则，坚持真理、伸张正义，不乱评、不感情化、不情绪化网暴他人，注重网络礼仪与网络用语等等。

（4）平等互惠伦理原则

平等互惠伦理原则实际上是平等原则和互惠原则的有机结合。对网络行为主体来说，平等意味着不论网络所产生的一切如何技术化、虚拟化，网络的真正的主体是人（应用者）而不是机器、设备、技术等等，所以平等首先表现为尊重，既重视自己又重视他人。其次要在网络交往过程中视他人与自己一样，在信息资源占用、信息科学技术供给、知识产权保护、个人隐私权保护等诸多方面均等获得与均等索取。也就是说，在网络社会里的每一个网络行为主体在网络社会的正常活动中，都享有社会所赋予的各种平等权利，并平等地履行各种权利所赋予的各种社会义务，这一点与传统物理社会的民事行为主体具有某种程度上的一致性，但应注意到，网络社会里的行为主体结构特征，表现为每一个网络行为主体都具有某个特定的网络身份，如用户、网址、口令、信息，网络所提供的一切服务和便利，所有网络行为主体均应获得。同时，网络行为主体还应该遵守网络社会所有成员约定俗成或明文规定的所有规范，并履行作为一个网络行为主体所必须履行的义务。在网络社会中，无论网络行为主体的实际社会地位如何，职务和个人喜好、文化背景、民族、宗教信仰如何，在网络上，他都只是一个带网址的普通的数学"代码"。网络不创造特权，网络同样反对特权，每一个网络行为主体都应持平等心态，既不要把自己视为高于他人，也不要把自己视作低于他人，各个网络行为主体在各个方面都是均衡平等的。另外，作为网络道德的互惠原则还表明，任何一个网络行为主体必须清醒认识到，自己是网络信息和网络服务的使用者和享受者，也是网络信息的生产者和提供者，每一个网络行为主体在拥有网络社会交往的一切权利时，也应承担网络社会对其所要求的责任。信息交流和网络服务是双向的，各个网络行为主体之间的关系是交互的和对等的；网络行为主体如果从网络和其他网络行为主体那里得到什么利益和便利，也应同时给予网络和对方网络行为主体同样的利益和便利。互惠原则集中体现了网络行为主体的道德权利和义务的辩证统一。享有权利时就应当承担对应义务，承担义务时也享有自己所应得的权利，权利和义务始终是对等的。

我们必须强调，平等互惠伦理原则必须在社会主义集体主义道德基本原则的指导和规制下实行，因为社会主义集体主义道德基本原则是建立在生产资料公有制经济基础之上的，保证每一个网络行为主体在经济利益上的一致性必然要求将社会主义集体主义道德基本原则作为大家共同遵守的最基本道德原则。建立在资本主义私有制经济基础之上的个人主义道德基本原则及其平等、互惠原则对广大无产阶级网民来说都是不真实和不切实际的，而对于资产阶级来讲虽然是真实的，但这种真实是带有阶级局限性和虚伪性的。因此，我们必须强调，平等互惠伦理原则必须以社会主义集体主义道德基本原则为根本指针。

(5) 兼容无害伦理原则

兼容无害伦理原则是辩证吸收西方资本主义国家所谓的兼容原则和无害原则而形成的。兼容并非是西方国家的狭隘意义上的兼容，而是意味着中国本土意义上的"和"而不"同"。兼容要求每一个网络行为主体的活动形式和行为方式等都必须符合某种默契和一致，相互认同规则、规范和标准等，旨在实现各自行为的规范化，语言的互通性和可理解化，网络信息共享和交流的畅通化、无障碍化。但西方资本主义国家尤其是美国资产阶级利益集团秉持网络霸权主义思维，对他国和他国人民进行基于价值观的思想意识形态渗透，企图发动一场没有硝烟的战争，搞所谓的"颜色革命"，试图以美国式的"自由、民主、人权"价值理念进行"思想征服"，企图取代全球不同国家基于各自国家文化背景的不同价值观体系，独霸全球。因此，我们必须清醒认识到以美国为首的一些西方国家的所谓"兼容"的险恶用心。2005年7月1日，美国宣布继续保留和持有对ICANN（负责互联网名称和数字化网址分配等的权利法人机构）的监督管理权，这就暴露帝国主义企图继续掌握和霸占全球各个国家互联网根域名服务器的监控管辖权的险恶用心，引起世界其他国家的一致反感和抵制。这就告诉我们广大网民，信息技术以及信息交流的一体化趋势并非西方国家鼓吹的那种所谓的"兼容"，我们必须警惕其所谓的"兼容"背后的实质性霸权野心。我们认为真正意义上的兼容和兼容原则应当是一种"和"而不"同"，国际网络社会以及国内网络社会应当尊重彼此的文化及文化传统、习惯等的差异性，同时又能维护网络社会因彼此联系所产生的共同利益和人类基于类属的共同性道德。因此，我们所理解和认为的基于"和"而不"同"的兼容原则应当如下：网络行为主体之间的行为方式和活动形式应符合某种一致的和相互认同的规则、规范和标准，个体的网络行为应该被其他个体及整个网络社会所接纳和接受，最终达到各个网络行为主体彼此交往的行为规范化，语言的互通性和可理解化，网络信息共享和交流的畅通化、无障碍化。在此，最核心内容就是要消除网络社会因为各种原因所造成的各个网络行为主体之间的交往障碍。网络兼容问题的提出直接源于计算机网络技术本身，是一种经济节约和技术本身不足的"技术"问题，但又不限于此，最主要还是基于道德伦理等社会因素的考量。

无害原则要求任何网络行为主体的网络行为对任何其他个人、集体、网络环境以及对网络虚拟社会所产生的影响至少是无害的，最好是有利的。每一个网络行为主体的网络活动行为都不应该利用计算机和网络技术对其他网络行为主体、网络生活空间造成直接或间接伤害、损害或造成损失。毋庸置疑，无害原则其实就是网络行为的最低或底线的道德标准，是网络伦理的底线伦理，也是网络伦理的一条不可触碰的伦理红线，是评价网络行为及其行为主体的最基本的道德检验标准和道德行为通行证。网络主体的行为是否有害，网络行为人应有基本的价值伦理判断标准和自我评价能力。对网络或任何其他网络行为主体造成破坏或伤害，网络行为人的行为都应当被视作不道德、非正义行为，如若明知其网络行为会危害他人和社会而继续从事该行为，就是一种故意或有意行为，其不道德程度更加恶劣。如若是过失或无意危害他人和社会的行为，即使是继续为之，也不应当视为违反此道德伦理原则，不被视作应当承担道德责任，但也绝非说其不该负任何其他责任，如法律责任、经济责任等。事实上，没有不需为所产生的后果负责的行为，责任总是相对的。

（6）知情同意伦理原则

一般意义上，知情同意伦理原则是指信息经营或主管的行为主体在收集个人信息时，应当对信息被收集主体就有关其个人信息被收集、处理和利用的事实进行充分告知，并征得信息主体在其意志自由状态下明确告知"同意"的道德伦理原则。知情同意权是对个人信息权进行伦理回应的最有积极意义的一种权利，一般可分为知情权和同意权。知情权是指数据信息主体依法律规定有权知道与其数据信息将被收集、处理和利用有关的一切相关资讯，包括数据信息被控制人（即数据信息被收集的一方）的身份，拟处理信息数据的范围、处理依据、处理方式方法等等。在知情权和同意权相互关系上，知情权是同意权的前提，同意权是知情权的目的，同意的对象是一切形式的信息数据。有部分学者认为，告知是同意的内在规范要求，但告知并不等于同意，告知并不一定就是数据信息被处理的主体在意志自由的前提下，主观上愿意的行为。但在另一方面也暴露了知情同意伦理原则在适用过程中面临事实上的挑战，存在功能失灵的诸多可能，如网络经营公司对数据的采集往往不择手段，故意列出冗长、晦涩难懂的条文或专业术语，而用户为了使用网络产品或其服务不得不选择"同意"，网络经营公司以此为由往往会书面化落款为"知情同意"。也就是说，知情同意伦理原则在具体应用时往往会遇到以下困境：数据信息主体理性缺失；数据信息处理中的"霸王条款"；大数据时代的信息算法效应。因此，知情同意伦理原则要得到真正落实，就必须加强对信息数据被征集者与征集者之间法律和伦理的责任拟定，这一工作还在路上，任重而道远。

总之，基于网络言行的不可预测性，再加上网络社会的道德原则和规范建设无法建立起"以不变应万变"的"放之四海而皆准"的普遍原则、规范体系，因此，网络生活的道德建设尤其是原则建设还得最终以提高全体国民文化素质和道德素养为根本，着眼于教育，依靠于教育，归旨于教育，教育是根本，同时注重其他诸多方面的建设和提高，多管齐下，方能标本兼治，形成网络社会和谐有序的良好局面。因此，以上提到的道德基本原则以及在此道德基本原则指导下的诸项伦理原则（具体原则），姑且暂时视作目前的一种权宜之计。

4.5　网络应用伦理议题举要与方案

案例学习一：互联网生活认知——网络显摆

网络显摆：在网络平台上"晒美""摆富""炫特权"

小王和他女朋友是出生于殷实家庭的一对小情侣，二人长得也确实属于"俊男美女"型，他俩也都有一个共同爱好——喜欢在网络上炫耀自己的"优势"或"优点"。

近日，他俩驾驶一辆高档轿车来到某著名历史文化旅游景点取景自拍照片，然后发到网上，还配上文字"到此一游撒个欢！"，其中有两张图片还有该高档车入镜，引起网民热议。但问题不只是"炫美""炫富"，还有人质疑是"炫特权"，如该文化旅游景点是否存在"管理乏力"和"禁令被践踏"问题，因为为了保护该历史文化旅游景点，按正常情况所有车辆是不允许进入该景点管理区域内的。

问题讨论：

1. 请你从互联网应用伦理角度，谈谈你对"网络显摆"的看法。

[伦理方案一]　凡勃伦："凡勃伦效应"

美国学者凡勃伦在需求与消费关系上提出了著名的"凡勃伦效应"，其伦理化应用也得到了广泛认同：与社会资源或自然资源的普通大众化需求和消费关系不同，若某种既定的社会的或自然的资源在占有和消费过程中，其占有和消费方式越独特、越稀缺，在部分上流阶层中的非主流个体则越感觉自我个体存在价值的优越。部分上流阶层的消费目的在于，炫耀自己的社会地位和成功，满足虚荣心。所以越独特、越稀缺，其需求则越增加。相反，如果越趋于普通大众化和平民化，体现上流阶层的界限就变得越模糊，需求则越少。

依据凡勃伦效应的伦理化观点，网络上出现的诸如"炫美""炫富""炫特权"等现象，实际上是炫耀主体对自我存在价值的一种非主流化的错误"认知"。凡勃伦效应的伦理化观点被网络炫耀的部分人的思想意识从一定程度上印证或实证了。当今网络世界的普通民众价值观趋于平民主义或大众化，而这种为了展示某种"稀缺资源"的"炫耀"必然会对广大网友造成视觉冲击，引发价值观上的碰撞。网络上的各种炫耀基本上是在与大众化或平民化的网络社会价值观产生冲突的境况下才会出现，因此，网络显摆往往容易遭到广大网民的抨击甚至恶语对待。从网络显摆的现象层面以及事件初始阶段看，由于价值观上的根本冲突，网络显摆容易产生大范围的社会负面影响，但从实质性层面和事件最终结果上看，经过网络世界的广泛讨论和价值反思，网络显摆更能产生价值观的根本趋同。

[伦理方案二]　弗留耶林："人格价值"

美国现代著名伦理学家弗留耶林认为，尽管人格的核心在于个人，但人格的最高价值却在于个人对社会、对上帝善的付出（注：弗留耶林这里所指称的"上帝"并非西方世界宗教观念中的"上帝"，而是指具有某种客观精神的价值存在物，这种价值存在物在弗留耶林看来是人类精神和价值理念的期盼和归旨，具有伦理道德上的善的价值的一种客观存在。以下出现的凡弗留耶林观点中的"上帝"，同此），而不是个人自我。他说："最高的人格只有通过把各种能力完全奉献给社会、奉献给正当、奉献给上帝才能实现。"这是因为"在一个具有反思能力的世界中，对于个体来说，最重要的问题之一，就是使各种需要、欲望、目的和习惯适应社会秩序的更大的需要"[8]。人格的创造性绝不是逃避或不适应社会规则,而是个人对社会秩序的自觉意识和"与社会合作"的艺术性价值存在。

依据弗留耶林的"人格价值"伦理观点,网络显摆是个人人格价值的错误展示,无益于个人对社会的真正付出。在弗留耶林看来,网络上出现的诸如炫富、炫特权、炫美等的各种炫耀在炫耀主体自我感觉中似乎是自我人格最高价值的一次成功实现,但是个人人格的最高价值并不在于个人的自我展现,而是在于个人对"对社会、对一种神圣善的付出"。换句话来讲,只有网络显摆主体把自我人格价值(物质的和精神的)通过自我的各种能力完全奉献给社会,奉献给"正当"的时候,个人人格才是完美的。当然,这种完美要时刻体现"与社会合作"。那些仅靠炫富、炫美和炫特权的自我表现恰恰是"与社会合作"相冲突,为社会所不容。所以,在弗留耶林看来,网络显摆是一种无益于社会的行为,是一种错误表达。

[伦理方案三] 布莱特曼:"人格冲突"

美国现代著名伦理学家布莱特曼认为,人是自然世界与价值世界之矛盾和冲突的中心场所。就外部而言,这二者主要表现为人与自然的矛盾和冲突,因为人既是自然的存在,也是价值的存在,人是存在的交接点;就内部而言,主要是指人类价值世界内部的相互矛盾与冲突,主要表现为个体与他人或社会的冲突以及个体人格或心灵内部困惑。他说:"灵魂由于其欲望与知识、无知与偏见、软弱与力量、雄心与胆怯、冷酷与良心而处于冲突之中。"但是,人格冲突在根本上是可以理解和合作的,其基础就是"理性与爱"。他说:"至少有两种基本不可改变的所有人类行为的目标,它们可以被称作为理解和合作,或者被称作对真理的尊重和对人格的尊重,或者说是理性与爱。"[9]

依据布莱特曼的伦理观点,网络显摆实质上是一种"人格冲突",是人格世界中主体内在人格不自信的一种表现。在布莱特曼看来,网络显摆主体面临着自我与他人或自我与社会的某种内在矛盾与困惑,是"欲望与知识、无知与偏见、软弱与力量、雄心与胆怯、冷酷与良心"等处于自我斗争状态下的一种困惑和冲突,这种内在的困惑和冲突,必然会通过外在的现象世界在人与自然或人与社会中得以释放和展现。与此同时,在目前网络世界价值多元化背景下,现象世界中所表现出来的各种炫耀与广大网民的平民主义价值观产生了根本的对立与碰撞,这就是"人格冲突"的真正原因。面对这样的"人格冲突",布莱特曼认为,只要人们能够基于"理性与爱",就能够在根本上实现理解和合作,达到价值观上的趋同和认同。因此,网络炫耀主体和广大网民之间需要"理性与爱",即相互理解和仁爱,互相之间就能化干戈为玉帛,最后使网络炫耀主体的价值观、人生观和世界观趋于平民化或大众化,从而不再做出类似于网络显摆这种出格的事情,也实现了网络世界秩序的和谐与稳定。

[伦理结论]

网络中出现的诸如"炫美""炫富""炫特权"等网络显摆是一种缺乏道德理性的

非主流行为，是个人自我价值的一种错误展示。网络显摆源于炫耀主体某种程度或一定条件环境下所产生的心理自卑，尽管从表象上看似乎不是自卑而更像是"优势"展示，是炫耀主体自我价值观在外在行为上的一种不正确表达（错位表达）。炫耀的目的是获得一种满足感，其行为背后则是渴望被人尊重。当今我国网络世界的网民价值观从整体上看趋于民本化或大众化，而这种为了展示某种"稀缺资源"的"炫耀"必然会对广大网友造成视觉冲击，引发价值观上的激烈碰撞。炫富这种行为的存在无不显示出我们社会群体中个别人的浅薄以及网络社会良心的缺失。但是，炫耀所带来的影响也不完全是负面的，人们在与网络显摆的激烈对决和冲突中，获得了价值和价值观的再次反思与思考，其最终结果有利于广大网友价值观的趋同和认同；从反面教训来讲，在某种程度上也有利于网络社会归趋和谐。

2. 该文化旅游景点负责人曾解释说禁车是维护文化尊严。请你结合该案例分析，该文化旅游景点在维护自身文化尊严方面是否存在伦理责任？为什么？该怎样做？

[伦理方案一]　韩非："任法而治"

我国先秦时期的法家代表人物韩非认为，对待国民尤其是不法之徒，用道德教化的手段完全是不切实际的做法，如果依法而治情况就完全不一样了。他举例说："今有不才之子，父母怒之弗为改，乡人谯之弗为动，师长教之弗为变……州部之吏操官兵、推公法而求索奸人，然后恐惧，变其节，易其行矣。"（《韩非子·五蠹》）意思是说，有一个不肖的儿子，父母的发怒、师教等道德感化的手段都无法改变他，但是，等到执法官吏一到，采用法律强制手段的时候，他立即恐惧变节，改恶从善变好了。他认为人性是"固服于势，寡能怀于义""固骄于爱，听于威"（《韩非子·五蠹》），所以治国不能靠道德说教，而只能靠"威""势"（法治）。

依据韩非的法伦理思想，该文化旅游景点在维护自身文化尊严方面存在自身的伦理责任。尽管这次炫富事件从表面上看仅仅是一次游客自身不遵守该文化旅游景点相关规定的行为，但是实质上就是该文化旅游景点内部管理人员视内部纪律和相关规定于不顾的"徇私情，开后门"所产生的一定程度上的内外勾结的结果，暴露了该文化旅游景点内部管理的涣散。在韩非看来，由于人性自私且"骄于爱，听于威"，如果该文化旅游景点在今后的管理中要想真正做到对"文化尊严"的切实维护，就必须依法或依规而治（注：严格地讲，根据我国宪法规定，在当今中国能够制定严格意义上法律的只能是国家最高权力机关即全国人民代表大会及其常务委员会，其他任何部门或机构都没有权力制定法律，因此，这里的"依法"是指国家层面上的法律法规，"依规"的含义相对广泛，可以指国家的法律法规，也可以指有关职能部门或管理部门的规章制度）。法律和规定必须人人遵守，杜绝任何"托人情，开后门"现象。针对个别屡教不改、视规定如儿戏的内外不守规矩人员必须严待以"法"，严格进行管束，方能切实维护好该文化旅游景点的文化尊严。如果不能依法依规而治，类似的"炫富事件"还会再次甚至屡次发生。

[伦理方案二] 雅克·马里坦："共同善"

法国现代存在形而上学伦理学家马里坦认为，社会善是"个人之综合的善"，"它必须使全体都从中获得利益"。共同善的特征有以下几点："它意味着一种重新分配，它必须在诸个人中重新分配，必须有助于他们的发展""共同善乃社会权威的基础""对于共同善来说，公正与道德正当性是根本的"[10]。社会的目的是团体的善或共同的善，是社会实体的善，必须代表团体中每一个成员的根本利益，代表每一个个体善之有机整合的价值目的，如此才会被诸个体接受。他说："如果社会实体的善不被理解为一种人类个人的共同善，正如不把社会实体本身理解为是人类个体的一个整体，则这个概念也会导致另一种极权主义的错误。"[11]

依据雅克·马里坦伦理观点，该文化旅游景点在维护自身文化尊严方面存在自身严重的伦理问题。该文化旅游景点代表着社会共同的善，是"个人之综合的善"，它"必须使全体都从中获得利益"。但目前该文化旅游景点由"炫富事件"所呈现出来的管理方面的混乱，说明了该文化旅游景点所代表的"共同善"已不复存在。该文化旅游景点的共同善是该文化旅游景点社会权威的基础，其内部人员对自身文化尊严的践踏，严重地伤害了社会大众的情感和心理期望。因此，该文化旅游景点要想真正重拾文化尊严就必须加强自身管理人员内部纪律建设，把"公正与道德正当性"作为核心价值理念来抓，真正做到能够代表"团体中每一个成员的根本利益，代表每一个个体善之有机整合的价值目的"。必须让纪律和规则适用于每一个游客和内部管理人员，否则就不能被"诸个体接受"。

[伦理方案三] 斯金纳："环境与行为"论

美国当代新行为主义伦理学者斯金纳认为，外部环境与人类行为之间类似于"刺激－反应"理论，不仅仅是决定与被决定关系，而且还有相互主动的关系。环境与条件（含遗传因素、技术控制）对行为除有决定一面外，环境在很大程度上也是由人的行为造成的。环境之所以能影响人们的行为，是因为它构成了满足人们基本需要的必要条件和物质基础。但人不仅仅倚赖环境、受制于环境，还能积极主动地利用环境。环境与人类行为的影响和作用是双重和双向的，也是多样的。他说："我们不单是关心反应，而且关心行为，因为它影响着环境，特别是社会环境。"

依据斯金纳伦理观点，该文化旅游景点在维护自身文化尊严方面存在自身严重的伦理问题。从斯金纳观点来看，该文化旅游景点目前所形成的人文环境与该文化旅游景点内部管理人员之间产生了相互主动的关系。该文化旅游景点在"炫富事件"中所表现出来的管理涣散，以及社会服务中存在的短板和不足在很大程度上是由内部人员人为造成的。这种内部人员人为造成的涣散的人文环境反过来又进一步作用于人，例如该文化旅游景点在前期的没有诚意的道歉声明，就充分地体现了这一点。所以，在斯金纳观点看来，该文化旅游景点要想真正维护好自身的"文化尊严"，就必须在外部环境与人类行为之间类似于"刺激－反应"的伦理中寻找突破口，在内部管理尤其是内部人员的管理上下功夫，对目无纪律的内部人员进行严肃严厉问责，切实加强自身人文环境建设，认真进行整改，全面加强对内部人员和外部游客的管理。

[伦理结论]

该历史文化旅游景点在维护自身文化尊严方面存在伦理问题。

该文化旅游景点对文物保护的有关规则和规定必须毫无例外地得到贯彻和执行，没有讨价还价的余地。规则的生命力取决于所有人的敬畏程度，也取决于制定者的维护力度，既然是规则，就不该为任何事情、任何人尤其是特权者破例。规则就是铁律，绝非于我有利就遵守，于我不利就变通。如果任由变通的风气大行其道，一旦规则失去刚性制约，每一个人都会成为受害者，旅游景点的文化尊严也就荡然无存了，维护文化尊严也就仅仅是一句口号；规则也不应当成为弹簧，绝非松一阵紧一阵，不能让"关系"可以疏通，也不能让"金钱"可以买通。应当说，规则面前，人人平等，任何人都没有"撒欢儿"的特权。具体来讲，应对该文化旅游景点内所有车辆通道、停放场所进行排查，确保不对该文化旅游景点文物造成损害，确保该文化旅游景点安全，全力守护好该文化旅游景点，为社会提供更多更好的公共服务。

总之，该历史文化旅游景点和有关部门必须坚持该文化旅游景点的"人民性"，应当拿出"修文物"的认真与担当，对这一事件进行彻查，堵塞漏洞、加强管理，给公众一个负责任的交代，让文化遗产得到更好的传承与保护。

3. 广大网民对该文化旅游景点的持续关注是否属于维护该景点"文化尊严"？为什么？

[伦理方案一]　　梁启超："公理为衡"

我国近代学者梁启超从社会变易进化论哲学观出发，认为新时代国民在超越个人利益的"小我"意识后，必须要有利群爱国公德心，有"大我"观念和意识，先公后私，"小我"服从"大我"。在"大我"之中的国民凡事皆以"公理为衡"，把"公理"作为判断是非善恶的标准，不唯古是从，不向谬误妥协，热衷于国家社稷，心系民族国运，为国之社稷献言献策，"道天下所不敢道，为天下所不敢为"，他说："我有耳目，我物我格，我有心思，我理我穷，高高山顶立，深深海底行，其于古人也，吾时而师之，时而友之，时而敌之，无容心焉，以公理为衡而已。"（《新民说·论自由》）

依据梁启超伦理观点，广大网民对该文化旅游景点事件的持续关注是维护该文化旅游景点的文化尊严的有力表现。以梁启超的新国民伦理观来看，我国新时代的广大国民或网民，超越"小我"意识，具有了利群爱国公德心，关心民族和国家大事，在大是大非问题上始终以"公理为衡"。这次广大网友对"炫富事件"的高度关注，充分展示了我国国民热爱该历史文化旅游景点，维护民族文化尊严的使命、责任和担当，也恰恰说明广大网民何其珍视该文化旅游景点的文化尊严和民族文化。

[伦理方案二]　　高尔吉亚："辩论术"乃"最高善"

古希腊智者学派代表人物高尔吉亚认为，辩论的技巧对人来说是一种"最高善"，是青年应该具有的基本德性，是青年在国家社会生活中一种必不可少的德性素养。人们通过辩论"可以使自己获得自由"，又"能够在社会生活中支配他人"（《柏拉图·对话录·高尔吉亚篇》425、451d），达到说服别人的目的。

依据高尔吉亚伦理观点，广大网民对该文化旅游景点事件的持续关注是维护该文化旅游景点文化尊严的一种表现，也是公民具有的个人"最高善"。以高尔吉亚伦理观来看，广大网友对"炫富事件"的高度关注以及所展开的广泛讨论是新时代青年的基本德性，表现出新时代青年对国家和民族大是大非问题的使命、责任和担当，是公民在国家政治生活中必不可少的一种素养。诚然，广大网民通过对"炫富事件"的激烈辩论和持续发声，获得了思维观点和价值观的再次反思与思考，其最终结果有利于广大网友价值观的趋同和认同，最终有利于全民族和全社会良性发展的优良意识形态的形成。

当然，我们也应当看到，高尔吉亚的"辩论术"带有某种诡辩论和神秘色彩，他所说的"能够在社会生活中支配他人"的观点也是根本错误的。当然，无可否认，通过"辩论"确实能够使人不断反思，使人的思维更加趋于缜密、理性和科学。我们一定要对其观点进行批判吸收和辩证看待。

[伦理方案三]　　雅克·马里坦："个人善"与"共同善"

法国现代存在形而上学伦理学家马里坦认为，个人善是基于个人目的基础上的个人人格的总体指向，而并不仅仅是个人的物质目的。而共同善不但必须以公正和法的正当秩序为外在的先决条件，而且也必须以人类之爱、团结、友谊和平等为内在的动力和目的。这就是共同善所需的道德原则和规范。社会与个人有共同的人性价值作为其相通的基础，社会确保公正，其合理的社会秩序必须得到个人尊重。个体是社会的基础，与个体相联系的权利和尊严也必须得到社会尊重，这是人的"一种神圣的权利"。正是基于超个体性的人格指向上的共享，才促成了个人目的与社会目的的沟通，达到内在目标的统一。

依据雅克·马里坦伦理思想，广大网民对该文化旅游景点炫富事件的持续关注就是用实际行动维护该文化旅游景点的文化尊严。因为该历史文化旅游景点这个"共同善"由"炫富"事件所暴露出来的"不自尊"问题，牵动了成千上万网民的心，引起了国民的高度关注，正如大家所说，"因为爱之深，所以责之切"。该历史文化旅游景点作为"共同善"理当坚持以维护"公正合法的正当秩序"为己任，其内部管理人员应当带头遵守该文化旅游景点内部纪律和规定，杜绝任何践踏该文化旅游景点文化尊严的不良行为举动。但是，该文化旅游景点这个"共同善"里的内部管理人员所实际表现出来的文化不自尊行为强烈地冲击了国民的认知，引起了地震式的轰动。这种轰动恰恰表现出广大网友对维护民族文化的强烈责任意识。因此，广大网民和民众的网络声讨和谴责行为本身恰恰说明了他们维护民族文化自尊的强烈感情。

[伦理结论]

广大网民的行为是维护该文化旅游景点文化尊严的一种强烈表现,是一种正义之举。"因为爱之深,所以责之切",他们对该文化旅游景点炫富事件的持续关注,恰恰说明人们何其珍视社会的公平正义和民族的文化遗产。同时,全国民众对"炫富事件"的激烈辩论和持续发声,也有利于形成活泼生动的社会民主氛围,更加有利于督促和监督该文化旅游景点对自身"文化尊严"的切实维护。

4. 请你结合该案例分析,评价互联网时代广大网民的伦理意识,说说依据。你从中获得了什么伦理启示?

[伦理方案一] 孔子:"仁爱"

我国先秦时期儒家代表人物孔子曾提出"仁爱"思想,体现了他的主体意识和伦理价值观念。其"道德"("德"通"得")是对"道"的体认和获得(即主要是指"人之道",而非老子的"自然之道"),其核心就是"仁爱"。"爱人",就是"仁",他认为"仁者爱人",人与人之间都应该具有"爱人"之心,"人人有之",是人类永恒的价值主体和意识根基。

依据孔子"仁爱"伦理观,互联网时代广大网民的伦理价值观和主流意识形态仍然离不开人与人之间的最基本的"仁爱"思想。何为"仁"?在孔子看来,"仁者,爱人也",就是人要有仁慈和关爱他人之心。换句话来说,就是尊重他人,爱护他人,视人如己,给他人多一份宽容与理解。在这次"炫富"事件于互联网上所展开的大讨论中,绝大多数网民都是理性和仁爱的,但也有部分网友言词不雅,恶语伤人,污染了网络环境。有鉴于此,我们在网络世界与别人进行网络交流时,一定要抱有仁爱之心,与人为善,善待他人,千万不可动辄开骂,恶语相向。否则,有悖于网络主流价值观念,与时代精神相去甚远。

[伦理方案二] 康德:"真、善、美"

德国古典哲学和伦理学家康德认为,贯穿于人类时代进程的伦理价值意识始终在于"真、善、美",于是,他写了著名的三大批判:《纯粹理性批判》实现哲学之"真"——"人为自然立法";《实践理性批判》实现伦理学之"善"——"人为自己立法";《判断力批判》实现美学之"美"——"人为审美立法"。

依据康德伦理思想,互联网时代广大网民的伦理价值观和主流意识形态就是"真、善、美"。真就是说真话,做真实事,要始终体现真理和良知。真的假不了,假的也真不了,一就是一,二就是二,老老实实做人,踏踏实实做事。善就是人要处处体现善的理念,以善良意志之心态对待他人。美就是要有一种以"真、善"为核心的审美价值观。以康德伦理观来看,尽管网络世界属于虚拟空间,但仍然具有现实世界的本质属性,仍然体现"真、善、美"的伦理价值观和主流思想意识。这次"炫富"事件实质上是一次以"真、善、美"为核心与以"假、丑、恶"为核心的价值伦理观和思想意识形态的再次较量。从中,我们再次体会到网络时代"真、善、美"的时代价值和意义。

[伦理方案三]　罗尔斯:"正义论"

美国当代最杰出的政治伦理学家罗尔斯认为,社会中每一个公民所享有的自由权利具有平等性和不可侵犯性。"每一个人都拥有一种以正义为基础的,即使以社会整体福利的名义也不能侵犯的不可侵犯性。因此,正义否认了以一些人的更大利益而损害另一些人的自由的正当性。正义不允许为了大多数人的更大利益而牺牲少数。在一个正义的社会里,公民的平等自由权利不容置疑,正义所保障的权利决不屈从于政治交易或社会利益的算计。"[12] 因此,道德生活和社会政治(制度)的最高理想在于利益的正义(公正)分配,道德评价不应该以最大利益或最大限度的幸福为善恶标准,正义与公正才是道德价值的基础和核心,也是社会主流价值意识形态和时代伦理价值观选择的原则基础。

依据罗尔斯伦理观点,互联网时代广大网民的伦理价值观和主流意识形态应当是公平与正义。以罗尔斯观点来看,网络世界与现实世界一样,每一个公民所享有的自由权利是平等的和不可侵犯的,广大网民的基本意识是社会公平和价值正义,任何社会事件都会在激烈的网络舆论的讨论和思想碰撞中最终得以涤清并沉淀正义与公平的基本内核。同时,社会道德生活和国家政治制度的主导指向也在于正义与公正,正义与公正是社会主流价值意识形态和时代伦理价值观选择的原则基础。以罗尔斯伦理观点来看,这次"炫富"事件中广大网民所表现出来的舆论声讨以及网民之间的观点交流,使社会公平与正义的价值内核得以纯化和厘清。现实世界和网络社会正是以这种公平和正义为基本价值取向展示时代特征,引领社会完善和人的文明进步。

[伦理结论]

互联网时代广大网民的伦理价值观和主流意识形态应当由马克思主义及马克思主义理论指导下的社会主义集体主义道德原则、社会主义核心价值观及其理论体系所构成。实事求是的思想意识和价值伦理观的立场在网络时代表征为民本思想或大众化意识,它辩证汲取并融合了中国传统"仁爱"思想和人类"真、善、美"精神内核。

在互联网这样的新媒体场域,人们多样性的信息选择与主流意识形态之间会经常性存在差距。但是,人们依据自身的知识素养、生活经验和理性精神,在内心世界"真、善、美"价值驱动下,在民族"仁爱"传统价值引领下,必然最终把价值观和思想意识积淀在实事求是、科学和理性这种人类精神的本核上。

在我国目前的阶层结构中,由于社会人员的复杂身份和阶层利益的局部不同,马克思主义及马克思主义理论指导下的社会主义集体主义道德原则、社会主义核心价值观及其理论体系所表征的平民主义和大众化立场成了现实社会和网络世界的一种道德立场,但是,网络炫富和特权个体无视民本思想和大众化意识的无底线炫耀,必然会受到广大人民群众谴责和声讨。这是我们应该懂得的道理和在互联网这样的新媒体场域中应当获取的伦理教训。

5. 针对该文化旅游景点的文化尊严，我们作为游客在今后的游览中应当树立怎样的伦理意识？

[伦理方案一]　熊十力："本心与习心"

我国近代伦理思想家熊十力认为人有两种"心"，即本心和习心。本心即初心，是人御物而不御于物的道德理性。习心是为情感和欲望所习染的物欲和功利之心。他认为人生而有身有形，便会有物质需求，便会有欲念，这属于正常现象，但是人如果一味地无原则地顺着欲念，便会产生人的物化、异化，从而偏离本心（初心）。人的这种追求外在事物、满足感性欲望的无原则习惯就是习心的非理性欲求，习心常常会使人偏离本心，因而要让人的本心主宰人的习心，就要靠道德理性的统辖作用。本心是道德理性，习心是情感和欲望，本心可以御物而不御于物，习心表现为物欲和功利之心。

依据熊十力伦理观点，我们作为该文化旅游景点的游客应当遵守其规定，服从其管理。依熊十力伦理观，人人都有自我的本心即初心，这是一种人御物而不御于物的道德理性。道德是用来调节人与人、人与社会、人与自然环境之间关系的一种利益协调手段。当人们与这些客体发生利益或利害冲突时，要求人以一种理性的态度约束自己的行为，这就是人的本心和初心。但是，人也存在着来自世俗的感性欲望，尤其是超现实、超越群体的虚荣心和功名心，在非理性情感利导后会偏离本心或初心，这就产生了习心，因此，我们要守住本心和初心，控制习心。也就是说，我们大家作为该文化旅游景点的一名访客，要遵守该文化旅游景点游访规则或规定，守住规则底线这样的初心与本心，同企图践踏规则、彰显规则之外的特权意识这样的习心作坚决的斗争。

[伦理方案二]　约翰·洛克："自己给自己立法"

英国近代著名伦理学家约翰·洛克认为，善与恶是对人的自然的利害，人具有趋利避害的本性。人不但需要外在的法庭——法律，还必须有内在的法庭——道德与良心，"自己给自己立法"。一个人违反外在的法律不一定会认真反省，但如果违反道德和良心，却很难"挺着脖子、厚着脸皮活下去"。从这个意义上讲，道德法相对于一般意义上的法律更为重要。

依据约翰·洛克伦理观点，我们作为该文化旅游景点的一名游客，应当严格要求自己，严格约束自我行为，在心中要守住规则底线，做到"自己给自己立法"。在约翰·洛克看来，人在善恶面前都有行动上的可能取向，但是，人性的趋利避害最终会使人倒向罪恶的一面，在此情况下，人需要来自外在法庭和内在法庭的双重约束，其中，人的内在法庭也即道德与良心显得格外重要，人需要"自己给自己立法"。也就是说，作为一名该文化旅游景点的游客，我们既需要遵守该文化旅游景点规则，又需要对自我行为加以道德制约，这就是约翰·洛克所说的"自己给自己立法"。

[伦理方案三]　　弗莱彻尔：境遇中的"非准则的准则"

美国当代伦理学家约瑟夫·弗莱彻认为，道德的标准是"根据特殊情境做出判断，而不是根据什么律法和普遍原则"，尽管如此，境遇中的道德决断还必须遵循以下六条非准则的"准则"。其一，"爱是唯一的永恒善"。意旨为"只有一样东西是内在的善，这就是爱，此外无他"。其二，"爱是唯一的规范"。其三，"爱同公正是一码事"。意旨为"爱同公正是一码事，因为公正就是被分配了的爱，仅此而已"。"爱必须考虑一切方面，做一切能做之事。"其四，"爱不是喜欢"。意旨为"爱追求世人的利益，不管我们喜欢不喜欢它"。爱的第一含义是"善行"，而不是情感的好恶，爱的第二含义是不求回报或补偿，是无条件的、普遍的。其五，"爱证明手段之正当性"。意旨为"唯有目的才能证明手段之正当性，此外无他"。其六，"爱当时当地做决定"。意旨为"爱的决定是根据境遇做出的，而不是根据命令做出的"，境遇所关注的不是过去和传统，也不是遥远未定的将来，而是此时此刻的现在。

依据弗莱彻尔伦理观点，我们作为该文化旅游景点的一名游客，应当持有"爱"心。以弗莱彻尔伦理观来看，由于该文化旅游景点的人文环境不同于其他景区的人文环境，人们在道德操守上，也不需要遵守万世不变的不具有针对性的笼统泛化的统一律法，人们只需根据所参观景区的特殊境遇来做出自我的道德选择。但是，尽管人们不需统一律法，境遇中的"非准则的准则"是必须要遵守的，这就是"爱"。也就是说，我们作为该文化旅游景点的一名游客，始终要爱护该文化旅游景点，尊重该文化旅游景点的人文环境，把自己的行为管束在"善行""义举"之列，要与来自自我或他人的凌驾于规则之上的特权意识、霸王思想作斗争，始终坚守自我的一份"爱"心。

[伦理结论]

该历史文化旅游景点是中华民族文化的一种象征，这里的一砖一瓦都见证着历史的叙事，一草一木都氤氲着文明的气息，历经数百年风雨沧桑，该文化旅游景点已经成为人民的文化圣地。因为爱之深，所以责之切。爱护该文化旅游景点是每一位中华儿女始终应当坚守的神圣职责。

作为一名游客，我们首先应当严格遵守该文化旅游景点有关维护"文化尊严"的各项规定，自觉维护该文化旅游景点的管理制度和规则，摈弃唯我独尊的特权思想和霸王意识。其次，我们应当与企图践踏该文化旅游景点文化尊严的不义举动作坚决斗争，坚决维护规则的权威。既然是规则，就不该为任何事情、任何人尤其是特权所破例。

总之，规则就是铁律。规则的生命力取决于所有人的敬畏程度，也取决于制定者的维护力度，绝非于我有利就遵守，于我不利就变通，规则面前没有特权，没有例外，人人平等。这就是我们作为历史文化旅游景点游客都必须要树立的意识和共识。

案例学习二：互联网生活认知——电子监控侦测"路怒"
网暴开车"路怒"行为

某年某月某日，监控拍下的一段视频在朋友圈里流传。一辆面包车（车主王某）

在公路上未开启右转向灯情况下突然向右变道，故意撞到正常同向同侧行驶的机动两轮摩托。摩托车主随后行驶中连续踮脚自保，仍连翻几个跟头摔倒在地。这段视频在网上被曝光后，引起网友们关注并对此进行道德谴责。

问题讨论：

1. 请你对案例中面包车车主王某的行为进行善恶评价。

[伦理方案一]　老子："天道无亲，常与善人"

老子《道德经》第七十九章记载："夫天道无亲，常与善人。"意思是说，天道没有亲疏，却会眷顾良善之人。善待他人，就是善待自己，做一个品行正直、心地善良之人，福虽未至，但祸已远行。民谚曰："善为至宝，一生用之不尽；心作良田，百世耗之有余。"善良永远是一个人最好的通行证。当你迷茫于阿基米德道德支点，不知左右时，记得提醒自己做一个良善之人。一点点坚持下来，你会发现越善良的人越幸运。这就是老子的伦理智慧和人生哲学。

依据老子这句话所体现出来的伦理思想，结合该面包车车主的具体行为，我们不难发现面包车车主的行为是不负责任、缺乏对他人仁爱之心的行为。首先，面包车车主在变道前，按照交通规则规定，应当打开转向灯（至少3秒）作为向其他路人的警示预告，但车主显然没有这么做；其次，面包车车主在发现右前方有其他车辆或行人时不应当强行变道；最后，面包车车主在发现自己车辆碰到人时应当紧急靠边在应急车道停车，并立即下车按交通法规定正确做好靠边停车措施，且在做好安全警示措施后查看情况、采取必要救助和报警处理，但车主都没有做到。这些行为，也让广大网友感到车主有故意别车的恶劣举动之嫌疑。在老子看来，"道法"自然，以"道"而行是面包车车主的本分，同时，无论什么人都应当心存善意，善待他人，而面包车车主的行为与老子之"道"及其主张相去甚远，应当受到应有的惩罚。

[伦理方案二]　弗留耶林："自由"

美国现代著名伦理学家弗留耶林认为，自由是人格创造的前提，真正的自由建立在理智指导下与自我控制相适应，这是因为"自由不是一种物质的占有，而是一种道德能动性"。并且，自由也是善良意志的完善，他说："任何缺少完善的善良意志、完善的神圣性和上帝的东西，都是某种不甚完全自由的东西。亦即只有存在完美的善，才能存在完全的自由。"[13]

依据弗留耶林的伦理思想，面包车车主是不"自由"的，其行为也是不道德的。在弗留耶林看来，真正的自由建立在理智指导下与自我控制相适应。面包车车主没有了自己的理智指导，失去了对自我行为的管控，他视别人生命如儿戏的轻率举动是可恶的，最终使自己遭受了别人的谴责，也会受到有关执法机关的处罚，这显然是"不自由"的。在W. E. 霍金看来，无论什么人，要想获得真正的自由，就必须"完善自我的善良意志"，发挥自我道德的主动性，让自己的理智约束自己的行为。该面包车车主应当好好发挥自我道德的主动性，完善自我的善良意志。

[伦理方案三]　　W.E. 霍金："个人主义"

美国现代伦理学家 W.E. 霍金认为，个人主义基本精神有三点："首先是人们之间的一种根本的平等，……，其次是一种根本的自由，……，然后是一组产生于作为一个人的他之需要的权利。这些需要成为他选择他的许多可能性群体的基础，因而这些群体被设想为是为他而存在的，而不是他为这些群体而存在。"[14]

依据 W.E. 霍金伦理思想，面包车车主的行为是不道德的。首先，人与人之间是一种平等的关系，面包车车主和摩托车车主都是享有路权的平等主体，彼此都应当在交通规则的规制下平等地使用路权，但是面包车车主的行为举动侵犯了摩托车车主的路权，形成彼此之间路权的不平等。这种不平等是面包车车主的侵权行为导致的，因此，面包车车主负有道义上的责任，是不道德的。其次，每一个人在行为上应当是"自由"的，这种自由自然是建立在他人同样享有"自由"的前提下才得以实现。也就是说，面包车车主在享有自己路权自由的同时，不应当剥夺或侵害摩托车车主行使路权的自由。案例中面包车车主不遵守交通规则的驾驶行为，已经侵犯了摩托车车主正常驾驶的"自由"，侵犯了别人的路权自由。"自由"在 W.E. 霍金这里也不是任性和绝对的自由，而是有限制的自由。总之，依据 W.E. 霍金观点，面包车车主是不道德的，其行为是不自由的，也必将受到正义力量对其行为进行的道德评判以及来自交通部门的依法制裁。

[伦理结论]

面包车车主的行为是不道德的。我们可以从以下几方面加以分析：第一，按照交通法规定，面包车车主在变道前，应当打开向右转向灯（至少3秒）以向其他路权参与人警示预告，但该车主却没有这么做，而是在没有打右转向灯的前提下直接右转变道，这是不遵守交通规则的行为，也是不道德的行为；第二，面包车车主在发现右前方有其他车辆或行人时不应当强行变道，而该车主却强行变道，这是不遵守交通规则的行为，同时也是不道德的行为；第三，面包车车主在发现自己车辆碰到他人时，应当按照交规靠边应急停车，且在做好安全警示措施后查看情况、采取必要救助和报警处理，但车主都没有做到，该车主假装任何事都没发生，继续驾车逃逸，这是严重交通违法行为，也是无视他人生命安全的行为，是道德善所坚决反对和不允许的。

2. 请你对案例中广大网友的关注行为进行道德剖析。

[伦理方案一]　　霍布斯：第六、七、八自然法

霍布斯在他的道德哲学经典《利维坦》中提出了第六、七、八自然法观点：第六自然法（取和法则）——宽恕悔过者的罪行，允许取和；第七自然法（勿报复法则1）——勿报复和以直报怨；第八自然法（勿报复法则2）——不得以行为、言语、表

情、姿态仇恨、侮辱和蔑视他人。

依据霍布斯自然法伦理观点，广大网友应当使自我言行从初始的"自然状态"走向理性的"社会状态"，实现自我与他人共生共处、和谐包容的美好社会秩序的建构。依据霍布斯这三条自然法观点，只要面包车车主真心悔过，广大网友就应当宽容其采取补"过"措施的态度，不能以暴制暴或出现"以行为、言语、表情、姿态去仇恨、侮辱和蔑视他人"的过激举动，应当把自己的言行控制在法律和制度许可的范围之内。

[伦理方案二]　鲍恩："人格世界"（"人是目的"）

美国现代著名伦理学家鲍恩认为，人类所面对的世界存在双重性质即表面可见的图像性和内在不可见的非图像性，世界因此被分为表象的"现象世界"和内隐的"人格世界"，前者是表象的，后者是内隐的，后者是本质和实在。"人格世界"是一个充满人性理想、人性目的和力量的价值世界。在整个世界中，人是真正的目的，一切其他的物质有机体存在都只是"表现和显现内在生活的一种工具"[15]。

依据鲍恩伦理思想，广大网友的行为和语言要始终保持谨慎态度。面包车车主故意别倒摩托车车主的行为是不道德和不人道的，理应受到谴责和惩罚，但是，广大网友还是应当尊重面包车车主的"人格世界"，因为"人是目的"，一切其他的物质有机体存在都只是"表现和显现内在生活的一种工具"。在鲍恩的《人格主义》一书中，鲍恩始终把"人格世界"看成一个充满人性理想、人性目的和力量的价值世界。无论广大网友还是面包车车主，其实，他们的"人格世界"都是美好的，充满人性和人道的，但是，由于人的"现象世界"受到来自自然和社会的负面滋扰，导致了人的行为举动偏离内隐的美好的"人格世界"。但是，针对鲍恩的观点，我们认为，无论如何，面包车车主的"人格世界"不能成为其"现象世界"的错误举动的任何借口和托词，"人格世界"尽管天性美好，但"现象世界"是实实在在的现实世界，不可能也不会因其"人格世界"的美好而为其开脱罪责。但尽管如此，对于广大网民来说，在道德目标价值指向上，必然也需要广大网友谨言慎行，以利社会和人际和谐稳定。

[伦理结论]

对广大网友所表现出来的行为和言论，应当视情况采取具体问题具体分析的负责任态度，但总的来说，大家应当以和谐社会人文价值理念为基础，以人为本，共同创造和谐网络环境。因此，必须做到如下：一要依法依规，做到有法可依，有法必依；二要客观公正，不要带任何节奏、胡乱发言；三要立足和谐社会，社会主义核心价值观及马克思主义人文价值理念，不要感情用事，出现不当或过激言行。

3. 试从网络生活角度，谈谈你对大众网络行为的伦理认识。

[伦理方案一]　老子："道者反之动"

春秋末期道家著名人物老子认为"道者反之动"。"道者反之动"是对其"道法自然"核心的认知和感悟,这种认知和感悟过程的奥妙之处在于从"反"("反"通"返")而洞察,即从反的原理或者说从对立面来体认,才能对"道"进行真正的把握,复归返回其正道。

依据老子的伦理思想,广大网友在对他人进行网络评价之前,应当具有大局观与和谐理念。人是在体认和感悟"道"的过程中不断成长和成熟的,对待他人同样也应遵循"道"理。只要我们明白"道者反之动"的人生哲理,就多了一点对"道"的真正感悟。也就是说,依据老子"道者反之动"精神和智慧,广大网民在网络应用或网络世界生活中,要善于从网络事件当事人角度而不是一味地站在事件评价者即网民自己的角度思考问题,交换"局中人"与"局外人"位置,尤其是多立足"局中人"即网络事件当事主体角度思考事件的整个过程,反复交换相互位置进行换位思考,最终得出是非结论或进行善恶评判。这就是老子"道者反之动"给广大网民的主要启示。

[伦理方案二] 布莱特曼:"人格冲突与统一"

美国现代著名伦理学家布莱特曼认为,人格冲突是人类价值世界之内部的矛盾与冲突,主要表现为个体与他人或社会冲突以及个体人格或心灵内部的困惑。但是,人类存在着一种普遍的最终目的性的价值追求——"真、善、美、崇拜与爱",所以人格冲突在根本上是可以理解和合作的,其基础就是"理性与爱"。他说:"至少有两种基本不可改变的所有人类行为的目标,他们可以称作为理解和合作,或者称作对真理的尊重和对人格的尊重,或者说是理性与爱。"[16]

依据布莱特曼的伦理观点,广大网友应本着对"真、善、美"的深化理解来进行网络活动。就案例本身来说,由于面包车车主的不理性行为,即不遵守交通规则并且涉嫌把摩托车车主故意别倒的行为,引起了广大网友的强烈不满,带来了两大对立的"人格冲突"。这是关于人类价值认知的矛盾和困惑。对这一人格价值冲突的认识和反思,也使人们更加清醒地感悟到什么是"真、善、美",引起了对怎样守住自己"真、善、美"的深入思考和反复体认。在布莱特曼看来,由于人们在内心深处存在"理性与爱"的人性本质认知,人格冲突在根本上是可以理解和合作的。广大网友和该面包车车主经过道德反思和冲突化解,终将走向彻底的相互理解和道德认同,使各自的"人格世界"达到完全统一。所以,从事网络应用或进行网络生活的广大网民可以从另一个角度来达成人性理解和道德提升。

[伦理方案三] 诺齐克:"个人不可侵犯"("他人也不可侵犯")

美国哈佛大学哲学系教授罗伯特·诺齐克认为,康德"人是目的,而不仅仅是手段"的基本要求在于个人不可在没有他人许可下为实现其目的而牺牲或利用他人。这意味着人被他人作为手段,亦会产生某人为达到自己目的而把他人作为手段来利用的道德风险。在诺齐克看来,"最低限度地用特殊化的方式把人作为手段来利用"也是应绝对禁止之行为,因为"任何个人都不可侵犯",亦即在任何合法背景下,即便在特定境遇中或特殊状况下,对他人(权利)都时刻不可侵犯[17]。

依据诺齐克的伦理观点,任何人都只能作为目的存在,"最低限度地用特殊化的方式把人作为手段来利用"的行为,都是应当小心谨慎的。在任何网络事件中,也同样如此。对于从事网络应用或参与网络生活的广大网民来说,不可利用网络事件及其当事人的"网红"现象学意义上的现象效应或以此作为"手段"来达到自己特殊(甚至是不可告人)的"目的",甚至"即便在特定境遇中或特殊状况下,对他人(权利)都时刻不可侵犯"。这是广大网民应当注意的。

[伦理结论]

单就网络搜索行为来说,网络搜取是指利用人工参与的办法来提纯搜索引擎提供的一系列与被搜索关键词相关的信息的一种信息获取机制,这种机制更多地是通过人与人之间交流的方式来完成的。简单来说,网络搜取行为就是通过网络挖掘一个人的信息,即无数网民通过目标人在网络上的蛛丝马迹,查询他在网络上的各类活动痕迹,从而在短时间内获取目标人个人信息材料的行为。就广大网民的网络行为而言,有时它是正义的化身,可以惩恶扬善,让不轨之人无处遁形;有时它又有可能走向事情的反面,给网络事件当事人带来巨大心理压力和负担。不可否认,网络搜取行为一方面满足了网民的窥私欲以及八卦猎奇的心理;另一方面,由于它的威力和影响太大,往往对他人的人身安全和个人隐私构成严重威胁。我们应当立足社会和谐和社会主义核心价值观,不意气用事,不感情用事,不猎奇、不好奇,尊重他人人格尊严以及属于个人的一切合法权益。

案例学习三:互联网生活认知——网络诈骗

小心"网购退款"诈骗陷阱

热衷网上购物的市民,时常会遇到网购不成功需要退款的事。但骗子们也开始盯上这个环节,通过网购退款设下陷阱,冒充客服人员盗取被骗者银行卡内的资金。小张是某大学的一名在校大学生,某年3月20日,小张手机收到一条陌生号码发来的短信,称小张在某购物网站上购买商品的订单出错,要小张联系网上订单处理中心并迅速到当地附近银行办理退款,后来对方又以"订单在系统升级时出现了问题,无法通过支付宝进行退款"等诱骗手段诱使小张操作,结果,小张按照"客服"引导被骗2000余元。次日,家住该市的吴小姐也遭遇同样骗局,被骗6000余元。5月5日,王先生也遭遇同样事件,被骗4000余元。

问题讨论:

1. 请你从法伦理学角度分析,骗子会有什么样的结果?为什么?

[伦理方案一]　《左传》:"多行不义必自毙"

《左传·隐公元年》曰:"多行不义必自毙,子姑待之。"意思是"不义的事情干多了,必然会自取灭亡,你就暂且等待着吧"。

依据《左传》"多行不义必自毙"观点，骗子绝不会长时间逍遥法外，最终会落入法网，得到法律的正义审判和惩罚。也许骗子暂时还在行骗而逍遥法外，但是随着他们干的害人骗人的事件的增多，他们暴露出来的可供警方侦查的突破口就越来越多，其被最终抓捕归案的时间也会越来越临近。这不是迷信，而是哲学上的因果必然性，正如《左传》所言，"你就暂且等待着吧"。

[伦理方案二]　　鲍恩："人格道德法则"

美国现代著名伦理学家鲍恩认为，人格伦理遵守以下道德法则：其一，"对于道德存在之正常的相互关系来说，善良意志的规律是唯一普遍的规律"。该条只针对"道德存在"的相互关系而言，而非针对人的道德生活或人格整体。其二，"对于所有正常社会行动来说，爱的规律是唯一基本的规律"。这一规律又称"完善的义务律"。其三，"自尊的规律"，即"我尊重他人的个性，我也必须尊重我自己的人生"。[18]

依据鲍恩伦理观点，骗子最终不会有好下场。这是因为，正常人应当要遵守"人格道德法则"，而骗子的行为明显违背了这个法则，没有了善良的意志，没有了爱的精神，更失去了自尊。不遵守"人格道德法则"的后果是断了自我的后路，在人生或人格道路上越走越艰难，直至自我坐以待毙或等待正义的力量对其进行"解救"。

[伦理方案三]　　格劳秀斯："各有其所有，各偿其所负"

荷兰近代早期法伦理学家格劳秀斯从自利自保的人性论出发，认为自然法是维护社会关系与规范人们行为和职责的有效法则。自然法构成道德的基础。自然法之核心是"各有其所有，各偿其所负"。自然法要求：不可侵犯他人财产或不经他人同意而拿走他人之物；偿还因侵占所产生的额外之利；要信守诺言；赔偿因过失而给别人造成的损失；给非法者应有报应等。他还认为，受害人进行自卫甚至使用暴力，即使毁灭对方也是正当的。

根据格劳秀斯伦理观点，骗子的最终下场悲惨，会受到相应的等量的惩罚性"回击"。在格劳秀斯看来，现实的法律都源自自然法。骗子在法治社会里必然会受到国家法律的制裁，受到相应的惩罚。这种惩罚和制裁的大小与其诈骗的数量和危害程度成正比，也就是"各有其所有，各偿其所负"。不但如此，格劳秀斯还认为，骗子还要承担赔偿对受骗人所造成的一切损失，即使受害者出于正当防卫的目的而采取暴力手段对诈骗者（骗子）进行暴力攻击也是正当的（注：格劳秀斯的"自卫"不是我们所理解的通常意义上的具有严格限定的正当防卫，不具有普遍意义，同时，其"暴力"观点亦不可取）。

[伦理结论]

骗子不会长时间逍遥法外，最终会落入法网，一定会受到应有的法律惩罚和制裁。这就是"多行不义必自毙"的必然逻辑结论。

2. 你认为案例中的被骗受害者应该如何进行伦理防范？为什么？

[伦理方案一]　冯友兰："觉解"

我国近代伦理思想家冯友兰认为，事物是按规律运行的，并不一定引起人的觉解就能使人知道应该如何应对；逻辑根据是自然决定的，有觉解的人并不能自然地知道，有逻辑的标准之存在并不能引出逻辑上的知道，更不能得出知道有标准就应该知道的结论。但是，人的智慧使他有理性的意志，在明辨是非中可以做到"有知而无知，有我而无我，有为而无为，物物而不物于物，极高明而道中庸"。

依据冯友兰伦理观点，被骗受害者要善于在理性指导下明辨是非，通过自我的"觉解"，达到"有知而无知，有我而无我，有为而无为，物物而不物于物，极高明而道中庸"的状态。也就是说，作为被骗上当的受害者要善于明辨是非，在听取骗子的行骗话语后，不要立马相信，而要善于动用脑筋，多分析，多思考，多问几个为什么。其实，只要大家多谨慎，多思考，骗子的把戏还是容易被识破的。比如大学生小张的案例中，如果骗子所说的"订单在系统升级时出现了问题，无法通过支付宝进行退款"这样的假设成立的话，那么，订单在计算机系统升级过程中也自然不会下单成功。这样一想，骗子的把戏就会被戳穿。另外，骗子要求小张"尽快"到银行操作退款事宜，这里的疑点就多了起来，只要小张能够发挥"觉解"，骗子的破绽还是会被发现的。总之，我们大家一定要在自我理性的指导下，善于发挥聪明才智，多动脑筋，多思考，这样任何问题都会迎刃而解。

[伦理方案二]　伊壁鸠鲁："能动性原则"

古希腊罗马时期的伦理思想家伊壁鸠鲁认为，任何事情的发生有的是必然的，有的是偶然的，而还有些是人为所致，所以我们应该发挥自己的主动性、积极性、独立性等，才能避免痛苦、烦恼和忧虑，从而达到真正的幸福。

依据伊壁鸠鲁的伦理观点，被骗受害者应当积极发挥自我的主观能动性，谨慎小心，独立思考，多动脑筋，把骗子的行骗伎俩拒之于千里之外。换句话来说，就是广大被骗受害者，不要听信骗子的花言巧语，要善于发挥自己的主动性、积极性、独立性等主观能动性，利用自己理性思维，善于在骗子的行骗伎俩中发现破绽，从而戳穿骗子的骗术，使自我意识跳出骗子管控，达到"有知而无不知"的理想境界。

[伦理方案三]　笛卡尔："我思故我在"

法国近代著名伦理思想家笛卡尔把人看成一个时刻都"正在思考"的存在实体，因而提出"我思故我在"的著名命题，目的在于强调理性的权威，认为所谓理性就是人的"判断和辨别真假的能力"。

依据笛卡尔伦理观点，广大被骗受害者应当充分发挥自己的道德理性，培养自我的判断和辨别真假的能力，不能一味地顺着骗子的话语行事，否则只能是乖乖就范而最终上当受骗。在笛卡尔看来，我们每一个人都是始终处在自我独立思考之中的人，人是理性的人，在理性的指导下一定要谨慎思考，做出正确判断，如果人们始终保持理性的、谨慎的思考，那么，无论骗子的骗术如何高明，也始终无法得逞。

［伦理结论］

对于网络购物者来说，一方面在接到可疑电话和短信时不要轻易相信，一定要仔细核实情况，千万不要抱有侥幸、怕麻烦和自以为是的心理。另一方面，上网时不可轻易相信各类弹出窗口和广告信息等，要仔细甄别信息真伪。当遇到可疑情况时一定要多与亲戚、朋友商议，并及时拨打公安机关或者相关部门等提供的官方电话进行查证核实，避免造成不必要的损失。

3. 网络交易平台服务方以及网络市场行政监督管理机构是否具有伦理责任？如果有，则责任在哪儿？为什么？

［伦理方案一］　墨子："共利"

墨家代表人物墨子认为，人我相待、爱人利人、视人如己，则共利，共利之利则大于单纯的利己。他说："夫爱人者，人必从而爱之；利人者，人必从而利之。"

依据墨子观点，网络交易平台服务方以及网络市场行政监督管理机构都负有伦理责任。在墨子看来，只有人人都相互关爱，视人如己，才能达到利益的最大化，人人都能从中获取好处或帮助。"人我相待、爱人利人、视人如己"也成了大家的共同责任。也就是说无论是网络交易平台服务方还是网络市场行政监督管理部门，都应当各尽其职，为广大网民营造网络世界的健康环境，实现网络世界良性发展，如此才能"共利"，对人人才有好处，也才能使网络交易平台服务方自身以及网络市场行政监督管理部门自身从"共利"中获益。

［伦理方案二］　哈林顿："理智就是利益"

英国近代政治伦理学家哈林顿认为，尽管人性自私和利己，但理智告诉我们，国家利益或公共利益大于个人利益或局部利益，这是自然法则。人的理智就在于理解、反映和表达这种利益关系。因此他提出"理智就是利益"的命题。

依据哈林顿伦理观点，网络交易平台服务方以及网络市场行政监督管理机构都负有伦理责任。从哈林顿观点来看，共同维护健康良好的网络世界环境是"国家利益或公共利益"，这个利益大于网络交易平台服务方这个"个体利益"，以及网络市场行政监督管理机构这个"个体利益"。无论是网络交易平台服务方还是网络市场行政监督管理机构，都必须充分履行自我职责，认识到"理智就是利益"这样的哲理，依规依法行事，各司其职，共同维护健康良好的网络世界环境。

［伦理方案三］　雅克·马里坦："共同善"

法国现代存在主义形而上学伦理学家马里坦认为，社会的目的是团体的善或共同的善,是社会实体的善,必须代表团体中每一个成员的根本利益,代表每一个个体善之有机整合的价值目的,因而才被诸个体接受。社会善是"个人之综合的善","它必须使全体都从中获得利益"。共同善的特征有以下几点:(1)"它意味着一种重新分配,它必须在诸个人中重新分配,必须有助于他们的发展。"(2)"共同善乃社会权威的基础。"(3)"对于共同善来说,公正与道德正当性是根本的。"[19]

依据雅克·马里坦伦理思想,网络交易平台服务方以及网络市场行政监督管理机构都负有伦理责任。网络交易平台服务方以及网络市场行政监督管理部门,都不同程度地代表着"团体的善或共同的善,是社会实体的善,必须代表团体中每一个成员的根本利益",他们有责任有义务管理好属于自己业务范围内的事,即提供一个健康、良好、无欺无诈的网络空间,应当带头维护网络世界的公平和道德正当性,树立起社会的权威,赢得人民的尊重。

[伦理结论]

网络交易平台服务方以及网络市场行政监督管理机构都负有伦理责任。具体如下:互联网平台作为公司具有营利性企业的一般特征,充当了维护市场秩序的监管者角色,掌管着客户双方的接入权和介入权,具有中介撮合、促成交易的作用。尽管互联网平台是虚拟交易的场所,其作为平台服务提供方(供给端),也对平台内交易双方(需求端)负有监督、管理和规范的道德义务和伦理职责。提供一个健康、良好、无欺无诈的网络空间是网络交易平台服务方的神圣职责。代表国家来行使网络市场监督权的行政监督机构有责任也有义务为广大网民提供安全、可靠的网络交易环境。被骗受害者在网络交易中受到财产损失,无论网络交易平台服务方还是网络市场行政监督管理机构,都有不可推卸的责任。

案例学习四:互联网生活认知——网络游戏
青少年沉迷网络游戏该如何化解?

小李是一名大二学生,大一开始接触网络游戏,在玩游戏的过程中他感觉到强烈的满足:自己具有自主性,可以选择自己喜欢的角色,使用各种技能,只要自己"打死"怪物就能不断升级,和游戏中的朋友有说不完的共同话题。一玩游戏他就忘记了现实时间,在游戏过程中为了购买心仪的角色和服装,解锁新技能,小李也陆续花了大量的钱款。大二开始,小李开始长时间沉迷网络游戏。他的同学时常能看到他双眼紧盯手机屏幕、双手紧握机身、双耳佩戴耳机以追求全身心投入。小李有时为了完成一局完整的游戏,不吃饭,不上厕所,整宿熬夜,逐渐出现躯体僵硬、肢体酸痛、肠胃疼痛等身体不适症状。

小李已经意识到自己对游戏有了依赖,他尝试减少玩游戏的时间,但往往是在游戏进行以前只想玩一轮,游戏失败以后就会失去控制,并一定要继续游戏直到胜利,在取得胜利以后又继续追求更多的胜利,才会在心理上得到满足。小李原先是一个性格温和的人,但在玩游戏时,会变得暴躁易怒、大喊大叫甚至骂脏话。

由于长期缺课，小李成绩下滑，无法继续升学，又因为经常向同学借钱充值网络游戏，小李欠下了大笔债务，最终因严重违纪被校方勒令退学。小李的父母在知情以后非常愤怒，一纸诉状将游戏开发公司告上了法庭。

问题讨论：

1. 针对小李的种种举动，你认为他是否已经有了网瘾症？他该怎么办？

[伦理方案一] 《吕氏春秋》："保生养性"

《吕氏春秋》记载："物也者，所以养性也，非所以性养也。""养性"是物滋养身体，是保性，"性养"是人逐物而伤身，是失性，即物质财富是用来供养人的生命的，而不是用人的生命来供养物质财富。该书认为世间最有价值的事情就是"保生养性"。"天生人而使有贪有欲。欲有情，情有节。圣人修节以止欲，故不过行其情也。"人虽然有七情六欲，但七情六欲都要适可而止，须皆以养性保生为本，否则伤身害体。如果六欲有害于养性保生，则不可为之，"利于性则取之，害于性则舍之，此全性之道也"。因此，利于行则为，不利于行则止，这就是所谓全性保身贵己。

依据《吕氏春秋》伦理观点，小李已经"网瘾附身"，是典型的网络成瘾，应该"保生养性"。这是因为，"物也者，所以养性也，非所以性养也"，就是说，适当的游戏娱乐活动可以健脑益智，有利于身心健康，但是如果过度沉溺于网络游戏，那就不但不能达到娱乐益生的效果，反而有害于身心健康，得不偿失。纵观小李的种种行为表现，他已经深陷网络游戏之害。小李应该在刚开始玩网络游戏时学会自我约束，以"保生养性"为宗旨，适当以网络游戏为手段来娱乐健脑益智，但绝对不该自我放纵，不加节制地无限沉溺于网络游戏之中，落得个"伤身害性"，"散尽钱财"和被"勒令退学"的境地，这完全是其咎由自取。那么，小李的当务之急应该是什么呢？那就是静下心来好好反思自我行为，从中汲取教训，远离网络游戏，回归理性生活，或许还算是"亡羊补牢，为时不晚"吧。

[伦理方案二] 《淮南子》："至德"

《淮南子》一书认为，人应当不参与"志欲"和"好恶"，私志不得入公道，嗜欲不得枉正术；随自然之性，而缘不得已之化；事成而不居功，功立而无名于己；内修其本而不外饰其末。也就是说，对外物之利应该持正居中，不可沉湎于负面的东西，以给养身体，保真生命为本。这就是"至德"。

依据《淮南子》伦理观点，小李属于"网瘾附身"，网络成瘾，应该"随自然之性，而缘不得已之化"，对网络游戏应该"持正居中"。从小李上网时种种行为举动来看，他已经参与了"志欲"和"好恶"，深陷于网络游戏之害，严重地背离了以"给养身体，保真生命"为本的养生之道。沉溺于网络游戏的这种"私志"，入不了常人生活的"公道"，滥情于低级趣味的虚拟网络的这种"嗜欲"，同样也偏离了自己学业"正术"。小李应该以"给养身体，保真生命"为本，远离至少是暂时远离网络游戏世界，反思自我,而不应陶醉于网络游戏世界中的自我而偏离学业"正术",应决断"私志"和"嗜好","持正居中",回归到常人生活的"公道"之中。

[伦理方案三]　亚里士多德:"中庸"之为"德"

　　亚里士多德认为在"过多""适度""过少"三者之间,只有"适度"才是不偏不倚正好命中了德性的特点,具备"善"的理念,"过度"与"不及"是"恶"的特点,"恶"是要么没达到正确,要么越过了正确。他强调,在实践中要做到"适度"是很难的事情,那么,如何才能做到"适度"呢?首先,要分清两个极端中哪一个离"适度"更远,就要及时避开它,因为它是与适度品质最对立的"恶"。其次,要把自己拉回到与"不能自拔"——如"纵欲""滥情"等——相反的方向,人们常常在享受快乐上不能自制。他说:"对于快乐,我们不是公正的判断者。"对于快乐是非理性的纵欲还是理性的生活,人们往往分辨不清,最好的办法是谨慎回避这种快乐。最后,只要有努力的心态,无论偏向"过度"一些还是偏向"不及"一些,都是在曲线接近"适度",这样做在一定意义上就是"善",就是"适度"。

　　依据亚里士多德的伦理观点,小李已经属于网络成瘾,应该在网络生活中持"中庸"之道,对网络游戏这样的娱乐行为做到"适度"。小李的种种行为表现以及"伤身害性"、"散尽钱财"和被"勒令退学"等种种行为后果,反映出的不是上网"过少",而是严重"过多",而"过少"和"过多"在亚里士多德看来都是偏离"中庸"的德性,都是一种"恶"行,不具有"善"的理念。"善"的行为在于持正居中,在于"适度"。小李整天沉溺于网络游戏,是"纵欲"和"滥情"行为。那么,小李应该怎样做呢?亚里士多德认为,要对自己进行"矫正",把自己拉回到与"不能自拔"相反的方向,也就是少玩网络游戏甚至不玩网络游戏。在这里需要特别指出的是,像小李这样一些人,他们常常沉溺于网络游戏这样的"快乐"之中而无法辨别"是非理性的纵欲还是理性的生活",那么最好的办法就是"谨慎回避"这种快乐。也就是说,即使小李自己分不清自己过度沉溺于网络游戏所带来的"快乐"到底属于"非理性的纵欲"还是属于"理性"的网络生活,只要自己对网络游戏这种所谓"快乐"体验采取"谨慎回避"的态度就解决问题了。问题是小李没有采取"谨慎回避",而是继续沉溺于这种所谓的"快乐"体验,这是一种"恶"行。

[伦理结论]

　　从小李的种种行为表现以及其行为后果来看,小李已经网络成瘾,深陷网络游戏之害。小李的当务之急是立即悬崖勒马,好好静下心来反思自我行为,从中汲取教训,远离网络游戏,回归到现实的常人生活的理性之中。

　　2. 有人说,网络游戏开发公司就是先诱使玩家上瘾,再迫使其掏空钱财,实现自身盈利的目的,因此,对于小李的"悲剧",网络游戏开发公司应当负主要伦理责任。你认为这样的说法正确吗?

[伦理方案一]　唐君毅："绝对责任"

我国当代伦理学家唐君毅认为，道德生活是自由、自主的自我决定，自己对自己负有绝对责任，任何外部因素和环境都不构成不负责任的借口，"因为环境中之任何势力，如果不为你当下所自觉，他不会表现为决定的力量；如果已被你自觉，那他便仍为你当下的心之所对，你当下的心仍然超临于在他们之上"。

依据唐君毅伦理观点，网络游戏开发公司没有伦理责任，负有主要伦理责任的人恰恰是小李自己。原因在于：一方面，网络游戏生活是"自由、自主的自我决定"，小李完全有自我决定权，网络游戏开发公司没有强迫小李必须玩游戏。小李可以选择玩游戏也可以选择不玩游戏；可以选择这时候玩游戏也可以选那时候玩游戏；可以选择娱乐益智地玩游戏，也可以选择沉溺式地玩游戏。这选择权完全在小李，所以，小李"自己对自己负有绝对责任"。另一方面，网络游戏开发公司开发的游戏软件与小李的"遭遇"二者之间并不存在必然关系。打个比方说，一个人拿菜刀行凶，并不能说是卖菜刀的罪过，因为卖菜刀人是让人把菜刀买回去切菜而不是行凶；药店卖药给人吃是为了治病，而不是为了让人服药致死。同样，网络游戏公司开发游戏是让人娱乐益智，而不是让人沉溺游戏而执迷不悟，所以，对于小李来说，"任何外部因素和环境"都不能构成小李自己"不负责任的借口"。退一步讲，即使网络游戏开发公司有诱使小李沉溺于网络游戏的企图，按照唐君毅观点，网络游戏公司也没有责任，责任完全在小李，原因是"因为环境中之任何势力，如果不为你当下所自觉，他不会表现为决定的力量；如果已被你自觉，那他便仍为你当下的心之所对，你当下的心仍然超临于在他们之上"。人自己具有自我辨别能力，内因决定外因，外因通过内因起作用，关键是寻找内因而不是把所有的过错都推到外因上去。

[伦理方案二]　颜元："义利"观　"正其谊以谋其利，明其道而计其功"

我国清初伦理思想家颜元反对宋明理学家推崇的由董仲舒提出的"正其谊不谋其利，明其道不计其功"，认为这是只强调动机而否认效果的唯心主义。耕夫谋田产，渔夫谋得鱼，都是人对正当利益的谋取，不应把义与利对立起来，好动机必须讲求好效果，才能于人于己有实际贡献。

依据颜元伦理观点，除非有足够的证据证明网络游戏开发公司开发游戏产品动机不纯，否则网络游戏开发公司没有伦理责任，负有主要伦理责任的是小李自己。原因在于：一方面，在现代市场经济条件下，网络游戏开发公司开发网络游戏的目的和行为符合市场经济主体的行为特征——依法经营、正当获利。这就如耕夫谋田产，渔夫谋得鱼，都是人对正当利益的谋取，没有什么非法或不正当之处。另一方面，从"好动机必须讲求好效果"角度看，网络游戏开发公司开发游戏软件，于己的目的是挣钱营利、获取利润，于人的目的在一般意义上是让人娱乐益智，增加生活乐趣；在效果上，虽然从小李角度来说由于其沉迷网游造成不良后果，且其他如小李一样的人还有不少，但相对于绝大多数网络游戏爱好者来讲，并没有大面积出现像小李这样的情况。也就是说，小李的行为只是概率上的个案而不具普遍性，概率上的普遍性应当基于娱乐益智，健脑益身，增加生活乐趣。因此，在效果上，网络游戏开发公司也没有主要过错，属于"正其谊"而"谋其利"。相反，小李由于使用网络游戏过度和不当，整天沉溺网络游戏而且执迷不悟，完全是咎由自取。综上所讲，依唐君毅观点，游戏开发公司并没有伦理过错，更不负所谓的"主要"伦理责任，负有主要伦理责任的是小李自己。

[伦理方案三] 亚当·斯密："斯密问题"之"经济人"与"道德人"

英国近代经济与伦理学家亚当·斯密认为人性既有自私的利己心，又有同情仁爱的利他心，他在《国富论》中强调经济人行为受市场驱动而必然显示出利己性，而在《道德情操论》中又详细分析了道德人行为的同情利他性。在市场规则和市场机制作用下，经济人行为主观利己，客观利他。他强调利己心是人性的主要倾向，也是利他心发生的前提和必要条件，没有人的利己心，也就没有道德的同情同感。

依据亚当·斯密伦理观点，网络游戏开发公司不应当负有或至多负次要伦理责任，小李本人应负主要伦理责任。原因在于：网络游戏开发公司作为现代公司制的法人有自私的利己性——获取利润最大化。这是资本的本性。从这一点来看，网络游戏开发公司通过开发网络游戏来获取利益，力图利润最大化，并无过错。但是网络游戏开发公司应当对小李个人的遭遇——"伤身害性"、"散尽钱财"和被"勒令退学"的遭遇——有同情心，在道义上应给予理解和同情，或应当采取相应手段或措施使自己开发的网络游戏让小李这样的人不至于过度沉溺其中。但依据亚当·斯密观点分析，网络游戏开发公司的这种同情利他之心又是完全受制于它的自私利己心的，合情合理，在情理之中。相反，小李在网络游戏的娱乐上太过"自私利己"，以至于沉溺其中不能自拔，这是他的"自私的利己心"所致，怨不得别人。因此，网络游戏开发公司应当不负责或至多只负次要伦理责任，而小李本人应负全部或主要伦理责任。

[伦理结论]

除非有足够的证据证明网络游戏开发公司开发游戏产品与小李过度沉迷网游戏所造成的损失有直接因果联系，否则网络游戏开发公司没有伦理责任，负有主要伦理责任的是小李自己。这是因为，从经济伦理角度来看，在现代社会主义市场经济条件下，网络游戏开发公司作为现代公司制的法人，应当而且必须以实现盈利为目的，按照市场化要求依法依规正当获利，自主经营，自负盈亏。虽说网络游戏有导致人过度沉溺其中的可能性，但网游游戏公司的初衷和旨意在一般意义上是让人娱乐益智，健身益脑，提高人们娱乐生活的质量，至于玩家采取何种行为和态度——是选择以娱乐益智的行为和心态玩游戏，还是选择沉溺其中，以娱乐至死的行为和心态玩游戏——并不是网络游戏公司所能控制或左右的，所以，网络游戏开发公司并无行为上的违法或不当之处。相反，小李作为一名当代大学生，不务正业，抛开自己的学业不顾，沉溺于网络游戏，明知自己已经深陷其中而不主动自拔，放任自我，继续沉溺，娱乐至死，是咎由自取，怨不得别人。

3. 请你从法伦理角度分析，小李的父母一纸诉状将网络游戏开发公司告上法庭，有胜诉的可能性吗？为什么？

[伦理方案一]　《尚书》："律己检身"

《尚书·伊训》说："与人不求备，检身若不及。"意思是对待他人不要苛求太严，吹毛求疵，更不要一味责难，对自己则要严格约束。清代张潮在《幽梦影》中注释道，"律己宜带秋气，处世须带春风"。对待自己要严格自律，就像秋风扫落叶一样严厉肃杀，而对待他人则要宽容忍让，就像春风般和煦暖心。

依据《尚书·伊训》伦理观点，小李的父母胜诉的可能性几乎没有。这是因为"与人不求备，检身若不及"。作为小李的亲生父母，应该首先对自己言行进行自我检视，同时对自己孩子的行为进行管束，而不是首先去批评、指责他人（网络游戏开发公司）。作为小李的父母，他们对小李是否尽到监护人责任？是否对小李沉溺网络游戏行为时时进行监督、警告或训诫？是否对小李因打网络游戏而"花大量钱款"的经济活动有过纵容或觉察、追问和问责？是否知晓小李"经常向同学借钱充值网络游戏""欠下了大笔债务"？是否对小李"长期缺课""成绩下滑，无法继续升学"有过关注？是否对小李种种反常行为有过注意或觉察？是否就小李学业主动与校方取得联系？小李的父母对小李上述种种行为如果知晓而纵容，则责任在小李父母；如果知晓而告诫，则责任在小李自己；如果不知晓、不知情，则责任在小李父母。这三种情况无论哪一种，责任都不首先在网络游戏开发公司。即使网络游戏开发公司有过错，过错的主要责任方也不可能是网络游戏开发公司。所以，依据《尚书·伊训》伦理观点，小李的父母胜诉的可能性几乎没有。

[伦理方案二]　贺麟："意志自由论"

按照西方义务论伦理学基本原理，意志自由是道德判断和道德评价的基础。我国近代伦理思想家贺麟认为无论人的意志自由不自由，只要他做了不道德的事，社会总要责备他，法律总要制裁他，他自己也难免不忏悔自责：首先，因为他有道德意识，知善知恶，有良心，要负道德责任；其次，只要他承认自己是行为的主动者，即使出于下意识或一时糊涂或被他人操控，自己事前默许放任，就是意志自由，对自己行为负责；最后，简言之，只要他是人，有个性、有人格，就得负道德责任。

依据贺麟伦理观点，小李的父母胜诉的可能性几乎没有。这是因为：无论小李的"意志"是否自由，小李都要对自己的行为负全部责任。依据贺麟观点，小李沉溺网络游戏，没有人强迫他，他自己的"意志"处于绝对自由状态，他可以选择不打网络游戏，也可以选择打网络游戏；可以选择娱乐性地"适可而止"，也可以选择"沉迷不悟，娱乐至死"。总之，没有人强迫他，他自己处于绝对意志自由中。但是，即使小李受人强迫，意志不自由，小李依然要对自己的行为负全部责任，因为他"做了不道德的事"——沉溺网络游戏。"无论人的意志自由不自由，只要他做了不道德的事，社会总要责备他，法律总要制裁他，他自己也难免不忏悔自责。"这应该怎么理解呢？首先，小李自己有良心，有道德意识，应该知道自己沉溺于网络游戏是善是恶；其次，只要小李承认自己是打网络游戏的行为"主动者"，"即使出于下意识或一时糊涂或被他人操控，自己事前默许放任，就是意志自由，对自己行为负责"；最后，小李自己是"人"，是大学生，无论在年龄上还是在知识素养上，有自己的道德认知和责任意识，有自己的个性特征，有自己的"人格"，因而"就得负道德责任"。网络游戏开发公司在关于小李沉溺网络游戏这件事上，只是个被动参与者，并不是行为的"主动者"，所以谈不上负有责任。

[伦理方案三]　　莱布尼茨："充足理由律"

德国近代哲学家、数学家、伦理学家莱布尼茨认为，伦理抉择的实质是如何处理自由与必然的关系问题。为了排除道德选择上的偶发境遇，他提出了著名的"充足理由律"命题，即"偶然性事物固然是存在的，但偶然性事物不是事物存在的充足理由，必然的实体才是事物存在的理由"。

依据莱布尼茨伦理观点，小李的父母胜诉的可能性几乎没有。这是因为：理由不充分。依据莱布尼茨"充足理由律"观点，网络游戏开发公司开发的游戏软件导致小李的"遭遇"的"理由不充分"，二者并不存在必然的因果关联，这是因为，"偶然性事物固然是存在的，但偶然性事物不是事物存在的充足理由，必然的实体才是事物存在的理由"。具体来讲，小李沉溺于网络游戏开发公司开发的网络游戏而导致"伤身害性"、"散尽钱财"和被"勒令退学"等种种行为后果，或许其他如同小李一样的人还有不少，但相对于绝大多数网络游戏爱好者来讲，并没有大面积出现像小李这样的情况，因此小李的遭遇属于"偶然性事件"。也就是说，小李的行为只是概率上的个案而不具普遍性，是"偶然性事件"，概率上的普遍性是娱乐益智、健脑益身和增加生活乐趣，这才是"必然的实体"。同时，网络游戏开发公司开发网络游戏的动机和目的就一般性意义上讲也正是让人娱乐益智，而不是让人沉溺游戏而执迷不悟。"娱乐益智"是"必然的实体"，而"沉溺游戏而执迷不悟"只是"偶然性事件"，"偶然性事物不是事物存在的充足理由"。所以，从莱布尼茨法伦理观点来看，小李的父母胜诉的可能性几乎没有。

[伦理结论]

小李的父母胜诉的可能性几乎没有。因为小李的"遭遇"与网络游戏开发公司并无法伦理意义上的必然的关联性。网络游戏开发公司开发网络游戏的动机和目的就一般性意义上讲在于让人娱乐益智、健脑益身和增加生活乐趣，而不是让人沉溺游戏而执迷不悟。小李沉溺于网络游戏导致"伤身害性"、"散尽钱财"和被"勒令退学"等种种行为后果，或许其他如同小李一样的人还有不少，但相对于绝大多数网络游戏爱好者来讲，并非大概率事件，小李的遭遇属于概率上的个案而没有普遍性。同时，在关联性上，也缺少逻辑上的必然性。基于法伦理这个视角分析，小李的父母胜诉的可能性几乎为零。

【注　释】

①《兽性问题》，见《东方杂志》第二三卷第一百一十五号，1926年8月。

【参考文献】

[1] 理查德·A. 斯皮内洛. 世纪道德——信息技术的伦理方面［M］. 刘钢，译. 北京：中央编译出版社，1999.

[2] 马克思恩格斯选集（第1卷）［M］. 北京：人民出版社，1995.

[3] 何怀宏. 伦理学是什么［M］. 北京：北京大学出版社，2002.

[4] [5] 郭广银，杨明. 应用伦理的热点探析［M］. 南京：江苏人民出版社，2004.

[6] 王海明. 公平 平等 人道［M］. 北京：北京大学出版社，2000.

[7] 马克思恩格斯选集（第3卷）［M］. 北京：人民出版社，1972.

[8] [13] R. T. 弗留耶林. 创造性人格［M］. 纽约：基督教祷文出版书局，1926.

[9] [16] S. 布莱特曼. 自然与价值［M］. 纽约：阿宾登-科克斯堡出版公司，1945.

[10] J. 马里坦. 人的权益与自然法［M］. 美国查理斯·斯克利伯勒父子出版公司，1943.

[11] [15] J. 马里坦. 个人与共同善［M］. 美国查理斯·斯克利伯勒父子出版公司，1947.

[12] J. 罗尔斯. 正义论［M］. 美国哈佛大学出版社，1971.

[14] W. E. 霍金. 个人主义的永恒因素［M］. 美国耶鲁大学出版社，1937.

[15] [18] B. P. 鲍恩. 人格主义［M］. 美国霍顿·米夫林出版公司，1908.

[17] 罗伯特·诺齐克. 无政府、国家和乌托邦［M］. 美国基础图书出版有限公司，1974.

[18] B. P. 鲍恩. 人格主义［M］. 美国霍顿·米夫林出版公司，1908.

[19] J. 马里坦. 人的权益与自然法［M］. 美国查理斯·斯克利伯勒父子出版公司，1943.

第五章
网络社会交往伦理

5.1 网络社会交往与道德

　　由于微信、QQ、BBS、聊天室、情感夜话、电子寻呼等各种聊天软件或聊天工具被广泛应用，人们传统的社会交往方式由面对面直接交往延伸到了虚拟网络上，从而扩大了人际交往的范围，给人类交往带来了革命性的变革。首先，网络社会交往唤醒了人民大众的现代民主意识、自由参政议政意识、知情权和平等权意识。由于Internet连接成千上万部智能手机或电脑客户端，成千上万部手机或电脑客户端时刻连接着，在实现信息资源互通共享的同时，也促成网民在没有组织、没有领导或层级管理状态下处于互相独立和虚拟的状态，一切网上活动都被数字化、符号化了，网民们感受到了没有现实身份、地位、财产、性别、年龄、阶层、权力等限制下的真正平等。交往自由，情感表达更加真切，敢说话，说真话，敢议论，真议论在网络社会蔚然成风，从而开启了现代民权民主意识和社会进步的序幕。其次，网络社会交往促进了现代社会更加兼容并包、信息共享和开放。由于Internet自身开放性和全球化的特点，网络社会自诞生以来所秉持的精神气质如在时间上的实时、在空间上的自由，以及在信息面上的共享等，强行驱使现代社会更加包容、开放和自由，在民权层面上，必然表现为广大网民的权利意识、主人翁意识的兴起。同时，广大网民作为个体性和主体性的存在，权利意识的兴起意味着义务意识的伴生，主人翁意识的萌生也促使"自己对自己负责"，意味着"自己管理自己"，用"鼠标下的公共德性"规约自我"鼠标下的个体德性"。但每个网民用个体德性对标公共德性的差距大小必然要视网民道德意识和伦理素养而论，取决于网民作为个体性和主体性伦理存在的道德意识水平和基本素养差异，即个人德性差异。

　　一方面，传统的道德规范及其规制方式局限于面对面式的"空间在场"与"时间在线"的双进行时，现扩展到"时空错位"的非在场非在线，原本碍于"面子"的伦理道德失去了及时性功效,从而导致部分道德意识本就淡化的网民更加丧失道德理性,越过传统人际交往背景下的伦理界限,在网络上肆意妄谈阔论,甚至导致网暴等非理性言行泛滥,庸俗文化、精神垃圾肆虐。总之,道德相对主义、无道德主义、无政府主义、个人主义正冲击着人们正常的网络交往与生活,对健康的网络社会构成了极大的威胁。另一方面,人与人在现实中的情感交流越来越淡漠,人情味越来越淡薄,而网络主体身份的隐匿性、虚拟性又导致道德情感冷漠,从而淡化了人的社会责任感。部分青少年(网民)因为人格异化、性格孤僻怪诞、道德心理不健全,更容易产生网瘾、游戏瘾、社交恐惧症、网络幽闭症。诸如黄赌毒泛滥,知识产权、个人隐私权越来越容易受到侵犯而更难以保护,计算机病毒的制造与传播、闯入与骚扰等道德失范现象也屡屡发生。在网络社会诸多大数据信息资源中,垃圾信息、污染信息、广告信息、诈骗信息也铺天盖地向网民袭来。在网民之间所形成的数字鸿沟、情感冷漠及网络社会发展所带来的巨大经济利益背后隐藏着的道德价值缺失或道德失范,都对网络社会伦理道德的建设提出了严峻挑战。

虚拟网络交往具有间接性、开放性、全球化、符号化等特性,而交往的领域及其道德规制的范围也不在同一频道上,再加上"三观"(世界观、人生观和价值观)多元化的影响,广大网民素质参差不齐,网络中鱼龙混杂,部分网民尊严感、责任感、正义感、荣辱观荡然无存,法律意识、道德意识、是非意识淡化削弱。种种迹象显示,虚拟网络社会急切需要达成道德共识,重塑和新构道德体系和伦理秩序。寻求网络社会的伦理治理已经成为国内外伦理学家们普遍关注的前沿课题。

5.2 网络社会交往的伦理特征

网络社会交往的伦理特征集中反映在与现实社会交往的区别和联系上,具体说来,有以下几个方面的基本事实。

5.2.1 网络社会交往与传统人际社会交往的区别和联系

网络社会交往不同于现实与传统的人际社会交往,它是发生在网络虚拟世界里的一种特殊交往方式,是一种由现实中有血有肉的人充当网络虚拟世界中的虚拟人、计算机或智能手机等客户端充当网络虚拟世界中的交往介质或媒介、现代远程电子通信网络技术充当交往技术手段,以数字化和电子化等一系列符号充当虚拟世界交往语言的虚拟共同体。在这个虚拟共同体内,一切都被虚拟化了,虚拟化不仅产生了虚拟人、虚拟世界或虚拟空间,而且还产生了全球性虚拟文化,以及爱恨情仇等虚拟情感。当然,需要指出的是,"虚拟"产生的一切不是"虚无"或"没有",而是一种现实生活中的客观存在,是现实与传统的人际社会交往在网络实践中的一种特殊人际交往方式的折射反映,是现实与传统的人际社会交往的另外一种表达形式。因此,网络社会交往是一种来自但又有别于现实与传统的人际社会交往的一种交往,与现实与传统的人际交往有着千丝万缕的联系。这是研究网络社会交往伦理的第一个前提和基础。

5.2.2 虚拟人与现实人在德性和德行表征上的区别和联系

现实中的人生活于现实世界人际交往中，从交往的物理空间距离视域看，现实与传统的人际社会交往无论是过去、现在还是将来，都是一种面对面的、实实在在的、活生生的和有血有肉的人与人之间的交往，无论这种面对面的人或群体是熟人还是陌生人，其德性和德行基本都是真实的、自然的，无须也无法遮掩，即使掩饰或遮掩也可以通过对假象洞察获取其德性和德行真相。而发生在虚拟世界中的虚拟人虽然也是由现实与传统世界中活生生的人或群体组成，但他们之间的交往是一种人机（手机、计算机等客户端）交往、人脑（电脑）交往或人网（虚拟远程电子通信）交往，无法也无须面对面，因而，人的德性和德行就有了"隐藏"的空间，一切都可以虚伪化了，再加上其交往空间的无限扩大化甚至全球化，交往的对象也变得愈来愈陌生，交往对象的相对随机性和不确定性增加，因而对他们来讲，交往所带来的道德风险和伦理责任大大降低，其表征出来的本真或本质的德性和德行由显性趋向于隐性、由真相转向为假象的可能性大大增加，失去真实的本来的"面目"的概率和空间也愈来愈大。相对于现实与传统的人际社会交往，网络交往的道德冲突和伦理事件相对较多且普遍。这种由现实人向虚拟人转变的交往，无疑增加了网络交往伦理治理的难度。但是话又说回来，虚拟网络交往中的虚拟人无论如何都是来自现实与传统的人际交往世界中活生生的有血有肉的人，而不是虚无人、不存在之人，因而，其德性和德行无论怎么掩饰或遮掩，都必然显露本质或本真的德性和德行，这同样也说明了虚拟网络交往中对虚拟人的伦理治理和现实与传统的生活世界中对现实人的伦理治理之间内在的区别和联系。这是研究网络社会交往伦理的第二个前提和基础。

5.2.3 网络道德与现实道德之间的反差与联系

首先，就道德意识感知而言，网络道德意识比现实道德意识更加淡漠或冷漠。由于虚拟人在网络交往过程中更少受到来自现实社会因素如身份地位、阶级阶层、性别特征、民族习惯、宗教信仰、学历学位、金钱财产等的影响，因而，"装"与"做作"这种带有表演成分的概率也大大降低，其人性和德性也更趋自然本真，遮掩或掩饰的成分相对较少，因而也更能看清不同虚拟人及其群体的道德本真和伦理意识状态。对虚拟人及其虚拟群体而言，相对于道德他律性，道德自律性的要求也相对大大增加，因而也更能凸显出一个人的道德意识状态及其个体道德修养和学识。其次，就虚拟人及虚拟社会的道德关系而言，网络道德关系更加具有简单性和不确定性，或是在线及时性和及时互动性，一旦下线，这种网络道德关系就会荡然无存，缺少现实道德关系的确定性和持久性。最后，网络道德关系和道德活动与现实道德关系和道德活动相比较而言，网络道德关系和道德活动更加缺少功利性。在缺乏行之有效的外在道德约束和外在道德规范的情况下，这些都要求虚拟人必须加强自我道德意识、自我道德约束和自我道德管理。但是尽管网络道德与现实道德之间存在较大的反差，网络道德毕竟源于现实道德，反映现实道德，不是现实道德的反面和异化，而是现实道德在网络生活中的一种样式，是现实道德在虚拟网络中的一种别样表达，是现实道德的特征之一。

就网络道德治理手段而言，"技术的步伐，常常比伦理学的步伐要急促得多，而正是这一点对我们大家都构成某些严重威胁"[1]。在行之有效的技术监管手段还没有出现之前，网络交往伦理道德比现实交往伦理道德更需要虚拟人德性和自我道德的内在约束。对虚拟人而言，德性的重要性更加突出。当然，这也并非说德行不重要，或是道德的外在约束和伦理规范不重要。在互联网技术手段缺乏有效监管措施和手段之前，行政手段、法律手段和道德手段都是行之有效的底线手段。在技术监管手段成熟或行之有效之后，技术手段与行政手段、法律手段和道德手段一样都是切实可行的治理手段，它们之间可以交互使用、综合运用，形成协同治理和共同育人范式。

5.3 网络社会交往的基本问题

网络社会交往是现实人际交往的有机组成部分，源于现实人际交往但又不同于现实人际交往。在此，为了进一步科学开展和正确引导网络社会交往，制定正确有效的网络交往伦理原则和总结合乎规律的伦理理论，我们非常有必要弄清楚以下几个问题。

5.3.1 网络社会交往的本质问题

在网络社会交往中，尽管虚拟人的交往目的和手段、方式各有不同，但他们都有一个共同的本质和基本事实，那就是所有的网络交往活动及其交往目的的背后，都或明或隐于利益尤其是物质利益。

马克思主义伦理观和发展史表明，道德的本质作用在于调节社会关系中人们的利益关系尤其是物质利益关系，或者说是经济基础关系。"人们奋斗所争取的一切，都同他们的利益有关。"[2] 所以，我们在研究和分析网络社会交往伦理时，必须透过网络社会交往现象，拨开团团迷雾，看到人们网络社会交往背后的社会利益和本质动机，这对我们科学有效把握交往本质问题是至关重要的。

5.3.2 网络社会交往中的网络科技问题

关于网络科学技术，我们必须明白一个基本事实，那就是所有的网络社会交往伦理都建立在网络科学技术产生之后，但网络科学技术本身并不是网络社会交往伦理的治理对象。网络科学技术和其他技术一样，是一种"孤独的技术"，遵循价值中立，无所谓善恶之分。善恶之分和善恶评价都是针对网络社会交往中的网络使用主体，即虚拟人。网络和网络科学技术只是网络交往的载体，不是主体。因此，如何利用网络以及网络科学技术来加强对虚拟人的道德建设，才是网络社会交往伦理建设的时代任务和中心课题。

5.3.3 作为网络治理主体的人及人性问题

网络社会交往如现实社会中的人及人性问题一样，都是极其复杂多变的。人和人性并非简单的非善即恶,而是复杂多变的,是不规则的复合多面体,有人形象地称之为"灰色多面体"。在现实社会的熟人交往中,人的德性与德行,以及人性有可能被掩饰或遮饰,但在网络社会交往中,以虚拟人身份出现的人性及其德性、德行在网络张力和某些错误舆情的引导下,更加容易被本真地显露出来,失去了被掩饰或遮饰的必要,一些在现实社会生活中不敢干、不能干、掩饰着干的丑事、丢人事甚至缺德事,在网络虚拟社会交往中就会变得明目张胆和肆无忌惮。因此,研究网络交往中的人和人性问题对加强网络交往伦理治理非常重要,它是阿基米德人性道德支点。

另外,研究网络交往伦理还要立足于"全人"发展,以人为本和以人为中心是十分必要的。"人是目的",把人或者说是虚拟人的"全人"发展作为网络交往伦理治理的目标十分紧迫。在网络交往虚拟世界中,由于现实中面对面的人际交往被虚拟为无法被对方看到真情实感的虚拟人与虚拟人之间的交往,成了一种错时错位异地的联络,每一个人都是在"孤独的空间"充当一个个"孤独的个体"(索伦·克尔凯郭尔)。人与人之间以心灵与灵魂的碰撞和沟通已经被一个个自我封闭的灵魂取代,所以人是倍感孤独的。人际关系也被虚拟化为符号和数字代码之间的关系,人及人性已经被异化,取代了人及人性的自由本真发展。人创造了技术,在一定程度上却又受制于技术,成了技术的工具和奴隶,丧失了自己的精神家园。正是基于此,把人或虚拟人的"全人"发展作为网络交往伦理治理目标就显得十分必要和紧迫。

5.4 网络社会交往的伦理原则

网络社会交往伦理原则不是凭空想象出来的,而是立足网络社会交往生活实践,结合现实人际交往规律和特点总结和归纳出来的。另外也与一定社会文化、网络社会舆情和思潮,以及网络社会大众化、平民化、底层化的价值观有关。因此,对网络社会交往伦理理论的研究不再是一个单纯的技术性和伦理学问题,而是一个复杂的社会性问题。因而,立足社会性问题,对网络社会交往伦理理论进行研究,让伦理理论研究服务于社会综合生活实践,使社会综合生活实践又进一步反哺和促进伦理理论研究,是一个十分必要和必然的视域。马克思在《〈黑格尔法哲学批判〉导言》中指出:"理论在一个国家的实现程度,总是决定于理论满足这个国家的需求的程度。"[3] 网络社会交往伦理理论就是在满足网络社会交往实际生活实践需要中得以不断实现和丰富的。

立足我国长期网络社会交往实际生活实践与基于我国网络交往伦理理论的研究和分析,由于我国目前网络应用者人数众多,且伦理意识和道德水平参差不齐,以及实际交往需求复杂多变等,我国网络交往伦理原则较广泛,难以一一评述,现就最基本的伦理原则作如下概括和总结。

5.4.1 有利无害原则

有利无害原则作为我国虚拟人在网络社会交往中必须遵守的最基本的伦理原则之一,主要由最底线原则、次底线原则、底线原则和道德的原则这四个层级递进的原则组成。

首先，最底线原则即"勿害"。"勿害"就是不主动或不带有任何目的性的意图或行为，根本没有伤害别人的想法和意念，没有意指性，没有企图和诉求。"勿害"是一种底线原则、道德底线，或者说是一种不可碰触的"高压线"。一旦越过"高压线"就成为故意或有意"施害"和"伤害"。"勿害"是网络社会交往伦理原则的第一道防线。

其次，次底线原则即"无害"。"无害"即"不伤害"。换句话来讲，任何人都可以对他人采取完全漠视、冷淡的态度，做出"不作为"行为，亦即不管不顾。从目的和手段视角来看，属于无目的和无手段，"事不关己，高高挂起"，既不是"目的善"和"手段善"，也不是"目的恶"和"手段恶"，而是一种漠视态度和"不作为"行为。作为次底线原则，相对于"施害""加害"而言，"无害"也不失为一种对他人的保护，但相对于"道德善"而言，仅仅做到"不伤害"是远远不够的。

再次，底线原则即"公正"。"公正"亦即公平、正义，是一个正常人应当具有的最起码的道德良心，也是人在道德理性指导下对道德行为进行道德评判或评价所持有的最基本、最原始的伦理精神和道德态度。从价值理性角度分析，"公正"本身就是一种"道德善"，是"目的善"和"手段善"在价值认知上的辩证统一。公正也意味着行为"目的"符合正义标准，具有正向价值，支持行为所使用的"手段"没有背离公平正义，善的目的引领着善的手段，善的手段驱使着善的目的，二者辩证统一，互相促进。

最后，道德的原则即"有利"。道德的原则不同于"道德原则"。"道德的原则"是"道德原则"中的一种具有正价值量的原则，是褒义词，属于一种"道德善"。也就是说，所谓道德的原则就是在道德价值上值得提倡或倡导的一种道德行为原则。"道德原则"是一种区别于政治原则、法律原则等属于伦理学范畴的概念，属于一种伦理学意义上的中性词。

综上所述，最底线原则、次底线原则、底线原则和道德的原则这四个层级是逐渐递进升级的原则，共同组成有利无害原则，成为我国网络社会人际交往最基本的伦理原则之一。

5.4.2 自律为主原则

自律为主原则是网络社会交往必需的或者说是刚性原则，没有它，则无法根本实现或达到网络社会中人际交往关系的根本的、和谐的和本质性转变。在网络社会交往过程中，每一个虚拟人享有了自主表达意愿的现实有效途径和路径，也缺少真正有效的道德约束和伦理规制，要想达到一致同意或普遍认可的网络交往伦理行为及其意识认知，从而完全利用和享有网络信息资源，显然是不现实和不切实际的，这就必然要求每一个虚拟人必须遵守道德自律，自觉自主地遵守普遍道义规则，才能够达到和实现自己的目的和意图。因此，自律为主原则是绝对不可或缺的，是网络交往过程中一种基本性和必要性的伦理诉求。除此之外，我们在强调自律为主原则的前提下，还必须进行他律性规约，强调自律性并不必然地排斥他律性原则，是自律为主他律为辅，二者共同作用、协同实现网络交往生态的良性互动与营造和谐向上的网络交往生态环境。

与现实社会零距离、面对面、熟人之间的交往不同，网络社会交往是一种无法面对面也无法确定物理距离的陌生人之间的实时、动态、开放、远程的交往，是隔着手机或电脑端屏幕，以现代电子通信技术为手段的交往；各种悖德行为或言论与现实道德行为和言论更容易形成巨大反差（道德反差），也更加泛滥且甚嚣尘上。但是有一个不争的事实，这些悖德行为或言论一旦暴露于网上，也很容易被置于网络大众视野，受到广泛监督，就会在很短的时间内遭受来自四面八方的广泛舆论谴责和道德谴责，甚至是人身攻击和人身伤害，受到"以毒攻毒"，致使悖德行为人承受巨大压力的同时也让更多"事外人"得到反面教训和受到教化。尤其是自媒体、多媒体、大数据追踪和人工智能的广泛兴起，让人们随时随地就能把发生于身边的悖德人和悖德事拍摄并发布于网络，更广泛更有效地发挥了社会舆论监督、谴责、教化作用。这种舆论背景形成了对悖德人和悖德事的强大威慑或震慑。因而，自律为主原则就显得尤其突出和重要，这也说明他律原则的强大威力。

总之，道德价值的最终实现，归根结底，是始于"他律"而终于"自律"。自律为主原则是网络社会交往健康发展的第一必备原则和首要原则，在网络社会交往伦理建设中具有举足轻重的作用。

5.4.3 不对歧视原则

不对歧视原则又称无歧视原则。不对歧视原则作为网络社会人际交往关系的一项重要原则，是指无差别或平等对待任何一个与自己建立网络联系的其他网络交往主体，不分民族、种族、性别、年龄、财产、地位、身份、学历、健康状况等诸多方面的区别，客观地、公正地、平等地对待其他网络交往主体的一种立场、态度和观点。不对歧视原则一般针对的是被视为与自我交往的"不对等"主体，尤其是与自我相比处于相对弱势地位的人或群体。

从整体和全局视域上来看，应对自媒体、多媒体、大数据追踪和人工智能等信息化工具和手段的深入发展带来的伦理风险必须遵守无歧视原则。要确保其他网络交往主体（虚拟人）处于对等的地位，就必须始终将他人尤其是弱势群体置于人作为"类"存在的对等范围，避免与自我交往的"不对等"主体的利益、尊严、名誉、价值和其他具有人格价值主体性地位的生命个体受到歧视性伤害，自始至终做到坚守不伤害、不摧残、无差别对待处于弱势地位的网络交往主体的伦理底线，把追求造福自我和他人视为同等重要的正确道德价值取向。公开透明、安全可靠并以无差别之"人"为本，让科学技术尤其是为人类提供交往服务的网络科学技术，朝着为无差别、非歧视的"人"和"人"作为"类"存在的每一位网络交往主体，带来最终福祉、繁荣、便利、共享的目标努力，而不仅仅为自我所享。这就是无差别对待与自我交往的网络人应该持有的伦理品质，即无歧视原则。

想要加强网络的道德主体对无歧视性原则的重视，就要唤醒虚拟人（网络人）的道德伦理意识和认知；想要成为一个有伦理意识和道德意识的网络人，就必须加强自我的责任感、道义感和义务感，还必须严格自律，增强"内功"和"内力"，自我强化信用意识。既尊重自我人格，也给予他人人格尊重。这些都是信守无歧视原则在自我层面上的具体要求。

5.4.4 公平正义原则

公平正义原则作为一种人际交往原则，其一是指办理事情合乎情理，不偏袒不倚重任何一方或任何一个人，在参与人际活动关系时自始至终都勇于承担自己应该承担的责任，给出他人应当获得的利益和好处。反之，如果某人不承担或少于承担自己应当承担的责任，或者获取多于或少于自己应当得到的利益和好处，这就有失公平。其二是指按照一定的职权标准或行业规定，职权人公平合理、公正客观地行使属于自己的正当的公职权利和履行自己本职的公职义务，程序合理合法地待人办事，是国家和社会赋予的系统的权责义务，是一种重要的职业道德品质。

公平正义原则也是网络社会交往所必需的基本的伦理原则。网络交往社会的公平正义原则得益于自媒体、多媒体、大数据追踪和人工智能等现代网络舆情手段的深入发展，也为最大程度实现公平正义原则提供了必要的技术条件，使悖德人无处藏身，包括其身份、住址、性别、财产、交往痕迹等属于个人隐私的各类信息都将变得更透明、完整、对称，这大大提升了社会对悖德人的行为或言论乃至违法犯罪事实的监督、甄别、布控、追责与惩戒能力。这从正反两个方面促使社会进一步实现公平正义，也迫使网络交往行为人在网络交往过程中必须对他人和社会采取公平正义原则的立场。

随着网络社会交往的深入发展，人们对交往本身也提出了更高的道德伦理要求。传统社会人际交往主要限制在空间相对狭小且较为熟悉的人际范围，迫于熟人舆论监督的外在压力，力图尽最大可能遵守信约和道德规范。对部分人来说，熟人范围之外未必遵守。而现代网络社会人际交往日益突破传统熟人交往范围，基本上属于陌生人之间、非直接面对面的交往，基于强大的自媒体、多媒体、大数据追踪和人工智能等网络信息技术的加速发展，已经打破了传统人际交往的时空限制，成了普遍性、非直接和非面对面的网络社会交往。这就要求人们必须把控好公平与正义理性、更高程度地尊重与宽容他人和社会，从而促进并形成以普遍的公平性、正义性为价值诉求的现代网络交往社会公德。因而，公平正义原则就必然也必须成为现代网络交往最基本的伦理道德原则。

5.4.5 保护隐私原则

保护隐私原则是网络社会交往中最具伦理底线的道德原则。如今自媒体、多媒体、大数据追踪和人工智能等网络信息技术的加速发展，深刻改变了人类作为主体性存在的生存方式和人际交往范式，也深深改变着现代人的思维模式、道德观念和伦理行为。尤其是人工智能的广泛应用，导致人们的网络隐私处处被公开甚至面临被无情泄露于网络的伦理风险。人工智能对大数据的追踪和搜索建立在海量个人数据信息存储于网络的基础上。海量大数据信息源是人工智能泄露他人隐私现象发生的原因，正是由于个人大数据隐私的广泛存在、计算机算力的提高和加强以及算法的巨大突破，人工智能在处理和利用海量信息源时就无法避免个人隐私泄露这种巨大伦理风险和道德难题。

使用人工智能与保护隐私权并非是"鱼和熊掌"二者不可兼得的事。人工智能是一把"双刃剑"，但何时使用以及怎样使用这把剑，关键在人。人工智能的使用说到底是为了帮助、辅助和协助它的主人即使用者，为使用者的使用目的和使用手段提供便捷，而不是让使用者肆无忌惮地损害他人利益，尤其是窃取和泄露他人隐私。不侵犯、不泄露、不窃取和不偷窥他人隐私是人工智能使用者必须遵守的道德伦理底线，否则，人工智能作为现代技术的工具理性和工具手段就失去其价值和存在的意义。反过来，我们也绝不能以人工智能存在追踪、窃取和泄露他人隐私的伦理风险为借口，断然否定甚至是彻底放弃人工智能作为工具理性和工具手段的价值存在。对此，最为有效和最为科学的办法和态度就是既要防范人工智能存在的伦理风险，又要大力推进其作为现代技术的发展。事实上，人工智能面临今天成为"双刃剑"的尴尬局面，归根到底还是源于人工智能本身"先天发育不足"和"后天营养不良"，也就是说人工智能作为技术，其技术程度不足，没有达到"完全技术"的技术程度，同时也源于人工智能作为技术监管手段，监督不到位、不完善。因此，针对保护隐私问题，还得依靠科学技术的发展，用科学克服科学自身的不足，用技术弥补技术自身的缺陷，这是人类必须和必然坚持的前进方向。

从人工智能的主人即使用者这一角度看，人工智能作为一种现代新兴技术，只是充当人（使用者）的工具手段和技术手段，其本身并无善与恶、对与错、应当与不应当之道德价值，不是进行道德价值判断的对象。能够进行道德价值评判的是它的使用者或者说是它的主人，亦即道德价值作为评价客体存在的使用者。所以，对人工智能使用者来说，关键在于使用者是否遵守伦理道德规范和保护隐私原则的信约，对其进行正当、合理的使用。从人们活动的根本动因上分析，人们受到利益尤其是物质利益驱使，导致追踪、窃取和泄露他人隐私的结果。因此，要想从根源上解决保护隐私问题，还得从利益尤其是物质利益的角度着手。

总之，保护隐私原则，在人工智能技术日益被广泛应用的背景下，显得尤为重要和必要，是网络社会交往最重要和最基本的伦理原则。

5.4.6 资源共享原则

资源共享原则也是网络社会交往的一项重要基本原则。随着人类社会进入网络信息时代，移动互联网、智能移动通信客户端、在线社交软件、数据化、智能化、云计算、物联网、自媒体、多媒体、区块链等现代科技手段和工具的迅猛涌现，网络信息资源海量储存于平台保护区内，以及其不对称性和不透明性等因素，再加上科学技术门槛和数字鸿沟因素，无论在客观上还是主观上都将产生并加剧资源信息共享壁垒，违背信息资源共享原则和社会公平正义原则。如何打破资源共享壁垒以增进网络整体福利、保障网络社会交往的公平正义，是一项极具全球性意义的道德难题和伦理议题。

从国际视野看，互联网信息技术是在西方发达国家主导和推进下的产物。一方面，移动通信客户端和网络电脑主机的数量过分集中于美国、日本、澳大利亚等发达国家。另一方面，在网络应用语言上，英语成了主流。互联互通网络技术及其载体所呈现的这种不平衡和区块化，无疑使得西方世界利用自身各种优势垄断信息资源，造成中国等发展中国家对西方发达国家在信息资源控制上的依赖。

从我国视野来看，我国网民对待自身隐私的观念也发生了根本变化。广大网民通过各种智能手机、电脑网络软件、自媒体、多媒体等通信载体，以及网络科学技术手段，用尽各种办法如"晒""秀""表演"等展示和暴露个人隐私于公共网络空间的现象已经比比皆是、屡见不鲜。大数据把个人隐私信息数字化和符号化，也增加了极具时代特色的"共享"观念："隐私"并不意味着"保密"。但是，尽管如此，从我国社会整体来看，仍然存在大量的信息资源共享壁垒。尽管中国几大网络平台力图监管网络资源，但其自身出于利益尤其是经济利益考虑，网络平台往往借助自身优势，垄断各种信息资源，甚至是网民愿意暴晒的个人"隐私"。另外，各种利益集团为了自己的利益，也在为信息资源共享甚至是网民"愿意"付费的信息资源共享设置障碍，如部分企业或第三方机构在收集、储存、利用信息资源并从中谋取利益的同时，却要求分享这些信息资源的网民付费，甚至阻止网民使用本属于自己的数据信息资源，归根到底，就是为了谋取不正当利益而人为导致信息资源共享壁垒的产生。

为了推行信息资源共享原则，打破信息资源共享壁垒，我们必须首先培养广大网民形成开放与共享的理念，培养广大网民正确认识和转变传统观念中的隐私观念和隐私信息认知，消弭大数据鸿沟和大数据壁垒，树立大数据信息开放、共荣、共享的理念。在对隐私实施有效保护的前提下重塑"隐私"观念和网络精神素养，让网民的共享思想更加契合现有的文化精神和文化氛围。

5.4.7 真实描述原则

真实描述原则，又称共同道德人原则，是指在网络社会交往中每一个虚拟人在网络交往过程中都必须自始至终立足现实社会人际交往伦理规则，诚实地、真实地和可信地展现自我交往状况，以及交往的自我真实目的和意图等信息，只作客观真实性描述，而不发表带有自己主观性观点的看法、意见和建议。也就是说，只对自我实际情况作事实性的客观陈述，不作价值主观性的评价或阐释。真实描述原则是基于理想化和"完善人"的所有道德人优点，出于义务性道义规则，具有理想化"全人"人格特点的道德人共同体原则。很明显，真实描述原则是一种先入为主地预设于虚拟人头脑中的假定原则，其网络交往行为被预设在大家公认或一致同意的预设默认值范围之内。这种预设的默认值范围是网络交往行为的前提，因而其交往行为是值得大家信赖的。当然，真实描述原则并不具有现实客观性，但却是网络交往过程中虚拟人对与其交往的其他虚拟人一致希冀的交往客体对象或交往主体对象都乐见其成的一种原则。换句话说，是虚拟人同时作为主客体的对象性存在的一种理想化原则，在普遍缺乏有效网络技术监管和其他监管手段的情况下，确实是一种较为理想和行之有效的交往原则。

一般来讲，在网络交往中，由于现实人及其人性的复杂性，无法科学有效地实现网络交往的理想化期望。但从长期性角度看，尽管目前这样预设真实描述原则过于理想化而被一些学者排除在研究之外，但它并不妨碍未来网络交往伦理的建设方向朝着真实描述原则的方向迈进，这是一个可以开发也必须进行开发的人际交往尤其是网络人际交往的原则和方向。

综上所述，基于我国目前网络应用者人数众多，且伦理意识和道德水平参差不齐，以及实际交往需求复杂多变等因素，网络人际交往伦理原则的实际需求较多、较广泛，难以一一评述。但就当下网络交往生活实践总体情况而言，必须强调和加强上述作为基本原则的伦理原则，即七大基本伦理原则：有利无害原则、自律为主原则、不对歧视原则、公平正义原则、保护隐私原则、资源共享原则和真实描述原则，以期对我国网络社会人际交往的研究发挥重要作用。

5.5　网络社会交往伦理议题举要与方案

案例学习一：网络交友被骗
聊天软件交友——流水线式的骗局

小李是一个 28 岁的单身男青年，虽然家庭背景和工作都不错，但是由于他性格比较内向，不善与人交流，特别是不会讨女孩子喜欢，所以一直也没有恋爱经历。忽然有一天，在某个常用的聊天软件上，他有一个加好友的申请，是附近的人。机缘巧合，他们聊了起来。很快半个月过去了，忽然有一天，女孩告诉小李她失恋了。小李一直安慰她，在聊天软件上陪着她。几天后，女孩说她已经从大城市辞职回老家开始学炒茶了，还发了视频和照片给小李，并常常向小李开口，一再请他支持，小李也通过聊天软件源源不断地购买高价茶叶。事后小李经朋友提醒，才发现另一个朋友先前也加过这个女孩，她利用各种方法让人购买价格高昂的茶叶，最后因频频索要钱财被拉黑。

原来这是一场精心设计的骗局。有的骗局是卖红酒，有的是卖茶叶，套路和流程都一样，每天有具体步骤，层层设套，甚至提前拍好一年四季的照片，在不同阶段使用。

问题讨论：

1. 从网络社会交往伦理角度看，小李和女孩的行为是否涉及伦理问题或伦理责任？

［伦理方案一］　王阳明：心学论——"致良知"

明朝学者王阳明认为心外无物、心外无事、心外无理、心外无义、心外无善……心就是理，心与理同向。古今中外，人人都有良知之心，因此"致良知"就能辨是非、懂善恶，视人如己，视国如家。"良知"是一种知善而向善的能力，但这种能力在没有理性的主观意志的自觉下是不能实现"善"的，只有经过"致"的过程即去除物欲和习染，才能达到"善"。

依据王阳明先生的观点，案例中小李在理性的主观意志的自觉下去除物欲和习染，知善向善，并无损害他人或社会利益，所以小李没有伦理问题，也无伦理责任。案例中女孩的所作所为，无论在目的还是在手段上，都是在非理性的主观意志的自觉下，加上物欲和习染，侵犯了他人的利益，存在严重的伦理问题，应该承担相应的伦理责任。

[伦理方案二]　邵雍：圣愚标尺——"以物观物"与"以我观物"

我国北宋时期伦理学者邵雍认为，圣人与愚人的差别在于：圣人是"以物观物"，而愚人是"以我观物"。所谓"以物观物"就是以心中之理（即"天理"，而不是"私理"）来观察事物和待人处事；"以我观物"则是从一己私利角度来待人处事。

依据邵雍伦理观点，案例中单身青年小李有追求爱情的权利，其方法也无不当之处，实属"以物观物"，是"天理"，没有违反伦理道德，无伦理问题；案例中女孩以网恋为借口行诈骗之实，属于"以我观物"，违背了"天理"，其行为涉及伦理问题，违反伦理道德，应当承担相应的法律后果和伦理责任。

[伦理方案三]　苏格拉底："善人是幸福的，恶人是不幸的"

人要善待自己，也要善待他人，这是苏格拉底的"善生"思想。人的幸福离不开人的行为的"善"。在现实生活中，行善之人由于人际关系和谐、精神生活或思想单纯而高尚、灵魂无纷扰，所以他（她）是幸福的；恶人作恶引起他人、社会或国家的纷争，人际关系紧张糟糕，灵魂也不安宁，因而他（她）是不幸福的。

依据苏格拉底的观点，案例中单身青年小李追求爱情，于己有利，于人有利，于社会有利，"善待了自己，也善待了他人"，目的与手段皆合情合理合法，所以并无伦理问题，亦无伦理责任；相反，案例中女孩的行为不符合"善生"思想，其行为后果必遭法律制裁，既没有真正"善待自己"，也没有"善待他人"，于己不利，于人不利，于国家和社会不利，存在严重的伦理问题，应该也必将承担伦理责任。

[伦理结论]

所谓伦理问题，又称道德议题，是指道德行为主体的行为涉及有利或有害于他人或社会而引起或产生的争议议题。归其要旨，伦理行为因其具有善恶意义，是能够而且也必须用"善"或"恶"进行评价的行为。所谓非伦理问题或伦理议题，又称非道德议题，是指行为人的行为不涉及或无关乎他人或社会利益的行为。因非伦理议题不具有善恶意义，不需也无须用"善"或"恶"进行评价。

案例中小李的行为无害于他人，甚至有利于自我、他人和社会，并未产生"争议议题"而形成观点上的分歧，因此小李的行为不涉及伦理问题，更无伦理责任；案例中女孩的行为，无论在动机上，还是在为实现动机所采取的手段上，自始至终都有害于他人，不利于社会，因而存在伦理问题，应承担伦理责任。

2. 女孩的网络社会交友诈骗行为看准了什么漏洞？有人说只要网络监管足够到位，女孩就不会实施诈骗，你同意该说法吗？

[伦理方案一]　贺麟："意志自由论"

按照西方义务论伦理学基本原理，意志自由是道德判断和道德评价的基础。我国当代伦理思想家贺麟认为无论人的意志自由与否，只要他做了不道德的事，社会总要责备他，法律总要制裁他，他自己也难免会忏悔自责：首先，因为他有道德意识，知善知恶，有良心，要负道德责任；其次，只要他承认自己是行为的主动者，即使出于下意识或一时糊涂或被他人操控，自己事前默许放任，就是意志自由，就要对自己的行为负责；最后，只要他是人，有个性、有人格，就得负道德责任。

依据贺麟的观点，该女孩诈骗与否与网络监管没有必然联系。女孩的诈骗行为属于绝对的意志自由，退一步讲，即使她实施诈骗时意志不自由，也要负责由此带来的法律责任和伦理责任，"社会总要责备他，法律总要制裁他"。该女孩看准了提供交友平台的网络公司和有关部门对网络监管不力与不到位的漏洞，实施诈骗行为，应该说有关部门的监管措施不到位确实给该女孩实施诈骗行为提供了方便，但该女孩究竟会不会诈骗，其主要因素在于其个人意志，网络监管到位与否是次要因素。换句话说，无论网络监管是否到位，都不能构成该女孩实施诈骗行为的冠冕堂皇的借口。

[伦理方案二]　康德："绝对命令"第二形式

康德认为，人是理性的存在物，人的本质在于理性，理性为人类自己立法。人的行为善恶最终由理性来评判。道德的最高法则就是"绝对命令"。"绝对命令"仅仅要求道德行为者在行为活动前自问："指引我如此行事的规则是否具有道德法则的形式特征——对类似境遇中的一切人同样适用？"为此，他在"绝对命令"第二形式中明确提到："不论做什么，总要做到使你的意志所遵循的准则永远同时能够成为一条普遍的立法原理。"换言之，绝对命令要求你的行为所遵循的行为准则具有普遍性，可以普遍化，"做人人应当做的事"。

依据康德"绝对命令"的观点，女孩以网恋为幌子、实施诈骗的目的不具有"行为准则的普遍性"意义，不具有"所遵循的准则永远同时能够成为一条普遍的立法原理"，属于行为的"异化"或"异化"行为。即使网络监管足够到位，也不能阻止该女孩的诈骗动机和行为。就像有人说"你永远无法叫醒一个装睡的人"一样，你也无法阻止一个企图极力寻找和利用网络监管漏洞以实施诈骗的女孩之行为。

[伦理方案三]　罗素、桑塔耶那："价值源于欲望和情感"

英国现代伦理学家罗素和美国现代伦理学者桑塔耶那一致认为，价值以及价值认知源于欲望和情感。桑塔耶那指出：主体的偏爱构成了价值的基础，价值以及对价值的认知只有与个人自身的欲望、情感和兴趣相联系且具有正当性才有道德意义。

依据该二位学者的观点，该女孩的价值观存在认知上的错误，具有获取不义之财的强烈"欲望和情感",即使网络监管部门监管非常到位,也不能阻止她利用网络软件平台实行诈骗的行为,当然网络监管不力造成的漏洞确实为该女孩实施诈骗提供了便捷,这也是一个不争的事实。

[伦理结论]

女孩交友诈骗行为看准的漏洞在于:提供聊天软件的网络经营公司,以及有关网络监管的行政部门对网络监督管理不足或不到位。有人说,"只要网络监管足够到位,女孩就不会诈骗"。该说法没有道理。网络监管足够到位与否只是该女孩诈骗动机和行为的外在原因,其内在原因还是该女孩的道德意志和主观动机,内因决定外因,外因通过内因起作用。

3. 从网络社会伦理的角度,我们应当如何正确看待网络交友?

[伦理方案一]　孟子:"四端善心"

孟子从人性本善的观点出发,继承并发展了孔子"仁"和"礼"之说,认为人人皆有恻隐之心、羞恶之心、辞让之心和是非之心,即仁、义、礼、智四端善心。这种善心只是自然地趋向于善,但现实社会中出现的不善,主要是外在环境和人不知养性所致。因此他提出保持善心的两种主张:一是作为道德化身的圣人(君王)实行"仁政",以德治国,仁爱天下,从而实现从"上"到"下"的仁德社会;二是在个人修养方法上"存心养性",通过道德主体的自为、自觉来扩充善性,达到人格的完美。

依据孟子的观点,我们在利用网络平台聊天软件交友时,应该培养并保持仁、义、礼、智四端善心,尤其是羞恶之心和是非之心,"存心养性",通过自我的自为、自觉来扩充自己的善性,达到人格的完美。

[伦理方案二]　胡适:最有价值的利他——"为我主义"

胡适从孟子"穷则独善其身"和易卜生"求出自己"思想中提炼出自己的"为我主义"的伦理主张,认为"最真实的为我,便是最有益的为人"。把自己铸造成为具有自由、独立之人格的人,这是最有价值的利他主义。

依据胡适先生的利他观点,我们在网络交友时主要应该把自己铸造成为具有自由、独立之人格的人。自由是对必然的认识,网络交友空间不是法外之地,只有守纪、守规、守法,才能在网络交友时"闲庭信步""得心应手"。独立之人格在这里主要是指诚心、诚信、诚意,无欺、无诈,表里一样,始终如一。

[伦理方案三]　康德:"绝对命令"第三式

康德认为,人是理性的存在物,人的本质在于理性,理性为人类自己立法。人的行为善恶最终由理性来评判。道德的最高法则就是"绝对命令","绝对命令"第三式明确指出:"意志自律。"换言之,决定人的道德行为的思维意识——意志,是自律而不是他律。意志自律是人类理性的第一要义。

依据康德观点,我们在网络交友时一定要保持理性、清醒的头脑,不可掺杂任何邪恶歹念。为了更理性地网络交友,我们必须提升自我的意志自律,增强自我的道德思维意识约束自我、管制自我的能力。

[伦理结论]
一、网络交友是一把双刃剑,有利有弊

网络交友是通过互联网平台结交朋友。目前比较流行的网络交友平台有QQ、微博、博客、微信,以及各种论坛和聊天室,还有专业的交友网站等。网络本身,以及网络交友是一把双刃剑,有利有弊。随着时代的发展,网络交友也成为一种不可避免的现象。网络交友可以扩大社交范围,吸收各种有益的经验和知识,扩大我们的视野,也可以缓解压力,放松情绪。总之,网络交友给我们提供了众多便捷。但是如果我们自己应用不当或不加以防范他人,网络交友则会带来很多危害。为此,我们必须做到两点:约束自我;防范他人。

二、约束自我

网络交友空间不是法外之地,需要自我约束,理性交往,平和沟通。做到守纪、守规、守法;待人诚心、诚信、诚意,无欺、无诈;同时要树立自尊、自律、自强意识,不传播不健康内容,不发布不合法信息,不怀有诈骗之心,不掺杂邪恶歹念,不沉溺于网络,自觉维护网络秩序。

三、防范他人

由于网络交友简单方便,不受时间地域的限制,实施犯罪行为后又不易被发现,所以利用网络交友实施违法犯罪活动的人比较多,网络交友过程中被威胁、骗财、骗色的现象也屡见不鲜。青年大学生对网络上的阴暗面认知不足,对网络社会的虚拟性可能造成的伤害缺乏足够的戒备,自我安全防范意识比较薄弱,自我保护能力比较弱。所以,当我们在网络交友时务必要多一份防范警惕和戒备他人之心。害人之心不可有,防人之心不可无。一旦遇到被威胁、骗财、骗色等行为时,应该学会保留聊天、转账、通话记录等证据并立即报警。

案例学习二:网络交友被骗

钟女士遭遇网络诈骗

钟女士今年三十四岁,刚刚离异一年,一个人带着五岁的女儿生活。她开始希望能遇到新的人生伴侣。她想到了网络,于是在某婚恋网站上注册了会员。不久,她就在婚恋网站上结识了一位男士。很快,他们就互换了联系方式。男子告诉钟女士,他是一个程序员,负责软件开发,目前团队开发的软件已经基本完成,但是需要有人来进行测试,希望钟女士来帮这个忙。钟女士爽快地答应了,于是,男子发来了一个赌博类的软件。该男子声称自己是某网络科技公司的员工,并发来了自己的工作证和工作现场的照片。男子给她发来一个可以登录的账号，钟女士登录之后一看，软件里有十几万的余额，于是彻底打消了疑虑。男子只要求钟女士进行一些测试，之后又似乎无意中透露出这个软件是可以赚钱的，并且说他的一个朋友都已经赚到几十万了，只要投点钱几乎都是稳赚不赔的。于是，钟女士很快就自己开了一个账号，先是充值了六万五千元进去，根据对方交代的买了一注彩票，一个小时就赚了四千九百元。事后该男子希望钟女士可以抓紧时间多投一点。钟女士便投了八万，显示是赚了一万多，但是并没有提现成功。紧接着对方说账号违规被封需要再充值十七万才能解封。钟女士意识到不对劲，即刻报了警。

问题讨论：

1. 针对钟女士被网络诈骗一事，你认为主要责任方是骗子还是被骗者？为什么？你能总结出骗子实施诈骗主要是抓住人的什么心理？我们应该怎样进行伦理预防？

[伦理方案一]　程朱理学：客观唯心主义——"存天理，灭人欲"

宋朝时期的程颢、程颐兄弟和朱熹等人认为，由于"人心私欲，故危殆。道心天理，故精微。灭私欲则天理明矣"，所以修养心性最好的方法在于"存天理，灭人欲"。一方面要求人们在喜怒哀乐未发之时，保持内心的涵养；另一方面要求人们用理智进行格物致知，达到豁然贯通，体认天理。所谓"天理"实际上就是先秦两汉时期所谓的"道"，"道"与"理"在二程这里是相通的，既指宏观的宇宙万物的根本规律和微观的具体事物的条理和规律，也指仁义礼智信的伦理道德原则和规范。

依据程朱的观点，主要责任在钟女士，因为钟女士太贪婪。从整个事件来看，钟女士一看到"软件里有十几万的余额，于是彻底打消了疑虑"，对男子完全信任了，"……可以赚钱的……已经赚到几十万了，只要投点钱几乎都是稳赚不赔的……"，钟女士的心思也有点活动了，"一个小时就赚了四千九百元……"，钟女士更加深信不疑了。从这些描述中可以看出钟女士有"私欲"，而"人心私欲，故危殆"。骗子之所以屡屡得手，是因为被骗的人都有爱占小便宜的心理，用程朱的观点来讲就是"私欲"，预防诈骗最好的办法就是"存天理，灭人欲"，就是大家平时要打消爱占别人便宜的想法，只有这样才能从根本上防止上当受骗。

[伦理方案二]　德谟克利特："朗悦"生活与"无知即罪恶"

德谟克利特认为人的终极之善在于"清朗无影的心境""心灵的绝对宁静"。主张人的心情不应该受到快乐、恐怖、迷信等情感困扰，要真正做到"不以物喜，不以己悲"，要使心境永远处在宁静状态，这是人的幸福所在，也是人生的终极目标。德谟克利特思想体现出精神高于肉体的认识倾向，他说"肉体之美如果没有知性的内涵，那只是与动物同样的东西"。但德谟克利特也绝非完全否定肉体快乐，相反，他极力主张人生要极力享受快乐，减少痛苦。但肉体与精神相比，应该是"精神优先"。人们往往在"肉体"与"精神"上走极端，那是出于"无知"。他说："罪恶的原因在于对美好的事物的无知"。

依据德谟克利特"朗悦"生活与"无知即罪恶"伦理观点,结合钟女士被骗的整个过程不难看出,主要责任在钟女士,因为钟女士有贪念他人财物之心,未能做到"朗悦"地生活。另外,德谟克利特认为,"罪恶的原因在于对美好的事物的无知",依据德谟克利特这种"无知"伦理思想和道德观点,钟女士自己应当负主要责任,是责任的主要承担方。预防被诈骗的最好办法就是不可贪念别人的财物,做到"朗悦"生活,同时注意避免因"无知"而做出的"无畏"鲁莽行为,否则就会被骗子诱惑利用,最终被诈骗。

[伦理方案三] 康德:"为义务而义务"——动机论

德国近代著名伦理学家康德认为,具有普遍必然性的道德法则源于人的善良意志,依道德法则行事是普遍的、必然的义务或责任,一切行为只有出自义务才有道德价值,否则就没有道德价值。评价行为之道德与否,不必看行为的结果,只需看行为的动机即可,动机善则行为善,动机恶则行为恶。

依据康德动机论观点,主要责任在钟女士,因为钟女士自身"动机"不纯,同时也没有去考察对方的"动机"。从整个事件来看,钟女士自身动机不纯,有贪念财物之心,所以被骗子所利用而受骗上当。钟女士应该去考察对方的真正动机,如果对方是和自己谈恋爱,那他"谈钱"干吗?如果是为了让钟女士挣钱,那他为什么自己不去"稳赚不赔"地把钱挣回来直接给钟女士?或者自己有钱不赚要让别人去赚?难道他自己傻吗?总之,多考察对方的动机,多问问"为什么",相信钟女士就不会上当受骗了。所以,预防诈骗最好的办法就是自身动机要纯,不要有贪欲之心,同时多考察对方的动机。

[伦理结论]

这一案例主要责任在钟女士,因为钟女士缺乏对他人防范之心,也缺少独立思考的意识,同时也没有去考察对方的动机。骗子实施诈骗主要是抓住人爱占别人便宜(钱财)的心理,所以我们应该革除自身这种不良心理,同时要多考察对方的动机,多问几个"为什么"。

2. 俗话说"做贼心虚",其实做骗子的也都有"心虚"的一面,你能总结骗子行骗时的"心虚"会有哪些表现吗?他们为什么会有这些表现?

[伦理方案一] 亚当·斯密:"斯密问题"——"经济人"与"道德人"

英国学者亚当·斯密认为,人性既有自私的利己心,又有同情仁爱的利他心。他在《国富论》中强调经济人行为受市场驱动而必然显示出利己性,而在《道德情操论》中又详细分析了道德人行为的同情利他性。在市场规则和市场机制作用下,经济人行为主观利己,客观利他。他强调利己心是人性的主要倾向,也是利他心发生的前提和必要条件，没有人的利己心，也就没有道德的同情同感。所以"经济人"与"道德人"之间并无矛盾，学界流传的"斯密问题"其实是虚假的伪命题。

依据亚当·斯密的观点，骗子的主观目的是"利己"，但不得不做出客观"利他"一面，"利己"是本质，"利他"是表象，甚至是假象。骗子的"心虚"主要表现在表象和假象上，骗子为了防止钟女士怀疑，还特别解释，他是"某网络科技公司的员工"，并发来了自己的工作证和工作现场的照片。骗子让钟女士看到"软件里有十几万的余额"、"一个小时就赚了四千九百元"等把戏都是表象和假象，这就是"心虚"的表现。但表象和假象这种"心虚"的表现，最终是为了"利己"的本质和初心，骗子要求钟女士投入更多的钱，从而实现最后的收网——行骗套钱。

[伦理方案二]　罗素、桑塔耶那："价值源于欲望和情感"

英国学者罗素和美国学者桑塔耶那认为，价值以及价值认知源于欲望和情感。桑塔耶那指出，主体的偏爱构成了价值的基础，价值以及对价值的认知是与个人自身的欲望、情感和兴趣相联系的。

依据罗素、桑塔耶那的伦理观点，骗子的主观价值认知出于骗子自我的欲望和情感。骗子的欲望和情感在于行骗，为了达到行骗的目的，骗子会施以各种"心虚"的手段，心虚地表明"自己不是骗子"，如本案例中骗子为了防止钟女士怀疑，还特别解释，他是"某网络科技公司的员工"，并发来了自己的工作证和工作现场的照片；还会"心虚"地表现为"利他"，如骗子让钟女士看到了"软件里有十几万的余额"，"一个小时就赚了四千九百元"等。由于骗子的最终目的是行骗，他会在取得受害人信任的时候要求受害人投入更多的钱，从而在达到最后的行骗套钱的目的时收网。这些都是骗子惯用的套路。

[伦理结论]

骗子"心虚"的表现一般来讲主要在两个方面：其一是"积极""主动"展示、证明自己不是骗子，如本案例中骗子为了防止钟女士怀疑，还特别解释，他是某网络科技公司的员工，并"主动发来了自己的工作证和工作现场的照片"。其二是让受害人得到"好处"，如骗子让钟女士看到了"软件里有十几万的余额"，"一个小时就赚了四千九百元"等。骗子之所以会这样做，目的在于掩盖自己行骗的真相。

案例学习三：网络谣言诈骗

张先生该如何应对网络谣言式诈骗？

某年某月某日，张先生看到视频里的王某拿着一袋紫菜，做着所谓的实验，将紫菜泡水撕扯，继而用火烧，称该品牌的紫菜很难扯断，点燃后还有刺鼻的味道，然后向网友证明这些紫菜是塑料做的，厂家黑心。张先生就是视频中"黑心厂家"的负责人，因为这个无妄之灾，黑龙江、广西、甘肃等地多家超市下架他们品牌的产品，这几个月以来损失近500万元。

蒋某因在吃馄饨时认为自己吃到了"塑料做的假紫菜",便联系张先生的企业进行维权,但在沟通过程中,蒋某改变了主意,想要更高的赔偿。于是蒋某就拍摄"塑料紫菜"视频并上传到网络,同时威胁生产企业,要是不给钱解决,他将继续在网上大量转发。最终,张先生的企业迫于压力,不得已向其转账5万多元试图平息事端。张先生想不明白,为什么会有这么多人相信网上这些没有科学根据的视频,为什么会有人要用塑料来造谣,更想不明白,为什么人心贪婪,会贪婪到用一个骗局式的视频来要挟他。但他只是个普通人,他不能让企业就这么倒下去,他只能选择息事宁人。

问题讨论:
　　1. 对于出自不同动机拍摄"塑料紫菜"视频的王某和蒋某,你有何伦理道德感想?

[伦理方案一]　　韩非:法之伦理——"任法而治"
　　我国先秦时期法家代表人物韩非认为,人性本恶,趋利避害,人与人甚至父母与子女之间皆以"利害"相互算计,因而必须"任法而治",用威刑、赏罚代替道德教化来惩恶扬善。
　　依据韩非的伦理思想,对王某和蒋某不能用"道德教化"这种"无用"手段,王某和蒋某的行为都属于违法行为,必须受到法律的制裁,但是违法的罪名和受惩治的程度应有所区别。具体来讲,案例中王某的行为属于在网络上造谣、传谣,散布虚假信息,违反《中华人民共和国治安管理处罚法》,应处以拘留并罚款,但如果情节严重,可以按刑事责任论入罪。依据韩非的观点应重罚入罪,不能用伦理道德说服教育,因为道德手段太软,对王某不具有任何震慑作用。案件中蒋某的行为性质相当恶劣,犯敲诈勒索罪。按照韩非观点,应该采取重罚手段,针对蒋某这类人根本谈不上道德说教。

[伦理方案二]　　康德:道德法则与动机论
　　德国近代著名伦理思想家康德认为,具有普遍必然性的道德法则源自人的善良意志,依道德法则行事是普遍的、必然的义务或责任,一切行为只有出于义务才有道德价值,否则就没有道德价值。评价行为之道德与否,不必看行为的结果,只需看行为的动机即可,动机善则行为善,动机恶则行为恶。
　　依据康德道德法则的观点,王某在网络上造谣、传谣,散布虚假信息的行为属于恶意行为,缺少善良意志,道德上呈现负价值。蒋某的行为不但是造谣、传谣,散布虚假信息,而且还敲诈勒索,更缺少善良意志,带来严重的负价值影响,是极其恶劣的行为。

[伦理方案三]　　约翰·洛克:"自己给自己立法"
　　英国近代著名伦理学家约翰·洛克认为,善与恶是对人的自然的利害,人具有趋

利避害的本性。人不但需要外在的法庭——法律，还必须有内在的法庭——道德与良心，"自己给自己立法"。一个人违反外在的法律不一定会认真反省，但如果违反道德和良心，却很难"挺着脖子、厚着脸皮活下去"，从这个意义上讲，道德法相较于一般意义上的法律更为重要。

依据洛克的观点，王某和蒋某需要在道德上约束自我，"自己给自己立法"。王某造谣、传谣，以及蒋某敲诈勒索，都需要外在的、一般意义上的法律进行规制，更需要内在道德法的良心制裁。他们如不在"两个法庭"上约束、规制自身，将无法"挺着脖子、厚着脸皮活下去"。

[伦理结论]

王某和蒋某在网络上造谣、传谣，散布虚假信息，不但违法，而且严重破坏了社会诚信机制，挑战了道德伦理底线。相较而言，王某在网络上造谣、传谣，散布虚假信息，其动机不明，需要进一步调查研究；蒋某在网络上造谣、传谣，散布虚假信息，其动机明显在于敲诈勒索，图谋他人钱财，其性质极其恶劣。

当今社会，打击网络谣言，净化网络环境，刻不容缓。政府需要在法律法规、行政监督、伦理道德、互联网平台规制等方面出台举措，进一步提高"虚拟社会"的服务和监督水平。

2. 网民认为，张先生为了企业的生存和发展选择息事宁人，值得赞赏；也有网民持相反观点，认为张先生太懦弱，他应该对恶意造谣者和敲诈勒索者施以报复，好好教训他们一番。试从网络社会伦理道德角度，谈谈你对网民观点的看法。

[伦理方案一]　　王阳明：心学论——"致良知"

明朝哲学家王阳明认为：心外无物、心外无事、心外无理、心外无义、心外无善……心就是理。古今中外，人人都有良知之心，因此"致良知"就能辨是非，懂善恶，视人如己，视国如家。"良知"是一种知善而向善的能力，但这种能力在没有理性的主观意志的自觉下是不能实现"善"的，只有经过"致"的过程即除物欲和习染，才能达到"善"。

依据王阳明"致良知"的观点，张先生既不能选择息事宁人，也不能选择"打击报复"。一方面，张先生应当在理性的指导下，"辨是非，懂善恶"，也就是说，张先生花钱了事的做法是不理性的，这样做会纵容和进一步诱使王某和蒋某的违法行为。张先生的"不能让企业就这么倒下去"这种想法，与"致良知"的"致"格格不入，"致"是"除物欲和习染"，而张先生这种想法恰恰是为"不能让企业就这么倒下去"这个"物欲"所习染。另一方面，张先生也不能听信部分网友的观点选择"打击报复"，狂揍王某和蒋某，因为尽管这样做自身确实能"解气"，但自己既违法，也不符合道德精神，属于没有"致良知"和"辨是非，懂善恶"。因此，作为当事人的张先生，他正确的做法是拿起法律的武器来维护自己的合法权益，在搜集足够证据的前提下到法庭上对王某和蒋某提起诉讼。这是符合伦理精神的。

[伦理方案二] 苏格拉底："德性即知识"与"复仇禁止"

何为德性？在苏格拉底看来，人的能力、优秀性即为德性。德性是对人的灵魂的提升，因此他呼吁人们要"对灵魂操心"，那么该如何"对灵魂操心"呢？就是遵照理性原则生活。那么，人在现实中依照理性原则生活所表现出来的德性诸如智慧、节制、正义、仁爱、勇敢、诚实等因素的共同本质是什么呢？那就是人们行为中对"善美"的渴望，"善美"存在于德性之中，"德性即知识"。在古希腊传统道德观中，"复仇赞美"是普世观念，为家庭、氏族和城邦"复仇"不仅是被允许的，而且是城邦美德。但苏格拉底却极力反对这种观点，他认为"复仇"是相互之间的再一次伤害，是一种"罪恶"，所以他极力改变这种道德观念，主张"复仇禁止"思想。

依据苏格拉底的伦理观点，张先生既不能选择息事宁人，也不能选择"打击报复"。这是因为：如若张先生选择花钱了事来"息事宁人"，就会纵容和进一步诱使王某和蒋某的违法行为，不符合"遵照理性原则"；如若张先生选择"打击报复"，虽然"解气"，但不符合"德性"要求，也违背了"复仇禁止"的伦理精神。张先生唯一正确的做法就是诉诸法律手段维权。

[伦理方案三] 斯宾诺莎："重大原理"——"自由是对必然的认识"

荷兰近代伦理学家斯宾诺莎第一次提出了一个关于自由的重大原理："自由是对必然的认识。"他认为"人是自然的一部分"，人具有自然的规定性，因而就不能摆脱自然规律而随心所欲，所以人是被动的，不可能具有完全的意志自由。但他也反对宿命论和决定论，认为人只要对外部原因和客观必然性有理性的、正确的认识和把握，人类就能获得自由。

依据斯宾诺莎的观点，张先生既不能选择息事宁人，也不能选择"打击报复"。这是因为：无论息事宁人还是打击报复的行为都没有做到对"必然的认识"，属于不"自由"状态。"必然的认识"是有理性的、正确的认识和把握"必然"。所以，作为当事人的张先生，唯一正确的做法是利用法律手段维护自身已经遭受不法侵害的合法权益。

[伦理结论]

张先生既不能选择息事宁人，也不能选择"打击报复"。依据伦理观点，唯一正确的做法是：拿起法律武器来维护自己的合法权益，在搜集足够证据的前提下到法庭上对王某和蒋某提起诉讼。

案例学习四：网络谣言
抢盐风潮

曾经有一段时间，网上流传日本地震后福岛核电站发生的核泄漏会影响沿海居民的身体健康。小耿所在的城市距离日本比较近，人们都感到十分恐慌。不知道谁从网上看到，食用碘盐可以防核辐射，于是大家纷纷开始抢购食盐。于是，小耿也加入了这场抢盐风潮之中。过了几天，小耿通过网络了解到，不仅是食盐，人们抢购的范围还扩展到酱油、榨菜等，甚至还有人抢购口罩和孕妇防辐射服。再后来有专家出来辟谣了，人们的抢购热也慢慢降温了。虽然事情已经过去，但小耿也见识到了网络的威力，网络可以在这么短的时间内煽动起这么大的力量，看来不得不慎用网络了。

问题讨论：

1. 针对网络谣言，你认为造谣、传谣或是信谣的人是否都具有网络社会伦理责任？如果有，则责任是什么？

[伦理方案一] 《大学》："格物→致知"

《大学》开宗明义指出："大学之道，在明明德，在亲民，在止于至善。"那么怎样才能做到"明明德"呢？方法是："古之欲明明德于天下者，先治其国；欲治其国者，先齐其家；欲齐其家者，先修其身；欲修其身者，先正其心；欲正其心者，先诚其意；欲诚其意者，先致其知。致知在格物。"即修身齐家之道为：格物→致知→诚意→正心→修身→齐家→治国→平天下，最后才能"明德"，达到"止于至善"的境界。何为"至善"？"至善"是一种过程，永无止境的过程；是一种境界，永无止境的境界。

依据《大学》"格物→致知"的观点，造谣、传谣和信谣的人都有伦理责任，责任仅在于没有"格物→致知"，而不在于"造谣、传谣和信谣"事情本身。具体说来，造谣、传谣和信谣的人不明事物究理，没有格物致知，不清事物真相，愚昧无知。所以他们共同的责任应该是去学习有关"碘盐"对防核辐射到底有没有作用，作用有多大，到底是"碘"还是"盐"在起作用抑或都没有作用，应该怎样科学预防，或者干脆去咨询有关领域内的学者、专家，而不是起哄，盲目跟风。

[伦理方案二] 苏格拉底："没有人是故意作恶的"与"无知"说

何为德性？在古希腊伦理学家苏格拉底看来，人的能力、优秀性即为德性。德性是对人的灵魂的提升，因此他呼吁人们要"对灵魂操心"。那么该如何"对灵魂操心"呢？就是遵照理性原则生活。那么，人在现实中依照理性原则生活所表现出来的德性诸如智慧、节制、正义、仁爱、勇敢、诚实等因素的共同本质是什么呢？那就是人们行为中对"善美"的渴望。因此苏格拉底提出"没有人是故意作恶的"著名论断。现实生活中之所以会有人作恶，那是其"无知"所致。

依据苏格拉底的伦理观点，造谣、传谣和信谣的人都有伦理责任，责任在于"无知"。这是因为，无论是造谣、传谣还是信谣的人，他们"没有人是故意作恶的"，但之所以会"作恶"——造谣、传谣和信谣，是因为他们对碘盐能否防核辐射的相关知识处于"无知"状态，"无知即罪恶"。

[伦理结论]

当时有关专家指出:"防核辐射最有效的方法是每天服用一片碘片,因为每片碘片中含有 100 毫克的碘,而根据卫计委的规定每公斤食用盐中碘含量仅为 20~30 毫克。市民完全没有必要服碘预防,更没有必要盲目抢购碘盐。"据此分析,造谣、传谣和信谣的人有伦理责任。具体责任比较复杂,需分析研究:对造谣和传谣的人来说可能是因为"无知",也可能是因为某种商业目的,还有可能是因为其他不可告人的目的。单就传谣的人来说,处于集体无意识状态中,从众心理较多。但无论出于何种目的或心理状态,都不应该造谣和传谣,更不应该在网络上大范围传播。对于信谣的人来说,责任基本上在于"无知",很大可能是出于恐惧。

2. 针对网络谣言,你认为国家是否有伦理义务及时进行疏导?怎样疏导?

[伦理方案一] 孔子:"仁政"说

孔子伦理思想宏大庞杂,但其核心在于"仁"与"礼"。"仁"是"礼"的核心和内容,"礼"是"仁"的规范和形式。"仁"有两个层面的内涵:个人层面是指"仁爱",即对他人抱有爱人之心;国家层面是指"仁政",即统治者对民众实行以德治国。由"仁"可引申出多种德目,如对父母的孝、对兄弟的悌、对国家的忠、对朋友的信与义等。孔子的"礼"承袭周朝以来的礼法制度,以定贵贱、尊卑的人伦差序。另外,孔子从"性相近,习相远"的角度论证了道德教育的可行性和方法。

依据孔子的思想,国家有伦理义务进行疏导。疏导的方法在于教育。由于广大民众面对核辐射这样一个巨大威胁,在不具备相关知识也就是"无知"的情况下,难免出现集体无意识,在互联网上盲目跟风,从而引发大面积超区域的全国网络性事件。在这种情况下,国家施以"仁政",及时进行网络教育疏导,平息民众恐慌情绪非常必要,这也是国家的道德义务所在。

[伦理方案二] 伊壁鸠鲁:"能动性原则"与"神不关心人"

伊壁鸠鲁抨击人们迷信天命,关注鬼神、占星术和灵魂不死等"无知"行为,他幽默地告诫人们,神很自私,只关心自己,不关心人,对人们生活中的善恶之事也不过问。事情的发生有的是必然的,有的是偶然的,还有些是人为所致,所以我们应该发挥自己的主动性、积极性、独立性,才能避免痛苦、烦恼和忧虑,从而达到真正的幸福。

依据伊壁鸠鲁的观点,国家有伦理义务进行网络矫正和疏导,方法在于发挥"能动性",采取主动、积极、独立的"自由"行为,利用各种舆论平台进行宣传教育,例如让有关碘盐和核辐射方面的专家在网络平台上及时进行宣传、说明、解释相关知识,解除民众的恐惧和困扰,让网络社会恢复安定。

[伦理方案三]　　哈奇森："最大多数人的最大幸福"

哈奇森认为，一种道德行为必须在行为动机上是纯粹无私的，而且在行为结果上也必须是利他的。凡是出于仁爱的动机且增进社会福利的行为皆为善。确定善的价值量大小的依据为"最大多数人的最大幸福"，其计算方法就是：道德行为的善的量与享有的人数的成绩。"凡是产生最大多数人之最大幸福的行为，便是最好的行为，反之，便是最坏的行为。"

依据哈奇森的观点，国家有伦理义务进行网络教育和疏导，按照"最大多数人的最大幸福"效用原则和出于"仁爱"动机采取一切必要的手段进行疏导，方法可以多种多样，不拘一格。只要出于"仁爱"，能够达到增进全民福祉的目的，都是值得认可和赞赏的。

[伦理结论]

一方面，网络谣言是利用诸如微博、国外网站、网络论坛、社交网站、聊天软件等网络平台传播的没有事实依据的信息，网络谣言传播具有突发性且流传速度快等特点。另一方面，社会从众心理也加速了谣言的传播，因此容易对社会的正常秩序造成不良影响。

鉴于以上原因，国家有伦理义务及时进行疏导，疏导的办法在于教育和说服。首先，国家应当让相关领域具有学术权威性的专家及时进行网络宣传，说明、解释相关知识，让民众消除恐惧和困扰。其次，国家还应该加强法律法规建设，规范网络行为，打击利用网络恶意造谣和传谣的不法分子。

【参考文献】

[1] 理查德·A. 斯皮内洛. 世纪道德：信息技术的伦理方面 [M]. 刘钢，译. 北京：中央编译出版社，1998.
[2] 刘云章. 网络伦理学 [M]. 北京：中国物价出版社，2001.
[3] 马克思，恩格斯. 马克思恩格斯全集（第一卷）[M]. 北京：人民出版社，1956.

第六章
电子商务伦理

6.1 电商活动与伦理利益的界限

电商的内涵有两个层面指向：一是指网络商务活动；二是指从事网络商务活动的人。笼统地讲，电子商务是商务活动进入互联网以后，以电商平台为依托的虚拟商业交易活动行为，其线上活动主体主要涉及三方，即平台管理方，以及电子商务交易活动的买卖双方。由于利用网络进行产品买卖，服务供需，商业洽谈、谈判，以及电子合同拟定、签订等商务活动，所耗费的时间和经济成本普遍较低，且方便快捷，覆盖面广，无论商家还是购买方，都热衷于网络商务活动。电商平台的管理方，既是游戏规则的制定者，又是游戏规则的参与者，与电商买卖双方一样参与到经济利益最大化竞争中，从而夸大商务活动网络平台的优势，掩盖计算机网络平台的缺点和弊端，导致违法犯罪人员盗取他人财产、互联网无良用户欺诈勒索、窃取商业情报、侵犯他人知识产权等现象发生。电商平台管理方这种盲目追求经济利益最大化的行为，必然会导致经济伦理利益让位于纯粹的经济利益。《中华人民共和国电子商务法》对进入电商平台的相关方责任进行了一系列法律规定，但这些规定是在对电商平台属性进行一般性伦理认知的前提下建立的。需要特别强调和指出的是，就电商平台自身而言，其身份是多重的，既是虚拟活动交易场所的经营方，又是服务于买卖虚拟交易活动的管理方，是电子商务活动的市场策划者和组织者，是提供线上虚拟服务的中介，是成千上万用户的接入搭建者和撮合交易者，是市场秩序的直接维护人，具有对平台内用户及其交易行为进行规范、管理和约束的权利和义务。从表面上看，尽管具有市场管理的部分"政府行为"属性，但其自身却是实实在在以企业身份参与市场活动的，是实实在在的市场竞争者、赢利者，政府规制的被管理者。换言之，企业属性（追求经济利益最大化）才是其本质属性。因此，电商平台方与其服务的虚拟交易的买卖双方一样，都是电商伦理的实体和主体。

应该指出，人类任何行为的背后都深刻地隐藏着或深或浅的经济利益根源，网络上出现的不道德、伦理失范现象和人们的经济利益根源密切相关。正是由于人们不正当、非正义的经济利益驱使着一部分人非道德、非理性地冒险或铤而走险，蔑视道德力量的约束甚至是法律、法规的存在，在网络社会中肆意妄为，侵犯他人隐私和合法权益，盗取他人银行密码，进行网络诈骗、网络聚赌、制黄贩黄，通过网络技术和各种通信工具教唆、诱使他人违法犯罪等。这些行为背后无不深藏着高额物质经济动因，而利用网络技术的违法犯罪又难以追查搜寻其线索，再加上部分法律法规制裁的缺失或漏洞，给不道德行为者获取非法利益留下了充足的操作运行空间。

电商活动同样离不开经济利益。追求自身利益最大化历来都是市场化条件下商人的动力之源。经济利益是经济伦理的核心内容，以经济利益为中心的经济活动问题都是经济伦理学研究的问题，因此，经济利益成了电子商务活动与道德伦理相连接的中介。在经济伦理的界限之下利益都不是全民的，换句话说，电子商务活动的道德利益不具有全民性，也无须具有全民性，这是合情合理合逻辑的，"马克思主义伦理学认为，一定历史时期内道德的本质是社会经济关系所表现出的利益关系决定的。'思想'一旦离开'利益'时，他们无论是过去或将来总是在做受人欺骗和自己欺骗自己的愚蠢的牺牲品。因为，人们奋斗所争取的一切，都同他们的利益有关……道德，从来都不是全人类的，不是代表所有人的，而是代表特定人的利益"[1]。

需要指出的是，电商的经济利益并不等于电商的经济伦理利益。电商的经济伦理利益是指电商在网络商务活动中综合国家和社会整体利益前提下，协调各商务活动的直接参与方的合理利益诉求，在力争"双赢"或"多赢"边界或范围内所采取的经济利益的局部博弈。这种局部博弈的道德边界始终没有跨越并能够自始至终遵守最基本的道德底线。电商的经济伦理利益只是电商经济利益的合理内核，强调的是"应当""应得""该得"，是电商职业操守的中心所在。当电商的经济利益追求行为符合道德要求的"应当""应得""该得"时，电商的经济利益就等同于电商的经济伦理利益。

6.2 电商职业道德

职业道德是人们在以谋生为目的所从事的某种职业活动中应当遵守的行为规则及应具备的职业品质。对于从事网络商务活动的网民来说，电商职业道德是一种最基本的伦理精神。伦理道德作为电商从业的职业良心，旨在促成电子商务交易中交易各方达成道德价值共识，形成情感共鸣，自觉遵纪守法，遵守商务行规，履行商业道德义务，自觉维护网络商务市场秩序，使网络商务正常、有序、高效运转。

随着中国经济社会高速发展，在中国特色社会主义进入新时代的背景下，在马克思主义伦理观和社会主义核心价值观的长期指引下，广大电商应当着眼于自身长远利益而非眼前利益、局部利益，着眼于我国社会整体利益、社会效益、环境效益，做出符合新时代电商职业道德规范的商业活动行为。新时代电商职业道德规范应当强调以下几点。

6.2.1 遵纪守法

遵纪守法就是遵守国家法律法规，执行行业纪律规范。电子商务从业者或经营者要高度重视提升自身的电商伦理素养和道德规范意识，严格遵守电商约定俗成的职业纪律和职业规范，高度重视并不断提升自身的法律素养，自觉学法守法，尤其要充分意识到《中华人民共和国电子商务法》等与自己所从事电商行业的法律法规的重要性并做到严肃严格遵守，以及严守电商保密制度。要熟知国家统一的电商从业制度，始终坚持按法律、法规和国家统一的电商从业制度的要求，进行自我约束，实施自我管理等。

6.2.2 爱岗敬业

爱岗敬业就是干一行爱一行，对自己所从事的行业尽心尽责。爱岗敬业要求电子商务从业者或经营者要知晓自身所从事的职业的重要性，以及在自我职业生涯中的人生价值和社会价值。树立"干这行爱这行"的思想意识，戒懒、戒惰、戒拖，勤劳、勤快、热情，树立服务意识，摆正心态，规范服务，提高服务质量。电子商务从业者或经营者要具备忠于职守、尽职尽责的职业意识，一丝不苟、严肃认真的工作责任心，任劳任怨、全身心投入的工作态度等。

6.2.3 诚实守信

诚实守信就是做人老实，说话诚实，办事守信，不弄虚作假；保守秘密，不为非法利益所动和诱惑。电子商务活动中卖家和买家（消费者）的利益从表面上（眼前短期利益）看是对立的，但在实质上（长期长远利益）却是一致的，保护买家（消费者）正当权益在本质上也是在保护卖家自身利益。因此，电子商务从业者或经营者要真诚对待每一位购买者或消费者，遵守信用，不搞虚假活动，不利用大数据"杀熟"，不捆绑销售，不虚构交易，不编造用户假评价等。

6.2.4 提高技能

提高技能就是不断学习专业知识和提高技能水平，增强自身技能和提升业务水平，努力钻研与自身工作相关业务，全方位熟悉本行业经营活动和业务流程等。提高技能，要求电商从业人员或经营者增强提高电子商务专业技能水平的自觉性和紧迫感，刻苦钻研，勤奋好学，勤学苦练；掌握辩证思维和科学有效的学习方法，向电子商务专业书本学、向社会消费者学、向电子商务实际工作学，在学中思，在思中虑，努力提高自身的电子商务技能业务水平等。

6.2.5 节约包装

节约包装就是在邮寄前和邮寄过程中对消费者已经购买的商品进行简约包装，做到不浪费、不奢华、不过度、不污染，要适度适中，环保无污染。首先，从中华民族优秀传统文化上讲，节约是一种传统美德，无论一个人网络消费能力多么强大，保持勤俭节约的优良传统和美德都是十分必要的。其次，从国家层面和社会层面上讲，节约，尤其是节约包装有利于节省国民财富，有利于环境保护，有利于国民身心健康，利国利民利社会。但随着人们网购潮的不断涌现，网购过程中作为卖家的部分经营者对待包装存在不少思想认识上的误区，认为注重包装、奢华包装能够引起已买客户或潜在客户持续关注，或者说能够吸引眼球。网购的商品时常被卖家过度包装、奢华包装甚至是污染包装，被有毒塑料厚膜、被污染过的纸箱，以及所谓防震毒泡沫膜等重重包裹，在别有用意的"贴心""暖心""细心"遮掩下，确实起到了比较容易获得网络消费者"优评"或"中意"的作用，殊不知这些再精美再奢华的外在包装壳最终都会被随意丢弃，还容易造成环境污染，引起卫生环保等方面的社会问题。因此，电商从业人员或经营者应当正确对待消费者所购买的商品的适度适中包装问题，明白包装的作用和意义并不在于如何利用精美和奢华的包装表象来吸引眼球，而仅仅是为了避免商品在邮寄过程中受损，包装的真正意义和作用仅此而已。只有在明白包装的真正意义和作用后，电商从业人员或经营者才会意识到应当做什么和应当怎样做的伦理责任，自知自觉地做到不浪费、不奢华、不过度、不污染，要适度适中包装，使用环保无污染包装。

综上所述，作为电商从业人员或经营者应当具备遵纪守法、爱岗敬业、诚实守信、提高技能、节约包装等职业道德素养。

6.3　电子商务伦理议题举要与方案

案例学习一：电子商务有风险——二维码被调包
男子调包二维码 梦想发财反被抓

某年 11 月 13 日，猪肉摊主张先生报警称自己店铺的收款二维码被人更换，钱款被盗。警方通过现场走访了解到，该摊贩张先生平时将付款的二维码贴在墙上，每天收摊都会收走，唯独那天忘记了，就给了不法分子可乘之机。所幸在第二天早上，这家猪肉摊的一位长期大客户准备用手机扫码付款时，因多次付款失败才发现端倪，这才通知摊主报警。为了尽快将不法分子抓获，警方迅速调取了该市场内事发摊位附近的监控。监控视频显示：就在前一天晚上，张先生收摊时，一名体型健硕的男子覃某出现在了视频中。只见他将该摊位的二维码取下来，换上了自己兜里事先准备的二维码后迅速离开。做着"发财梦"的男子不知道，这一切都被监控记录了下来。该市公安局办案民警说："案发后，我市公安便衣大队通过走访侦查，成功掌握了嫌疑人的身份信息，于 14 日中午将嫌疑人覃某成功抓获。""我是来这里旅游的，一时脑热才做出这样的事。"坐在警方的审讯室，该嫌疑人覃某后悔不已。

问题讨论：

1. 覃某自称"一时脑热才做出这样的事"，对此，你有何看法？为什么？

[伦理方案一]　熊十力："本心与习心"

　　熊十力反对历来的"存天理，灭人欲"的传统理欲观，认为人生而有身有形，便会有物质需求，便会有欲念，但是人如果一味地顺着欲念便会产生人的物化、异化，从而偏离本心。人的这种追求外在事物、满足感性欲望的习惯就是习心，习心总会使人偏离本心，因而要让人的本心主宰人的习心，这就是道德理性的统辖作用。本心是道德理性，习心是情感和欲望，本心可以御物而不御于物，习心表现为物欲和功利之心。

　　依据熊十力的伦理观点，覃某属于"一时脑热"，临时犯了糊涂。为什么这么说呢？在熊十力看来，人们（包含覃某）的本心或本性是善良的，但是，由于在现实生活中"一味地顺着欲念便会产生人的物化、异化，从而偏离本心"，覃某受到物质的过度诱惑，才迷失了自我，走上了不归路。但是，尽管覃某属于一时脑热，犯了糊涂，但并不代表他不需要对自己的行为负责。在同样的物质利诱下，为何绝大多数人都能做到不为物质所利诱，始终不动"本心"呢？主要还是因为人们能够始终坚守自己的道德理性。而覃某由于贪心太大，或无视道德理性的管束，在物质诱惑下，不能把持住自我，这就是覃某走向违法犯罪的主要原因。

[伦理方案二]　弗留耶林："完美的善"与"自由"

　　美国现代著名伦理学家弗留耶林认为，自由是人格创造的前提，真正的自由建立在理智指导下并与自我控制相适应，这是因为"自由不是一种物质的占有，而是一种道德能动性"。并且，自由也是善良意志的完善，他说："任何缺少完善的善良意志、完善的神圣性和上帝的东西，都是某种不甚完全自由的东西。亦即只有存在完美的善，才能存在完全的自由。"[2]

　　依据弗留耶林的伦理观点，覃某并非"一时脑热"，而是从根本上缺少"善良意志"。一个人如果心中始终存有"善良意志"，那么，在无论何种非正当的物质利诱下，都不会偏离自己的"善良意志"。覃某如今的"不自由"完全是自己没有"善良意志"的结果，缺失"善良意志"就使覃某丧失道德理性与自我控制，做出违法犯罪的行为。换句话说，覃某应当积极利用自我的道德能动性，锻炼和培养自我的"善良意志"，才能从根本上使自我完全处在"善良意志"的意识指导下，才能始终让自我的头脑处于冷静而理智的清醒中，不至于被物利诱，迷失方向，做出错误行为。

[伦理方案三]　理查德·布兰特："行为法则"

　　20世纪中后期，美国现代规则功利主义代表人物理查德·布兰特认为："在一个人可能履行的各种行为中，他在该时间里所履行的那种行为乃是具有履行之最强有力倾向状态的那种行为。"[3] 由于人的行为是多样的、可改变的和可调节的，因而就需要规则来规范人的行为。

　　依据布兰特"行为法则"的观点，覃某在本质上就是一个道德败坏、品性不端之人，所以，覃某并非"一时脑热"、临时糊涂。具体来说，按照布兰特的行为法则原理,"在一个人可能履行的各种行为中,他在该时间里所履行的那种行为乃是具有履行之最强有力倾向状态的那种行为",在遗留下来的二维码面前,覃某可以和其他正常人一样选择不调包二维码或视而不见的行为态度,但覃某并没有这样做,而是像苍蝇遇到有裂缝的鸡蛋一样,毫不犹豫地用准备好的二维码进行更换,而且是早有准备、别有预谋的行为,所以,覃某并非"一时脑热",其本质就是一个动机不纯的人。

[伦理结论]

覃某并非"一时脑热",其调包二维码是经过精心策划、早有预谋的行为举动。从动机上看,覃某是有预谋或精心策划了自己的不道德行为,不具有本质上的"善",从这方面看,覃某确实是一个动机不纯、心生歹念之人。从行为结果上看,覃某也顺利实施了他的计划,并给他人带来了不利的结果,从这方面看,也无法证明覃某是一个道德善良之人。所以覃某所谓"一时脑热"的说法不成立。

2. 二维码作为科学技术手段在现代商务交易活动中被广泛应用,有人说它不安全,不应被推广使用;也有人说它方便了我们的生活。对此,你有何认识?为什么?

[伦理方案一]　魏源:"群变"观

我国近代思想家魏源认为,衡量历史是否进步和善恶的标准在于是否"便民"和"利民",即凡是有利于人民群众的行为(如变法、改革等)都是历史进步和善的行为,反之不然,这就是他主张的"群变"思想。时代是发展变化的,用古代的尺度衡量当今时事的"诬今"言论就不可能认清当前形势;反之,用今天的标准去衡量古代的"诬古"言论也是错误的。

依据魏源的"群变"伦理观,应赞成并支持二维码作为科学技术手段在现代商务交易活动中被广泛应用。这是因为,"便民"和"利民"是衡量历史进步和善恶的标准,既然二维码的使用,有利于人民群众的日常生活,那本身就是一种社会进步,就是一种"善"的表现。当然,在使用过程中,确实也存在诸如调包二维码、坑蒙诱骗等违法犯罪现象,属于"恶"的一面,但相对于其进步性而言,这只是局部的、个别的现象,并不影响大局或整体的"善"的一面。因此,根据魏源的伦理思想,应赞成、支持微信或支付宝的二维码这种科学技术手段的广泛应用。

[伦理方案二]　皮浪:"悬搁判断"

古希腊、古罗马后期怀疑主义伦理思想家皮浪否认事物有美或丑、公正或不公正的性质,认为对任何事物"最高的善就是不作任何判断、悬搁判断"(注:"悬搁"的意思是中止,既不肯定,也不否定)。这样是为了避免独断,因为任何命题都有一个对等的反命题与它对立,二者都有同样的价值和效力。我们的感觉和意见都不告诉我们真理或错误,因此我们应该无意见,不介入,始终保持沉默,方能无烦恼。

依据皮浪的观点,对微信和支付宝的二维码的社会应用是否支持和赞成不作任何表态是比较明智的举动。这是因为,"最高的善就是不作任何判断、悬搁判断"。一旦自己作出支持或反对这样的明确判断都不是"最高的善",都会有失"至善",从而走向错误或达不到"最高的善"。"最高的善"就在于"悬搁判断"即不作任何判断。在现实生活中所反映出来的关于二维码的使用已经证明了其具有利害两面性,既有便民利民的好的一面,也有调包二维码、坑蒙诱骗等不好的一面,对此,无论支持还是反对的明确表态行为都是不妥当的。

[伦理方案三]　布莱特曼:"应然"与"实然"("科学"与"价值")

美国现代著名伦理学家布莱特曼认为:"应然"是价值的本质,"实然"是自然的本质。自然的存在必须用自然科学的手段加以研究和把握,而自然科学通过预测、发现、实验和论证、实践检验等多种方法来认知和控制自然,获取规律和真理。然而,自然科学本身只提供"实然"之手段而不体现"应然"之价值,"它给予我们手段,但并不给予我们目的"[4]。科学技术管控自然,在带给人类福利的同时也给人类带来了非价值、负价值或反价值的矛盾,而"人"成了实然之手段和应然之价值相矛盾的阿基米德支点,因为人既是自然的存在,也是价值的存在。

依据布莱特曼的伦理思想,微信和支付宝的二维码本身属于科学技术范畴,不存在应当还是不应当推广的问题,问题在于人。也就是说,依据布莱特曼的伦理观判断,作为应用科学技术手段的二维码理应在现实生活中被广泛使用。好人用了就是有利于社会生活的行为,坏人用了就是不利于社会生活的行为。科学技术(二维码)属于事实之自然范畴,自然的东西只能用"是"或"不是"这样的概念来判断。而道德生活属于应然之价值范畴,只能用"应当"或"不应当"来进行判断。道德生活是人为造成的。也就是说,微信和支付宝的二维码等该不该推广,说到底就是看什么人在使用它,或者是人在怎样使用它。善的人使用它,它就能为社会和人民生活带来益处,如果是恶的人或动机不纯的人使用它,那么,它就有可能导致恶的结果,给人民生活和社会带来害处或不利影响。

[伦理结论]

二维码作为现代科学技术,其本身遵循科学技术价值中立的本质属性特征,其究竟在人们的实际生活中向善还是趋恶,并不取决于技术本身,而是取决于应用技术的人。人的活动是有目的的存在性活动,人既是自然性存在物又是价值性存在物,不能以人的价值性存在混淆技术的价值性存在。也就是说,应当支持和推广二维码在人们日常生活中的广泛应用,这是一种社会进步的潮流和表现,有利于人们的日常生活和人类社会进步发展。当然,我们也应当看到,二维码在人们的日常生活中确实也存在一些不尽如人意的地方,如出现调包二维码或其他利用二维码从事坑蒙诱骗等道德动机不纯的行为,给人们的日常生活带来了诸多负面影响。技术的负面影响来自技术自身不够完全"技术"的缺陷,也就是说,现代科学技术之所以不完美是因为现代科学技术本身还不够完全"科学技术",需要人类进一步完善科学技术,使科学技术更加科学技术化。我们可以通过不断的技术修正和发展更为先进的科学技术来防范和阻止这些不利现象的发生，用科学技术的进步来弥补科学技术的不足，这是我们今天对待二维码作为应用科学技术在人们日常生活中推广应用应当具有的基本态度。

3. 摊贩老板张先生是否负有自己的伦理责任？为什么？他该如何防范二维码被调包？

[伦理方案一] 唐君毅："绝对责任"
唐君毅认为，道德生活是自由、自主的自我决定，自己对自己负有绝对责任，任何外部因素和环境都不构成不负责任的借口，"因为环境中的任何势力，如果不为我们当下的'心'所自觉，它就不会表现为决定的力量；如果已被我们的'心'自觉，那它便只是我们当下的'心'的对象，我们当下的'心'仍然超临于他们之上"[5]。

按照唐君毅的伦理思想，张先生负有伦理责任。张先生虽然平时做得都很好，只是那天忙忘记了，所以就没把二维码及时收走，但这也仍然是张先生的责任所在，"忘记"不是借口，"忘记"就得承担责任，因为"任何外部因素和环境都不构成不负责任的借口"。至于怎样防范二维码不被调包，那也只有使自己牢记在心，永远不要忘记了，因为道德生活是自由、自主的自我决定，张先生如果不能做到这一点，那么，也许类似的事情还会发生。

[伦理方案二] 亚里士多德："可欲之谓善"
亚里士多德提出"可欲之谓善"，意思是只有当一件事达到完美无缺的状态时，才体现善的本质或善的理念，因而也是人们追求的东西。

依据亚里士多德的伦理观点，张先生负有伦理责任，因为张先生没有将自己的二维码保管到"完美无缺"的程度。只有当一件事情达到完美无缺的状态时，才能算是体现"善的本质或善的理念"。张先生虽然平时一直都把自己的二维码保管得很好，但是这次却在百忙之中"忘记"而前功尽弃，显然没有做到"完美无缺"这一点。为了防止类似事件再次发生，张先生必须继续努力，牢记"忘记"的教训，向"完美无缺"的境界努力，也就是说，张先生要铭记"忘记"的沉痛教训，在二维码妥善保管上更加小心，更加谨慎，随身携带。

[伦理结论]
张先生负有伦理责任。张先生尽管平时做得都很好，能够及时收走自己的二维码，但一次"忘记"也是失职的行为，这是不应该的。关于张先生该如何防范二维码被再次调包一事，完整的防范措施如下：①每次使用二维码进行收款时，要确保二维码完好，最好将其进行封塑保存。②确保二维码在视线范围内，尽量不要张贴于室外或店内视线盲区，谨防被调包、更换。如果是移动摊位，晚上收摊离开时应将二维码随身带离，使用时再拿给顾客扫描，切忌在无人看管摊位时将二维码放置在台面上。③在

消费者付款时最好与其核对金额，或者开启语音提醒，以确认付款是否成功进入自己的账户，不可只看数字，收款户名也要核对。④可通过顾客扫描二维码这一方式进行收款，以此杜绝被他人更换收款二维码。如果商家发现收款二维码被他人偷换，应及时报警并提供线索。

案例学习二：电商诈骗——被复制的营业执照

盗用他人公司营业执照复印件，虚构公司网上行骗

一次，王先生在网上看到一则信息，一家自称有着"高资信度"标志的"供货商"正在网上以超低价大批量出售优质建材黄沙，经验老到的王先生并未急着下手，而是通过工商部门了解供货商的情况，而工商部门因为业务太忙而未能详细介绍其业务经营范围信息。在确认供货商的"身份"后，王先生便从下家那里预收了30%的货款，按照网上提供的账号全额汇款给供货商，可他等的黄沙船却迟迟没有来到，下家三番五次催他交货，情急之下他只好亲自前去催货。王先生到那里后才发现，那家企业确实存在，不过只做钢铁贸易，不搞建材黄沙，而且从未涉足电子商务领域，至于网上的那家企业，是行骗者王某盗用了该公司的营业执照复印件后虚构的。最后，由于不熟悉电子商务，"老法师"王先生赔了下家客户几十万元。目前，警方已介入调查此事。

问题讨论：

1. 人称"老法师"的王先生可算是"经验老到"的人，但他在电子商务活动中仍然没有躲过诈骗。请你从伦理学视角分析其原因。

［伦理方案一］　冯友兰："觉解"

我国近代伦理思想家冯友兰认为：事物是按规律运行的，并不一定能引起人有觉解地知道应该如何应对，逻辑根据是自然决定的，有觉解的人并不能自然知道，有逻辑的标准并不能引出逻辑上的知道，更不能得出知道有标准就知道应该的结论。但是，人的智慧使人有理性的意志，在明辨是非中可以做到"有知而无知，有我而无我，有为而无为，物物而不物于物，极高明而道中庸"。

依据冯友兰的观点，经验老到的王先生之所以会上当受骗，不是因为骗子太狡猾，而是因为王先生没有真正"觉解"，或者说没有把握事物规律和逻辑规律。具体来说：首先，王先生没有"觉解"并把握事物的规律。骗子行骗必先下"诱饵"，以获取受骗者的信任，这是骗子行骗的规律。案例中骗子自称有着"高资信度"、可以"超低价"提供"优质建材黄沙"，王先生还是被这些"诱饵"诱惑了。同时，王先生在这一点上还犯了一个错误：他没有细心分析——既然是"优质"的黄沙，那么卖家干吗要"超低价"出售？难道卖家不想多挣钱？还是卖家在做慈善？……只要王先生稍微多思考，疑点就会越来越多，可惜王先生没能做到这一点。其次，王先生没有"觉解"并把握逻辑规律。王先生虽然能够想到到工商部门了解和查看卖家情况，得知该商家在工商

部门确有登记注册,但王先生显然没有进一步查看和核实该商家经营的业务范围、品种等相关信息。如果王先生做得很细致,他肯定会发现问题。最后,王先生在没有收到对方货物且"不熟悉电子商务"的情况下,把钱"按照网上提供的账号"汇了过去,这是最糟糕的做法。

[伦理方案二]　苏格拉底:"认识你自己"("自知其无知""无知之自觉")

何为德性?在古希腊思想家苏格拉底看来,人的能力、优秀性即为德性。"德性即知识",但这种善的"知识"的标准是什么呢?他认为这种知识不是相对意义上对"善"的现象把握,而是具有"普遍客观性"地对"善"的本质的把握。苏格拉底清醒地意识到,由于人类认识的有限性及人类自身的"好自知"(自认为自己比别人知道得更多甚至是"全能全知"),人们至多达到对"善"知识之现象的理解而难以做到对"善"知识之本质的全然把握,是故他认为当时自称全知的智者们其实也是无知的,他甚至自叹自己也是无知者。因此他呼吁人们要在"自知其无知"中不断反省,认识到"无知之自觉"是人唯一可以称为"智慧"的东西。鉴于苏格拉底"自知其无知"比别人更清醒,从另一个侧面也反映出他更智慧,古希腊德尔斐神殿的大门上曾赫然写着"认识你自己"这句著名的苏翁箴言。

依据苏格拉底的伦理观点,王先生被骗的原因在于"不自知",也缺少"德性"即人的能力、优秀性。为什么这样说呢?首先,王先生对骗子施展骗术所惯用的伎俩缺少常识性"知识"。其次,王先生有贪欲之心,爱占小便宜,骗子给了"超低价",便动了心。再次,王先生在工商部门查看该商家信息时也缺少常识性"知识",只查看其在工商部门是否有合法登记注册,却没有进一步查看经营业务范围等信息,属于只知其一,不知其二。最后,王先生虽然在生意场上算是个经验老到的人,但是他在"不熟悉电子商务"的情况下,就把钱"按照网上提供的账号"汇了过去,这样的行为未免太鲁莽了,这显然是"不自知"。"不自知"就是"无知",应当有"无知之自觉",要自己"认识你自己",只有这样,王先生才能在不断完善中走向真正成熟。

[伦理方案三]　亚里斯提卜:"知识、洗菜与交往"

古希腊罗马时期昔勒尼学派创始人亚里斯提卜认为,现实生活中,痛苦是不可避免的,而且痛苦总比快乐多得多,要想得到快乐和幸福,必须善于辨别事实真相。辨别事实真相最为重要的手段就是学习,知识是人们避免痛苦、获取快乐的真正手段。凡是有知识的人,必然做事谨慎,往往在细微之处显示非凡,能够洞察到与众不同之处,最终得到多于痛苦的快乐。据载,有一次昔尼克学派代表人物第欧根尼正在洗菜做饭,看到亚里斯提卜走过,就高声对他喊:"你要学会做你的饭菜,就用不着向国王们献殷勤了。"亚里斯提卜还口道:"你要是知道怎样同人交往,你就用不着洗菜了。"

依据亚里斯提卜的伦理观点,王先生上当受骗最根本的原因在于缺少"知识"。王先生上当被骗是痛苦的和不幸福的,为了避免上当受骗这种痛苦和不幸,王先生就要加强学习，不断积累自身的知识。只要王先生具有这种"知识"，就能够做到在细微之处显示非凡，当然也就不会上当受骗了。因为，一个人如果没有充裕的知识，就没有足够的能力辨别善恶，也不能够做事慎重、谨慎，因而像上当被骗这样的不幸和痛苦就会来临。

[伦理结论]

王先生上当受骗的原因是多方面的，主要原因有以下几点：

第一，王先生有贪欲之心，他在"超低价"的诱惑下动了心。第二，王先生缺乏逻辑分析能力，他在看到"超低价"且"优质"这样的字眼后，没有进行逻辑分析，他应当好好想想这里面有"诈"的风险较高。第三，王先生尽管经验老到，但也缺乏细心和耐心。他在工商部门查看卖家相关信息时，肯定没有细心查看卖家经营的业务范围和品种等内容，如果他认真查看，就会发现该商家只经营"钢材"，而不是经营"黄沙"。第四，王先生知道自己不懂电子商务，却硬着头皮把钱"按照网上提供的账号"汇了过去。第五，王先生既然知道生意场上的行规，应当是先交纳定金或订金，或部分付款，交完货后再付尾款，而不应当在不熟悉对方的前提下通过网络电子手段贸然地"付全款"，都是王先生没有做到步步为营所导致的。

2. 试分析该案例中的其他行为主体——工商部门、互联网服务方、骗子王某，以及作为货物需求方的下家是否负有伦理责任？如果负有伦理责任，则责任在哪儿？为什么？

[伦理方案一]　雅克·马里坦："共同善"与"个人善"

法国现代存在形而上学伦理学家雅克·马里坦认为，社会善是"个人之综合的善"，"他必须使全体都从中获得利益"。社会的目的是团体的善或共同的善，是社会实体的善，它必须代表团体中每一个成员的根本利益，代表每一个个体善之有机整合的价值目的，因而才被个体接受。他说，"如果社会实体的善不被理解为一种人类个人的共同善，正如不把社会实体本身理解为是人类个体的一个整体，则这个概念也会导致另一种极权主义的错误"[6]。个人善是基于个人目的基础上的个人人格的总体指向，而并不仅仅是个人的物质目的。正是基于超个体性的人格指向上的共享，才促使个人目的与社会目的的沟通，达到内在目标的统一。

依据马里坦的伦理观点，具体结论如下：

工商部门负有伦理责任，没有做到作为社会善这种代表者的角色。工商部门应当切实履行做好"代表团体中每一个成员的根本利益，代表每一个个体善之有机整合的价值目的"，让"全体都从中获得利益"。也就是说，工商部门应当对王先生负责，不但要告知该商家注册登记信息，还应当告知其他所有应当告知的信息，尤其是该商家经营许可证的业务范围，让王先生对该商家有更加清晰的、完善的认知，避免王先生上当受骗。

互联网服务方负有伦理责任，未能"代表团体中每一个成员的根本利益，代表每一个个体善之有机整合的价值目的"，让"全体都从中获得利益"，没有尽到监管义务。也就是说，未能代表王先生做好对该商家的监督和管理。

骗子王某负有伦理责任。因为"个人善是基于个人目的基础上的个人人格的总体指向，而并不仅仅是个人的物质目的"。换句话说，王某不具有个体善的人格指向，或者说，王某在个体人格指向上迷失了方向，走向了不正当的"个人物质目的"。

作为货物需求方的下家没有伦理责任。

[伦理方案二]　约翰·罗尔斯："正义论"

当代美国最杰出的政治伦理学家约翰·罗尔斯认为：道德生活、社会服务和社会政治（制度）的最高理想在于利益的正义（公正）分配，道德评价不应该以最大利益或最大限度的幸福为善恶标准，正义与公正才是道德价值的基础和核心，也是社会选择的原则基础。在此原则基础上，无论是个人还是社会、国家政治（制度）都离不开理性指导，理性是人的本质存在。如果人自私而不理性，认识不到承认和顾及别人的利益对于保障自己的利益是必要的，那么，尽管在利益分配过程中各有得失，但最终结果是人人都成了不理性行为的受害者，在这一点上谁也无法幸免。

依据罗尔斯的伦理观点，具体结论如下：

工商部门负有伦理责任，其应当坚持公平与正义，对电子商务网络交易进行市场监督与管理，既要监管网络服务方行为是否规范，又要监管网络交易买卖双方的行为是否合法，负有监管义务。具体到王先生上当受骗这一件事上，为了社会公平与正义，工商部门应当对王先生的交易过程负有监管义务，同时在王先生核查该商家信息，尤其是该商家的业务经营范围时尽到详细告知义务。

互联网服务方负有伦理责任，应当秉持社会公平与正义，对进入自己平台的买卖双方切实肩负起监督与管理的义务。

骗子王某负有伦理责任。因为"理性是人的本质存在"，王某自私且不理性，认识不到顾及别人的利益对于保障自身的利益是必要的。尽管王某在这次骗局中获取了不义之财，但最终结果则是王某也逃脱不了由于其不理性行为，而成为下一步或下一个受害者的后果。

作为货物需求方的下家没有伦理责任。

[伦理结论]

工商部门负有伦理责任。作为政府机构的工商部门代表国家应当对网络服务方和网络交易双方负有监管义务；同时在王先生核查该商家信息时提供必要协助义务，尤其是负有告知该商家的业务经营范围和品种等相关信息的义务。互联网服务方负有伦理责任，应当对该商家的营业执照进行原始核实责任；同时对该商家提供的"超低价""优质"等信息有核实与查证义务。骗子王某负有主要伦理责任，其行为已经构成犯罪，必将受到公安机关的追查和法律的严惩。作为货物需求方的下家没有伦理责任，其行为合情合理合法。

案例学习三：电商平台上的烦恼——新开的网店

新手开店，是否应该刷单

某年 4 月，小张刚从大学毕业，他学的是电子商务专业，毕业后准备自己开一家网店，无奈如今新手卖家由于信誉层级不够，想要与众多钻级、皇冠级和天猫卖家竞争真是困难重重。这个时候她面临两种抉择：要么按部就班一步一个脚印慢慢经营；要么与其他卖家一样进行"特别"刷单，这样短时间内店铺就会升到钻级，生意也会随之而来……如果是你，你该如何抉择？

问题讨论：

假如你是网店的店主小张，你该如何抉择？

[伦理方案一] 康德："绝对命令"式

依据康德著名三大批判之一的《实践理性批判》中的"绝对命令"式——"行事必须同时能够成为普遍立法原则的个人意志的准则"分析，在康德看来，遵守买卖双方共同约定的市场普遍认可的道德行为准则符合"绝对命令"这个理性的普遍原则。"绝对命令"不仅执行具有普遍意义的"善"的道德律令，而且也是决定我们能否获得真正"自由"的"应然律令"。

康德"绝对命令"式的观点，用中国古话讲，就是"己所不欲，勿施于人。"[②]作为买卖双方行为主体之一方的小张，应该按照市场经济所要求的普遍道德精神——诚信、不欺诈等，按部就班一步一步合法经营。只有这样，小张的行为才符合公认的市场道德规范；并且小张在今后的经营中更会养成"不违规"的习惯，从容应对，因而获得真正的自由。

[伦理方案二] 詹姆士、杜威："实用主义"原则

依据源于人本主义思想的美国伦理学者詹姆士"善就是满足人的需要"的实用主义原则，"道德是获得成功的一种方便方法"，作为经营方的小张可以突破市场道德规则，将道德在经营中工具化、实用化，从而使自己的淘宝网店迅速升级为钻级、皇冠级，是合乎伦理意义上的"善"理念。与詹姆士同时代的杜威从生物进化论和彻底经验论出发，认为"善就是在具体的境遇中人的要求的满足"。

根据杜威伦理学的观点，作为刚涉足网店经营业务的生手，小张面对与钻级、皇冠级和天猫卖家竞争这样的"境遇"，要想"短时间内店铺就会升到钻级，生意也会随之而来"目的之"要求的满足"，采取任何手段都符合"善"的初心和本意，因而是合乎道德的行为。也就是说，按照詹姆士、杜威"实用主义"的原则，作为刚涉足网店经营业务的生手，小张是可以利用"特别"刷单的方式来迅速提升网店"人气"的。

[伦理方案三]　莱布尼茨："理性主义"伦理观——"充足理由律"

依据莱布尼茨"理性主义"的伦理观，伦理抉择的实质是如何处理自由与必然的关系问题，为了排除道德选择上的偶发境遇，他提出了著名的"充足理由律"命题，即"偶然性事物固然是存在的，但偶然性事物不是事物存在的充足理由，必然的实体才是事物存在的理由"。

据此，小张开网店想走捷径达到迅速升级，从而使生意火爆起来的做法是不应该的，或者说是不道德行为。道德的行为应该是走"必然"之路径——诚实经营、合法劳动与遵守市场规则的竞争机制，从而实现网店升级与生意火爆，获取正当经济利益。

[伦理结论]

小张应该通过诚实经营、合法劳动，机会均等地参与电商市场竞争机制。至于"想要与众多钻级、皇冠级和天猫卖家竞争"，正义合法的手段很多，比如虚心向同行同业学习，提升自我服务意识，加强自我业务水平提升和业务知识学习，提高产品质量，在性价比上做文章等，而不能通过所谓"特别"刷单的不诚信手段来虚构"人气"。网络经营手段门道很多，最主要的理性选择是手段善，而不是不择手段、利用手段"恶"，在这方面最能看出经营者的道德素养。只有在善良意志的支配下，果断采取手段"善"的人才有资格进入社会主义现代市场竞争机制。这不仅是社会主义市场经济体制的内在要求，也合乎社会主义道德原则的必然途径。

案例学习四：差评的网店——我该如何是好？

差评的网店，是否该返钱给客户消除差评

某年5月中旬，小王经营了一家女士内衣网店，开店半年，由于其经营有方，店铺等级升到两颗钻，日营业额也超过了同行业同等级店铺平均水平，没想到这时候收到顾客小张的一个差评，差评内容是觉得内衣价格过高，质量一般。与顾客小张沟通无果后，小王又打电话与顾客小张沟通，仍然无果，其间顾客小张暗示可以退钱不退货以消除差评。考虑到此时差评会对店铺经营带来极大影响，刚刚有起色的店铺会因为该差评而被降权，生意也会急转直下。这个时候，小王应该如何抉择？是返钱给客户消除差评，还是实事求是地尊重客户小张的客观评价？小王不知如何是好，一时陷入迷茫之中。对顾客小张的行为又该如何评价？

问题讨论：

假如你是网店店主小王，你该如何抉择？对顾客小张"暗示可以退钱不退货以消除差评"的行为又该如何评价？

[伦理方案一]　斯马特的行为功利主义——"情境"考察

现代行为功利主义者斯马特认为，考察个体行为道德与否，不能从"效果"考察，因为具体的行为所产生的效果具有不确定性，我们应该把具体情境下的个人行为作为道德评价的对象，人们只要根据"此时此地的具体情境"选择自己的道德行为。

据斯马特"情境"伦理理论观点，网店店主小王和顾客小张基于各自的目的可以达成妥协——"退钱不退货以消除差评"。从斯马特功利主义角度看，似乎小王可以向顾客小张作出妥协让步。应当强调指出，斯马特功利主义"情境"原则仅适用于资本主义市场规则而不适合社会主义市场经济的规则和要求。

[伦理方案二]　　康德的"为义务而义务"——"动机"考察

康德认为，遵守"绝对命令"就是人们必须普遍地、绝对地遵守义务，履行道德义务就是至高无上的善，主张人们必须"为义务而义务"。换句话讲，为履行道德义务，我们只能着眼于考察行为人的行为动机，只要行为人有善的动机（善良意志），无须评判行为后果，更何况行为人的行为后果具有不确定性。

据此，假如小王采取"退钱不退货以消除差评"的办法，那么无论网店店主小王抑或是顾客小张均无基于交易正义性规则的意向之"善"：小王动机是消除"一个差评"，而差评内容竟然是顾客觉得"内衣价格过高"，小王动机不符合市场机制所要求的伦理精神，不具有基于交易规则的意向之"善"与正义性；顾客小张"暗示可以退钱不退货以消除差评"也失去了动机的纯洁性和正当性。依据康德的观点，假如小王采取"退钱不退货以消除差评"的办法，网店店主小王和顾客小张都不具有基于交易规则的正义性，因此是不道德之举。

[伦理方案三]　　莱布尼茨的"理性主义"伦理观——"充足理由律"

依据莱布尼茨的"理性主义"伦理观，伦理抉择的实质是如何处理自由与必然的关系问题。为了排除道德选择上的偶发境遇，他提出了著名的"充足理由律"命题，即"偶然性事物固然是存在的，但偶然性事物不是事物存在的充足理由，必然的实体才是事物存在的理由"。

据莱布尼茨"充足理由律"分析，小王开网店虽然时间不长——"半年"，但生意也算是红红火火，生意红红火火是网店生意的常态，这属于"必然的实体"；偶尔收到"某顾客的一个差评"则属于"偶然性事物"，不具有"充足理由"，所以对于小王来说，不应该采取各种心思和办法与给"差评"的顾客进行所谓的"沟通"，企图消除对自己不利的"差评"，而应该"实事求是尊重顾客的客观评价"。对顾客小张来讲，向网店店主小王"暗示可以退钱不退货以消除差评"，属于"偶然性事物"，不具有必然的合乎常规之"正道"——"必然的实体"，不具有"充足理由"，因而属于不道德行为。

[伦理结论]

基于社会主义市场规则，着眼于个体行为的"动机"与"效果"的辩证统一考察，网店店主小王和顾客小张不应该基于各自的目的达成妥协——"退钱不退货以消除差评"。对于网店店主小王来讲，应该"实事求是尊重顾客的客观评价"，对"内衣价格"

展开实事求是的调查研究，不一定要采纳顾客的意见和建议，但多多听取顾客的意见，做到兼听则明，不是什么坏事。对于顾客小张来讲，基于其动机的非正义——"退钱不退货以消除差评"，她的行为失去了正当性。

案例学习五：电子商务——贪便宜，吃大亏
嫌犯利用电商平台诈骗农户被捕

小王是电商专业的大学毕业生，看到自己老家这几年农副产品大量积压、销路不畅，感到十分伤心难过。小王认为以自己的电子商务专业知识，可借助电商平台帮助家乡农副产品种植大户，为滞销的农副产品打开销路，自己还可以从中赚取利润差。于是他从亲朋好友那里借来人民币二万余元，又向父母借了三万余元血汗钱，新购了销售农副产品的网络销售设备，并花费了一些为电销服务的资金投入，开启了网上销售业务。小王由于自身经验不足，结果被他人骗去了人民币一万余元。小王感觉自己的钱来之不易，心里很不是滋味，且越想越生气，渐渐萌生了采用同样的方式骗取别人钱财的想法。小王从该年年初开始，采用广泛撒网、全面布控的网络欺诈方式，在各大电商平台上改头换面，陆续发布众多有关销售农副产品方面的虚假信息。小王利用一些民众贪小便宜的心理骗取他们的钱财，最终在次年年初，被民警当场抓获。经查，小王利用各种手段在全国各地共骗取三十多个客户的定金共计十余万元人民币，已经严重构成了网络销售欺诈罪，受到了法律的严惩。

问题讨论：

1. 小王曾是电商平台被诈骗方，后来他利用电商平台主动去诈骗别人而最终成了诈骗犯。从他身上你得到了什么道德启示或伦理教训？

［伦理方案一］　颜元："正其谊以谋其利，明其道而计其功"

清代伦理思想家颜元在如何处理伦理德性与科学理性、功利物性的关系上，主张"正其谊以谋其利，明其道而计其功"，意思是说：端正他的道路，以正道谋取利益；弄清事物发展的规律，循规律而筹划成效。他认为考察实事实功的完成很重要，正如耕夫谋田产，渔夫谋得鱼，都是人谋取的正当利益，至于不正当的利益一定要不得，要强调义利并重、道功兼收，以"功""用"来判断和评价人们的道德举动（颜元《四书正误》）。

依据颜元的伦理观点，我们从小王身上获得最主要的道德启示就是：人应当谋取正当的利益。小王面对功利物性，有获取的欲求，无可厚非，但问题在于一定要在伦理德性的指导下先"正其谊"然后再"谋其利"。小王作为网络电商平台交易的受害者，深深感受到被不法之徒侵害的痛苦，理应同情他人，而不是做出错误举动，在错误的道路上越走越远。利用别人侵害自己的违法犯罪手段来对其他人施害，这是没有先"正其谊"而后再"谋其利"，属于不正义或缺乏伦理德性的典型表现。从某种角度上讲，小王不是一般地缺少伦理德性，而是极端地缺乏伦理德性，他的行为是极其错误的行为。

[伦理方案二]　亚当·斯密：道德"同感说"

英国近代著名经济伦理学家亚当·斯密认为，人性中有同情他人的特质，"悲他人所悲，哀他人所哀"，这样的情感共鸣就是同感。"联想"和"共同经验"是道德同感发生的机理。道德评价就是对激起行为的动机和效果能否产生情感共鸣的判断，同感即为善，反感（与同情相反的感受，即没有同情的感受）即为恶。

依据亚当·斯密道德"同感说"的观点，我们从小王身上获得最主要的伦理教训就是：人应当对他人有同情心，没有同情心的人都是道德上的"恶"人。首先，小王作为一名普通人应该对他人持有"悲他人所悲，哀他人所哀"的道德同情心，这是人性的特质所在，但事实上，小王并没有对他人产生同情之心，只能说明小王不具有一般意义上的道德人格。其次，小王其实也是一个不折不扣的网络电商平台的受害者，他曾经有被诈骗分子骗取用于事业打拼的借自亲朋好友和父母的钱的经历，他有过对骗子的切骨之恨，是一个有道德情感经历的人。"联想"和"共同经验"是道德同感发生的机理，所以，小王理应感同受身，同情他人。但是，小王恰恰选择了祸害他人，做出以同样手法诈骗他人的勾当。这说明小王不具有一般意义上的道德人格，而是严重的"恶人"，因为在亚当·斯密看来，正常的人或善良的人都是有同情心的。

[伦理方案三]　罗伯特·诺齐克："财产占有"的正义原则

美国哈佛大学哲学系教授罗伯特·诺齐克认为，财产占有的正义原则遵守三条规定：第一条是"获取正义"原则，即"财产的原始获取，即对尚未持有的物质的挪占"符合正义，"一个按照获取正义原则而获得某种财产的人有资格占有该物"；第二条是"转让正义"原则，即凡是建立于"人权至上，神圣不可侵犯"基础上的如自愿交换、合法转移、馈赠、契约、援助等行为都符合正义，"一个按照转让原则而从另一个有资格占有该物的人那里获取该物的人有资格占有该物"；第三条是"校正正义"原则，即对"财产占有的不正义的校正"，凡是违背"人权至上，神圣不可侵犯"原则的如欺诈、拐骗、诱惑、盗窃等行为不符合正义，必须给予矫正返回，除了通过反复运用规定的第一、二条，任何人都没有资格占有该物[7]。

依据罗伯特·诺齐克的伦理观点，我们从小王身上获得最主要的伦理教训就是：无论什么人，只要他的财产占有不符合正义原则，都是"恶"的行为，必须对其不正义的财产占有实施"校正"。小王通过网络电商平台对他人合法钱财实施诈骗获取，首先不符合财产占有正义原则第一条。根据诺齐克第一条"财产的原始获取"观点，只有对"尚未持有的物质的挪占"才符合正义原则，那么，小王显然不符合该观点，属于不正当获取。小王对他人财产的获取也不符合第二条"转让正义"原则，只有"自愿交换、合法转移、馈赠、契约、援助等行为"才符合转让正义原则。既然如此，必须对小王通过诈骗手段获取的不义之财按照"校正正义"原则进行矫正返回。也就是说，国家通过法律手段依法剥夺小王的"赃款"，只有如此，才符合"校正正义"原则。

[伦理结论]

我们从小王身上获得的伦理教训主要有以下几点：第一，不义之财不可取，取必亡。小王利用电商平台诈骗他人钱款，尽管老谋深算，策划也很周密，实施手段相当隐蔽，但最终也没有逃脱公安机关的抓捕，这说明不义之财不可取，取必亡。第二，不义之财不可取，取必还。无论什么人，无论出于何种原因，只要对他人财产实施不正义的非法占有，必须归还，甚至要惩罚性加倍归还。小王被公安机关抓捕后，其非法所得必须退还，他也必将受到严厉的具有惩罚性质的追加罚金。第三，恻隐之心不可无，无则趋恶。小王本人作为电商交易平台的受害者，他曾经有用于事业打拼的血汗钱被网络骗子骗取的经历，是一个十足的受害者，这样的情感经历，本应该是他更加同情和怜悯他人的动因，然而，小王却反其道而行之，从一个受害者变成了施害者，这是一种不善之举，只能说明小王是有道德问题的人。

2. 在过去的集市交易中，为了保障交易双方安全且顺利成交，往往会出现交易中介方，名曰"开行"。结合该案例电子支付直接交易的风险，你有何伦理觉醒？你的伦理结论是什么？为什么？

[伦理方案一]　墨子："三表"觉察法

"三表"觉察法是墨子在道德认识论方面提出的一种判断是非真假的标准。三表分别是：第一表是"本之于古者圣王之事"，主要是指根据前人的经验教训来作判断；第二表是"原察百姓耳目之实"，主要是指依据百姓所见所闻和看法、观点来作判断；第三表是"废（发）以为刑政，观其中国家百姓人民之利"，主要是指从普通百姓的切身利益中寻求理论依据来作判断。（《墨子·非命上》）"本之"属于间接经验，"原之"属于直接经验，"用之"是将言论应用于实际生活，看其是否符合国家、百姓的利益，作为判断真假是非功过和决定取舍的标准。

依据墨子的伦理观点，在电子商务活动中应该建立第三方交易平台，而不应该让买卖双方直接进行电子付款，因为双方直接交易容易产生交易钱款被非法骗取的风险。决定是否采取第三方交易平台不是来自主观想象，而是基于"三表"法，它是我们进行道德伦理抉择的主要依据。依据第一表，前人的经验和教训是伦理抉择的第一依据，古人在日常生活中对于买卖双方的交易肯定留下了成文的或民间的经验和教训，这些经验和教训肯定存在被诈骗的教训，否则古人为何要成立"开行"这个交易第三方呢？第二表，当下人们的传统交易和电子商务交易也是是否建立第三方"中介"平台的依据。当下诈骗案例比比皆是，这也是赞成选择第三方交易平台的主要原因。第三表，主要源于普通百姓切身利益的需要。从长远利益考虑，建立第三方交易平台显然十分必要。基于此，依据墨子的观点，支持建立第三方交易"中介"。

[伦理方案二]　帕累托："帕累托最优"（"帕累托标准""最适宜原则"）

意大利经济伦理学家帕累托在1909年提出这样一个概念，即在某种既定的资源配置状态，任何改变都不可能使至少一个人的状况变好，而又不使任何人的状况变坏。这个"最优的状态标准"，被人们称为"帕累托最优"。其理论主张：如果某种资源配置措施在群体中的任何变动使构成该群体的一部分个体的状况发生善化，而另一部分个体发生恶化，则该活动缺乏效率，只有在该群体内个体状况相对平衡且无更差或恶化的情况下，该举措才具有效率。

依据帕累托经济伦理的观点，在电子商务活动中应该建立第三方交易中介平台，这是因为，这符合"帕累托最优"原则。按此原则可知，如果没有第三方中介促进买卖双方的交易顺利进行，比如尽管交易双方都想成交，但双方在激烈的讨价还价过程中，都基于切身利益的考虑谈得不投机、谈不拢，则交易夭折，这对交易双方来讲都是不愿意、不希望看到的结果，但出于无奈也只好停止交易，这显然不符合"帕累托最优"原则。但如果有第三方作为"中介"，在交易双方中间进行撮合，则成交的概率肯定会大大增加，这显然符合"帕累托最优"原则。所以，帕累托一定会赞成并支持建立第三方交易中介平台的。当然，第三方中介肯定要获取双方或某一方的佣金。

[伦理方案三] 弗莱彻尔："适用原理"

美国当代伦理学家弗莱彻尔认为，道德境遇中的选择必须遵循实用主义原则。实用主义把善、真和知识这三者完美地结合在价值真理之下。他非常赞同詹姆士把"真理"和"善"称为"便利"。杜威结合二者观点，把"真理"和"善"称为"给人以满足的东西"，席勒则称之为"有用的东西"。弗莱彻尔认为，道德境遇中不应当关注超现实的理想目的（应当），而只应关注个人的目的需要，价值真理在于"便利"和"适用"。

依据弗莱彻尔的伦理观点，在电子商务活动中应当建立第三方交易中介平台，这是因为，这符合"适用原理"。按此原理可知，"实用主义把善、真和知识这三者完美地结合在价值真理之下"。这里的"真"就是真理；"善"就是善美、完善；"知识"就是来自社会生活的各种直接和间接的经验。从"真""善""知识"这三个方面来讲，人们在电子商务交易中，如果交易双方选择直接交易，绕开第三方即中介，肯定会存在大量的欺诈风险，这在众多的生活实践中已经得到充分验证。所以，依据弗莱彻尔"适用原理"观点，他会支持建立交易中介这个第三方平台。

[伦理结论]

在现代电商活动中，由于交易双方直接钱款对接存在潜在风险，应当（事实上已经）建立类似于中介的第三方交易平台。自电子商务活动运行至今，人们的交易活动发生了巨大的变化，这些变化从总体上讲极大地方便了人们的生活，给人们提供了及时、便捷、快速的服务。但随之而来的负面影响也在加大，交易风险此起彼伏，网络交易欺诈时有发生，这给电子交易双方和整个网络交易环境带来了负面影响。现实的交易实践亟需人们在传统的交易智慧中寻找当代版"开行"这样的交易服务第三方，以确保电子交易双方能顺利成交和货款的安全，把交易所带来的不必要成本降到最低。

所以说，具有中介性质的第三方交易平台的出现是当下电子商务活动发展的必然。

3. 该案例中上当受骗的客户是否负有伦理责任？为什么？他们该如何做？

[伦理方案一]　程朱理学："存天理，灭人欲"

宋朝的程颢、程颐兄弟和朱熹等人主张"存天理，灭人欲"。"天理"指的是公道、理性，是大善，是人的仁爱之心。"人欲"指的是贪欲、私心，是小恶，是人自私自利的心理欲望。"存天理，灭人欲"就是指为人做事要合乎公道，合乎天理，合乎理性，依"理"而行，注重自我克己省身，修身养性，摒弃私欲和贪心，不能依着自己的欲望为所欲为，要防范个人欲望的过度膨胀。由于"人心私欲，故危殆。道心天理，故精微，灭私欲则天理明矣"[3]，所以修养心性的最好方法在于"存天理，灭人欲"。

依据程朱理学的伦理思想，上当受骗的广大客户负有伦理责任。究其原因，广大上当受骗的客户没有做到"存天理，灭人欲"。首先，上当受骗的广大客户没有做到"存天理"。一方面，"天理"在于市场正常的交易价格，诈骗嫌疑人小王用"低于市场价"的诱惑就把广大客户诈骗了，这只能说明广大客户没有守住"天理"。另一方面，当广大客户知道自己被诈骗后，"天理"在于及时报警、寻求法律手段维护自己的利益，但他们竟然"无一选择报警"。这说明什么？广大上当受骗的客户仍然没有做到"存天理"。其次，依据程朱观点，广大上当受骗的客户没有"灭人欲"，有过度的"贪欲"之心，因为"贪欲"，所以上当被骗，这是必然的逻辑。这都是"贪欲"之心所带来的祸害。综上所述，广大上当受骗的客户由于没能做到"存天理，灭人欲"而负有伦理责任。

[伦理方案二]　鲍恩："自我义务"

美国现代著名伦理学家鲍恩认为，在个体善与共同善的关系上，"既为社会服务，也为自己服务"是个人使命的普遍义务形式，是人格完善或健全人格的应尽义务。但是，"任何人都不会或不能像对自己那样对他人负责。每一个人都必须成为自己的道德对象，成为一种具有至上重要性的对象；因为他不仅仅是特殊的个人，甲或乙，他也是人类理想的承担者，人类理性的实现特别依赖于他自身。以自我非意识的特有神秘性，个人使自身成为他自己的对象成为可能；在任何其他地方，他都不像他对个人这样负责……这是对自我之义务的最重要的方面"[8]。

依据鲍恩的伦理思想，广大上当受骗的客户负有伦理责任，原因在于没能做到"自我义务"。首先，从人格完善或健全人格的角度讲，广大上当受骗的客户应当加强自我道德修养，不占他人小便宜。从整个案例看，试想，如果广大上当受骗的客户都能做到不忘"不占他人小便宜"这个"初心"，守住自我"本心"，诈骗嫌疑人小王还能得逞吗？"初心"丧失，"本心"不保，与自我人格完善或人格健全相去甚远，越走越远，自然是没有做到"自我义务"。其次，广大上当受骗的客户得知已经上当受骗后，却"无一选择报警"，都选择了"集体沉默"。从个体善在于"为社会服务，也为他自己服务"的角度看,这既是个人使命的普遍义务形式,更是人格完善或健全人格的应尽义务。这就是说,广大上当受骗的客户应当及时地、果断地在第一时间选择报警,这既是对自我负责,更是对社会和他人负责,这就是"自我义务",是个人使命的普遍义务形式,更是人格完善或健全人格应尽的义务。

[伦理方案三]　斯金纳:"惩罚"

美国当代新行为主义伦理学者斯金纳的"刺激—反应"实验证明,对行为者实施操作性条件反射的强化性"惩罚",就可以培养起操作者的行为模式。"惩罚"是正强化作用的否定方面,是指采取一些不利于行为者的行为措施,让其产生痛苦或使其愉快满足的效果终止,让该行为者的行为避免发生或终止重复该行为。但"惩罚"不具有长期效果,如果想要控制行为者不去进行某个行为,应找到该错误行为的"奖励物",移除该奖励,从而制止其错误行为。

依据斯金纳的"惩罚"伦理观点,广大上当受骗的客户负有伦理责任。这个责任就是广大上当受骗的客户应当及时地、毫不犹豫地选择报警,让公安机关对小王实施"惩罚",从而终止其继续实施诈骗他人钱财的举动。但事实上,广大上当受骗的客户始终无一人报警,而是选择了集体的沉默,这是广大上当受骗的客户负有伦理责任的主要原因。另外,广大上当受骗的客户对自我"贪小便宜"的贪欲之心负有自我"惩罚"的义务。当然,这种惩罚不是一般意义上的惩罚,而是要让自己始终牢记不贪小便宜之"初心",守住不贪欲之"本心",牢记初心使命,使自我多长记性,经常自我教育,经常自我反省。这就是斯金纳所说的"惩罚"的真正内涵。

[伦理结论]

上当受骗的客户负有伦理责任。首先,要摒弃贪小便宜的心理,你贪图别人的低价,而别人贪图你的定金,在诈骗嫌疑人小王早有预谋的情况下,一些客户吃大亏有因果必然性;其次,被骗后不要以自己倒霉为由放任不管,应当及时向当地公安机关报案,并协助警方将犯罪嫌疑人小王缉拿归案、绳之以法。这既是对自我负责,更是对社会和他人负责。

【注　释】

① 详见《申辩篇》《斐多篇》《克拉底鲁篇》《卡尔米德篇》《拉凯斯篇》等篇。
② 详见《论语·颜渊篇》《论语·卫灵公》等篇。
③ 详见《二程遗书》卷二十四。

【参考文献】

[1] 刘云章,刘继铭,丁之光,等. 网络伦理学[M]. 北京:中国物价出版

社，2001.

［2］万俊人. 现代西方伦理学史（下卷）［M］. 北京：中国人民大学出版社，2010.

［3］E. B. 布兰特. 善与正当的理论（英文版）［M］. 伦敦：英国牛津大学出版社，1979.

［4］S. 布莱特曼. 自然与价值（英文版）［M］. 纽约：阿宾登—科克斯堡出版公司，1945.

［5］唐君毅. 道德自我之建立［M］. 北京：商务印书馆，1946.

［6］J. 马里坦. 个人与共同善（英文版）［M］. 美国查理斯·斯克利伯勒父子出版公司，1947.

［7］罗伯特·诺齐克. 无政府、国家和乌托邦（英文版）［M］. 美国基础图书出版有限公司，1974.

［8］B. P. 鲍恩. 人格主义（英文版）［M］. 波士顿：霍顿·米夫林出版公司，1908.

第七章
网络应用科学技术伦理

7.1 网络应用科技的道德边界

网络应用技术是网络应用科学技术的简称。网络应用科学技术在早期是两个不同的概念，应用科学归应用科学，应用技术归应用技术。一方面随着应用科学与应用技术的日益融合和发展，应用科学与应用技术在较为宽泛意义上已经融合为应用科学技术，另一方面又因为应用技术本身也属于应用科学的范畴，于是就有了今天所称谓的应用科学技术。

从严格意义上讲，应用科学技术有三层含义：一种是自然科学知识及其应用技术体系，另一种是应用科学技术的研究活动，再一种是科学技术的应用活动。就第一种情况来说，应用科学技术作为自然科学知识及其应用技术体系，尽管相对于人类而言被称为应用科学技术，但它没有，也无须人类参与其中。它是一种处于自然存在的客观状态，不因人的主观意志而改变，处于一种"静默"状态，遵循科学技术价值中立的自然本质属性。因此，作为自然科学知识及其应用技术体系的应用科学技术必然遵循价值中立，不能对它进行道德价值评判或判断，或者说不能对它展开"善恶"与否、"应该""不应该"的价值判断，只能对其进行"是"或"不是"、"真"与"假"的事实判断。所以，作为自然科学知识及其应用技术体系的应用科学技术不存在伦理性问题。就第二种情况来说，作为研究活动的应用科学技术又可以分为纯粹研究目的活动的应用科学技术和预设目的研究活动的应用科学技术两种。作为纯粹研究目的活动的应用科学技术，尽管有人类目的、意志和行为参与，但它只为纯粹研究本身的目的服务，所以同样也遵循科学技术价值中立的自然本质属性，无所谓伦理性问题。至于预设目的研究活动的应用科学技术，无论其预设的目的是什么，都必然成为伦理的讨论议题，也就是说具有伦理性问题。具体来讲，应用科学技术中预设目的研究活动，如果其目的是为人类进步和完善发展服务的，那么，这种应用科学技术就是善的。如果其目的不利于或有害于人类进步和完善发展的,那么,这种应用科学技术就是恶的。但无论预设目的研究活动的应用科学技术所持有预设研究目的所带来的结果善恶与否,预设目的研究活动的应用科学技术都进入了伦理议题的讨论范围,所以,这种研究目的活动的应用科学技术才具有了伦理性问题。从这个层面上讲,也可以这么理解,作为纯粹研究目的活动的应用科学技术,尽管其研究目的如何纯粹(价值中立),但都带有极其强烈的目的性,与其他类型的应用科学技术相比,唯一不同之处,只不过是其目的不清而已,所以,可以纳入或视作参与了伦理议题的讨论之中。又正因为其目的不清,也可以不纳入或不视作参与了伦理议题的讨论,被排除在讨论之外,但无可否认的事实或结论是,无法准确对其活动的目的进行善恶与否的道德价值评判或评价。也正基于此,所以我们才把作为纯粹研究目的活动的应用科学技术说成是遵守道德价值中立,不进入伦理议题讨论范围,不存在伦理性问题。综上所述,不能对作为自然科学知识及其应用科技体系的应用科学技术进行道德评价,但是人类从事科学研究方面活动的应用科学技术,由于其可以分为纯粹研究目的活动的应用科学技术和预设目的研究活动的应用科学技术两种,具体是否涉及伦理性问题要做具体分析。就第三种情况来说,作为应用活动的科学技术或科学技术的具体应用活动,其应用于人们的实际生活之中,存在极其强烈的目的性,是一种实实在在的有目的的实践活动,不能做到伦理价值中立,必须对其进行道德约束、道德规范、道德评价和道德指导。质言之,作为应用的科学技术存在强烈的伦理议题,必须进入伦理议题讨论范围,因而,具有了伦理性问题。

  网络应用科学技术是科学技术的分项,是应用科学技术的其中一种,遵循应用科学与应用技术的原始属性,也遵循应用科学技术的上述属性。撇开作为自然科学知识及其应用技术体系所呈现的价值中立的网络应用科技属性不谈,网络应用科学技术应当通过研究活动和应用活动这两个实践环节,实现由"是"的事实到"应当"的伦理过渡,达到"事实"与"价值"相统一,工具理性与价值理性相一致。也就是说,凡是关涉互联网应用方面的带有预设目的的科学研究活动及其应用技术活动方面出现的伦理道德问题都是网络应用科技伦理的研究对象和研究内容,而作为自然科学知识体系的应用科学和作为应用技能、应用能力,以及出于纯粹研究目的的技术则不是网络应用科技伦理的研究对象和研究内容,这就是网络应用科技伦理的道德边界。

  综上所述,从伦理道德视域看,网络应用科学技术被人们从事应用活动归根到底不在于网络技术本身,而在于使用网络技术者这个有目的的人身上。人创造了技术,决定着使用网络技术的方式和使用网络技术的目的。麦金泰尔曾呼吁回归美德伦理,主张"回到亚里士多德那里去",就是要求应用网络科学技术的使用者在使用过程中应当持有道德善的目的,谨慎"德行";同时,注重自我个体的道德品质,修养"德性"。

7.2 网络应用科技伦理的现状之维

  从含义上讲,网络应用科技是指科学技术在互联互通的虚拟网络平台上所呈现出来的技术革新状态。作为科学技术的一种，网络应用科技呈中性状态，无好坏之分，但从应用现状之维度看，在人为作用下呈现"一把双刃剑"特质，它给人类带来巨大福利的同时也会带来巨大的灾难。自网络应用科技诞生以来，在人类错误价值观和眼前利益诱导和驱使下产生误用、滥用现象，价值非理性对网络应用技术过度依赖和追求发生了偏差和扭曲。网络应用科技伦理的道德使命就在于规约网络应用科技中人的非理性行为，为人类切身的根本利益服务而趋利避害。2022年我国出台《关于加强科技伦理治理的意见》，该文件中明确指出"增进人类福祉"是科技伦理的第一原则，也是科技应用伦理的首要原则。网络科技伦理同样必须遵循这一原则。就网络科技而言，确切地讲，网络应用科技本身谈不上伦理道德，伦理道德是人类社会存在的特有属性，来源于人，根植于人，附属于人。只要有使用网络科技这种有目的活动的人存在，人才是网络伦理规制和治理的主体。因此，使用网络科技的人才是严格意义上的最终"增进人类福祉"的施动者，亦即作为伦理道德主体性存在的遵守者，作为伦理道德主体性存在的对象化存在——客体性存在只是被治理者。

单从伦理视域看，网络应用科技作用于人（网民、网友、网络使用者）或者说人运用了网络科学技术，促使人们伦理品质、道德心理、道德意识乃至整个道德规范体系由渐进式量变到爆发式质变，这种量变和质变所呈现出来的社会效应具有双重性。从正面效应上讲，科学技术是人类历史进步的第一推动力。纵观全人类科技发展史，我们都会惊奇地发现每一次科技革命都极大地冲击着当时背景下的伦理架构和道德规范体系。这种冲击有可能在短期内产生负向量社会影响，但在总趋势上则呈现出螺旋式上升的正向量趋势的社会进步。虚拟网络应用科学技术以其网络平台和各种科技软件改变了人类传统活动模式，如网上购物、休闲娱乐、情感交流、信息沟通等，为人类生产生活提供诸多便捷，节省了人们的大量时间、金钱、劳务等生产生活成本。同样，虚拟网络应用科学技术也改变了人类传统活动所遵循的道德范式，拓展了道德活动的时间和空间，在一定程度上加速了传统的、过时的、腐朽的旧道德架构解体和新道德架构形成，促进了人类道德意识水平提高、道德价值更新、道德互动方式和道德行为的进步。从负面效应上看，网络应用科技作为科学技术的分项存在，从其产生、发展到广泛应用也给人类现有的道德体系带来了全新挑战。网络谣言、垃圾邮件、弹幕垃圾广告、虚假信息、污秽信息等严重污染了网络，造成了严重的信任危机。各种网络违法犯罪分子、网络病毒等成了虚拟世界的一大公害。网络暴力、人肉搜索、网络教唆、网络色情、网络赌博、网络欺诈、网络诈骗等人性异化行为时有发生，相对主义、无政府主义、历史虚无主义等奇谈怪论甚嚣尘上，窥探他人隐私权、侵犯他人知识产权、侵犯个人肖像权等侵权行为屡屡发生，产生了严重的伦理问题和道德危机，以"互联网＋"为形式的网络应用科技在生产生活中的广泛应用所带来的双重性后果，在网络应用科技时代得到了迅猛彰显。以各种APP形式出现的网络应用科技和网络平台本身在道德滑坡、道德失范，甚至是违法犯罪、网暴伤人等方面充当了新工具、新手段，提供了新土壤、新场所，为网络应用科技伦理提供了道德难题。总之，网络应用技术在给人们带来幸福、安详、快乐和希望的同时，也给人们带来了孤独、忧伤、愁苦和沮丧；在给人们带来物质财富、海量信息和便捷交往的同时，也带来了人伦丧失、道德失范和生活秩序混乱。从时代的角度我们完全有理由这么说，"网络应用科技时代是一个最好的时代，也是一个最坏的时代"。

7.3 网络应用科技伦理治理

治理网络应用科技带来的负面效应，除了要靠加强法律治理这个硬件建设，还必须大力加强道德伦理这个软件建设。依德治理与依法治理相结合，两手抓，两手都要硬，两者各有所指，针对性要强。单就道德伦理治理来说，要特别注意以下几点。

一、网络应用科技伦理治理的主体是人，而不是网络应用技术。网络应用技术呈中性状态，无好坏之分，只有网络应用技术的使用者才是伦理治理的对象和主体。由于现实生活中人性的多样化及其价值观差异，必然会导致网络科技应用者利益诉求不同，使网络应用科技操弄者发生短期利益与长远利益、局部利益与整体利益、个人利益与社会利益、经济效益与社会效益的偏失越轨。因此，要以人的全面发展和自由进步为尺度，发挥道德价值引领作用，重在培养伦理意识和道德心理，培育道德行为规范体系的生成。

二、网络应用科技伦理治理要坚持理论联系实际的方法论治理原则。网络应用科技伦理治理遵循应用伦理学方法论，不可能进行"为学术而学术"的学究式的治理，必须遵循实践、认识、再实践、再认识，这种形式的循环往复、逐渐升华的治理过程，要求有关治理部门和管理者以直面现实的姿态参与、体验、反思网络应用科技伦理实际，进行创造性的建构和应用。

三、网络应用科技伦理治理要坚持"自上而下"与"自下而上"相结合的治理原则。在中国传统的社会道德治理中，总是先预设理想的圣贤、圣杰道德人设和人格，然后从这个理想的人格和人设视角出发，进行"自上而下"的道德治理。而作为应用伦理学的网络科学技术应用伦理治理的方法除了要进行"自上而下"目标设定，还需要"从下而上"即着眼于应用实际、现实状况，从底层、低处看起，由低向高逐渐、逐层进行阶梯式培养。伦理治理重在道德内化和心理养成，不能拔苗助长，操之过急。美国哲学家丹尼特认为，前者路径是"吊车"，立足高处向上拔；后者路径是"举重机"，立足低处向上举。这两条路的结果是殊途同归，二者并用，不可偏废。

四、要辩证地看待网络应用科技、网络应用科技伦理，以及业已形成的传统伦理规范原则这三者相涉性问题。网络应用科技是科学技术的分项，没有脱离科学技术的属性范畴。网络应用科技伦理是自然规则与社会规则的辩证统一体，在制定社会规则时不能违背自然本性。网络应用科技伦理的制定必须遵循自然科学技术的本质属性和一切自然法则和客观规律。另外，尽管网络虚拟世界有别于现实存在的世界，技术如何网络化，网络如何技术化、虚拟化，由于虚拟网络科技的使用者是现实世界存在的人，不是机器人和虚拟人，所以业已形成的传统伦理规范原则仍然是网络应用科技伦理制定的根基和基础，是网络应用科技伦理的生成土壤。

另外，要构建安全、健康、和谐、稳定的网络科技应用环境新秩序，还必须坚持"创新、协调、绿色、开放、共享"新发展理念，大力加强网络应用软硬件环境建设，综合运用包括科技手段、法律手段和伦理手段在内的各种治理手段。同时，还要注意各种手段都要"硬"，不能"软"，在保障"自由有人权"与"网络有秩序"的前提下，构建网络应用新秩序，正如习近平总书记在第二届世界互联网大会上的讲话所指出的："网络空间同现实社会一样，既要提倡自由，也要保持秩序。自由是秩序的目的，秩序是自由的保障。我们既要尊重网民交流思想、表达意愿的权利，也要依法构建良好网络秩序，这有利于保障广大网民合法权益。"治理网络应用科技伦理更应如此，必须在自由与秩序兼容兼顾的前提下，让伦理道德、法律法规和应用科学技术等多重手段共同介入规制，让技术主义、工具主义等非理性对技术的盲动与崇拜所导致的人性扭曲发生根本性逆转，从而实现人的自由全面健康发展，这就是网络应用科技伦理治理在人的精神本质上的最终归旨和根本诉求。

7.4 网络应用科技伦理议题举要与方案

案例学习一：利用网络科学技术实施诈骗
网络科技时代聚众犯罪该如何治理

近年来，利用各种网络科学技术从事网络入侵犯罪活动的案例越来越多。某年8月，孙某与王某合伙购买电脑、手机等设备，先后雇请钱某、柴某、颜某、尹某、范某、赵某、朱某等近10人，租借城外某废弃厂房，通过利用信息网络科学技术手段设立多种微信群组，发布多条虚假的具有高额回报的投资信息，从事违法犯罪活动。因仅仅几个月获利数额巨大，次年1月，钱某、柴某、颜某、尹某、朱某等人另起炉灶，如法炮制干起了同样的违法犯罪勾当，并陆续邀约江某、丁某等人从事违法犯罪活动。半年后，又通过成员招聘、同伙介绍等办法扩大团队继续利用信息技术从事网络犯罪活动。此后经过警方多地抓捕，他们均已归案服法。

有关专家强调指出，我国执法机关应当对利用网络科学技术进行诈骗的行为予以重拳严厉打击，做到执法必严，违法必究。但同时也应当注意到这样的一个基本事实：仅仅依靠执法机关单纯从法律上的打击并不能彻底解决违法犯罪人员侵犯网络问题，更需要打防结合和全社会共抓、共管、共治、共同努力。

问题讨论：

1. 有人说，道德的作用仅限于有道德感的人，对于缺乏道德感的惯犯，道德没有任何作用。请你针对道德在违法犯罪人员中的治理作用，谈谈你的伦理观点。

[伦理方案一]　董仲舒："性三品"说

西汉初年的董仲舒认为人性有三品，即上品的圣人之性、下品的斗筲之性和中品的中民之性。圣人之性是至善的，无须后天教化改变；斗筲之性极恶，也不可后天教化改变。这两种品性都只有极少数人占有，绝大多数人属于中民之性，通过后天教化可以改变而向善。

依据董仲舒的伦理观点，针对上述利用各种网络科学技术从事网络入侵犯罪活动，且违法犯罪人员数量较多的情况而言，他们要么属于"下品的斗筲之性"，要么属于"中品的中民之性"，但肯定不是"上品的圣人之性"。这是因为："圣人之性"是"至善"的，他们在不断地充实自己的同时也始终在让自己的品德端正去关爱众生、心系民众。也就是说，圣人之所以是圣人而不是普通人，就是因为他们拥有常人所不具备的秉性，这种秉性就在于他们的行为始终以国家、民族和人民的最高利益为重，"正德厚生"，违法犯罪人员的品性与此相去甚远。但违法犯罪人员中有人属于"中民之性"，有人属于"斗筲之性"，"中民之性"的违法犯罪人员在于他们的本性并非天生的坏，而只是受到不正当的"物欲"所迷惑，这部分人可以通过后天的教化、洗礼、感染和熏陶，教育成为正常人。但违法犯罪人员中的"斗筲之性"是极端的"恶"，他们天性禀赋顽固不化，属于顽固不化的"极恶"，想利用后天的说教确实难以改变，对于这种人只有依法而治。

[伦理方案二]　扬雄："善恶混"说

西汉末年东汉初年的扬雄提出"善恶混"人性论观点，他说，"人之性也，善恶混，修其善则为善人，修其恶则为恶人"（《法言·修身》）。依据人性"善恶混"，他提出了人分圣人、贱人和众人三种类别。这样，三种不同层次的人就被归入相应的三个不同道德境门中，"天下有三门：繇由于情欲，入自禽门；繇于礼仪，入自人门；繇于独智，入自圣门"（《法言·修身》）。

依据扬雄的伦理观点，对于违法犯罪人员除了依靠法治手段依法进行打击，对其进行道德教化也是肯定起作用的，所以问题不在于能不能教化，而在于怎样教化。按照扬雄的观点看来，无论是什么人，也无论是不是违法犯罪人员，而都不是纯善亦非纯恶，而是"善恶交混"。依据其所说"修其善则为善人，修其恶则为恶人"，所以要有耐心和信心对待违法犯罪人员进行"善良意志"的培养，使其改邪归正。在对其进行"善良意志"培养和教育过程中重在道德内容的施教。也就是说，按照扬雄的观点看来，违法犯罪人员的纯善纯恶不是天性，而在于环境的影响，所以对待违法犯罪人员应着重于改善违法犯罪人员得以产生的环境，铲除违法犯罪人员滋生的土壤，如用更高的科学技术完善网络软件系统，堵住网络科技的漏洞；在立法程序上应完善法律法规并对民众尤其是对有违法犯罪倾向的人晓之以法；在社会制度上更加公平正义等。

[伦理方案三]　休谟、西季威克："后天"道德观

休谟（经验主义哲学家）、西季威克（功利主义伦理学家）认为，人天性（阿基米德道德点）在"恶"而不在"善"，始终缺乏善感且多存恶意。为使现实之人存在"善"，必须通过后天的社会理论学习和故意教育，才能建立人们的道德情感。

依据休谟和西季威克的"后天"道德观点分析，第一，人性"缺乏善感且多存恶

意",所以违法犯罪人员的天性在于"恶",而不在于"善"。也就是说,对于违法犯罪人员来讲,"恶"的成分多于"善"的成分,这是对违法犯罪人员是否可以道德教化的前提。第二,休谟和西季威克都赞成并支持对违法犯罪人员的道德教育和道德情感的培养。第三,对违法犯罪人员的道德感培养重在社会理论的学习和有意识的教育,而不是借助别人的方法。总之,在休谟和西季威克看来,通过教育手段对违法犯罪人员和有违法犯罪活动倾向的人产生作用是可行且有效的。

[伦理方案四] 鲍恩:"逐渐成为你自己"

现代美国著名伦理学家鲍恩认为,人本身是一种理想的存在,不是既定不变的,而是变化发展的,因而人性复杂多变。人格的实现只是一种可能性的不断实现,人在人格上始终思考着两个问题,即"我应当成为什么"和"我应当做什么",此中,"我们只能逐渐地成为我们自己"或"逐渐实现你自己"。在个体善与共同善关系上,"既为社会服务,也为他自己服务"是个人使命的普遍义务形式,是人格完善或健全人格的应尽义务。但是,"任何人都不会或不能像对自己那样对他人负责。每一个人都必须成为他自己的道德对象,成为一种具有至上重要性的对象;因为他不仅仅是特殊的个人,甲或乙,他也是人类理想的承担者,人类理想的实现特别依赖于他自身。以自我非意识的特有神秘性,个人使自身成为他自己的对象成为可能;在任何其他地方,他都不像他对个人这样负责……这是对自我之义务的最重要的方面"。[1]

依据鲍恩的伦理观点,违法犯罪人员的道德意识会在不断的成长中发展变化,他们在自我意识成长过程中会不断地反思自己,重新认识评估自己,因而也会不断地修正自己,最终有可能实现他们改邪归正。在鲍恩看来,可以寄希望于违法犯罪人员自我本身,因为无论什么人,当然也包括违法犯罪人员自己,没有固定不变的人性,人性是"复杂多变的"。违法犯罪人员一开始由于无知、其他"物欲"利导或他人错误利导等原因,可能会从事"恶"的活动,但是在不断地自我反思、良心启示、意识休整中,他们会扪心自问"我应当成为什么"和"我应当做什么",使自我的人格趋向道德之"善",当然这只是一种可能,也不排除更加趋"恶"。但是,违法犯罪人员有"人格完善或健全人格的应尽义务"。为了"自我义务",违法犯罪人员必须对自己比对待别人更加负责任,在自我理性指引下使自我趋"善"比趋"恶"成为更大可能。换句话来讲,依据鲍恩的观点,违法犯罪人员尽管在自我认知和评估中有继续作恶的趋向,但相比趋"恶"而言,趋"善"的空间远远大于作"恶"的可能性。因此,在对待违法犯罪人员违法犯罪的治理中,除了利用法律手段,还可以寄厚望于违法犯罪人员道德人格的自我完善。

[伦理结论]

不可否认,针对违法犯罪人员的治理问题,道德与其他手段尤其是法律手段相比,确实显得相对不足和尴尬,但这也并不代表道德无任何用处。与法律相比,道德手段比较"软",缺乏强制性,产生不了及时、速效的效果。但道德也有法律所不具有的优势：道德重在由内向外、由里及表的良心自觉。一个人一旦在内心产生了对道德的认可或感悟，就很难再去充当违法犯罪人员而与他人、社会、国家和民族作对。道德重"内在修养"，法律重"外在约束"；道德重"扬善"，法律重"惩恶"，二者侧重的领域不同。具体就违法犯罪人员而言，单纯依靠法律，肯定是不可行的，应该充分发挥道德的应有作用，同时兼顾其他手段，形成多管齐下、兼治共治、标本兼治的局面。

2. 案例结尾说"需要打防结合和全社会共抓、共管、共治、共同努力"，请你针对这句话，谈谈你的伦理认识？

[伦理方案一]　韩非子：法之伦理——"任法而治"

法家代表人物韩非认为人性本恶，趋利避害，必须"任法而治"，用威刑、赏罚代替道德教化来惩恶扬善。在韩非子看来，德治教化完全是不切实际的言论。但是，如果依法而治情况就完全不一样了，他举例说："今有不才之子，父母怒之弗为改，乡人谯之弗为动，师长教之弗为变……州部之吏，操官兵、推公法，而求索奸人，然后恐惧，变其节，易其行矣。"（《韩非子·五蠹》）意思是说，有一个不孝的儿子无法用母爱、师教等道德感化的手段来改变他，但是，等到执法官吏一到，采用法律强制手段的时候，他立即恐惧变节，认怂了。他认为人性是"固服于势，寡能怀于义""固骄于爱，听于威矣"（《韩非子·五蠹》），所以治国不能靠道德说教，而只能靠"势""威"（法治）。

依据韩非子的伦理观点，对待违法犯罪人员唯一行之有效的手段就是法律，道德说教没有任何作用和意义。在韩非子看来，人性本恶，趋利避害，利用法律对人进行利导，正是依性而为，对症下药，正中靶心。利用道德教化根本不能使违法犯罪人员改邪归正，道德没有强制手段，起不到对违法犯罪人员人性之"恶"的震慑作用，对于人们行为的管束必须依性而为，循性而治，否则就是空谈。韩非子举了很有说服力的例子：母爱、师教等道德感化的手段对不孝之子无动于衷，执法官吏一到，不孝之子立即恐惧认怂。这就是法律的威力。所以在韩非子看来，法律是唯一行之有效的手段。

[伦理方案二]　葛洪：《抱朴子》——"以刑佐德"

我国东晋时期道家代表人物葛洪认为："故仁者养物之器，刑者惩非之具。我欲利之，而彼欲害之，加仁无俊，非刑不止。刑为仁佐，于是可知也。""仁之为政，非为不美也。然黎庶巧伪，趋利忘义。若不齐之以威，纠之以刑，远羡羲农之风，则乱不可振，其祸深大。以杀止杀，岂乐之哉！"（《抱朴子·用刑》）[1]

依据葛洪的伦理思想，对待违法犯罪人员，法律是必要的，但仅仅依靠法律还远远不够，必须以德为主，以刑为辅，用刑佐德，才能相得益彰，方能达到对违法犯罪人员行为的有效遏制。在葛洪看来，道德的作用在于"养性"，法律的意义在于"惩非"。对于违法犯罪人员的为"非"作歹，法律是当之无愧的手段，但惩治过后或惩治之前那就必须要靠道德教化来起作用了，否则"以杀止杀，岂乐之哉"？

[伦理方案三]　佛留耶林："人格价值"与"人格艺术"

美国现代著名伦理学家佛留耶林认为：在一个具有反思能力的世界中，对于个体来说，最重要的问题之一，就是使各种需要、欲望、目的和习惯适应社会秩序的更大的需要。人格的创造性绝不是逃避或不适应社会规则，而是个人对社会秩序的自觉意识和"与社会合作"的艺术性价值。尽管人格的核心在于个人，但人格的最高艺术价值却在于个人对社会的付出，而不是个人自我，他说："最高的人格只有通过把个人的各种能力完全奉献给社会、奉献给上帝才能实现。"[2]

依据佛留耶林的伦理观点，人是一种具有反思能力的动物，能够使自我的"各种需要、欲望、目的和习惯适应社会秩序的更大的需要"。因此，尽管违法犯罪人员暂时的行为表现为对社会的危害，但违法犯罪人员在自我理性反思的作用下，最终必然会"适应社会秩序"。也就是说，违法犯罪人员必然最终趋向于悬崖勒马，改邪归正，顺应时代潮流。这是违法犯罪人员个人"对社会秩序的自觉意识"，也是他"与社会合作"的艺术性价值所在。这种艺术价值体现在对社会的奉献。佛留耶林基于人性的美好厚望，给今天我们对违法犯罪人员的治理留足了道德教化的空间。

[伦理方案四]　雅克·马里坦："社会规律"与"技术改善"

法国现代存在形而上学伦理学家雅克·马里坦认为，内在的矛盾运动导致人类社会以牺牲和丧失部分为代价的整体进步，这种代价既有个人的也有社会整体的，但社会的总趋势是进步的，其动力源自人类精神自由的历史力量和作为精神实现的工具的技术进步，"人类社会的生活以许多丧失为代价而进步。它的发展和进步多亏源自精神和自由的历史能量之生命活力的勃发和超升，多亏常常处于精神之前但却在本性上只要求作为精神之工具的技术改善"。[3]

依据马里坦的伦理观点，对违法犯罪人员的治理可以暂且跳出道德与法律这两种手段，他认为最好的办法在于利用更为先进的科学技术，堵住网络系统漏洞，让违法犯罪人员无法利用技术手段从事违法犯罪活动，从而可以根治违法犯罪人员的违法犯罪行为。在马里坦看来，违法犯罪人员所造成的社会危害或损失是人类进步史上的必然现象，但不会影响人类进步的整体步伐，或者可以这样理解，人类历史的进步恰恰就是通过部分牺牲或社会局部利益的丧失才体现最终的社会进步。在马里坦看来，违法犯罪人员既是人类进步史上的阻碍器，也是推进器，正是它的这种双重矛盾作用才导致人类对科学技术的更进一步的追求。这就像是矛和盾之间的技术不断革新那样，矛的尖锐促使了盾的技术革新，反过来，盾的坚固又促使矛的技术革新一样，最终却导致了技术史的不断演进。所以，技术的漏洞需要用技术的进步来消除，消灭违法犯罪人员最终还需要靠技术的改善，尤其是网络系统技术的完善。

[伦理结论]

对待违法犯罪人员的治理，首先，不能仅仅靠法律手段，应该综合利用，多管齐下，形成合力，在全社会形成"共抓、共管、共治、共同努力"的治理格局，才能收到良好效果。在此过程中，不可否定的是，道德的作用至关重要。道德的作用尽管没有法律手段来得快、打得准、治得狠，但道德能起到法律所无法起到的效果。道德是由内向外发生作用，只有当违法犯罪人员从内心意识到自己行为的错误，才能由衷地彻底地改邪归正，因此，我们有必要从道德教育的内容和方法上进行研究，来收到法律手段所不能起到的效果。其次，注重网络系统技术的完善，堵住违法犯罪人员对软件系统进行攻击的漏洞。最后，我们还要注重社会的公平正义，注重缩小贫富差距，从社会环境中铲除违法犯罪活动得以滋生的土壤。

案例学习二：计算机信息应用系统漏洞

异乎寻常的某某工作间

近日，某县警方侦破了一桩利用互联网信息系统技术漏洞，违法盗取计算机数据信息的案件，共抓获违法犯罪嫌疑人数十人，查获非法获利上千余万元赃款。

某年某月某日，某县警方获得一条重要线索，辖区内有一个互联网公司利用其网络直播平台，不到一年的时间内在其所有经营的营业额中，竟然有超过一半是死账或坏账。死账或坏账是一种盈利企业无法正常收回或收回概率极小的企业经营款项，也就是说，客户方在该公司网络经营平台上因购买商品或服务而打入对方账户的钱款，有绝大部分金额该经营公司是无法正常入账或收入账户，该部分钱款被别有用心的人给"拦截"了。经过警方排查，有一个叫某某的手游代充业务工作间引起了警方的高度警觉。小王和小周正是该工作室主人，面对该辖区警方的审查追问，小王和小周都后悔不已，悔恨地说道"其实，我们也是受害者，是被计算机互联网给坑了，如果互联网信息应用系统没有漏洞，我们就不会有今天的结局"。

问题讨论：

1. 有人说"科学技术是一把双刃剑"，请你从网络应用科技伦理的角度，谈谈计算机信息应用系统作为当代科学技术的伦理认识？

[伦理方案一]   章太炎（章炳麟）：《俱分进化论》

我国近代伦理学者章太炎（章炳麟）从时代演进和人类进化论的角度分析，科学技术是时代演进和人类发展所带来的恶果，他说："进化之所以为进化者，非由一方直进，而必由双方并进……若以道德言，则善亦进化，恶亦进化；若以生计言，则乐亦进化，苦亦进化……曩时之苦乐为小，而今之善恶为大。"意思是说，虽然"善"在进化进步，而"恶"也随时代一起进化而更"恶"，而人类随着科技手段的进步，给人类造成的痛苦和灾难比过去更多、更重。

依据章太炎的伦理思想，计算机应用网络信息系统是时代发展的悲剧。在道德生活中，善恶是人类所面临的必然选择，有人选择了"善"，也有人选择了"恶"，但是科学技术尤其是计算机应用网络信息系统的出现加剧了人类道德"恶"的选择。人们利用科学技术手段使自己违法犯罪的手段更加隐蔽，违法所造成的社会危害更大，人性之"恶"的彰显更加突出,"给造成的痛苦和灾难比过去更多、更重"。因此,人们应该摈弃计算机网络应用信息系统,至少应该减少对计算机网络应用的系统的过分依赖。应该指出,章太炎的观点是非常消极和错误的。

[伦理方案二]　雅克·马里坦:"科学技术"观

法国现代存在形而上学伦理学家雅克·马里坦认为,科学技术的应用是人在各种物质力量面前的一种进步的退却。"为了统治自然,人作为仅次于神的世界造物者,事实上被迫越来越使它的理智和生活屈从于种种不是人类的而是技术性的必然,屈从于他国转动并侵犯着我们人类生活的那种物质秩序的力量"。[4]

人对技术至上的信仰,以及人的实利主义和物欲膨胀,使人与物、人与技术、人与自然等的相互关系恶化了,使人由物质技术的主人变成了物质技术的奴隶,导致了人的异化、非人化和物化,这是以人为中心的人道主义带来的恶果,他说:"倘若事情长此以往,用亚里士多德的话来说,世界似乎将会成为只能是野兽或神居住的地方。"[5] 依据雅克·马里坦的科技应用伦理观,计算机网络应用信息系统作为现代科学技术在现实生活中的广泛应用,给人类带来众多福利的同时也带来了巨大的麻烦和恶果。由于对计算机网络信息系统的过度依赖或不当使用,人类已经失去了本真的生活原态,成了计算机的奴隶,导致了人的异化、物化。在马里坦看来,人性复杂多变,计算机网络应用信息系统的广泛应用,诱发了人性"恶"的一面,产生了大量利用计算机进行违法犯罪的现象,使人性更多地趋向了"恶"。计算机网络应用信息系统让人类在各种物质力量面前产生"一种进步的退却"。另一方面,在"人的实利主义和物欲膨胀"背景下,作为现代科学技术成果的计算机又成了其帮凶。计算机网络应用信息系统与"人的实利主义和物欲膨胀"之间成了因果关系,因此,依据马里坦的观点看来,人们对计算机网络信息系统的不当使用必然导致人们之间伦理关系的恶化。

[伦理方案三]　布莱特曼:"应然"与"实然"("科学"与"价值")

美国现代著名伦理学家布莱特曼认为:"应然"是价值的本质,"实然"是自然的本质。自然的存在必须用自然科学的手段加以研究和把握,而自然科学通过预测、发现、实验和论证、实践检验等多种方法来认知和控制自然,获取规律和真理。然而,自然科学本身只提供"实然"之手段而不体现"应然"之价值,"它给予我们手段,但并不给予我们的目的"。[6] 科学技术管控自然,在带给人类福利的同时也给人类带来了非价值、负价值或反价值的矛盾,而"人"成了实然之手段和应然之价值相矛盾的阿基米德道德支点,因为人既是自然的存在,也是价值的存在。

依据布莱特曼的应用伦理观点,计算机网络应用信息系统提供给人们的是自然科学,自然科学只表达"实然"情况,并不表达伦理道德上的"应然与否","应该与不应该"属于人对自然科学的价值感受,正如人们常说物理学只告诉我们如何制造原子弹而无法告诉我们应不应该造原子弹,生物学只告诉我们如何控制生育而无法告诉我们该不该这样做一样,科学只关注事实,而不关注伦理(感觉)上的应该与不应该。

换句话来讲，利用计算机网络信息系统进行违法犯罪不是计算机网络信息系统的错，错的是利用计算机进行活动的人。罪恶的不是科学技术，科学技术只反映和表达"实然"之手段，并不反映和表达"应然"之价值，真正反映并表达"应然"之价值的只有人，是使用计算机的人。也正是因为"人"成了作为科学技术的计算机网络应用信息系统和人类伦理道德"应该与不应该"之间产生联系的阿基米德道德支点，对计算机网络应用信息系统使用结果所造成的"应当或不应当"负责的是"人"，只能是使用它的"人"，而绝对不能归咎于计算机网络应用信息系统这个工具。

[伦理结论]

计算机网络应用信息系统作为科学技术在网络社会生活中的广泛使用，在给人类带来快速、便捷、适用等福利的同时，也给人类带来了不小的麻烦和不可逆的后果，"是一把双刃剑"，但人是这把"双刃剑"的主导者和使用者，人应当对自己利用计算机网络应用信息系统所带来的行为后果负责。计算机网络应用信息系统只提供工具性手段，反映和表达的是"是或不是"的"实然"之事实关系，并不反映和表达伦理道德上的"应当或不应当"的"应然"之价值关系。计算机网络应用信息系统是无辜或无罪的，有罪的是利用计算机网络应用信息系统来企图实现自己不正义目的的人。正是人，更确切地说，正是利用计算机网络应用信息系统的人，才成为"是或不是"的"实然"之事实与"应当或不应当"的"应然"之价值这二者发生联系的中介和纽带。是人，恰恰只是人，才真正是工具性手段和价值性目的的阿基米德道德支点所在。

2."其实，我们也是受害者，是被计算机互联网给坑了，如果互联网信息应用系统没有漏洞，我们就不会有今天的结局。"你同意小王和小周的说法吗？为什么？

[伦理方案一]　　孟子："存心养性"

儒家代表人物孟子认为，人人皆有恻隐之心、羞恶之心、辞让之心和是非之心，即仁、义、礼、智四端善心，这种善心只是自然地趋向于善，但现实社会中出现的不善，主要是外在环境和人不知养性所致，因此他提出保持善心的两种主张：一是作为道德化身的圣人（君王）实行"仁政"；二是在个人修养方法上"存心养性"，通过道德主体的自为、自觉来扩充善性，达到人格的完美。

依据孟子的观点，小王和小周的说法并不是没有一点道理，但理由缺乏充分性。换句话说，小王和小周的说法看似有理而非有理。这是因为，在孟子看来，人性本善，之所以有不善，主要在于"外在环境和人不知养性"，"外部环境"即计算机网络应用信息系统，如果真的没有漏洞，正如"苍蝇不叮无缝蛋"，恐怕小王和小周确实也不会找到违法犯罪的诱因，似乎不无道理。但纵观孟子全部的观点，他把人之不善的原因主要归咎于"人不知养性"。也就是说，他俩之所以会违法犯罪，主因在于内因而不是外因，即主要原因为内在自我主观修养不足，而不是作为外部环境的计算机网络应用信息系统漏洞。试想，同样面临计算机网络应用信息系统漏洞，为何绝大多数的人不去利用它来违法犯罪，谋取不正当利益，而偏偏是小王和小周呢？难道不是他俩内在修养不足的原因所致吗？既然如此，那么，小王和小周该如何进行道德修养呢？针对他俩的情况，孟子的良方是"恻隐之心、羞恶之心、辞让之心和是非之心"之"存心养性"。

[伦理方案二]　斯金纳："环境与行为"论（"技术与行为"论）

美国当代新行为主义伦理学者斯金纳认为，外部环境（科学技术）与人类行为之间类似于"刺激－反应"理论，不仅仅是决定与被决定关系，而且还有相互主动的关系。环境与条件（含遗传因素、科学技术控制等）对行为除了有决定的一面，环境（科学技术）在很大程度上也是由人的行为造成的。环境（科学技术）与人类行为的影响和作用是双重和双向的。但是，人不仅能依赖环境，受制于环境，还能够利用环境，就像人类利用造出的原子弹等核武器制止战争一样，人们也可以用它来发动战争，祸害人民。他说："我们不单是关心反应，而且关心行为，因为它影响着环境，特别是社会环境。"[7]

依据斯金纳应用理论的观点，小王和小周的说法是有道理的，但又不完全有道理。在斯金纳看来，这是因为：小王和小周之所以会违法犯罪，就是因为计算机网络应用信息系统存在漏洞，在这些"刺激"作用下，他俩做出利用计算机网络应用信息系统漏洞，实施实现不正当利益的违法犯罪"反应"。如果没有计算机信息应用系统漏洞，他俩就没有做出错误"反应"的条件，形成不了"刺激－反应"的因果行为，所以说，小王和小周的说法不无道理。但是，事情也没有这么简单，斯金纳同样认为，计算机网络应用信息系统漏洞与他俩行为之间"还有相互主动的关系"，即计算机网络应用信息系统漏洞是由于人为因素造成的"外部环境"，人类包括小王和小周在内应对这样的计算机网络应用信息系统漏洞（即外部环境）负责。小王和小周在计算机网络应用信息系统漏洞这样的条件刺激下，也不一定要完全做出违法犯罪的错误的"反应"，他俩也完全可以做出利用自身具有的网络软件应用技术来修复计算机网络应用信息系统漏洞这样的"反应"或正确举措，所以说，小王和小周的说法又不完全有道理。但是，依据斯金纳"刺激-反应"的理论，"环境决定论"是主要的，即计算机网络应用信息系统漏洞造成了小王和小周的"下场"。从这一点来看，斯金纳的观点失之偏颇。

[伦理方案三]　罗尔斯："自尊之善"

当代美国伦理学家罗尔斯认为，人的"自尊"或"自珍"是最高的个体之基本善。它有两点：（1）自尊包括一个人对自我的价值感或价值存在感，他对"善"理念的可靠之确信，对自我生活计划的可靠确信，即确信它是值得实现的；（2）自尊意味着对自我能力的确信。也就是说，自尊即是人对自我的价值感和自我能力的信心。自尊之善的实现还需要"合宜的环境"，即如果人们对某事越熟练越擅长，那么，他们就越趋向于或越喜欢做这件事，倘若有两种活动人们都同等熟练和擅长，那么，他们总是更趋向于选择那种更具挑战、更复杂、更具敏锐辨别力的活动[8]。

依据罗尔斯应用伦理思想的观点，他不赞成小王和小周的说法，认为他俩是对"自尊"或"自珍"这个最高之个体基本善的错误理解所致。具体说来：依据罗尔斯的观点看来，小王和小周是精通计算机网络应用信息系统的人，而且很可能就是计算机应用软件专业毕业的优秀高才生。他俩为了实现自我人生价值或价值存在感，在对"自我能力"充满信心的前提下充分利用了"合宜的环境"——计算机网络应用信息系统漏洞，并"对自我生活计划的可靠确信"，确保他俩自身在违法犯罪、盗窃他人财物的情况下不被公安机关发现后所为。这种所为也是基于他俩对计算机网络应用信息系统业务和技术的精通，也即罗尔斯在《正义论》中所表达的意思：如果人们对某事越熟练越擅长，那么，他们就越趋向于或越喜欢做这件事，倘若有两种活动人们都同等熟练和擅长，那么，他们总是更趋向于选择那种更具挑战、更复杂、更具敏锐辨别力的活动。但是在罗尔斯看来，他俩显然"误解"了"自尊"或"自珍"的内涵。"自尊"或"自珍"除了上述几点含义，还有至关重要的一点，这就是"对'善'理念的可靠之确信"。但凡不是建立在"对'善'理念的可靠之确信"的任何的所谓"自尊"或"自珍"的理解都是错误的。"善"理念要求大家无论在动机还是在行为过程中都必须遵循对他人、社会、民族、国家的正能量。小王和小周对他人财物盗取的违法犯罪行为显然不符合对"善"理念的正确把握。

[伦理结论]

小王和小周的说法，从根本上讲是错误的。诚然，计算机网络应用信息系统为他俩实施盗窃他人财物的行为提供了便捷，成了他俩违法犯罪的诱因之一。但在同样的"诱因"面前，为何绝大多数人都能正确对待，泰然处之，而唯独他俩不能守住"本心"呢？真正的原因恐怕应当归咎于其"动机"不善。对小王和小周来讲，应该一定要守住"本心"，不忘"初心"，或者说，对待他人、社会、民族、国家应该持有善良意志。多从主观因素上找原因，而不是简单抱怨外在的客观环境——计算机网络应用信息系统漏洞，这才是真正端正自我伦理行为所应该持有的正确态度。

案例学习三：网络游戏中的善恶设定
网络游戏中的善恶设定

小杨周围的同学最近都热衷于正在流行的某两款网络游戏。在游戏中，不同游戏玩家一定要善待游戏角色中的所有人，包括所有动物，否则就是不善行为。根据被善待的人和动物所处困境中的难易程度、受伤程度、救助或救治时间长短，以及游戏玩家能够使用和想到的方式方法等进行加减分数计算。还有一款游戏，在预设的荒野上生存，必须把包围圈内的所有人全部救出，而且必须毫发无损。你周围正常且健康的人越多，你也能存活得越久，你自身的健康程度也就越好，你的分数就越高。这些场景中只有精确对位、招数配合、灵活走位才能存活得越健康、越长久，而罪恶的人无法在游戏中存活，也无法获得高分。

网络游戏通过夸大游戏世界的虚构性，避免玩家用现实伦理来检验游戏世界，但无论如何无法避开人性。玩家们可以遵循游戏的逻辑判断、思维敏捷、精准走位、身体矫健程度，来确定分数高低，但是游戏制作商是否应该设置玩家向善与向恶的权力，即使在游戏中极端恶劣的设置下，仍然保留玩家有不同选择机会，能够走向不同的结局？

问题讨论：
1. 对于网络游戏规则中的行善设定，符合伦理精神吗？为什么？

[伦理方案一] 墨子："贵身"、巫马子问"道"

"今谓人曰：'予子冠履，而断子之手足，子为之乎？'必不为。何故？则冠履不若手足之贵也。又曰：'予子天下，而杀子之身，子为之乎？'必不为。何故？则天下不若身之贵也。"（如果对人说："给你帽子和鞋子，然后斩断你的手足，你愿不愿意？"这人一定不愿意。为什么？就因为帽子和鞋子不如手足可贵。又说："给你天下，然后把你杀掉，你愿不愿意？"一定不愿意。为什么？就因天下不如生命可贵。）巫马子谓子墨子曰："子兼爱天下，未云利也；我不爱天下，未云贼也。功皆未至，子何独自是而非我哉？"子墨子曰："今有燎者于此，一人奉水将灌之，一人掺火将益之，功皆未至，子何贵于二人？"巫马子曰："我是彼奉水者之意，而非夫掺火者之意。"子墨子曰："吾亦是吾意，而非子之意也。"（巫马子对墨子说："你主张兼爱天下人，并没有利于人；我主张不爱天下人，也不曾害于人。都没有什么效果，你为什么自以为是，而老是责难我呢？"墨子回答："现在街上的房子失火了，一个邻居准备取水去扑灭火，另一个邻居准备操起火把去助长火势，但是都还没有产生后果，你说这两个人谁好呢？"巫马子回答："当然是准备救火的邻居好，而那个想火上添油的人不好。"墨子微笑着说："对啊，虽然他们两个人的功效都没见到，但谁是谁非已能判定。这就是我自认为是，而以你为非的道理了。"）墨子是动机论者。动机的善与恶是非常重要的。

依据墨子的观点，必须善待他人，即使在虚拟的网络游戏中也可以制定游戏规则进行行善设定。原因在于，天下万事万物没有任何东西比生命珍贵，善待他人生命甚至是动物生命的行为值得提倡，是一种可以赞扬的行为。至于网络游戏中的虚拟行善行为也是可行的。因为网络游戏中的行善行为虽然仅仅是一种虚拟行为且并不具有现实意义，但其行善的动机和理念显然是符合人道主义原则和伦理精神的。墨子是一个动机论者，依据墨子的观点，如墨子所喻，人家救火，你却燎之，即使未遂，你也不能以效果未见而自辩动机之善。以此推之，网络游戏中行善规则的设定——让玩家行善的动机和理念以及行善的行为有利于且符合生命高于一切的伦理诉求，这是一种难能可贵的行为。

至于游戏中"不同游戏玩家一定要善待游戏角色中的所有人，包括所有动物，否则就是不善行为"，以及游戏"根据被善待的人和动物所处困境中的难易程度、受伤程度、救助或救治时间长短，以及游戏玩家能够使用和想到的方式方法等进行加减分数计算"这样的规则制定，似乎在鼓励游戏玩家行善做好事，甚至在鼓励无差别行善，尤其是不行善就是恶的规定。人与人之间当应相互"兼爱""非攻",鼓励行善,甚至鼓励无差别行善,这也许是"走过头"了,但是不可否认,这是一种关注人类生命,珍爱生命,视他人生命如己生命的做法,是道德善行。在墨子看来,可以发扬光大。

[伦理方案二]　雅克·马里坦:"人存在主体性"

　　法国现代存在形而上学伦理学家雅克·马里坦认为,人存在的主体性表现在于它"既接受着,也给予着"。人存在主体性中的自我中心意识只意味着"接受"而无法"给予"。"给予"是人存在主体性的最高境界,它通过对物质性的个体存在和自我封闭的洞穿,通达精神人格存在和爱之存在。这种"给予"就是真正的人存在主体性。他说,他通过理智并依靠知识中的超存在而接受着,通过意志并依靠爱中的超存在而给予着。这就是说,依靠在他自身内把其他存在作为内在的吸引力而指向他们,并将自己给予他们,而且依靠馈赠式的精神存在指向他们,将自己给予他们。"给予比接受更好。"精神的爱的存在是自为存在的最高显露。自我不仅是一种物质个体的存在而且也是一种精神人格的存在,只有在自我是精神的和自由的范围内,自我才占有他自己并把握他自己。[9]

　　依据马里坦的观点,网络游戏规则中的行善设定,不但符合伦理精神,而且是一种"给予",这种"给予"就是真正的人存在主体性,是人由"物质主体"走向更高级别的"精神主体"。在马里坦看来,人的原初的天然的本性是"接受"而无法"给予"。"给予"是人存在主体性的最高境界,它通过对物质性的个体存在和自我封闭的洞穿,通达精神人格存在和爱之存在。因此,在网络游戏中,无论是网络游戏玩家、制造者还是商家,对人类"行善"的做法无疑都是一种伦理精神的进步,把人性中"既接受着,也给予着"的双面人性进行有意识的培养,这种培养不是针对"接受"而是针对"给予",即是一种对行善者的善行进行预设,培养其属于"给予"伦理道德,是一种对人性向上的赞扬。在"既接受着,也给予着"原初的人性中,只有"给予"是最高尚的,是一种通达精神人格存在和爱之存在。因此,依据马里坦的观点,网络游戏规则中的行善设定,是符合伦理精神的。

[伦理方案三]　哈特曼:价值现象学中的"反价值"

　　德国近代伦理学家哈特曼认为"价值即本质"。维持生命存在及其身心健康发展的本身就是一种正价值,而死亡等危害身心健康的行为就是一种反价值。生命的衰落、衰败和堕落及对生命的敌视、娇宠、压制、厌恶、不适和摧残是对物体生命、精神生命和人格生命的亵渎、漠视和无化。不仅如此,他还认为,一种行为的价值不依赖于该行为的成功,而依赖于它的意向的方向。不仅主张真正的道德价值在于由善良意志所引发的动机,而且强调这种动机的方向性和方向性的动态过程。

　　依据哈特曼的伦理观点,可以进行行善预设或设计,无论是在现实世界还是虚拟的网络游戏中都可以在制定的游戏中进行行善设定。首先,从反面来讲,就作恶这一行为,哈特曼认为,违背生命伦理,属于道德"反价值",因为任何"对生命的敌视、娇宠、压制、厌恶、不适和摧残是对物体生命、精神生命和人格生命的亵渎、漠视和无化",对他人采取剥夺生命的做法,脱离了价值现象学中的伦理道德精神,人的价值和本质就在于生命的存在。其次,游戏中"根据被善待的人和动物所处困境中的难易程度、受伤程度、救助或救治时间长短,以及游戏玩家能够使用和想到的方式方法等进行加减分数计算",以及"必须毫发无损,你周围正常且健康的人越多,你也能存活得越久,你自身的健康程度也就越好,你的分数就越高",这样的游戏规则预设的行善行为,尽管有一定的"过头"或不妥之处,但其意图和精神实质是一种对人性向上的肯定,更是对生命的重视和尊重,否则就会带来"反价值"。用行善的数量来标衡游戏得分和存活长久,在哈特曼看来,这似乎本身就是一种对行善或对道德行为的鼓励。如果网络游戏制作者、商家和玩家等不是在行善或进行行善预设,而是在作恶或进行干坏事预设,那就是一种伦理纵容和对"物体生命、精神生命和人格生命的亵渎、漠视和无化",所以,如果是这样,游戏预设就不符合生命与科技伦理的精神和诉求。最后,就网络虚拟而言,尽管游戏规则中的行善预设仅为娱乐游戏,与现实社会截然不同,但在哈特曼看来,也是可以允许这样的道德行为存在的。哈特曼认为一种行为的价值不依赖于该行为的成功,而依赖于它的意向的方向,网络游戏预设的行善动机和理念并不是出自善良意志,只有出自善良意志的动机和理念才具有真正的道德价值。也就是说,在哈特曼看来,网络游戏中的行善预设或设计,虽然仅仅是一种游戏规则,不具有现实生活和现实社会的价值意义,但由于其具有善良动机和伦理初衷,就有了伦理上的道德正价值,因而仍然属于可允许或可支持的行为。

[伦理结论]

仅就网络游戏中的行善或善行的设定,无疑是符合伦理精神的。这是因为无论是在虚拟空间中的网络游戏还是现实社会,也无论是具有行善行为事实还是仅仅具有行善的理念初衷抑或行善的思想动机,在一般意义上,都是不违背生命与科技伦理精神的,有一定的人道主义基础。但我们也必须意识到,网络游戏制作者既然能对网络游戏进行行善或善行的设定,也就能够对其进行作恶或恶行的设定、预设。一旦游戏制作者对其开发的游戏规则进行作恶或恶行的设定、预设,除非网络游戏制作者是出于善意或基于道德正价值规旨的过程惩恶性预设,否则,就违背了人类伦理精神。

2. 有人说网络游戏的故事情节是虚构的,是一种虚拟社会,不是真人生活和现实世界,因而没有必要用现实伦理来检验游戏世界。请你从应用科技与生命伦理视角分析,网络游戏制作商在对网络游戏产品开发中是否应当恪守伦理道德?应当怎样恪守伦理道德?

[伦理方案一]　　章太炎:时代局限的悲观主义——《俱分进化论》

章太炎说:"进化之所以为进化者,非由一方直进,而必由双方并进……若以道德言,则善亦进化,恶亦进化;若以生计言,则乐亦进化,苦亦进化……曩时之苦乐为小,而今之善恶为大。"意思是说,虽然"善"在进化进步,而"恶"也随时代一起进化而更"恶",而人类随着科技手段的进步,给人类造成的痛苦和灾难比过去更多、更重。

依据章太炎的俱分进化论观点,首先,网络游戏制作商在根本上就不应该发展科学技术尤其是网络游戏这种软件技术,即使网络游戏制作商对网络游戏产品进行开发和使用,也应当限制在极小的范围和领域并采取极为严格的道德约束和伦理手段谨慎行事。鉴于随着时代的进步,恶比善进化得更快,网络游戏制作商始终要严格恪守趋善避恶的道德伦理宗旨,对所谓的网络游戏行善这种预设行为应当给予支持。其次,至于游戏中"根据被善待的人和动物所处困境中的难易程度、受伤程度、救助或救治时间长短,以及游戏玩家能够使用和想到的方式方法等进行加减分数计算",这样以行善多少来决定分值的高低,以及游戏"在预设的荒野上生存,必须把包围圈内的人全部救出,而且必须毫发无损"。这种无差别的行善规则,都是时局俱变的结果,验证了"曩时之苦乐为小,而今之善恶为大",也就是说,依据章太炎的观点,即使行善,但恶比善进化得更快,是时代和科技进步的罪恶。基于此,网络游戏制作商的道德操守在于"绝圣弃智",也应该回避这样的行善预设,回归非网络时代和无科技社会。还有一种情况,就是网络游戏制作商既然能进行行善预设,谁能说就不会再从事作恶预设呢?所以,网络游戏制作商一定要承担其设置游戏的伦理责任。

[伦理方案二]　康德:"绝对命令"第一式(实践原则)

根据康德"绝对命令"第一式(实践原则):"你的行动,要把你人格中的人性和其他人人格中的人性,在任何时候都同样看作是目的,永远不能只看作是手段。"换言之,人是目的,不是手段。

依据康德的伦理观点,一方面,网络游戏制作商在进行网络游戏产品开发制作的过程中,应该严格恪守把"人作为道德目的"的伦理道德。人是目的,就应该以人道主义道德精神对待人类,道义待人就是道义待己。那种视别人生命为草芥,随意践踏或虐待,是对他人生命的亵渎,也是对自己生命的漠视。另一方面,更不能把网络游戏的作恶预设作为游戏制作商赚取钱财的手段。君子爱财,取之有道。一味追求刺激的网络作恶预设的规则(当然这里是行善预设),会给玩家尤其是青少年身心健康造成危害,打虚拟与伦理关系的擦边球、钻法律与伦理的空子以谋求利益最大化,损人利己,罔顾自己的职业道德和伦理操守,难免会把网络游戏变异为"电子鸦片"。总之,在康德看来,网络游戏中的"人"只是目的,不是手段,需要游戏制作商秉持人道主义伦理精神待之。

[伦理方案三]　萨特:自由主体伦理学"存在先于本质"

法国伦理学家萨特主张"存在先于本质",人作为存在主体有超脱所有存在物的尊严和自由。人是绝对自由的个体,自我自由地选择和决定一切,不存在用来羁绊人的所谓上帝、共同人性、决定论或宿命论。但人的这种绝对自由受伦理道德和具体境遇制约，其行为在选择时承担道德责任。

依据萨特的观点，网络游戏制作商在进行网络游戏产品开发制作的过程中，应该严格恪守伦理道德，遵守网络游戏制作行业的职业道德，否则将承担道德责任。在这里，萨特所谓的"人"主要是指网络游戏制作商。网络游戏制作商的行为意志处于绝对"自由"状态，"自我自由地选择和决定一切"，也就是说，在游戏制作过程中，游戏制作商依自身意志自由可以选择"行善"或"作恶"预设，也可以不选择"行善"或"作恶"预设，即中性化预设，行为绝对自由。但是正基于此，他们行为的这种"绝对自由"理应受网络游戏制作行业"伦理道德和具体境遇制约"，其行为在后果上属善属恶，要接受道德审判，没有不受道德制约的行为责任。

[伦理结论]

网络游戏作为应用科学技术的一种当代科技产品，尽管具有虚拟社会的性质，仍然应当遵守应用科技伦理和生命伦理的道德诉求。回顾网络游戏行业飞速发展、网络用户规模不断膨胀的今天，一些以益智健脑为名，诉诸武力、打斗、非人道预设等刺激性内容为主的低级趣味、不健康的网络游戏产品大量涌现，严重违背了应用科技伦理和生命伦理道德，触碰科技与生命伦理底线。因此，必须加强网络游戏制作商的道德伦理意识和责任主体意识。

第一，网络游戏制作商要立足自身职业道德，加强网络游戏制作过程的道德主体意识。以2017年12月中宣部联合多部门发布的《关于严格规范网络游戏市场管理的意见》为准绳，以网络游戏道德委员会的伦理要求为己任，自主自觉地针对网络游戏违法违规行为和不良内容展开自我道德审视，对存在道德风险的网络游戏进行自查自纠和自我整改。

第二，网络游戏制作商要明辨义利之观，以社会主义核心价值观的伦理诉求自我约束。俗话说，君子爱财，取之有道，不可昧着良心打虚拟网络与伦理道德关系的擦边球、钻法律与伦理的空子以谋求利益最大化，不能唯利是图，罔顾道德责任，损人利己，失去职业道德操守。

第三，网络游戏制作商要秉承人文主义伦理价值观塑造网络游戏产品，注入道义与仁爱精神于产品之中。秉持人道主义伦理精神，去除武力、打斗、非人道预设等低级趣味、不健康的精神元素，塑造珍爱生命、和谐健康的游戏虚拟世界。

总之，网络游戏制作商在对网络游戏产品开发制作过程中进行行善预设，也应当加强自身德性修养，只有增强道德自律，守住道德底线，谋求可持续发展，网游产业才会步入健康和绿色发展的正轨之中。

3. 有人说网络游戏的故事情节是虚构的，是一种虚拟社会，不是真人生活和现实世界，因而没有必要用现实伦理来检验游戏世界。请你从应用科技与生命伦理视角分析，广大网络游戏爱好者是否应当恪守伦理道德？应当怎样恪守伦理道德？

[伦理方案一]　《淮南子》："至德"

《淮南子》一书认为，人应当不参与"志欲"和"好恶"，私志不得入公道，嗜欲不得枉正术；推自然之势，而不以智巧；事成而不居功，功立而无名于己；内修其本而不外饰其末。也就是说，对外物之利应该持正居中，不可志嗜于负面的东西，以给养身体，保真生命为本，这就是"至德"。

依据《淮南子》的观点，广大网络游戏爱好者在利用网络游戏进行娱乐时应该严格恪守网络生活的伦理道德，不要参与到"志欲"和"好恶"之类的低级趣味、不健康的网络游戏活动中，培养良好的人性品质。要学会抱着一颗正常人具有的德性心态参与网络生活，不沉溺于游戏网络、不参与诸如游戏作恶规则的"私志"和"嗜欲"。"私志"入不了"公道"，"嗜欲"容易"枉正术"，如果广大网络游戏爱好者尤其是广大青少年一味地专营"私志"和"嗜欲"，就容易偏离社会"公道"，断送自己多年苦心经营的学业"正术"，走上错误的人生轨道，不利于自我成才或成人的德性养成。总之，广大网络游戏爱好者应当不志嗜于负面的东西，以给养身体，向"至德"标准看齐，自觉培养自我优良的网络生活道德品质。

[伦理方案二]　霍布斯：第一自然法（根本律令）

霍布斯在《利维坦》中认为人性是自私的、永恒不变的、恶的，人具有自我保存的先天欲望——权力欲、财富欲、荣誉欲、安全欲，以及对死亡的恐惧等。在自然状态下由于人们的欲求相同且无止境，而可欲求之物又不足，必然产生相互猜忌、竞争、争夺、怀疑和恐惧，或先发制人或武力摧毁对方，以求自保，"人与人就像狼与狼似的"，是"一切人反对一切人"的战争状态。但人类理性与追求幸福的欲望会最终告诉人们，"战争状态"并不符合人类自身利益。因此，人的理性呼唤自然法以促使人类由"自然状态"进入"社会状态"。第一自然法（根本律令）：禁止人们去做自损生命或剥夺保全自己生命之事；禁止人们不去做自己认为最有利于生命保全之事。

依据霍布斯的伦理观点，广大网络游戏爱好者在利用网络游戏进行娱乐时应该严格恪守网络生活的伦理道德，理性地参与网络游戏，严禁涉及网络游戏诸如作恶等行为。这是因为：在霍布斯看来，网络游戏生活如人类生活的"自然状态"一样，由于人性之"恶"与"自我保存的先天欲望"，"人与人就像狼与狼似的"，是"一切人反对一切人"的战争状态，广大网民充满着永无止境的"竞争、争夺、怀疑和恐惧"，于是"先发制人或武力摧毁对方，以求自保"是广大网络游戏爱好者娱乐生活的常态。但是这种娱乐生活常态却又严重背驰人类所渴望的恒久保存的心理欲望。网络生活这种人类本性和欲望上的"二律背反"，不符合也不利于人类虚拟网络与现实生活的持久生存的终极梦想。因而人类理性最终告诉人们，尽管网络是虚拟生活，人与人之间也不能长期相互仇视和格斗，必须让网民生活回归人类"社会状态"，用理性道德和伦理秩序恢复网络社会和谐与相互关爱的状态。因此，人类理性告诉人们，广大网络游戏爱好者应当秉承相互友善和关爱精神，善待网络虚拟生命，严禁相互仇视与格斗等网络虚拟行为，坚持自我操守并养成良好的网络伦理道德品质。

[伦理结论]

鉴于广大网络游戏爱好者的主体大部分是未成年人，他们的自制力、自辨力和自控力，以及对事物的感知力都相对较差，且容易过度沉迷于游戏，导致学业荒废，有时甚至会因为游戏中如作恶设定等非理性行为影响，做出一些匪夷所思的事情，严重地影响了青少年的身心健康和精神世界。因此，广大网络游戏爱好者在利用网络游戏进行娱乐时要严格恪守网络生活伦理道德，加强自我防范和自我约束，努力培养自己良好的网络道德品质。远离低级趣味和不健康的网络虚拟世界，增强对网游内容的辨别能力和对网络游戏的自我控制力，力图从源头上根除道德危险。

案例学习四：网络游戏中的善恶度量计

网络游戏中的善恶度量算法

不少游戏制造商在设计剧情类游戏时，会使用善恶度量计来反映主角的善恶水平。善恶度量计是一条横线，左边是善，右边是恶，在游戏初始阶段，主角的善恶是处于中间状态。当主角做出善举时，主角的善恶刻度会往左偏移，反之则向相反方向移动，按照主角的善恶程度会触发游戏的不同剧情，导致游戏的不同结局。有一款网络游戏就采用了善恶度量计来影响游戏的进程，这款游戏背景叙述的是第二次世界大战后，世界化为一片废墟，大部分人类都在这场浩劫中死去，少数遭受辐射污染的幸存者是变种人，极少数预先进入地下避难所避难的人们得以正常存活下来，玩家将扮演某国某城市避难所居民，为了找寻父亲，主角踏出避难所的闸门，来到浩劫后的荒芜世界开始冒险。在游戏里，玩家的善恶值会影响游戏中战友的招募，例如玩家帮助游戏中其他角色对玩家的态度，获得其他角色帮助程度的大小，以及结局的台词和画面。

在网络游戏中，玩家如果不友好地对待无辜的角色、偷窃东西都会减少玩家的道德值，但道德度量计很难衡量两项罪过是否会减少一样的道德值。同样，在游戏中因作恶而减少的道德值也可通过解救他人，到贫困区捐钱增加回来。解救俘虏、捐钱带来的善是否可以抵消作恶的值呢？道德度量计给出了肯定的答案。依循善恶度量计的逻辑，游戏世界中的善恶是可以互相抵消的，无论你的善是哪种类型的善，你的恶是怎样的恶，只要你做的善举多于恶行，你就是一个善良的人；你的恶行次数超过善行，你就是一个邪恶的人。

问题讨论：

1. 针对案例"在游戏中因作恶而减少的道德值也可通过解救他人，到贫困区捐钱增加回来"这样的道德值设定，谈谈你的伦理认知？

[伦理方案一]　　钜子："杀人者偿命，伤人者受刑"

钜子是我国春秋末期的墨子所创立的墨家学派对其首领的称呼。该学派有百八十人，执行严格的近乎绝对化的纪律和伦理信条，即"杀人者偿命，伤人者受刑"。他们主张"义"行人间，不能伤害他人，更不容许杀害他人，否则必须按照"杀人者偿命，伤人者受刑"进行惩治。对于类似攻伐战争这样的大规模杀戮行为，他们认为是罪恶至极，不可饶恕。

依据钜子的伦理观点，游戏中的作恶行为是绝对不被允许的，当然就更谈不上用通过解救他人、到贫困区捐钱来赎罪弥补。作恶的行为，在钜子及其成员看来是性质上绝对的恶，这样的恶行是无论如何都不可以用"捐钱"多少，或"解救俘虏"的多少来换取的，因为"杀人"是属于性质上的事，而"捐钱"多少和"解救俘虏"多少是属于数量上的另一档子事。"质"与"量"之间的事无论如何都不能用"＝"进行简单联系，就像"鸡与数字30""空气和大米5斤"等事物一样，它们之间性质不同，没有可比性。那么，对于这样的恶行该如何处置呢？方法只有一个，即"数量对数量""质量对质量"，也就是用"杀人者偿命，伤人者受刑"进行性质和数量上的对等制裁。

当然，也有人会说，网络游戏中的恶行仅仅是虚拟的行为，不具有现实的意义。针对这样的说法，墨家代表人物墨子是动机论者，依据墨子回答巫马子的内容可知，如墨子所喻，人家救火，你却燎之，即使未遂，你也不能以效果未见而自辩动机之善。也就是说，动机的善与恶是非常重要的。一个人无论是在虚拟网络上还是在现实社会之中，只要他有作恶的动机，那都是墨家所坚决反对的。

[伦理方案二]　霍布斯：第六自然法（取和法则）

英国近代伦理学家霍布斯在《利维坦》中写道："人与人就像狼与狼似的"，是"一切人反对一切人"的战争状态。但人类理性与追求幸福的欲望最终告诉人们，"战争状态"并不符合人类自身利益。因此，人的理性呼唤自然法以促使人类由"自然状态"进入"社会状态"。霍布斯的自然法有很多条，其中第六自然法又称"取和法则"，他写道：宽恕悔过者的罪行，允许取和。

依据霍布斯的伦理观点，无论你在什么情景下——在游戏中还是在现实世界，"你因作恶而减少的道德值"，只要行恶者有"悔过"的行为表现，是可以通过"解救俘虏"或"到贫困区捐钱"等"取和"的方式来赎罪弥补，而且"捐钱"和"解救俘虏"在数量上越多，越有利于减少罪行和增加道德值。这是因为：在人类纯粹的"自然状态下"，"人与人就像狼与狼似的"，是"一切人反对一切人"的生存状态。既然如此，那作恶和不友好对待他人就不可避免了，这虽然属于性质上的恶，在人类还没有进入"社会状态"之前，是无法避免的，解决无法避免之事的最好办法，就是允许用数量上的"善"来换取性质上的"恶"，虽然是无赖之举，但确实也不失为一种较好的手段，算是一种权宜之计。但人类在理性指导下，由"自然状态"进入"社会状态"以后，"理性"告诉我们"作恶"行为不但不可取，而且决不被允许。但事实上，"恶行"现象在现实社会中或在人们的意念中或多或少地存在着。霍布斯承袭西方尤其是英国一贯的传统观念，不主张"以恶制恶"的报复性惩罚手段。正是在这种否定"以恶制恶"的前提下，解决"恶行"难题的无赖之举只能是"取和法则"，即第六自然法所规定的"宽恕悔过者的罪行"，允许取和，但前提必须是作恶者有"悔过"意愿和行为表现，否则，则不适用"取和法则"。

[伦理方案三]　康德："绝对命令"和"条件命令"

　　康德的"命令"就是指支配行为的理性观念，其表述形式有假言命令和定言命令两种。定言命令又称"绝对命令"。康德认为，人是理性存在物，人的本质在于理性，理性为人类自己立法。人的行为善恶最终由理性来评判。道德的最高法则就是"绝对命令"。"绝对命令"把善行本身看作目的和应该做的，它出自先验的纯粹理性，只体现为善良意志，与任何利益企图无关，因而它是无条件的和绝对的。"绝对命令"仅仅要求道德行为者在行为活动前自问："指引我如此行事的规则是否具有道德法则的形式特征——对类似境遇中的一切人同样适用？"康德的"绝对命令"，在于强调意志自律和道德原则的普遍有效性，它体现了康德伦理学的实质。康德的假言命令又称"条件命令"，该命令是有条件的和相对的，不具有普遍性，不可以普遍化，认为"善是一种手段而不是目的，善行就是达到偏好和利益的手段"。如果其他人不能遵循你所选择的行为路线，那么这条行为路线就是"条件命令"。由于人们的行为目的各不相同，"条件命令"是不适合作为道德标准的。

　　依据康德"绝对命令"的伦理观点，无论你在什么情景下——在游戏中还是在现实的现象世界，"作恶"这种行为经过人们"理性"地评判为道德上的"恶"，它不是出自人们的"善良意志"，因而是绝对被禁止的行为。"绝对命令"把"善行"本身看作目的和应该做的，它出自先验的纯粹理性，只体现为善良意志，与任何利益企图无关，因而既然"作恶"作为"恶行"不被允许，因"作恶而减少的道德值"就更不可能被允许"通过解救他人、到贫困区捐钱"等手段而"增加回来"了。"绝对命令"已经明确指出道德行为者（这里是指网络游戏中的玩家即充当"作恶"者，以及网络游戏开发商即游戏规则的制定者）在行为活动前应该扪心自问："指引我如此行事的规则是否具有道德法则的形式特征——对类似境遇中的一切人同样适用？"很显然，按照康德的"绝对命令"规则，网络游戏中的玩家即充当"作恶"者和网络游戏开发商即游戏规则的制定者的行为或理念显然不具备绝对命令的"形式特征"，因为他们"对类似境遇中的一切人"不能"同样使用"。如果"同样使用"，那就意味着人们可以用同样的作恶行径对待网络游戏中的玩家和网络游戏开发商，这本身不就是"拿你之矛戳你之盾"的矛盾之理吗？

　　但是，依据康德"条件命令"的伦理观点，在"作恶"这种行为上，无论你在什么情景下——在游戏中还是在现实的现象世界，都是不被允许的，这是性质上而非数量上的"恶"，是绝对禁止的行为，也是毋庸置疑的行为。不过，在"条件命令"下，对于"因作恶而减少的道德值"却是可以"通过解救他人，到贫困区捐钱"等这样的行为手段来消解"道德负值"或"道德恶值"，从而"增加回来"——"因作恶而减少"的"道德正值"或"道德善值"。这是为什么呢？因为在"条件命令"下，"善是一种手段而不是目的"，善行可以作为一种"达到偏好和利益"的手段。也就是说，在作为道德标准的"绝对命令"无法做到或无法挽回的境遇下——"作恶"已经既成事实而无法挽回,而且这种"作恶"行径属于性质上的不可挽回,这时,"条件命令"作为一种补充"命令",可以执行不作为"道德标准"的临时行为命令——通过"捐钱"和"解救他人"来赎罪。而且"捐钱"和"解救他人"在数量上越多,越有利于消解"道德负值"或"道德恶值",从而增加"道德正值"或"道德善值"。这似乎有允许用数量上的"善"来换取性质上的"恶"之嫌疑,"质"与"量"是不同维度的概念,怎么可以实现"等价交换"呢?康德的回答是"不得已而为之",属"没办法的办法",这就是他预设的"条件命令"的绝妙之处和奥妙所在。当然,这种临时的行为命令是暂时的和有条件的,只具有相对意义而不能普遍化,因为由于人们的行为目的各不相同,其他一切人不可能同样"遵循你所选择的行为路线"——选择同样去"作恶",这也正是康德"条件命令"的价值意义之所在。

[伦理结论]

首先,关于作恶的行为事实由于其不符合普遍意义上的人类伦理精神,在生命伦理学中是被严肃禁止的行为。在现代西方社会,无论是个人还是国家,在非战争的状态下,都是在一般意义上作为禁止的行为在法律框架内被明确写出。在现代国家理念中也同样如此,但当且仅当某人因触犯《中华人民共和国刑法》,罪大恶极,不得不终止其生命时,也仅限于国家《中华人民共和国刑法》规定(注:私人绝对无权),按照《中华人民共和国刑法》规定依法严肃严格进行才被许可。可见,对于作恶的行为事实基本上是普遍禁止的行为。

其次,虽然网络游戏中的作恶仅仅是虚拟的行为,不具有现实的意义,但是其作恶的动机和理念仍然不符合当代生命伦理精神和科技伦理诉求。虚拟的网络世界对现实的社会具有一定的影响作用,如果允许网络游戏中作恶的虚拟行为存在,势必会对现实社会产生负面影响,不利于现实社会的和谐稳定。所以,关于网络游戏中的作恶设定违背伦理道德,存在伦理责任。

再次,动机的善与恶是非常重要的。一个人无论是在虚拟网络上还是在现实社会之中,只要他有作恶的动机,肯定不能以效果未见而自辩动机之善。从作恶动机上来说,也是不符合伦理精神的。

最后,关于"作恶"后是否可以用诸如"通过解救他人、到贫困区捐钱"等行为方式来赎罪——增加其"因作恶而减少的道德值",伦理并无统一的观点。就一般性而言,当代绝大多数伦理学家是持否定态度即不赞成也不允许用捐钱的多少(如花钱买罪)等数量上的"善"来换取性质上的"恶","质"与"量"是不同维度的概念,不能实现"等价交换",否则有悖于伦理精神。但是,也有少数伦理学家认为,在无意或过失等非主观因素导致的"作恶"成为既定事实后,行为者可以用自己的"善行"来为自己的过失"作恶"赎罪,对于故意"作恶"者,由于其行为之恶劣,则一般不被允许用"善行"赎罪。

2. 网络游戏中的善恶度量计真的可以对善恶进行量的度量吗?也就是说,善恶是否可以"量化"考量？

[伦理方案一]　哈奇森："最大多数人的最大幸福"

英国近代伦理学家弗兰西斯·哈奇森认为，一种道德行为必须在行为动机上是纯粹无私的，而且在行为结果上也必须是利他的。凡是出于仁爱的动机且增进社会福利的行为皆为善。确定善的价值量大小的依据为"最大多数人的最大幸福"，其计算方法就是：道德行为的善的量与享有的人数的成绩。"凡是产生最大多数人之最大幸福的行为，便是最好的行为，反之，便是最坏的行为。"

依据哈奇森的伦理观点，网络游戏中的善恶度量计是可以对善恶进行度量的，也就是说，可以对人们的善恶行为进行量化考量。首先，依据哈奇森的观点，一种善的行为"必须在行为动机上是纯粹无私的，而且在行为结果上也必须是利他的"，游戏制造商在设计善恶度量计时虽然其最终目的在于盈利，且这种盈利也没有违法违规，属于合法挣钱，合法挣钱在市场经济下并不违背市场要求。从善恶度量计的使用规则和设计初衷来看，有鼓励玩家行善的目的，尤其是"玩家如果随意虐待无辜的角色、偷窃东西都会减少玩家的道德值"来看，游戏制造商的善恶度量计的设计尽管在使用的行善手段上有瑕疵（如："在游戏中你因作恶而减少的道德值也可通过解救他人，到贫困区捐钱增加回来"），但总体上还是符合哈奇森的"动机与效果"观点的。当然，哈奇森的"动机与效果"观点也有标准过高、太绝对化和理性化之嫌。其次，从"凡是出于仁爱的动机且增进社会福利的行为皆为善"来看，善恶度量计有利于营造一种使玩家"出于仁爱的动机"来行善，从而达到"增进社会福利"——网络虚拟社会和现实社会的"善行"风气的形成。最后，依据哈奇森确定善的价值量大小的依据为"最大多数人的最大幸福"观点，善恶度量计的使用在于鼓励更多的人行善，尤其是作为广大网络游戏爱好者——青少年这个特殊群体，鼓励他们通过扬善抑恶来锤炼善良意志，洗礼和熏陶他们的世界观、人生观和价值观，最终促成良好和谐社会局面的形成，有利于最大多数人的"最大幸福"。

[伦理方案二]　密尔："傻瓜、猪和苏格拉底"

19世纪初英国功利主义伦理学家约翰·斯图亚特·密尔（也译作约翰·斯图亚特·穆勒）认为，人的行为动机在于快乐和痛苦，道德的评判标准是功利原则或"最大幸福原则"。幸福和快乐不仅有量的多少，而且有质的区别，认为"做一个不满足的人胜于做一头满足的猪；做不满足的苏格拉底胜于做一个满足的傻瓜"，因为"傻瓜或猪有不同的看法，那是因为他们只知道自己那个方面的问题，苏格拉底这类人则对双方的问题都很了解"。

依据密尔的观点，网络游戏中的善恶度量计不可以对善恶进行度量，实现善恶的"量化"考量。原因在于：道德的评判标准虽然是"最大幸福原则"，而幸福和快乐不仅有"量的多少"，而且有"质的区别"，"质的区别"重于"量的多少"。

首先，"质的区别"就是善和恶的区别，善就是善，恶就是恶。从质上讲，善成不了恶，恶也成不了善。善恶度量计在关于善和恶的这种质上的区别是很明朗的，也很明确——"善恶度量计是一条横线"，这条横线的中间位置即中间线用数字"0"标识，中间线的"左边是善，右边是恶"，在游戏初始阶段，主角的善恶是处于中间状态即"0"处，"0"处的左边就是善，"0"处的右边就是恶，善和恶界限分明。另外，关于善人和恶人的界限也很分明——"无论你的善是哪种类型的善，你的恶是怎样的恶，只要你做的善举多于恶行，你就是一个善良的人；你的恶行次数超过善行，你就是一个邪恶的人"，善人就是善人，恶人就是恶人，善人和恶人的界限既明朗又清楚。但在这里需要特别指出的是，密尔认为做一个拥有善值量最少的善人总比做一个拥有善值量最大的恶人要好，因为他们之间有质的区别，用密尔自己的话来讲，就是"做一个不满足的人胜于做一头满足的猪；做不满足的苏格拉底胜于做一个满足的傻瓜"，因为"傻瓜或猪有不同的看法，那是因为他们只知道自己那个方面的问题，苏格拉底这类人则对双方的问题都很了解"。也就是说，在"质"上，人比猪属性更好，苏格拉底比傻瓜属性更好，善人比恶人属性更好，网络游戏中选择从善的人比选择作恶的人属性更好，不满足的人比满足的猪属性要好，不满足的苏格拉底比满足的傻瓜属性要好，网络游戏中善值量最少的善人比善值量最大的恶人属性要好，因为他们在"质"上明显优劣不同，善恶之"质"泾渭分明。另一方面，网络游戏中的玩家就像苏格拉底一样，知道善恶两个方面，并作出善恶诀别和选择，弃恶择善，扬善抑恶，自明自觉，而猪和傻瓜则只知道自我满足，不知善恶诀别和选择，不能自明自觉。总之，在密尔看来，这样的善恶度量计不能说清性质比数量在属性上更优。

其次，"量的多少"在于善有善的价值量，恶也有恶的恶值量。善和恶各自都有自己数量上的多少——善恶度量计以中间线即数字"0"为分水岭，中间线的左边是"善量"，中间线的右边是"恶量"，刻度值越向左，善的价值量随之增大；刻度值越向右，恶的价值量也随之增大。另外，在善恶之间还有善恶过渡的桥梁——可通过"善行"数量和"恶行"数量实现相互"转化"，如"玩家如果不友好地对待无辜的角色、偷窃东西都会减少玩家的道德值"，"在游戏中因作恶而减少的道德值也可通过解救俘虏、到贫困区捐钱增加回来"，这就是说，善恶度量计的设定可以通过善恶"量"的多少实现善恶"质"的过渡，以"量"换"质"，以"质"改"量"，对密尔观点来讲这是十分荒唐的，因为"质的区别"重于"量的多少"，"质"与"量"性质、属性不一样，无法进行交换。总之，在密尔看来，这样的善恶度量计不可行。

综上所述，依密尔的伦理观点，密尔不赞成而且不支持网络游戏中的善恶度量计对善恶进行量上度量的做法，也就是说，密尔不赞许善恶"量化"考量取代善恶"质"之考量。

[伦理方案三]　马基雅弗利："目的证明手段正确"

意大利近代政治与伦理家马基雅弗利认为，为了实现伟大的目的，允许违反伦理道德。对于一个有美德的人来说，没有任何东西高于祖国的利益，为了祖国，一切手段都是绝对允许的，"应该用种种光荣的或卑鄙的手段来保卫祖国，只要是保卫祖国就是好的"。为了达到所提出的目的,可以采取任何手段,包括非道德手段,即"目的证明手段正确"。这个著名的观点,被后人称为马基雅弗利主义。

依据马基雅弗利的观点,他是赞同网络游戏中的善恶度量计对善恶进行"量化"考量的做法和观点的,但前提是对祖国的利益有利。我们可以这样来理解马基雅弗利的观点:首先,善恶度量计对社会和国家有利。善恶度量计预设的使用规则和伦理初衷在于扬善抑恶,有鼓励玩家行善的目的初衷,如"玩家如果不友好地对待无辜的角色、偷窃东西都会减少玩家的道德值",善恶度量计的设计尽管在使用的行善手段上有瑕疵,如"在游戏中因作恶而减少的道德值也可通过解救俘虏,到贫困区捐钱增加回来",在行善的手段上有鼓励作恶之嫌,但其真正目的和初衷却是为了择善抑恶,鼓励玩家行善。因此,基于目的初衷而言,善恶度量计符合马基雅弗利的"目的"论。其次,善恶度量计能够度量善恶。善恶度量计既可以"质"量(注:动词)善恶之质,也可以"量"化(注:动词)善恶之量。退一步讲,即使善恶度量计不能度量善恶,依据马基雅弗利"目的证明手段正确"的观点,只要善恶度量计的"目的"是为了国家和社会的利益,作为"手段"的善恶度量计仍然可以使用,因为在马基雅弗利看来,"目的"正确,"目的"就能证明"手段"正确,更何况善恶度量计本身就能度量善恶呢?

[伦理结论]

一般人认为,善与恶在"质"上是相对明确的,善就是善,恶就是恶,善成不了恶,恶也成不了善,但善与恶在各自"量"上,以及在这二者之间的"量"上该如何界定却很少有人论及。该善恶度量计为善恶的"质"定和"量"化,提供了全新的思维视角。

从善恶度量计对善恶之"质"定角度上看,善恶度量计就是一条横线,横线的正中间标刻为"0","0"左边为善,右边为恶,界限既明朗又清楚。另外,善人与恶人的界限也很分明,"无论你的善是哪种类型善,你的恶是怎样的恶,只要你做的善举多于恶行,你就是一个善良的人;你的恶行次数超过善行,你就是一个邪恶的人"。这样的规定过了头,应该说,不能以"量"论"质",质与量毕竟性质、属性不同。善人就是善人,恶人就是恶人,善人和恶人的界限既明确又清楚。

从善恶度量计对善恶之"量"化上看,善有善的价值量,恶也有恶的恶值量,善和恶各自都有数量的多寡。另外,善恶度量计的中间线"0"的左边为"善量",右边是"恶量",刻度值越往左,善量越大;刻度值越往右,恶量越大。善恶度量计在量化衡量上简单明了,在使用方法上操作方便,在"量"的层面上似乎无可厚非。

从善恶度量计设计的目的上看,游戏制造商有鼓励、支持玩家择善弃恶、多做善事、多行善行的伦理初衷。也正如案例中所说,"使用善恶度量计来反映主角的善恶水平",给玩家以可操作性的量化手段来衡量自己的道德水平。这种善恶度量计为伦理议题的道德评判提供了一种可量化思维。

从善恶度量计设计的手段上看,游戏制造商旨在通过善恶度量计为手段,通过对网络游戏这种娱乐活动，让玩家在潜移默化中学会择善弃恶，扬善抑恶，多做善事，多行善行。另外，善恶度量计作为一种善恶工具，在自身的使用手段上，也力图倡导和鼓励玩家通过"解救俘虏、到贫困区捐钱"等手段来行善。

【注　释】

① 详见《抱朴子·用刑》。

【参考文献】

[1] B. P. 鲍恩. 人格主义（英文版）[M]. 波士顿：霍顿·米夫林出版公司，1908.
[2] R. T. 佛留耶林. 创造性人格（英文版）[M]. 纽约：基督教祷文出版书局，1926.
[3] J. 马里坦. 人的权益与自然法（英文版）[M]. 美国查理斯·斯克利伯勒父子出版公司，1943.
[4] J. 马里坦. 现代世界中的自由（英文版）[M]. 美国查理斯·斯克利伯勒父子出版公司，1945.
[5] J. 马里坦. 真正的人道主义（英文版）[M]. 英国伦敦世纪出版社，1938.
[6] S. 布莱特曼. 自然与价值（英文版）[M]. 纽约：阿宾登—科克斯堡出版公司，1945.
[7] B. F. 斯金纳. 强化之偶然性种种（英文版）[M]. 纽约：阿宾登—科克斯堡出版公司，1969.
[8] J. 罗尔斯. 正义论 [M]. 何怀宏，何包钢，廖申白，译. 北京：中国社会科学出版社，1999.
[9] 万俊人. 现代西方伦理学史（下卷）[M]. 北京：北京大学出版社，1995.

第八章
网络应用中生命与健康伦理

8.1 网络应用中生命与健康状况

在互联网应用中，网络上出现了大量有关对待动物、植物甚至是人类自己的生命与健康的伦理话题，也屡屡发生虐待、蔑视、残害、侮辱等诸如此类残忍对待或不尊重生命的伦理事件，导致了网络应用中生命与健康的诸多道德争议。就此议题，我们现立足于马克思主义伦理观点和研究视角展开研究分析。

8.1.1 人属脆弱性

人作为个体生命存在，动物性存在是其他一切存在的基础。不同于西方政治色彩浓厚的人权理念，马克思主义伦理观认为，人维持生命存在的生存权以及基于生存权的发展权才是首要的最根本的人权。作为动物性存在，人类关注自身生命以及维持自身生命存在的健康状况，是人类的最根本性权利，也是人类最本质性的诉求。在人类本质性诉求中，最低层次是维持生命，其次是维持生计，再次是促进发展，较高层次是享受生活与快乐。从理论上讲，追求生命存在的"量"（即"寿命长短"）与追求生命存在的"质"（即"健康质量"）是衡量"生"与"活"品质的两个维度，这两个维度所显示的张力愈大，生命与健康的品质就愈高，反之，生命与健康的品质就愈低。但人类发展史告诉我们，生命与健康的品质在人无论作为"类"存在还是个体存在的过程中，很难在"生"与"活"品质的两个维度上趋于理想化，而恰恰相反，处处显示脆弱性一面。作为生物本体存在，人类肉体暴露于疾病、伤害、寒冷、酷暑、饥饿和死亡等等，在大自然面前，人是脆弱无助的；作为社会本体存在，人类情感遭受亲人离世、爱恨情仇、战争杀戮、社会伤害、人为迫害而悲伤沮丧甚至是伤心欲绝；作为政治本体存在，人类人格遭受侮辱、诽谤、讥讽、嘲弄、嘲笑和羞辱等等，使人悲愤欲绝；从心理层面上讲，孤独、寂寞、惆怅、迷茫、恐惧等等，同样给人痛苦。佛教说"人生是苦的",基督教说"人生来有罪",叔本华和克尔凯郭尔还从人的脆弱性方面得出"人是孤独的个体"的结论。伦理学家尼泊尔认为,脆弱性不是恶,否认脆弱性才是人类陷入灾难的深层原因。邱仁宗教授还从人的脆弱性出发,把脆弱性概念推展到动物和生态系统[①]。脆弱性与人类同在同存,如影随形,人类无法摆脱。各种病毒对全人类生命与健康造成的负面影响,人类与病毒的斗争本身就证明了人类脆弱性的一面。因此,承认脆弱性并尊重脆弱性本身就是人正确看待生命与健康的伦理回应,是道德认知的第一步。

8.1.2 网络应用中生命与健康伦理现状

网络时代关乎人的生命与健康的科学技术发展如此迅猛,已经引起了众多伦理问题,期待伦理治理的介入或约束,呼唤伦理迅速作出回应。网络时代诞生的脑机接入、人机接口、全脑接入技术、人工智能干预细胞、造血干细胞骨髓移植、远程堕胎、受精代孕、遥感胚胎试管婴儿实验、安乐死临床生物研究、转基因工程、ChatGPT 技术应用、医疗保健应用中的社会分配公正性问题、同种族生命器官移植(如动物与动物,人与人)、异种族生命器官移植(如人与动物)、抑制排异技术应用,等等,在生命伦理和健康伦理发展的各个阶段和各个领域,本就一直充满伦理纷争,如器官移植、试管婴儿、安乐死以及克隆(生殖性克隆和治疗性克隆)、人类基因组研究、基因治疗、干细胞研究、转基因食品和药物、动物权利、网络虚拟生命等,在互联网、物联网介入之下,道德问题和伦理事件得到进一步放大和彰显。医患矛盾激化,隔膜、痛苦与危机无处不在,情感纠葛、道德滑坡、人性异化等由网络社会滋生出的各种伦理失范问题也层出不穷。随着互联互通网络时代迅猛到来,生命与健康诸多老问题未能及时得到伦理回应,新的伦理问题又一个个接踵而来,恶化并加剧了生命"存在"体。

脑机接口、人机接口、全脑接入技术是一种新型的网络生物技术,为生命与健康伦理提供了新的领域,更提供了新的挑战。所谓脑机接口、人机接口、全脑接入技术就是"超级人类"通过脑机接口,利用人或动物大脑信号与外部智能设备(如电脑、智能手机等)直接相连,让人或动物的大脑意识神经元与外部环境产生单向度或交互向度控制的技术。2020 年 8 月,美国知名企业家埃隆·马斯克在新闻发布会上展示了最新的"脑机接口"成果,被植入 Neuralink 设备的猪仔格特鲁德(Gertrude)在人为干预下其神经元产生正向度关涉效应明显。参与实验的"线式(thread)"电极细如发丝,通过一根 USB-C 电缆,就能实现传送所有通道并同时记录捕获数据。该技术对包括记忆或听觉缺失、失明、瘫痪等疾病无疑有辅助疗效,但利用该技术控制人类意识,为不正当非正义目的和企图打开了技术工具上的缺口,对人类的未来伦理失控增加风险。一方面,"人机接入"形成"互联网""物联网",用人的意识操控机器如娱乐、消遣、驾驶等,尽管因网络问题所带来的伦理风险相对较小,但风险一定存在;另一方面,通过"互联网""物联网",一旦用机器反过来控制人的意识,所带来的道德问题和伦理风险一定是灾难性的。机器控制人的意识,人成了机器的工具,人就失去主体性和主导性地位，对人类将来命运构成灾难性后果，必须进行伦理反思和道德介入。

基于人性多样化思考，器官移植技术也需持谨慎态度。具体来说，一方面，在自我生命和健康不受疾病等威胁无须他人器官植入情况下，人人都会反对、批评非正义不道德的器官移植行为，但当自我生命和健康受到疾病等威胁急需他人器官植入时，即使对非正义不道德的器官移植行为也会持支持、赞成态度，即"屁股决定脑袋"的伦理回应和道德评判失去了道德公正性和正义性。另一方面，由于技术不成熟等原因，器官移植尤其是异种族生命器官移植（如人与动物）必然会产生身体上的排异反应，虽然抑制排异技术在理论上可以对冲排异不适所带来的精神和肉体上的痛苦，但抑制排异技术造成身体对抗各种疾病的免疫力下降是一个不争事实。人体免疫力下降或缺乏必然又威胁人的生命与健康，造成人的二次甚至是多次伤害。这种过度的技术依赖带来一系列的伦理事件，引起了诸多道德责问和伦理问题。

对于突发性公共生命与健康事件，在网络化时代需引起高度警惕和重视。所谓突发性公共生命与健康事件是指事件在时间上突发，在空间上大面积传播，业已或即将造成严重损害社会公众生命和健康的重大传染病疫情、群体性不明因疾病、重大食物和职业中毒以及其他严重影响公众生命与健康的事件。其突出特点在于传播突然、区域较大、病情严重，在网络化时代各种自媒体博主炒作或以讹传讹，再加上网络自身传播迅速、传播面广泛等特点，更容易引起全国甚至全球性恐慌，需要提前进行伦理指导，把握疾病控制预案、备案，及时进行医疗介入和伦理回应。

总之，生命与健康伦理的核心思想就是维护生命与健康的公平和正义，任何偏失公平和正义的行为都是对生命体（个体存在和属类存在）的亵渎和伤害。把生命与健康纳入研究对象和研究范围既关涉生物自然科学，又关涉人类社会科学。以人为中心的生命和健康，包蕴着丰富的伦理价值。人是一个复合生命体，从人的生理感应层序到人的意识心理层序，再到人的社会意识层序，从人的生命、健康，到人生活、生存，到人的社会权利、义务，到人的名誉、人格、尊严，再到人的临终生命的终极关怀，无不渗透着人作为权利主体的伦理价值。生命伦理是对生命存在的意义，存在的态度、存在的价值以及应当怎样被他人和社会视为存在等问题在意识和行为上进行道德审视，作出"应当"判断和伦理指导，这就是生命与健康伦理的价值归旨和义务所在。基于此，把生命与健康研究视角放入网络时代背景下分析、探讨，正是应时代所需。

8.2 网络应用中生命与健康伦理原则

从动物伦理学视域看，趋乐避害是一切动物的本性或本能反应，排除一切威胁自身生命与健康的行为，都是一种合理性本能选择。对于人来说，除此积极选择以外还有一种消极选择，那就是接受或忍耐，老子曰之"出生入死"，孟子从性本善回应说"见其生，不忍见其死"（《孟子·梁惠王章句上》）。如何克服死亡所带来的恐惧正是人之为人的可贵之处。基于一种"能使最大多数人获得最大幸福"的功利主义观点，尊重生命，呵护健康，增进人类福祉是一种积极的伦理回应。每一个生命存在体都具有与其他生命存在体同等的生命健康权利和诉求，每个生命都值得尊重而不能以任何理由剥夺或侵犯。对伤害的不忍，珍视生命，保护生命，肯定生命本身权利与价值，这是伦理学对待生命的基本精神。不伤害生命意指自己和他人一切生命都得到同等呵护、同等尊重，"己所不欲、勿施于人"，这是人珍视生命重视生命最基本的道德态度和伦理认知。能够基于恻隐之心，进而对他人生命与健康施以积极援助或互助，是更积极的伦理回应和道德举措。

在网络尤其是互联互通的互联网（Internet）、物联网作为"技术"和"工具"充当手段介入生命与健康过程中，需谨慎对待"目的"与"手段"，秉持工具理性和人本主义态度，积极对待人的生命与健康问题，防止假借仁义道德之名行不道德之实，也要防止用道德手段达不道德目的。对生命和健康所采取的伦理措施，更要注意"目的善"和"手段善"的辩证统一。只有"目的善"与"手段善"都符合道德时，才合乎伦理旨意。本着这一精神，需强调以下伦理原则。

8.2.1 最底线原则："勿害"

"勿害"作为生命与健康伦理原则，是一种底线原则，道德底线，或者说是一种不可触碰的"高压线"。一旦越过"高压线"就成为故意或有意"施害""伤害"。故意或有意"施害""伤害"在目的和手段上属于"负目的""负手段"，都属于"道德恶"，这就不仅仅是伦理谴责和道德斥责的问题，而是同时超越了法律红线，上升为违法甚至是犯罪的行为，在伦理上不可容忍，在法理上必须制裁。因此，"勿害"原则是生命与健康伦理的最底线原则，是生命与健康伦理的第一道防线。

8.2.2 次底线原则："无害"

"无害"即"不伤害"，是指不施任何对自己或他人肉体和精神上的疾病、痛苦、损害甚至死亡的行为。换句话来讲，可以对自己或他人的疾病、痛苦、伤害甚至死亡，采取完全漠视、冷淡态度，做出"不作为"行为，亦即不管不顾。从目的和手段视角看，属于无目的无手段，"事不关己高高挂起"，既不是"目的善""手段善"，也不是"目的恶""手段恶"，而是一种漠视态度和"不作为"行为。"无害"作为次底线伦理原则，相对于"施害""加害"而言，也不失为一种对生命及其健康的保护，但相对于"道德善"而言，仅仅做到"不伤害"是远远不够的。

8.2.3 底线的原则："公正"

"公正"是网络应用中对待生命与健康伦理原则中属于底线的原则。"公正"亦即公平、正义，是一个正常人应当具有的最起码的道德良心，也是人在道德理性指导下对道德行为进行道德评判或评价所持有的最基本最原始的伦理精神和道德态度。从价值理性角度分析，"公正"本身就是一种"道德善"，是"目的善"和"手段善"在价值认知上的辩证统一。公正也意味行为"目的"符合正义标准，具有正向价值，支持行为所使用的"手段"没有背离公平正义，善的目的引领着善的手段，善的手段驱使着善的目的，二者辩证统一，互相促进。

生命与健康伦理的道德正义就是公正问题，公正核心在于生命权利与医疗公正。公正原则要求对任何生命以及维持其生命存在的健康应该公平对待。生命权利人人平等，医疗救治公正对待，不分财产、性别、年龄、肤色、种族、老弱、地位高低等等，一视同仁，无差别对待。古代孙思邈不论"其贵贱贫富，长幼妍媸，怨亲善友，华夷愚智"，皆"普同一"，皆"如至亲"（《大医精诚》），堪称典范。应当指出，对待传染性病人进行物理空间上的隔离、阻断符合医学伦理道德，且识别脆弱人群的目的在于为他们提供更好保护，但是如对其施加标签化举措会在事实上再次使他们成为受害者，加剧了他们的脆弱性。

8.2.4 道德的原则："有利"

"道德的原则"不同于"道德原则"。"道德的原则"是"道德原则"中的一种具有正价值量的原则，是褒义词性，属于一种"道德善"。也就是说，所谓"道德的原则"就是在道德价值上值得提倡或倡导的一种道德行为原则。"道德原则"是一种区别于政治原则、法律原则等属于伦理学范畴的概念，属于一种中性词。同时，"道德原则"又是与"非道德原则"相对应的概念。所谓道德原则，又称伦理原则，是指道德主体基于一定道德意识支配下而自主选择所产生的有利或有害于他人或社会。归其要旨，道德原则因其具有善恶意义，是能够而且也必须用"善"或"恶"进行评价的行为原则。所谓非道德原则，又称非伦理原则，是指既不是由一定的道德意识引起，也不涉或无关乎他人或社会利益的行为原则。因其不具有善恶意义，不需也无需用"善"或"恶"进行评价的行为原则，该行为原则因不涉及伦理议题所以不进入伦理道德评价范围。而道德的原则不但涉及伦理议题，而且更是伦理议题给予大力支持和赞许的行为原则。

道德的原则要求我们在自己或他人生命与健康面临威胁时，要作出有利于维护生命健康、延长人类寿命、提升生命质量等的一切决定。出于"不忍人之心"的道德良心，作出"见其生，不忍见其死"（《孟子·梁惠王章句上》）的善行之举，是一种来自道德理性的合理思考，是伦理的"应当"。如医务人员治病救人（即使病人是个死刑犯马上被执行死刑立即执行，也积极给予其医疗疾病救助）、救死扶伤，尊重病人的自主权、知情同意权、保密权、隐私权，都是有利于病人的伦理行为。有利原则还表现为社会互助。每个生命个体都生活在与其他生命个体或群体的关系之中，都时时刻刻与周边社会环境和自然环境发生信息、物质、能量等的交换，这就必然要求每个个体必须与其他个体或群体之间保持团结互助，才能更好维护和促进生命与健康，自身生存权和发展权才能切实得到维护。

8.3　网络应用中生命与健康伦理议题举要与方案

案例学习一：网络行为不利于身心健康案例
小王不快乐的缘起

小王怎么也没想到，自己的命运竟然会因为一个茶杯而改变。在高中读书时，小王过着普通的学生生活。有一天，同学小张打破了她的一个茶杯。当时小王的同桌小韩开玩笑说："你惨了，这个茶杯要三万。"小王为了面子，也没明言这其实只是个普通茶杯。

结果这件不起眼的小事，却给她带来了多年的噩梦。此事传到了网上，并且越传越厉害，小王变成了同学们眼中的炫富女、撒谎精。而当她交了男朋友后，学校贴吧的同学就说她是被包养了，私生活混乱。但当时，小王选择了隐忍，她觉得是自己之前爱面子，说自己家境好，如今不好意思再多做辩解。但是在舆论压力、心理压力和现实压力的多重打击之下，小王心情沉重，一度休学，最后勉强毕业。毕业后，小王以为一切都会过去，但她没想到，这段噩梦一直在延续。九年来，不论是在微博、知乎，甚至是在母婴网站，无论小王使用什么社交软件，总有一个或一群人把当年恶意攻击她的帖子复制过来，甚至再次夸大。忍无可忍的小王决定拿起法律的武器，她认为这些年一直恶意攻击她的推手就是当年在高中贴吧上诋毁她的同学小蒋，将小蒋告上法庭。法院经查，证据确凿，认定小蒋犯有诽谤罪，被判处拘役三个月。

问题讨论：
1. 试从生命伦理的角度，谈谈你对小王"心情沉重"的看法？

[伦理方案一]　杨朱："贵己""重生"

杨朱又名阳生、阳子居，战国初期人，他曾说"人人不损一毫"。杨朱的本意并非利己主义，而是一种珍爱生命、不伤害身体的"贵己""重生"的人生态度。生命只有一次，理应高于一切，如果逐于外物，则往往求利而伤，任何身外之物如名利、道德、尊严等，相对于身体皆为空无，世间唯生命可贵。

依据杨朱的生命伦理观点，一方面小王不必在意和顾及大家对她的各种攻击、造谣和诽谤，因为这些都是"身外之物"，相对于"身体"都是一文不值，如果顾虑和太在意自己的所谓声誉，导致"心情沉重"伤及了身体，那真是划不来。另一方面，小王更不能有其他过激行为，因为生命只有一次，理应高于一切。如果自己草率对待自己，那还有什么东西比身体更珍贵的呢？

[伦理方案二]　宋子："见侮不辱"

宋子又名宋钘、宋荣子，战国初期人。"不累于俗，不饰于物，不苟于人，不忮于众，愿天下之安宁以活民命，人我之养，毕足而止，以此白心。""见侮不辱，救民之斗，禁攻寝兵，救世之战。""以禁攻寝兵为外，以情欲寡浅为内。其小大精粗，其行适至是而止。"（《孟子·天下》）"见侮不辱"就是不以他人侮辱自己而感到耻辱，通过自己内心的无限宽宏大量来化干戈为玉帛。

依据宋子观点，小王应该"见侮不辱"，不以他人侮辱自己而自己感到耻辱，否则顾虑太多以至于自己"心情沉重"。依据宋子观点，也没有必要将"小蒋告上法庭"，应该通过自己内心的无限宽宏大量来化干戈为玉帛。对他人的诽谤、攻击等这些所谓的"侮辱"，只要小王自己并不感到是一种耻辱，就不会出现"心情沉重"，更不会"一度休学"了。

[伦理方案三]　伊壁鸠鲁："快乐主义"与"不动心"

古希腊伦理思想家伊壁鸠鲁认为，人生的目的是追求快乐，快乐是人生的全部归宿，因而快乐就是人生最高的善。但伊壁鸠鲁的快乐主义绝非是亚里斯提卜的享乐主义，更不是奢侈、纵欲、放荡不羁的快乐，而是指"身体的无痛苦和灵魂的无纷扰"。也就是说伊壁鸠鲁的"快乐"是指身体的健康和灵魂的平静。灵魂的平静在于"不动心"。如何做到"不动心"呢？那就是心如止水，心无旁骛。

依据伊壁鸠鲁观点，小王在整个事件中应该始终做到"不动心"。因为人的最高的善就是使自己快乐，就是使自我始终处于"身体的无痛苦和灵魂的无纷扰"状态。如果小王能够做到这一点，那么，她就不会对他人在网络上的各种攻击和诽谤行为太在意，因而也就不会出现"心情沉重，一度休学，最后勉强毕业"。

[伦理结论]

小王出现"心情沉重"其实是可以避免，也是可以自我调节的，如果出现过激行为，则是非常不可取的。具体说来如下：

首先，小王在别人把自己的杯子摔碎后，同学小韩说这杯子价值三万时，应该及时辟谣，而不应该"为了面子，也没明言其实只是个普通茶杯"。如果小王及时辟谣，就不会使谣言传播开来，更不会有人把这件事炒作到网络上，当然也就不会出现后来事情的继续发酵。同时，既然小王是在校学生，应当及时通知班主任和学校有关管理人员，让班主任和学校有关管理人员协助，及时主动化解矛盾。

其次，小王对于网络上造谣、攻击、诽谤等侮辱行为应该及时及早进行干预。一方面，应该找到网络信息发布平台，要求其对不负责任的信息及时删除，适当时可以拿起法律武器起诉网络信息发布的有关平台公司，要求其道歉或进行精神赔偿。另一方面，对发布造谣、攻击、诽谤等侮辱言词的相关人员进行口头警告，必要时应及时运用法律武器起诉。

最后，小王的家人或朋友可以对小王的"心情沉重"进行心理疏通或开导，小王自己也可以进行自我调适。至于小王"一度休学"，首先小王本人要理性看待，不可冲动而想不开，毁了自己的一生。再者，小王的家人和朋友要及时进行疏导和干预，采取一些有利于小王身心调适的措施。

2. 关于小王所遭受的身心伤害，你认为案例中各相关人物小王、小张、小韩、小蒋以及"学校贴吧的同学"是否存在伦理责任？如果有，责任分别是什么？

[伦理方案一]　《大学》："格物→致知→诚意→正心→修身"

《大学》开篇明义说道："大学之道，在明明德，在亲民，在止于至善。"那么怎样才能做到"明明德"呢？方法是"古之欲明明德于天下者，先治其国；欲治其国者，先齐其家；欲齐其家者，先修其身；欲修其身者，先正其心；欲正其心者，先诚其意；欲诚其意者，先致其知。致知在格物"。即修身齐家之道为：格物→致知→诚意→正心→修身→齐家→治国→平天下，最后才能"明德"，达到"止于至善"的境界。何为"至善"？"至善"是一种过程，永无止境的过程；是一种境界，永无止境的境界。

依据《大学》观点，关于小王所遭受的身心伤害，案件中相关人物都有自己应该负担的伦理责任，但具体所负的伦理责任是不同的。

小王：主要在"正心"方面加强思想道德修养。所谓"正心"就是要端正自己的内心想法。小王心态内敛不开朗算是"不正"，不该为了"面子"和虚荣心，导致后来的一系列不必要的麻烦产生。

小张：主要在"格物→致知→诚意"三个方面加强思想道德修养。所谓"格物→致知→诚意"，是指拥有渊博的知识，彻底了解事物，然后意念才会诚实。从表面上看，似乎小张没有责任或责任较小，其实不然。如果小张在听说杯子价值"三万"后，多加思考且拥有较多社会知识，能够探究杯子的实际价值，本着诚心诚意的负责任态度，也许就不会给小王带来如此之大的伤害。

小韩：主要在"正心→修身"两个方面加强思想道德修养。虽然小韩"开玩笑"本身没有什么错，但也要考虑事态的影响。假如一句玩笑并没有使事态扩散，那小韩确实没什么错，但是事态后来不断扩散并有人发布到网络上，这时，小韩有责任就"事实真相"做出解释并斥责煽风点火的人，可惜的是小韩并没有这样做，说不定小韩自己就是一个"看热闹不怕事大"或另有企图的人。所以，小韩需要"正心→修身"。

小蒋：责任最大，主要在"格物→致知→诚意→正心→修身"五个方面加强思想道德修养。小蒋的行为已经超出了伦理道德的底线，是一种违法犯罪行为。小蒋不该"当年在高中贴吧上诋毁"并"一直恶意攻击"小王。小蒋应该需要掌握做人做事的知识，彻底了解做人做事的道理，然后意念才会诚实，加强自我思想道德修养，好好修行自身。

学校贴吧里的同学：主要在"格物→致知"两个方面加强思想道德修养。网络生活不是法外之地，在没有事实根据的情况下不能人云亦云，以谣传谣，否则害人害己。其实，凡是带有伤人害人的负面消息无论真假都不应该肆意传播，这是做人的底线。

[伦理方案二]　苏格拉底："善人是幸福的，恶人是不幸的"

人要善待自己，也要善待他人，这是苏格拉底的"善生"思想。人的幸福离不开人的行为的"善"。在现实生活中，行善之人由于他（她）人际关系和谐、精神生活或思想高尚，灵魂无纷扰，是故他（她）是幸福的；恶人作恶引起他人、社会或国家的纷争，人际关系紧张糟糕，灵魂也不安宁，因而他（她）是不幸福的。

依据苏格拉底观点，小张没有伦理责任，其他的人如小王、小韩、小蒋以及"学校贴吧的同学"都有伦理责任，其伦理责任都应该使自己的行为能够达到"善生"，即"善待自己，也要善待他人"的目的。

小王一方面不该爱慕虚荣、"爱面子"以至于错过了及时"说明事情真相"的最佳时机，导致事情传播扩大，从而发展到不利于自己的程度；另一方面，不该"心情沉重"，这不是一种"善生"态度。

小韩开玩笑应该注意后果，在不产生严重后果的情况下，开玩笑是没什么问题的，但一旦产生严重后果就要负相关伦理责任甚至是法律责任。所以，小韩的行为不是一种善的行为。

小蒋在网络上"诋毁"和"恶意攻击"小王，是一种极"恶"的行为。"恶人是不幸福的"，小蒋后来受到法律的制裁也印证了苏格拉底的这句话。

学校贴吧里的同学同样也不应该传播负面消息，更何况这些消息根本就不是事实。以谣传谣，不但不道德，而且是侵权违法行为。

[伦理方案三]　格劳秀斯："自然法"——"各有其所有，各偿其所负"

格劳秀斯从自利自保的人性论出发，认为自然法是维护社会关系和规范人们行为和职责的有效法则。自然法构成道德的基础。自然法之核心是"各有其所有，各偿其所负"。自然法要求：不可侵犯他人财产或不经他人同意而拿走他人之物；偿还因侵占所产生的额外之利；要信守诺言；赔偿因过失而给别人造成的损失；给非法者应有报应等。他还认为，受害人进行自卫甚至暴力反击，即使毁灭对方也是正当的。

依据格劳秀斯"自然法"理论，小王和小张没有伦理责任，其他的人如小韩、小蒋以及"学校贴吧的同学"都有伦理责任甚至是法律责任。

小韩"开玩笑"造成的事实后果造成小王的严重伤害；小蒋在网络上"诋毁"和"恶意攻击"小王，事实后果也是小王的严重伤害；"学校贴吧的同学"的不实传播对小王的伤害起推波助澜的作用。依据格劳秀斯的观点，这些人都应该"赔偿因过失而给别人造成的损失"，"给非法者应有报应等"也是合理的，即使小王"进行自卫甚至还击"也是正当的。

[伦理结论]

严格地讲，案件中相关人物都有自己应该负担的伦理责任，但各自的责任点和责任大小各不相同。

小王的伦理责任在于爱"面子"和虚荣心，导致后来的一系列不必要麻烦的产生。如果在事情刚刚发生时，小王能够及时说明事实真相——这就是一个不值钱的极其普通的杯子——也许就不会有后续的一系列传播发酵的负面消息。

小张的责任相对要小一些，主要在于应该及时与小王沟通，必要时报告班主任协助解决，或者及时对价值"三万"的杯子产生当面质疑。这样也许能揭开事情的真相——这就是一个不值钱的极其普通的杯子，也许就不会有后来的一系列麻烦。

小韩开玩笑应该注意后果，在不产生严重后果的情况下，开玩笑是没什么问题的，但一旦产生严重后果就要负相关伦理责任甚至是法律责任。显然，小韩在这件事上伦理责任还是相当严重的。她应该及时说明真相——这就是一个不值钱的极其普通的杯子。在事情迅速扩大并在网络上传播时，更应该及时站出来制止。

小蒋伦理责任最大。他的行为已经超出了伦理道德的底线，是一种违法犯罪行为。他不应该在网络上"诋毁"和"恶意攻击"小王，甚至是谣言的最主要传播者，是极其缺少思想道德修养的人，需要好好学习为人做事的知识和道理。其受到法律制裁是他自作自受的结果，也是应有的惩罚。

学校贴吧里的同学：主要伦理责任在于在没有掌握事实根据的情况下人云亦云，发帖跟帖。网络不是法外之地，不负责任的言论是要追究伦理责任甚至是法律责任的。其实，凡是带有伤人害人等负面消息的内容，无论真假都不应该肆意传播，这是做一个有道德之人的伦理底线。

案例学习二：网络应用影响身心健康的案例

自作自受的小赵

小赵是个非常漂亮且爱耍小聪明的女孩子。在大型电商平台上，都有一个顾客权益——七天无理由退货，这就是小赵的小聪明。她只要选好自己喜欢的衣服，拍下后不拆吊牌，不把衣服弄脏，然后高高兴兴地穿几天，踩着退货的时间节点退给商家，就可以只花运费的钱，每天都穿新衣服了。有一次她拍了18条裙子去旅游，回来退掉后，却被商家发现了她的旅游照。商家有种被欺骗的感觉，于是把事情告诉了媒体。

接下来，"聪明的"小赵没有想到，事情会闹到不可收拾。网络传播的迅捷和广泛，让小赵一下子被推到了风口浪尖，无数明星花钱才能上的热搜，小赵居然轻松就上了，而且还是热搜第一名，更有甚者登门指责。事情的影响越来越大，无数网友参与了讨论，甚至知名公众号也纷纷表达观点，小赵的"小聪明"变成了全网关注的热点。小赵彻底害怕了，写道歉信、不停地哭、向单位请了假不敢出门，网友还是不肯放过她，于是小赵心情十分苦闷。

问题讨论：

1. 案例中共提到了四个伦理主体，即小赵、商家、电商平台和普通网友，试从伦理道德角度，分析他们是否存在各自的伦理责任？如果存在，请指出责任在哪？

[伦理方案一]　王阳明：心学论——"致良知"

我国明朝时期大思想家王阳明认为：心外无物、心外无事、心外无理、心外无义、心外无善……心就是理，心与理同向。古今中外，人人都有良知之心，因此"致良知"就能辨是非，懂善恶，视人如己，视国如家。"良知"是指一种知善而向善的能力，但这种能力在没有理性的主观意志的自觉下是不能实现"善"的，只有经过"致"的过程即除物欲和习染，才能达到"善"。

依据王阳明"致良知"观点，小赵、电商平台和普通网友皆负有伦理责任，商家没有伦理责任，具体说来如下。

小赵：小赵负有的伦理责任在于其未能做到"辨是非，懂善恶，视人如己"，或者说没有做到"致良知"。从上述整个事件来看，一方面小赵不该耍"小聪明"，把商家的商品——衣服，假借购买以满足自己"显美"的虚荣之心，这样既激怒了商家又损害了下一个买家的利益，是不道德行为；另一方面小赵虽然有悔改之意，"写道歉信、不停地哭"等，但她不该过于"心情沉重"，这是不利于身心健康的伦理精神。

商家：从整个事件来看，商家虽然"把事情告诉了媒体"，但既非违法，更无违背道德，属于"致良知"的伦理行为。

电商平台：作为提供网络交易平台的中介方——电商平台，负有"辨是非"的伦理职责，应当以事实为依据，以法律为准绳，以维护社会和谐稳定为宗旨履行好自己作为平台方的监管义务，切实履行监管职责。

普通网友：负有"致良知"的伦理责任。作为普通网民的网友虽然有维持社会公德的正义感，但不可感情事，"气不过"，导致过激行为和言论，甚至出现"报复"行动，泄露小赵个人隐私，更有甚者登门指责小赵，严重地干扰小赵的日常生活，影响了小赵的身心健康。

[伦理方案二] 亚里士多德："伦理德性"和"理智德性"

古希腊著名的伦理学家亚里士多德认为人的德性有两种：理智德性与伦理德性。理智德性是理性生活上的德性，是通过教育生成；伦理德性是人的欲望活动上的德性，是通过习惯养成。理智德性又分为实践理性的德性和理论理性的德性，实践理性的德性在于明智，而理论理性的德性在于智慧。智慧是人的最高等的德性，因而又被称之为"逻各斯"。

依据亚氏伦理观点，小赵、电商平台和普通网友皆负有伦理责任，商家没有伦理责任，具体说来如下。

小赵：伦理责任在于既缺少"伦理德性"又缺少"理智德性"或者说叫"缺德"。从上述整个事件来看，一方面小赵的"小聪明"不属于"理智德性"，"理智德性"在于"明智"和"智慧"，她把商家的商品——衣服，假借购买以满足自己"显美"的虚荣之心，这样既不"明智"也不"智慧"；另一方面小赵虽然有悔改之意，"写道歉信、不停地哭"等，但她不该产生过于沉重的心理负担来表达后悔之心，属于"欲望"错误，违背"伦理德性"。

商家：商家"把事情告诉了媒体"这既"智慧"又"明智"，符合"理智德性"。从整个事件来看，商家行为符合"伦理德性"。

电商平台：电商平台在没有调查研究真相下，习惯性地偏向"消费者"一方，这既不"明智"也不"智慧"，属于缺少"理智德性"。

普通网友：作为普通网民的网友主持公道和正义这一点，是没有问题的，但太感情用事，"气不过"，进而采取"报复"行动，泄露小赵个人隐私的行为和言论，更有甚者登门指责，严重地干扰小赵的日常生活。这些行为既不"明智"也不"智慧"，缺少"理智德性"和"伦理德性"。

[伦理方案三] 康德："三大批判"——真、善、美

德国近代著名大伦理学家康德曾写了著名的"三大批判"：《纯粹理性批判》实现哲学之"真"——"人为自然立法"；《实践理性批判》实现伦理学之"善"——"人为自己立法"；《判断力批判》实现美学之"美"——"人为审美立法"。康德的"三大批判"被认为是迄今为止，从宏观上全面地解读了人类的一切知识和人的存在的本质内涵与意义所在的著作。

依据康德观点，小赵、电商平台和普通网友皆负有伦理责任，商家没有伦理责任。具体说来如下。

小赵：小赵缺少"真""善""美"。从上述整个事件来看，其一小赵的"小聪明"体现在把商家的商品——衣服，假借购买以满足自己"显美"的虚荣之心，其认知不"真"，"真"是一种对事物本质的认知。其行为不"善"，"善"是一种合理表达人我关系的行为。其表征不"美"，"美"是一种体现正确审美观点的内心美和外在美的精神状态。其二小赵虽然"写道歉信、不停地哭"，有悔改之意，但她不该用过于产生心理负担，不领会生命真谛，不善待身体与生命，这更不是对身体与生命的完美表达。

商家：商家"把事情告诉了媒体"，是对"真""善""美"的正确表达，无不妥当之处，符合康德伦理精神。

电商平台：电商平台没有调查事实真相，属于不"真"，习惯性地偏向某一方，属于不"善"。

普通网友：作为普通网民的网友主持公道和正义这一点，属于"真""善""美"。但太感情用事，"气不过"，进而采取"报复"行动，泄露个人隐私，更有甚者登门指责，严重地干扰和影响小赵的日常生活。这些行为则属于不"真"、不"善"、不"美"。纵观网友的整体态度以及行为过程，属于未能完美表达"真""善""美"，负有端正"真""善""美"的伦理责任。

[伦理结论]

从整个案例过程看，小赵、电商平台和普通网友皆负有伦理责任，商家没有伦理责任。具体说来如下。

小赵：小赵的伦理责任其一在于耍"小聪明"，把商家的商品——衣服，假借购买以满足自己"显美"的虚荣之心，这样既激怒了商家又损害了下一个买家的利益，是一种不道德行为；其二，小赵虽然"写道歉信、不停地哭"，表达悔改之意，但她不应当用过激行为来表达悔意，从身心健康的角度上来说，这本身也是一种不道德行为。

商家：商家"把事情告诉了媒体"，不违法，也无道德伦理问题。

电商平台：电商平台既负有调查事实真相的伦理责任，也负有纵容网络发酵的伦理责任，应当以事实为依据，以法律为准绳，以维护社会和谐稳定为宗旨做好自己作为平台方的监管义务，切实履行监管职责。

普通网友：负有网络欺凌的伦理责任。作为普通网民的网友虽然有维持社会公平，主持社会正义的一面，但不可感情用事，以致"气不过"，甚至采取"报复"行动，泄露小赵个人隐私，更有甚者登门指责，严重地干扰和影响了小赵的日常生活。这是一种不道德行为，不具有社会正义性。

2. 针对小赵心情过于沉重，试从生命与健康伦理角度，说说你的看法？

[伦理方案一]　《孝经》："贵身"

我国古代秦汉之际儒家弟子所著的《孝经》明确指出："身体发肤，受之父母，不敢毁伤，孝之始也。立身行道，扬名于后世，以显父母，孝之终也。夫孝，始于事亲，中于事君，终于立身。"由此可知，珍视身体发肤即为贵身，有身方能行孝，重点在于立身行道，立身即是先事亲（父母），后事君（道德、国家、事业）；行道就是遵循天地宇宙万物之道。

依《孝经》"贵身"观点，小赵行为不利于身体健康的原因有三：一是"身体发肤，受之父母"，如果伤害身心健康就是对父母的不孝；二是如果产生过大心理负担了，就无法使行孝行为——供养父母有力开展；三是生命的存在应该"立身行道，扬名于后世"，让父母为你而感到光荣和骄傲。

[伦理方案二]　《荷马史诗》：肯定现世生活

古希腊人对于肉体与灵魂的结合状态即人的现世活着的生活给予肯定和赞扬，因为只有现世的生活才是可感知和可体验的。而灵魂离开肉体（即人死后的灵魂，也即"来世"）无依无靠，如烟随风飘散，似孤魂野鬼，这是一种不安宁的灵魂状态，希腊人是比较排斥的。据《荷马史诗》记载，战死于特洛伊沙场的阿喀琉斯的灵魂在黄泉之下遇到奥德修斯的脱体之魂时说到，"奥德修斯啊，千万别想到死，即使在黄泉的世界当上死人们的王，也不如在人世间活着做一个既没有充饥的干粮也不拥有耕耘的土地的农奴"。由此可见，古希腊人对现世生活持肯定态度的观念是值得支持和肯定的。

依据古希腊《荷马史诗》肯定现世生活的观点，小赵应该保持平静的心情，不该有对自己身心发展有负面影响的任何过激行为。

[伦理方案三]　霍布斯：第一自然法（根本律令）

英国近代著名的伦理学家托马斯·霍布斯的第一自然法（根本律令）中明确写道：禁止人们去做自损生命之事；禁止人们不去做自己认为最有利于生命保全之事。

按照霍布斯的第一自然法（根本律令）观点，小赵应该保持平静的心情，理性处理和对待网络行为和言论，因为爱护生命和维持身心健康就是人性自保的自然属性。只有爱惜生命并维持身心健康的人才是符合自然法的精神的。

[伦理结论]

小赵应该调适自己的心情，理性处理和对待网络行为和言论。

从人作为纯粹生物的生物学角度看，生命个体的自然生命遵循生物自然法则，一切生命存在体维持自身生命存在是生物的本质属性和生命自然机体的内在要求。小赵作为人维持自己身心健康正常发展是生物学生命规律赋予的权利。

从生命伦理角度看，生命个体无论是受到来自情感、疾病等内在原因的压力还是受到来自外因的任何压力，按照生命的逻辑和伦理的命令要求，只要是对身体或生命构成威胁和挑战，小赵都应当努力排除，小赵维系自己身心健康是生命必须遵循的自然规律和自然法则，也是符合生命伦理的"伦理应当"和"伦理正义"。

案例学习三：网络（电话）访谈中的威胁心理健康案例

对死者的亲人及时调查、采访是否是一种心理或生理伤害？

某地医疗研究机构曾经在长达十年的时间进行信息跟踪，发起对新生儿猝死综合征的网络（电话）调查研究。该医疗研究机构对已故新生儿的父母在新生儿死后72小时（多数是在24小时）内进行网络（电话）采访。采访问题包括：社会状况、家族历史、母亲既往病史、怀孕及围产期详细情况、新生儿病史（最近的病症、喂养、最后睡觉的准确细节、被发现时的姿态、衣服和被褥的准确数量与质地、新生儿是否被紧紧地包裹、被褥是否盖在婴儿头上、婴儿房内的温度，等等）。该医疗研究机构虽然旨在尽快尽早地从已故新生儿的父母处获得死亡相关信息，增强研究的可靠性和有效性，但研究者忽视了新生儿父母心理上的创伤与伤害。其实，绝大多数父母对新生儿死亡的调查、采访是持反感和敌视态度的，他们不愿意回忆或讲述过去孩子的经历，因为回忆过去就意味着心理和生理上的再一次被伤害。他们好多人在接受网络（电话）调查采访时心理上是矛盾的或者是麻木的，想讲述或回忆过去是对孩子的思念，心中有种放不下；不想讲述或回忆过去是想回归正常的平静生活，不想使自己再次处于抑郁、难过、伤心的境地。

问题讨论：

1. 试从心理健康的伦理角度分析，对已故新生儿父母尤其是刚刚离世的新生儿父母的网络（电话）调查是否存在伦理问题？

[伦理方案一]　《吕氏春秋》："节情"

《吕氏春秋》说道："天生人而使有贪有欲。欲有情，情有节。圣人修节以止欲，故不过行其情也。故耳之欲五声，目之欲五色，口之欲五味，情也。此三者，贵贱、愚智、贤不肖欲之若一，虽神农、黄帝，其与桀、纣同。圣人之所以异者，得其情也。

由贵生动,则得其情矣;不由贵生动,则失其情矣。此二者,死生存亡之本也。俗主亏情,故每动为亡败。"(《吕氏春秋·情欲》)人虽然有七情六欲,但七情六欲都要适得其宜,皆须以养性保生为本,否则伤身害体。

依据《吕氏春秋》"节情"伦理思想,对已故新生儿父母,尤其是刚刚离世的新生儿父母进行网络(电话)调查是不妥当的,存在伦理伤害。这是因为"情有节",对已故新生儿的父母采取网络(电话)调查应该要顾及被调查者的心理感受,他们被调查时难免会想起孩子在世时的情景,再想想如今孩子不在世了,心里肯定难以接受,伤心、痛苦、悲伤甚至落泪等等,这些都是没有"节情"的表现,会"伤情",从而伤害到身体和心理健康,"由贵生动,则得其情矣;不由贵生动,则失其情矣",因而不利于"养性保生"。也就是说,从"养性保生"的角度上讲,对已故新生儿父母尤其是刚刚离世的新生儿的父母进行网络(电话)调查是不应当的。

[伦理方案二]　　约翰·洛克:"快乐就是善,痛苦就是恶"

英国近代著名伦理学家约翰·洛克认为,事物之所以有善恶之分,是因为人有痛苦和快乐的感觉,"快乐就是善,痛苦就是恶"。所谓"善"就是"能引起(或增加)快乐或减少痛苦的东西";所谓"恶"就是"能产生(或增加)痛苦或减少快乐的东西"。

依据洛克的观点,对已故新生儿父母尤其是刚刚离世的新生儿的父母进行网络(电话)调查是存在伦理问题的。这是因为,对刚刚离世的新生儿的父母进行网络(电话)采访会引起他们对孩子的伤心追忆。这种调查离孩子死亡时间越近伤害越大——"72小时(多数是在24小时)内",他们有的伤心流泪;有的哀号痛哭;有的伤心欲绝……这是一种痛苦的过程,而"痛苦就是恶",所以引起痛苦产生的事物也是恶的,不善的。

[伦理方案三]　　斯宾塞:进化论伦理观

英国进化论伦理思想家斯宾塞认为,所有的恶都是由环境不适应造成,善的行为就是做有助于物种环境适应性的行为,他说:"任何有助于后代或个体保存的行为,我们把他视作相对于物种而言的善的行为,反之否然。"道德的价值就在于有利于自我、他人和种族的保存与发展,当三者都兼达时,善值最大。

依据斯宾塞物种生物学进化论观点,对已故新生儿父母尤其是刚刚离世的新生儿父母的网络(电话)调查不仅不存在伦理问题,而且是一种善的行为。原因在于,该种网络(电话)调查目的在于做出"有助于物种环境适应性的行为",即有利于人类物种保存,降低新生儿非正常死亡概率的行为。"任何有助于后代或个体保存的行为,我们把他视作相对于物种而言的善的行为,反之否然。"从斯宾塞进化论伦理学观点看,这就是一种善的行为,是应该提倡的行为。当然就更谈不上有任何伦理责任之处。

[伦理结论]

从对死亡新生儿父母的心理健康的伦理角度看，该种网络电话调查确实是一种伤害，存在伦理责任。该机构为了获得更准确、更及时的科研材料，他们往往会在"新生儿死后 72 小时（多数是在 24 小时）内进行网络（电话）采访"，这就更加大了对死亡新生儿的父母的情感伤害，因为该种调查时间离新生儿死亡时间越近，伤害往往就会越大。但该科研机构为了"能够增强研究的可靠性和有效性"，也往往在时间上要求"越早越好"，这就形成了事实上的"零和博弈"式的伤害，且这种伤害往往会在心理或生理上产生双重后果。当然，单纯从科研角度看，科研机构对新生儿死亡原因等多方面展开及时调查研究，旨在获得科研数据以便减少类似死亡事件发生，动机并无不善，但在行为结果上却实实在在伤害了死亡新生儿的父母的感情。我们主张动机与效果之间关系的辩证统一，只有好动机而无好效果的调查研究在伦理学意义上也是不被赞成和支持的，科研机构在调查方法论上应当另寻他路，采取既不伤害死亡新生儿的父母的感情又能达到调查目的的有效手段。

2. 为了减少新生儿死亡而进行的尤其是及时的医疗科学研究，是非常必要的，但对刚刚离世新生儿的父母进行网络调查、采访也确实是一种心理上的伤害。试从伦理道德角度，谈谈该如何化解这种二律背反？

[伦理方案一]　墨子："共利"

生于春秋末期、战国初期的墨家创始人墨子认为，"爱人利人"则共利，共利之利则大于单纯的利己。这就是他著名的"共利"原则。

依据墨子伦理思想，"共利"原则是处理该"二律背反"的具体法则。按照这个法则，该研究机构不要仅仅根据自身的研究目的，抓住自身的一己之利而忽略被调查者的情感伤害，而应当在获取自身科研材料的同时更应当注重或顾忌被研究者的利益，因为"共利之利则大于单纯的利己"，从而在这件事上做到自己和被调查者的"双赢"或至少是不伤害被调查者。但按照墨子"爱人利人"的观点，仅仅做到"不伤害"还是不行的，而是一定要"爱人利人"。"爱人"落脚点是"不伤害"，"利人"落脚点则是让被调查者感到"有利"。"不伤害"的办法恐怕只有在调查时间上把握"适度"，掌握"火候"了，也就是寻求被调查者基本能够接受的时间点进行采访。那么，该如何让被调查者感到有"有利"呢？墨子并没有展开来讲，但从墨子一贯的观点和主张来看，那就是在情感上，人情世故上甚至物质或经济利益上进行考虑，等等。这样，调查者也许既能达到自身的调查和科研目的，又能"爱人利人"，这就是"双赢"效果。这样一来，所谓的"二律背反"也就适当化解了。

[伦理方案二]　霍布斯：第四自然法（无悔法则）

英国近代早期著名伦理思想家霍布斯在他的《利维坦》一书中，提出了著名的第四自然法（无悔法则）：接受他人单纯根据恩惠施与的利益时，应努力使施惠者没有合理的原因对他自己的善意感到后悔。

依据霍布斯第四自然法思想，化解该"二律背反"的施动者在调查研究机构这一方，也就是说该调查研究机构在对死亡新生儿的父母进行调查采访时应该"努力使施惠者没有合理的原因对他自己的善意感到后悔"（注：后悔即难过、伤心）。也就是说，该机构调查是可以的，但要努力使被调查者消除或减少痛苦（伤害）。至于消除或减少被调查者的痛苦或伤害的方法，需要该调查机构根据自身实际情况进行酌情选择和采取。

[伦理方案三]　亚当·斯密：道德"同感说"

近代英国学者亚当·斯密认为，人性中有同情他人的特质，"悲他人所悲，哀他人所哀"，这样的情感共鸣就是同感。"联想"和"共同经验"是道德同感发生的机理。道德评价就是对激起行为的动机和效果能否引发情感共鸣的判断，同感即为善，反感即为恶。

依据亚当·斯密的伦理观点，化解该"二律背反"要依靠该调查研究机构，需要该调查研究机构持有道德"同感"之心。该调查研究机构在进行调查时，应站在死亡新生儿的父母的立场上，多体谅他们的感受，多想想他们的处境，在他们痛苦感相对减弱或消除的情况下再做适当的采访，或者注意自身的采访方式、注意问题提问的敏感度、询问的具体细节是否得当，等等，在这些具体问题上注意分寸，避免伤害或再度伤害被采访者。

[伦理结论]

化解该"二律背反"需要采访方和被采访方，甚至社会第三方的共同努力，目的在于使采访方和被采访方这二者之间达到一种平衡或"双赢"效果，既使采访者达到预期的采访目的，又要使被采访者不受伤害。

对于采访方来说，第一，需要采访者在采访的时间把握上注意"恰当"，不可操之过急，也不可错失良机。操之过急会加大或刺激被采访者的伤心和痛苦的感受，错失良机又会达不到采访"研究的可靠性和有效性"。第二，需要采访者注意自身采访的环境，不要在唤起对方忧伤情绪的环境下进行采访。第三，需要采访方注意自身采访的询问方式、询问问题自身的敏感性、询问的语气等具体细节。第四，也要考虑对被采访者给予适当的慰问或其他物质上的帮助。第五，作为科研机构的采访方把该父母的调查结果及时、准确地反馈给被采访父母，以备以后及时预防。

对于被采访方来讲，一方面，需要尽力跳出悲伤心境，理性和合理地控制自身的情绪；另一方面，死亡新生儿的父母也应努力争取更为宽广的眼光和更宽大的胸襟来配合科研机构的调查采访，努力理解和达成科研机构的初衷。

对于社会第三方来讲，需要成立社会协调机制，为科研机构和死亡新生儿的父母之间的联络和沟通牵线搭桥，在减少对新生儿父母的伤害等方面进行保护、干预和化解。

案例学习四：网络订餐食品安全问题案例
网络订餐食品安全问题屡遭曝光

在"互联网+"的时代，"外卖"作为一种便捷的快餐形式，走进了大众的日常生活。利用手机各种订餐 APP，随时随地只要手指轻轻点击订餐软件，想要的各种美餐就会有专门的外卖员送上门来……但是，在广大网民利用虚拟网络订餐日渐火爆的当今时代，线上线下订餐却发现同餐而不同质量和分量，甚至外卖食材内有异物、腐化变质等食品安全问题比比皆是。近些年随着网上订餐交易量日益增多，肾炎患者尤其是慢性肾炎患者人数有明显上升的趋势。这个事实说明，健康状况与我国网民个人喜好吃网络快餐食材不无关系。

有食品与卫生学者和专家指出，"网络快餐已经成了网络时代广大网民生活中不可缺少的组成部分，网络虚拟外卖服务平台作为连接快餐食品经营者与快餐食品消费者的'第三方'，应当尽到严格把好关的责任和义务"。

问题讨论：

1. 有人认为网络订餐外卖方便了人们的生活，节省了人们的时间，国家应该大力提倡网络订餐外卖的生存空间；还有人认为，网络订餐外卖藏污纳垢，危害了人们的身体健康，国家应该取缔网络外卖的存在空间。试谈谈你对网络外卖存在价值的伦理认识。

[伦理方案一]　老子："返朴归真"与"愚智"

道家创始人老子认为，"道常无为而无不为，侯王若能守，万物将自化，化而欲作，吾将镇之以无名之朴。无名之朴，亦将不欲，不欲以静，天下将自正。"（《老子》第三十七章）"罪莫大于可欲，祸莫大于不知足，咎莫大于欲得。"（《老子》第四十六章）"民之难治，以其智多；故以智治国，国之贼，不以智治国，国之福。"（《老子》第六十五章）因而要"绝圣弃智，去奇技淫巧"而"民利百倍"。

依据老子观点，应当对网络订餐外卖适当予以控制。原因在于：人的罪恶和无知在于生活上的欲望太多，导致一些不良商贩纷纷从事网络订餐外卖业务；欲望太多就会"无名之朴"，如果人没有那么多的欲望，那么天下将"自正"，也就不会存在网络订餐外卖的诸多藏污纳垢等不健康现象。"民之难治"就在于"民之智多"，致使一些不法分子在诸如吃饭这样关乎人们生命健康的事情上投机取巧，敛财害人。因此，人们应该"返朴归真"，"绝圣弃智，去奇技淫巧"。依据老子伦理观点，应当减少网络订餐外卖，只有这样，人们才能"民利百倍"。

[伦理方案二]　魏源：民本主义历史进化观——"群变"观

魏源认为衡量历史进步和善恶的标准在于是否"便民"和"利民"，即凡是有利于人民群众的行为（如变法、改革等等）都是历史进步和善的行为，反之否然，这就是他主张的"群变"思想。时代是发展变化的，用古代的尺度衡量当今时事的"诬今"

言论就不可能认清当前形势；反之，用今天的标准去衡量古代的"诬古"言论也是错误的。

依据魏源观点，国家应该提倡并支持网络订餐外卖的生存空间。这是因为：网络订餐外卖有利于人民群众的日常生活，是"便民"和"利民"之举，这是历史进步的表现，因而也是一种善的现象和表现。

[伦理方案三]　章太炎：时代局限的悲观主义——《俱分进化论》

章太炎说："进化之所以为进化者，非为一方直进，而必由双方并进……若以道德言，则善亦进化，恶亦进化；若以生计言，则乐亦进化，苦亦进化……曩时之苦乐为小，而今之苦乐为大。"意思是说，虽然"善"在进化进步，而"恶"也随时代一起进化而更"恶"，而人类随着科技手段的进步，有时造成的痛苦和灾难比过去更多、更重。

依据章太炎《俱分进化论》思想，应当限制甚至取缔网络订餐外卖业务。原因在于：网络订餐外卖方式虽然有利于人们生活的一面，但是，其不利的一面更为突出，权衡其善恶利弊，恶的一面更为突出，加剧了人们的生活和身体健康的担心和负担，也带来了管理上的困难和麻烦，所以人们没有必要使自己处于更痛苦的灾难之中，而让网络订餐外卖方式泛滥。

[伦理方案四]　奥卡姆威廉、威廉·奥康："奥康剃刀"

14世纪英格兰逻辑学家奥卡姆威廉提出奥卡姆剃刀定律，又叫作"奥康剃刀"，其精准概括就是"如无必要，勿增实体"，即"简单有效原理"。他在书中说，"切勿浪费较多东西去做用较少的东西同样可以做好的事情"。"奥康剃刀"就是要把不必要的东西砍掉。如果对结果没有必然影响，那么为了保证高效、快捷，就必须大胆使用"奥康剃刀"。稍后的英国经院派唯名论的代表人物威廉·奥康同样认为，"没有必要，就不应增加本质"，"少做能达到的事情，多做则无益"，对那些无用的东西，应该像用快刀子剃头发那样，统统剃掉。这就是哲学史上所谓的"奥康剃刀"。

依据奥卡姆威廉以及威廉·奥康两人的共同观点，应当限制甚至取缔网络订餐外卖业务。原因在于：其本身没必要！如今出现的大量网络订餐外卖，它们的存在纯属多余和累赘。人们本来完全可以在家中就餐，也可以在班上吃食堂或依靠自己随身携带饭包解决，至多人们外出可以到饭店就餐解决吃饭问题，完全没有必要让这种本不该出现的东西出现，我们为什么偏偏就是要让它出现呢？"如无必要，勿增实体"，"切勿浪费较多东西去做用较少的东西同样可以做好的事情"。"少做能达到的事情，多做则无益"，所以应当限制甚至取缔网络订餐外卖业务。

[伦理方案五]　黑格尔"存在即合理，合理即存在"

德国古典哲学和伦理学家黑格尔认为："凡是存在的都是合理的；凡是合理的也必将是存在的。"

依据黑格尔观点，既然网络订餐外卖已经在现实世界广泛存在并被广大网民认可，那么，它的存在就其自身来说，就有了存在的合理性。既然合理的东西，我们为什么不让其存在呢？所以，依据黑格尔观点，应该给予网络订餐外卖生存空间。

［伦理结论］

我们不应当只看到网络订餐外卖存在诸多问题而取缔它的社会存在空间。问题在于我们该如何理性而有效地对其管理和规范，而不是一味地去取缔它的存在。另外，作为科学技术应用成果的网络订餐软件，本身无道德价值善恶之说，科学技术本身遵循价值中立自然属性。就技术的东西本身而言，技术的不足应当依靠技术自身的进步来弥补，这是一方面。另一方面，快餐行业藏污纳垢等不利于身体健康的现象确实较多，也容易滋生不利于身心健康的环境，但问题本身不在订餐这个作为科学技术成果的订餐软件上，而是在于从事餐饮行业的人员的专业水平素养和职业道德素养上，换句话说，错的是人而不是技术。因此，如何规范与治理餐饮从业人员才是正道。

2. 近年来，因网络订餐引起的食品安全问题广受关注，请你试从食品健康伦理视角剖析，该如何加强网络外卖食品安全的伦理建设？

［伦理方案一］ 墨子："三表法"

三表法是墨子在道德认识论方面提出的一种判断是非真假的标准。三表分别是：第一表，"本之于古者圣王之事"；第二表，"原察百姓耳目之实"；第三表，"废（发）以为刑政，观其中国家百姓人民之利"（《墨子·非命上》）。"本之"属于间接经验，"原之"属于直接经验，"用之"是将言论应用于实际生活，看其是否符合国家、百姓的利益，作为判断真假是非功过和决定取舍的标准。三表法坚持唯物主义的出发点，主张根据前人的间接经验、群众的直接经验和实际效果来判断是非。但有过分夸大之嫌，忽视理性认知的重要性。

依据墨子的观点，网络外卖食品安全的伦理建设应当着眼于三个方面建设：首先，应该遵照我国德治传统和我们党"以德治国"的理念加强网络订餐外卖人员的教育管理。也就是说，应该用道德伦理的德治思想加强对网络订餐外卖行业的说服教育。其次，应该按照人们日常生活需求对网络订餐外卖行业进行治理。广大订餐网民一般需要性价比高（物美价廉）的快餐，那么，作为行使监督权的网络平台服务公司和政府机构应该在"物美"（"价廉"的核心也在"物美"上）即食品卫生安全方面加强监督，使外卖食品提供方（餐饮企业和送餐人员）在符合国家食品卫生许可的范围内经营。再次，用法律手段（刑与罚手段）来促使网络订餐外卖企业的行为符合国家和百姓的实际利益。

［伦理方案二］ 法家："任法而治"

法家以韩非为代表认为人性本恶，趋利避害，人与人甚至父母与子女之间皆以"利害"相互算计，因而必须"任法而治"，用威刑、赏罚代替道德教化来惩恶扬善。

依照法家尤其是韩非子观点，治理网络订餐外卖行业的乱象必须用威刑、赏罚的手段来惩恶扬善，取代空洞的道德教化与说教，促使网络订餐外卖的各个参与方，尤其是网络餐饮服务第三方平台提供者和入网餐饮服务提供者依法活动。对违规违法者实行严刑峻法，绝不姑息养奸；同时，对信誉良好，表现突出的企业和个人给予一定的奖励。

[伦理方案三] 葛洪《抱朴子》："以刑佐德"

葛洪在《抱朴子》中写道："故仁者养物之器，刑者惩非之具，我欲利之，而彼欲害之，加仁无悛，非刑不止。刑为仁佐，于是可知也。""仁之为政，非为不美也。然黎庶巧伪，趋利忘义。若不齐之以威，纠之以刑，远羡羲农之风，则乱不可振，其祸深大。以杀止杀，岂乐之哉！"（《抱朴子·用刑》）

依据葛洪的观点，治理网络订餐外卖行业的各个参与方，不能仅仅依靠道德手段，还必须辅以刑罚手段。对于能够做到合法经营的网络订餐外卖企业以及网络服务第三方平台公司，主要依靠道德伦理手段，进行说服教育、引导疏通，甚至可以适当奖励、表扬等以资鼓励；对于那些屡教不改、顽固不化的唯利是图的网络订餐外卖企业以及网络服务第三方平台公司，必须实行严格、严厉的刑罚手段进行规范和强制。只有这样，才能实现网络订餐外卖行业的良性运转。

[伦理方案四] 哈林顿：小孩子"分饼法"

英国近代早期共和派政治伦理思想家哈林顿认为，人性是自私和利己的，人是寻求促使自己利益最大化的"理性人"。那么，在利益分配上如何实现自己利益最大化的欲望呢？这是一个众多哲学家们千年苦恼且争论不休的话题，最终竟然被两个小姑娘的智慧解决了——有两个小姑娘分享同一块饼，谁都想获取相对较大的那部分，于是她俩制定了一个规则：一个人具有负责分饼的权利，另一个人具有优先选拿的权利。那么，当且仅当分饼的人均等分割时，才能使自己利益最大化而不至于自己吃亏，因为另一个具有优先选拿的人会把较大那部分拿走。为了使自己不吃亏，负责分饼的小姑娘只有想方设法去均分，这样的结果——实现了利益均等。

依据哈林顿小孩子"分饼法"理论，网络订餐外卖行业（含网络订餐外卖企业、网络服务第三方平台公司）与广大网络订餐者这二者之间是一种"零和博弈"，前者属于获取利润的权利方，同时也是负责食品保质保量的义务方；而后者属于获取食品保质保量的权利方，同时也是负有出钱责任的义务方。这二者要实现各自"利益均等"，就有必要各自遵循"小孩子分饼法"理论，即：网络订餐外卖行业的"游戏规则"交由广大网络订餐者制定，而网络订餐外卖企业和网络服务第三方平台服务公司只需遵循"游戏规则"，履行自己的规则义务即可获利；至于广大网络订餐者能够并愿意付出价钱多少，则由网络订餐外卖企业和网络服务第三方平台公司根据自己的情况和需要决定是否愿意接单。而国家食品卫生市场监督主管部门则是没有必要参与到"游戏规则"制定的过程之中，但仍可以负责对交易双方行为进行监督。

[伦理方案五]　康德："绝对命令"式一和"条件命令"

"绝对命令"式一："你的行动，要把你人格中的人性和其他人人格中的人性，在任何时候都同样看作是目的，永远不能只看作是手段。"换言之，人是目的，不是手段。"条件命令"又称假言命令，该命令是有条件的和相对的，不具有普遍性，不可以普遍化，认为"善是一种手段而不是目的，善行就是达到偏好和利益的手段"。如果其他人不能遵循你所选择的行为路线，那么这条行为路线就是"条件命令"。由于人们的行为目的各不相同，"条件命令"不适用于作为道德标准。

依据康德"绝对命令"式一可知，针对网络订餐外卖行业涉及人们食品卫生与健康的问题，要求社会各方（主要包括国家食品卫生市场监督主管部门、网络餐饮服务第三方平台提供方、入网餐饮企业以及广大网络订餐消费者等）要始终把握的核心是"以人为本"。即餐饮消费者的切身利益是目的，而不仅仅是利用的手段。换句话来讲，消费者的切身利益即他们的食品安全以及由此带来的身体健康是整个餐饮行业应予维护的目的，而不仅仅是餐饮行业赖以赚钱的一种手段。而在现实的餐饮行业中，却往往被本末倒置——消费者的利益变成一些人赖以赚钱的手段而加以利用，却忽略了其作为目的性的要求。这是康德"绝对命令"式一所绝对不能被容忍的。

依据康德"条件命令"可知，道德伦理（如晓之以理、动之以情的说服，教育，劝导等）只是对网络餐饮行业起手段性作用，这种手段性作用相对于消费者的食品卫生和身体健康这个目的，是相对的，不具有普遍适用性作用。也就是说，道德与伦理上的措施和对策对餐饮行业的不法经营者不是普遍适用的。在不适用的情况下——违法者无视这种道德伦理手段，继续违规违法经营，那么，就可以变更道德伦理手段，改为刑罚手段，用严刑峻法强制其行为，直至其合法合规经营为止。也就是说道德伦理的制约是手段，消费者的食品卫生与安全才是目的，目的永远不变，但手段可以根据需要随时随地改变。

[伦理结论]

加强网络外卖食品安全的伦理建设应该着眼于以下几个方面。

国家食品卫生市场监督主管部门的伦理职责：

首先，强化宣传引导。应当加大对《网络餐饮服务食品安全监督管理办法》的宣传力度，向消费者宣传食品安全知识及订餐注意事项，增强消费者的维权意识，举报问题网络餐饮服务第三方平台提供者和入网餐饮服务提供者。其次，督促网络餐饮服务第三方平台提供者和入网餐饮服务提供者落实食品安全主体责任；设立第三方平台提供者和入网餐饮服务提供者向当地行政主管部门报告备案制度，实行食品经营许可证审查登记，杜绝无证、无照、套证或使用假证从事网络餐饮服务的行为；严查入网餐饮服务提供者的食品经营许可证和名称、地址、食品安全量化分级信息，菜品名称和主要原料名称等。再次，加大处罚力度，提高违法成本，对违法违规行为进行严惩。最后，加大线上线下监测工作。成立专门互联网监测中心与网监大队，利用专业化搜索引擎对食品经营许可证、店铺地址、电话等信息进行搜索监测和管制。以线下调查锁定问题商铺，约谈相关网络平台，限期整改，并通报、关闭不合格食品企业和网络平台。

网络餐饮服务经营企业的伦理职责：

其一，网络餐饮服务经营企业要自觉杜绝无证、套证或使用假证从事网络餐饮服务的行为，餐食加工制作场所要严格执行国家食品卫生许可标准。按照食品经营许可证载明的经营项目从事经营活动；在规定加工操作区内加工食品；按照《中华人民共和国食品安全法》《餐饮服务食品安全操作规范》要求采购食材、设备，自觉对从业人员、环境卫生、清洗消毒等加强管理，规范加工制作过程；确保线上与线下餐饮食品的质量安全和卫生相一致；使用无毒、清洁的食品容器、餐具和包装材料包装。其二，要定期对送餐人员进行身体健康检查和食品安全知识培训，定期清洁配送容器，确保配送过程食品不受污染。

网络平台服务的提供商即第三方平台的伦理职责：

要严格进行入网审查、建立健全配送信息登记和监督制度。发现餐饮服务企业违规违法行为要及时制止并报告入网餐饮服务企业所在地食品安全监管部门；发现严重违规违法行为要立即停止提供网络交易平台服务；对涉及消费者食品安全的投诉举报和网络曝光的网络餐饮食品安全问题要及时核查处理。

广大网络订餐者的伦理职责：

广大网络订餐者一方面要谨慎选择，尽量寻找自己熟悉的品牌或网络平台和入网餐饮企业，降低外卖食品可能存在的卫生安全隐患；另一方面要有维权意识和法律意识，一旦自身权益受到侵害，要勇于拿起法律武器维护自身权益。

【注　释】

① 详见邱仁宗教授撰写的《脆弱性：科学技术伦理学的一项原则》，载《哲学动态》2004年第1期。

第九章
网络生活与消费伦理

9.1 生活与消费的日益网络化

日新月异的互联网技术迅猛发展，大大推动并加速了中国社会向网络生活和网络虚拟消费社会的现代化转型进程，实现了从传统面对面看货付款的"直接交换"模式，过渡到以虚拟信用工具和网络信用体系为中介的"间接交换"模式为主的虚拟世界交换方式。这种以间接交换为主的交换方式的普遍性依赖于虚拟信用体系，其特征在于以电子支付方式将顾客与经销商连接起来，具有实时性、有效性、快捷化等优点，正因为此，中国广大民众的日常生活与消费越来越依赖于虚拟网络。以微信钱包、支付宝等电子钱包为支付手段的移动支付无论在年龄构成、使用人数和频次，还是在日交易金额、年交易金额上都发生了根本性变化。由年轻化群体向老年化群体和低龄化群体大大延伸，由人群少数化、网络城市化走向大众化、乡村化和全国化，交易量和金额上也随着各种手机消费软件的不断出新而节节攀高。近日国家统计局最新调查统计显示，中国网民中，利用互联网进行消费的年轻人群体中仅18至24岁的就高达35%，网民在年龄结构上也呈现出由年轻化群体向青少年化群体和中老年化群体迅速蔓延的态势。在消费空间和时间上，由买卖双方同时"在场"的"商品—货币"传统消费行为模式，已经被互联网、物联网以虚拟化全新模式逐渐取代：依托网络平台，以网店为平台的商家把商品虚拟化为图片激发消费者的消费欲望和消费热情，消费者根据其他用户网络点评、评价等网络信息，以电子钱包为支付手段进行消费活动并分享消费体验，而这种分享消费体验又极有可能作为下一次购物的起点而促成网络购物的不断循环。

生活与消费的网络化得益于网络世界的开放性、自由性和平等性，作为网络产品和服务的消费者可以在相对宽松自由的环境下畅所欲言，充分地与其他消费者交流和传播自己的消费经验与感受，也可以对网络商品卖家或从事其他网络产品或服务的经营者提供的产品和服务进行建议、评价、批评甚至是投诉，等等。正是这种网络世界的开放性、自由性和平等性的存在，大大助推了人们日常生活与消费的日益网络化。

总之，"互联网＋"的网络科技的不断发展与推陈出新，为人们提供了便捷的网络虚拟生活空间，改变了人们传统的"商品—货币"消费模式，重塑了人们的消费观念，节约了人们的消费时间，使广大民众的生活与消费日益依赖于互联互通的互联网络。

9.2 网络生活与消费的伦理问题

放眼过去，人们的日常生活与消费是有边界的。不仅日常生活空间有边界，消费购物场所也有边界，且局限于时间。但在网络时代，由于网络技术在人们日常生活与消费过程中被广泛应用，这种有形的边界与有限的时空已被打破，成为一种无边界无时空限制的生活与消费，在网购商品或服务的类型种类选择、信息来源渠道、交易方式和手段、包装和运输渠道、消费信息反馈时效等方面都发生了根本性的改变。这种根本性变化让广大网民在享受互联网所带来的巨大福利的同时也面临着巨大的网络风险。所谓网络风险，是指人们在参与网络生活、进行网络消费时，其作为消费者的正当合法权益（包括个人身份信息、经济信息、肖像名誉、人格尊严、家庭住址等）可能会受到来自他人尤其是网络商品和服务的经营者的非法窃取搜索、信息跟踪与大数据分析储存，甚至是侵害、损害或威胁，等等，使广大网民蒙受巨大损失，尤其是财产损失、身心伤害等诸如此类包含一切有形或无形、随时随地都可能发生的损失或伤害，从而滋生了一系列对现行法律法规和传统道德伦理观念构成严重挑战的伦理事件。据中共中央网信办通报，2023年仅3月份全国受理网络违法和不良信息举报高达1670.4万件。网络风险来自全方位，其形式和特点各不相同，多种多样，花样繁多，令人应接不暇。具体说来，可概括并归纳为如下几种类型：第一，网络侵权犯罪类，即影响他人正常网络生活与消费的伦理事件。所谓网络侵权犯罪，是指网络行为人利用互联网络与计算机、智能移动客户端以及各种科学技术配套软件，对他人网络系统和信息进行侵犯、攻击、滋扰、破坏等行为或者利用互联网络进行其他目的的犯罪行为。针对网络生活与消费领域而言，侵权类犯罪主要有网络行为者运用网络消费软件或网银软件等对其进行编程、改码、盗码、解码、加密、解密诸如此类技术或工具实施网络犯罪行为，或者利用诱骗指令软件系统、网络数据系统、移动通信客户端、网营商品或服务程序系统等互联网技术实施网络犯罪活动，此外还有利用网络法律法规的不健全或漏洞，钻法律空子，游离于网络内外交互转移环节，实施各种各样犯罪活动。网络侵权犯罪类最为典型的主要有：网络侵犯他人隐私权益、盗取复制篡改他人网上银行密码信息、电子身份信息、侵犯他人消费信息、进行网络诈骗诱骗、网上盗窃、网上偷窥、网上色情、网上聚赌、网上洗钱、网上教唆或传播犯罪方法；通过网络技术和各种通信工具或软件等教唆、引诱、诱使他人违法犯罪等；网上侵犯隐私权、网上侵犯知识产权、网上散布恐怖信息和虚假信息、网上暴力、网上人肉搜索、网上报复、网上盯梢等违法犯罪。第二，网络污染破坏类，即增加他人正常网络生活与消费成本的伦理事件。所谓网络污染（Internet Pollution）是指在网络生活中所产生的，类似于现实生活中的环境污染的现象，这种现象往往会导致人们的网络生活无法正常有序有效进行，或增大网络搜索成本，降低网络使用效益，产生影响网络生态的污染问题，其范围包括联网计算机、智能通信通讯手机和其他移动网络客户端以及伴随现代网络信息技术所产生的各种与网络相关的领域。日常网络生活中，诸如 DNS 污染、网络恶搞、垃圾广告、软件下载安装附带无效小程序、强制植入配套无用小程序、页面字幕附带弹跳、页面图片附带弹跳、广告垃圾弹跳、电子广告邮件等等都属于网络污染。以 DNS 污染为例，其俗称"域名服务器缓慢投毒"，它的实质就是网络服务器缓慢污染。网络污染致使网上信息数据库信息利用率大大降低，有效信息相对大量垃圾信息占比变小，同时也增加了网络使用者的搜索成本，降低网络使用效率，破坏了网络生态。第三，网络成瘾疾病类，即致使自我无法进行正常网络生活与消费的伦理事件。广大网民在成为网络风险受害者的同时，自身也往往成了网络风险的制造者。单就从过度依赖网络以致网络成瘾伤害自我身心健康的角度来看，过度依赖网络、电脑、移动智能客户端的问题已经超越了年龄的界限，有不少网民包括老人和儿童已经包括病态网络成瘾，亦即网络依赖综合征，包括诸如精神恍惚、注意力不集中、食欲下降、夜不能眠、健忘失忆、头昏脑涨、胸闷气短、烦躁不安、神经衰弱、工作效率低下等一系列不健康症状。这种网络成瘾已经严重地偏离了正常人的网络生活轨道，大大增加了网络风险，构成了严重的伦理事件，是网络伦理道德急需强制介入、进行有效干预的问题。

应该指出，就一般而言，人类从事的一些行为活动背后隐藏着或深或浅的经济利益根源，经济利益驱动着人们的行为活动。网络上出现的伦理事件或不道德甚至违法犯罪现象都是与人们的经济利益根源紧密相关的（注：网络成瘾这种属于精神疾病类除外，另当别论）。正是不正当非正义的物质经济利益这个根源因素，驱使着一部分人非道德非理性的冒险，蔑视道德力量的约束乃至法律、法规的存在。网络侵权犯罪类事件基本上都是如此，他们在网络社会中肆意妄为，侵犯他人隐私和合法权益、盗取他人银行密码、进行网络诈骗、网络聚赌、制黄贩黄，通过网络技术和各种通信工具软件等教唆、引诱、诱使他人违法犯罪，其行为活动背后都或多或少隐藏着物质经济利益的动机。再如，网络污染破坏类事件也是如此，他们的行为尽管从表征上看有一定的隐蔽性，看不出经济动因，但深入表征进入本质，仍然没有脱离行为背后的经济原因。综上所述，这些行为背后无不深藏着物质经济动因。而通过网络技术违法犯罪又难以追查搜寻线索，再加上现有法律法规漏洞或有效制裁的缺失，这些因素给不道德行为者获取非法利益留下了充足的操作运行空间。

在网络生活与消费的虚拟世界里，针对网络商品或服务，无论是经营者（卖家）、还是消费者（买家），或是网络平台管理方等，其中任何一方都有可能成为网络风险或网络伦理事件的制造者、受害者甚至同时兼而有之。因此，各方都应当注意提升自身的伦理素养，注意自身在网络生活中的言论和行为。

从消费者角度上讲，网络产品消费者可以在相对宽松自由的环境下畅所欲言，充分地与其他买家交流和传递自己的消费经验与感受，也可以对网络经营者提供的商品和服务提出批评和建议等。但这种体验、评价或建议带有极大的主观性、情感性和情绪化。因此，广大消费者努力提升自身的伦理道德素养就显得尤为重要。消费者应当秉持公平公正原则，不乱评、不感情化、不情绪化，尽量做到以客观事实为依据，实事求是。从消费者角度看，网络生活与消费的理性伦理行为应当符合以下行为原则。

第一，遵循理性消费原则。所谓理性生活与消费行为就是指能够自觉自知地主宰自我网络生活和购物行为，不受自我或他人情绪化诱导、唆使或教唆，不盲目攀比，不一时冲动、不猎奇。由于网络空间是一种虚拟空间，不具备传统意义上的买卖双方现实物理面对面特点以及商品现时直观可见性，消费者无法通过自己视觉直观性鉴别自己想要购买的商品，再加上网络监管平台对卖方虚假信息监管机制不完善或缺失，以致网络消费者甄别商品的质量、款式和与自己的匹配度的难度增加，从而产生网络消费纠纷。因此，网络消费者遵守必要的理性消费原则就显得尤为重要，可以说，遵循理性消费原则是消费者应该具有的最主要原则或者说是第一原则。同时，保持该原则可以厘清"卖家秀"陷阱，对商品搭售消费要知情懂事、避免上当受骗。另外，网络消费者提升自己的网络知识和文化素养也是理性消费原则的重要内容。第二，遵循节约消费原则。首先，节约是一种传统美德，无论一个人网络消费能力和网络消费财富有多么强大，保持勤俭节约优良传统和美德都是十分必要的。可以网购也可以不需网购的商品就坚持不要网购消费，家中能继续使用的陈旧物品就坚决坚持不要网购，这就是一种节约原则的重要表现。其次，节约原则的另外表现是适度消费。适度就是按照自身网络消费水平合理对待网络消费，不要超过自身消费承受能力，按照自身消费需求层次设置自身消费水平。按照从低到高的消费顺序，遵守日用必需品优先原则，奢侈品次之原则甚至是坚持不消费原则合理安排自身的消费结构，较低层次消费需求得到满足后再进入较高层次的消费需求。尽量不考虑提前消费，不考虑"花呗""借呗"等提前借贷消费，避免进入消费死循环陷阱。网络生活与消费真正令人担忧的是无限制无节制的消费欲望。有消费欲望本身不是坏事，但是消费愿望过度就是一种灾难。一个人总有自己的消费价值观，在消费价值观指引下的消费愿望，决定了消费观念。在越过传统农业社会以节约为原则的消费观念的货币商品市场经济社会的今天，单纯提倡过度节约或不花钱少花钱，压制自身消费欲望，让网络消费者"剁手""无脑""断网"，远离网络或卸载购物软件、支付软件，显然已不合时代要求，在这种情况下提倡适度消费就显得尤为必要。在"沙皇退了位，个人抬了头"的互联网时代里，网络虚拟空间也使人们的网络生活和网络消费更加私密。笃信"没人知道你是一只狗"，有相当一部分网民在非理性欲望冲动的引导下变得更加大胆和豪放，更加无拘无束地放飞自我，失去了传统意义上的外在约束，使得消费变得奢华而脱离实际。因此，提倡适度消费，保持清醒头脑显得尤为重要。再次，节约原则还表现为"转买为卖"消费。所谓"转买为卖"消费，就是高效利用自己身边长期闲置今后也不打算使用的可再用物品，利用网络空间或虚拟网络"卖出去"或"转手"，达到高效率、多循环地利用闲置品，使一件闲置品在不同需求层次的人员中间经过多个流通过程，做到物变钱用，物尽其用。现如今，"闲鱼"网络平台就是一个很好的"物尽其用""物变钱用"的网络交易场所，尽管"闲鱼"是一种"二手"商品网络交易平台，但它的出现无疑是一种节约消费精神的重要网络载体。总之，针对广大消费者而言，需要多角度、全方位提升伦理素养和道德水平，也只有这样，才能使自己成为合格的网络生活与消费的参与者。

从网络商品与服务的经营者（卖方）和网络平台管理者这个角度上讲，他们在参与网络生活、提供网络服务时，往往也成了网络风险的肇事方，造成网络侵权伦理事件。具体说来有以下表现。第一，使用"大数据追踪"，进行所谓的"精准打击"的网络侵权伦理事件。一旦消费者经常浏览某电子商品或某消费服务，大数据立马追踪并记载消费者个人消费轨迹，进入大数据库进行搜集、比对，跟进推出相关页面。客观地讲，"大数据跟踪"仅是一种技术，成不偏不倚的中性状态。问题出在使用者身上，由于人从事某一活动总带有其目的性，所以"大数据跟踪"这种中性技术就成了少数不法卖家或网络商品经营者获取个人非正义利益或进行其他不道德行为的帮凶。第二，他们不仅在新老客户之间区别对待，还在不同品牌移动智能客户端上也设置差别，例如在安卓手机用户和苹果手机用户中，同一种商品和服务就存在不小的价格差价。从福利经济学角度看，区别对待不同消费能力群体，形成结构性大数据资源库，差别定价并非一无是处，但在消费者不知情也不情愿的情况下，同时同地同一商品或服务的差别定价，肯定是必须禁止的不道德行为。差别定价的另一种表现就是利用"大数据杀熟"。所谓利用"大数据杀熟"，就是指网络商品与服务的经营者（卖方）或网络平台管理者，利用特定消费软件及其技术对消费者的网络消费痕迹或光顾浏览痕迹信息进行记忆、追踪、汇总，形成个人消费信息数据库，针对消费者的消费倾向和消费能力在同质同量同品牌同商品和服务上进行价格区别对待的网络侵权伦理事件。网络大数据信息追踪技术使得广大消费民众的个人信息及其网络生活与消费的隐私权被暴露无遗。网络商品与服务的经营者（卖方）以及网络平台管理者掌握海量个人信息数据，对消费者个人网络生活与消费轨迹以及消费偏好、消费能力、消费档次等等都做到精准把握，让个人在大数据面前无处可躲。利用"大数据杀熟"是一种针对网络商品或服务的价格区别对待行为。价格区别对待本身不一定就是不道德行为，但带着非道德非正义目的和企图，利用大数据对个人信息进行追踪，精心算法算计，在同一网络服务平台同一时空段就同质同量同品牌同商品和服务，针对不同的网络消费群体提出价格区别对待，体现以获得额外"非份"经济利益的行为，肯定是不道德非伦理行为。第三，价格欺诈行为。所谓价格欺诈行为是指网络商品或服务的经营者（卖家）利用虚假的或者让人费解、误解的信息，以及买卖双方对网络商品或服务的信息不对称等，对网络商品或服务的标价形式或者价格手段等进行欺骗、诱导、误导消费者，或者以其他经营者身份与其进行交易的行为，以达到自己额外"非份"经济利益为企图和目的的行为。网络经营者的价格欺诈行为多种多样，根据网络经营者在提供网购商品或者服务时所采用的方式、手段来界定，一般来说，网络经营者的下列行为属于欺诈网络消费者的行为：利用虚假手段或其他不正当方式致使商品短斤少两、分量不足的或对应该进行的服务不全面不到位的；以虚假的产品说明书、商品注标书、以样品实物作虚假网购现场演示和说明的；吹嘘、虚构等方式销售假劣商品的；以次充好的；假冒正品销售"次品""残品""处理品""等外品"的；不以经营者自身真实名称或标识销售商品的；提供的网售商品或者收费服务伤害人身、财产安全的；网销掺假掺杂、以假乱真的或者以过期商品冒充质售期商品的；以虚构"清仓价""出厂价""甩卖价""亏本价""最低价""特购价""优惠价"等等托词进行网销的或者其他虚假借口行网络欺诈实质的；网售假名牌的；利用网络大众传播媒介对商品作虚假宣传的；网络销售侵犯他人商标注册权的商品的；网络销售虚假产地、冒充知名企业名称或者名人姓名商品的；网售国家明令禁止或明令淘汰的商品的。在上述列举各种欺诈行为中，网络经营者如果"不能自证确非欺骗、误导网络消费者而实施此种行为的"，就属于不道德的网络欺诈行为，应当承担欺诈消费者的侵权伦理责任。除此而外，需要特别补充强调的行为还有采取雇佣"帮手"等方式进行欺骗性的网络销售诱惑误导消费者的，如不良网络商家唆使、雇佣"帮手"充当帮凶，用虚假购物或网购服务的方式为商品刷单叫好、故意评价好评。从消费者知情权角度看，唆使、雇佣充当帮凶故意刷单的行为，是一种性质相当恶劣的不道德行为，严重侵犯了网络消费者的信息知情权，涉嫌欺诈、误导、诱导网络消费者。俗话说，"买的永远比不上卖的精"，网络商品或服务的经营者作为卖方由于其长期从事网络商品销售或其他服务供给，其专业知识和日积月累的电销经验理论上讲远比作为买家的消费者丰富得多。无良电商为博眼球诱骗消费者，虚构差价、以次充好、混淆是非、无现货谎称有现货、有现货谎称无现货、随意变更商品或服务价格等等不诚信现象普遍存在，增加了广大网络消费者对网络商品或服务进行有效甄别的难度，加大了网络生活的伦理风险。

另外，部分网络服务平台为了自身不正当的商业利益，往往也会干出危害广大网民网络生活与消费的勾当。网络服务平台方在涉及网民商业活动的用户名称与密码时正常情况下一般都是要进行加密处理，但他们为了节约时间和经济成本以及便于操作往往简化操作，使用明码、便码甚至不加以任何密码防护措施，以致信息轻易被违法犯罪人员非法窃取，成了帮凶。还有部分网络服务平台方在用户注册登记使用过于简单的密码时，不加以任何提醒或阻止手段，任其使用。据官方统计，用户注册时不禁用简单密码的网络服务平台方大量存在，有些平台甚至没有"验证码""动态码"这样的防护码，也不对用户设置密保提问等防护措施。在如今广大民众大量进入网络虚拟世界进行大量网上消费活动的所谓"e时代"，支付宝钱包支付、微信钱包支付等电子消费付款、在线网络转账、离线网络消费支付、移动平台支付等等利用网络支付的手段越来越普遍，一旦支付泄密或密码被盗，将给广大民众网络生活带来难以弥补的经济和心理上的伤害，极易导致网络使用恐惧症，产生网络消费的不信任感，重创并打乱我国网络经济社会正常发展。因此，从长期经济利益上看，对网络平台管理方来说，不能很好维护广大网民利益并不是件好事。应该指出，网络平台管理方保护好广大网民们的网络生活与消费正当合法权益，就是在保护网络平台服务方自己的利益。可以这么说，互联网产业就是网络平台企业的生存阵地，从这个角度上讲，网络平台服方在道德伦理层面的职责显得尤为重要。

对于网络违法犯罪人员或其他企图通过破坏等非法手段窃取、骗取用户名和密码的不法之徒来说，无论通过什么途径伪装自己、无论带上何种面具，在网络虚拟世界如何隐蔽进行非法活动，都逃避不了现实社会法律的制裁和世俗伦理道德的谴责。违法犯罪人员等非法之徒利用虚拟网络，借助网络黑技术手段，盗取他人个人信息、获取他人个人财产，对国家网络经济社会正常运行发展构成了极大的威胁。由此可知，从道德伦理层面上讲，网络违法犯罪人员等非法之徒属于严重的网络风险制造者，是产生重大网络伦理事件的首恶之徒，是网络伦理治理的首要对象。

那么，作为生活在虚拟网络世界的广大网络商品或服务的消费者，应当如何及时、正确、有效防范这些来自网络经营者和网络服务平台等方面的网络风险，化解网络伦理事件呢？以下几个方面值得大家思考：

第一，正确认识和判断网络风险。网络风险就其种类或形式而言多种多样，如传播网络病毒、实施网络欺诈、进行人肉搜索、传播网络色情等等都属于网络风险，但就网络商品和服务的消费者与经营者这二者之间买卖关系而言，网络风险主要来自网络欺诈。判断经营者的某种行为是否构成网络欺诈就成了网络生活中的一个道德难题。从道德层面上讲，一般而言，判断网络商品或服务的经营者的某种行为是否构成欺诈，应当遵循"大多数原则"。所谓"大多数原则"是指以大多数消费者的认知水平和辨别能力为标准，如果经营者的某种销售行为足以引起大多数消费者误解，即可被认定为构成网络欺诈，反之，大多数消费者不会发生误解，只是少数消费者甚至是个别消费者发生了误解，而少数消费者或个别消费者又无法举证自己被"欺诈"确实是来自经营者的误导或引诱，也就是说无法举证"欺诈"与"误导"有直接因果关系，这情况就不构成网络欺诈。网络欺诈是网络商品或服务的经营者利用网络虚拟属性，掩盖事实真相的不诚信行为，是经营者明知欺诈而仍然故意为之的行为。经营者一旦实施某种欺诈性误导，就会对消费者的合法权益造成或多或少的损害或损失。这种损害或损失可能是物质的，也可能是精神的，有可能造成既成损失，也有可能未造成既成损失，但从性质上讲，只要经营者的行为已经构成大多数消费者误导或误解，就应当被认定为欺诈行为。当然，"大多数原则"也只是一种概数原则，并不具有准确定量定性属性，但在生活与消费日益网络化的当今时代仍然不失为判断欺诈行为的一个有效标准。

第二，消费者可以利用各种信息手段判断网络风险。消费者可以通过网络搜索引擎中经常出现的字、关键词、核心词、语句等以及它们出现的频次、时间、来源渠道等分析判断网络风险是否可能存在。可以通过网络搜索引擎查询网络中提供的电话号码信息、对方联系人及其身份信息、留置公司名称、地址、经营业务品质范围等，比对分析其有无行骗记录或行骗网络痕迹。例如，可以分析其经营商品或服务的种类、范围是否与其公示的营业执照是否吻合；网络邮件信息尤其是定期或不定期自动回复的邮件信息需谨慎对待；警惕网页界面链接；警惕 QQ，E-mail 等来路不明的信息；借助搜索引擎搜索金融、银行系统网站比对信息判断风险性；利用智能手机或 IP 地址功能查询对方提供手机电话号码属地、IP 地址，判断其网络风险性；勿信对方抽奖、中奖等带有诱惑性信息；勿信"预付订金"等信息；勿信境外电话信息；不要把自己个人隐私信息如上网账号、信用卡账号和密码、用户名名称和密码外泄他人；公共网络平台或客户端谨慎使用，等等。另外，可以利用官方官网或其他知名度高的查询功能网站或查询系统查询相关信息，如电话或手机号码查询功能、互联网 IP 地址查询功能、身份证号码查询系统、学历学位查询系统、企业征信系统，等等，都可以有效防范来自网络生活与消费领域的网络风险。

第三，广大网民应当从心理上杜绝贪便宜心态。不贪小恩小惠或小便宜，保持清醒、高度警觉，不要光顾小网站、不知名网站和所谓优惠便宜的网站以及自动链接网站等，尽量到大型的有一定知名度、信用度和有安全保障购物网站购买网络商品或服务。

总之，要想全面化解并消除来自网络生活和消费领域的网络风险，必须全面综合运用社会和国家的整体力量，进行综合治理，尤其是要加强国家对网络的行政手段和法律手段。从社会角度上讲，我国可以仿效美国计算机伦理协会制定的网络规约——"计算机伦理十戒"、《伦理与职业行为准则》等，制定我国自己的网络管理文件。从国家角度上讲，我国已经颁布了众多网络治理法律法规，如《信息网络传播权保护条例》《互联网文化管理暂行规定》《中华人民共和国计算机信息系统安全保护条例》《互联网信息服务管理办法》等法律法规，问题在于必须加强网络安全执法力度，执法必严，违法必究。对于广大网民来说，也必须积极调动起来，加强对网络有效监督。另外，也必须充分研究网络伦理、利用网络技术，在发挥社会主义核心价值观和道德教化引导作用下，用人类丰富的伦理资源和优秀成果滋养网络空间、修复网络生态。换句话说，从根本上讲，最好的治理源头办法有两个：一是全面发展国民经济，增加国民物质财富，同时缩小国民贫富差距。二是依靠教育，从整体上全面提升国民素质，让全网全民从思想根源深处消除种种不道德意识，从而化解网络风险，解决网络伦理问题。

9.3 网络生活与消费伦理议题举要与方案

案例学习一：消费中网络骗局
抢先看全集成骗子新借口

某年 10 月份，某电视剧热播。王女士为了满足自己的好奇心，每日总是想着如何抢先观看新的剧情发展，疯狂的追剧行为已经严重影响其正常生活。于是四下寻求追剧的办法，偶然间通过网络的贴吧信息，发现只需花费几十元钱，便可获得事先观看连续剧的资源。随后，王女士很开心地迅速与线上"卖家"取得联系。在支付过程中，该"卖家"首先称说网络出现故障，以致无法正常收到王女士的付款，并"贴心"地为王女士发来付款二维码，通知其改用扫二维码方式付款，王女士为求能够尽快追剧，因此未多加查问不疑事情有所欺诈，立刻依照"卖家"的信息通知进行操作，完成扫码缴费，但事后却发现自己账户内的 1300 元竟然也被转走。王女士立即与"卖家"沟通后，对方再次以网络故障为由，立刻发来处理"退款"二维码。急于追回钱款的王女士一时心急，竟然急忙又进行扫码，却发现原银行卡内剩余钱款完全被转走。当王女士再与"卖家"联系时，发现已被拉黑。这时的王女士才意识到被骗，急忙报警处理。

问题讨论：
1. 故事的主角王女士行为是否涉及伦理议题的讨论？

[伦理方案一] 邵雍：圣愚标尺——"以物观物"与"以我观物"

我国北宋时期伦理学者邵雍认为，圣人与愚人的差别在于：圣人是"以物观物"，而愚人是"以我观物"。所谓"以物观物"就是以心中之理（即"天理"而不是"私理"）来观察事物和待人处事；"以我观物"则是从自己的一己私利来待人处事。

依据邵雍伦理观点，王女士追剧是个人爱好，没有违反伦理道德，无伦理问题，但是由于王女士"每日总是……疯狂……已经严重影响其正常生活"，在邵雍伦理观点看来，她在追剧问题上属于"以我观物"，涉及了伦理问题，违反了伦理道德，这是不应该的行为。

[伦理方案二] 马可·奥勒留："群蜂利益"

古罗马伦理学家马可·奥勒留认为，人类是一种社会存在，个人与集体就像是整体大于部分的关系。奥勒留说道："不符合蜂群利益的东西，也就不会符合单独每一只蜜蜂的利益。"[①] "不要放纵自己，永远保持诚实的动机和坚定的信念。"[②]

王女士追剧行为已经"每日总是……疯狂……已经严重影响其正常生活"，依马可·奥勒留观点，王女士已经影响到家庭成员之间的正常生活或工作单位（集体）的工作或生活，不符合"群蜂利益"，因而其行为已经涉及伦理问题，是一种不应该行为。

[伦理方案三] 詹姆斯·哈林顿："理智就是利益"

英国近代伦理学家詹姆斯·哈林顿认为，尽管人性自私和利己，但理智告诉我们，集体或整体利益大于个人利益，这是自然法则。人的理智就在于理解、反映和表达这种利益关系，"理智就是利益"。

王女士追剧行为已经"每日总是……疯狂……已经严重影响其正常生活"，依詹姆斯·哈林顿观点，王女士追剧在某种程度上讲属于满足"个人利益"，其行为已经影响到家庭成员或工作单位（集体或整体）利益，不符合"理智就是利益"原则，因而其行为已经涉及伦理问题，是一种不应该行为。

[伦理结论]

该事件涉及伦理议题。所谓伦理议题，又称道德议题，是指道德行为主体的行为涉及有利或有害于自我、他人或社会而引起或产生的争议议题。归其要旨，伦理行为因其具有善恶意义，是能够而且也必须用"善"或"恶"进行评价的行为。所谓非伦理议题，又称非道德议题，是指行为人的行为不涉及或无关乎他人或社会利益的行为。因非伦理议题不具有善恶意义，不需也无需用"善"或"恶"进行评价。

王女士就"追剧"这一行为本身而论，虽然不直接涉及或无关乎他人或社会利益，但已经涉及自我及家人正常生活，其"追剧"行为已经造成的结果是"每日总是……疯狂……已经严重影响其正常生活"，"影响其正常生活"必然涉及家庭成员之间（家庭利益）或社会集体如工作单位这样的集体利益，所以，王女士的行为是涉及伦理议题的行为，属于不应该行为。

2. 事件的相关主体——王女士、卖家以及银行，关于伦理议题的讨论取向应该如何进行？

[伦理方案一]　孟子："四端善心"

孟子从人性本善观点出发，继承并发展了孔子"仁"和"礼"之说，认为人人皆有恻隐之心、羞恶之心、辞让之心和是非之心，即仁、义、礼、智四端善心，这种善心只是自然的趋向于善，但现实社会中出现的不善，主要是外在环境和人不知保养所致，因此他提出保持善心的两种主张：一是作为道德化身的圣人（君王）实行"仁政"，以德治国，仁爱天下，从而达到从"上"到"下"仁德社会；二是在个人修养方法上"存心养性"，通过道德主体的自觉、自为来扩充善性，达到人格的完美。

依据孟子思想，王女士至少在"是非之心"上缺少自己的思考与判断，应该提高自身的是非判断能力。另外，王女士应该在现实生活中通过自己对人性善恶的体察与感悟，虽不能在"卖家"人性善恶上武断下结论，至少应该对与自己存在利益交换的"卖家"多留一点戒备、防范之心，王女士显然没有做到。依据孟子思想，"卖家"的四善端心皆已丧失，无恻隐同情之心，无羞恶耻辱之心，无辞让礼爱之心，无是非正义之心，需要伦理反思的太多。另外，作为"卖家"对自身也应该反思，自己是"善"抑或是"不善"，如果是"善"，依孟子观点，是否应该在个人修养方法上"存心养性"，通过道德主体的自为、自觉来扩充善性呢？如果是"不善"，依孟子观点，造成"不善"的外在环境在哪？是什么样的外部环境？作为"卖家"该如何改变不善环境？再如"卖家"有法律意识吗？对自己的欺诈行为考虑了法律后果吗？由于王女士付款的方式是"扫二维码"，至于银行是否负有伦理责任或义务，那就要看这种"二维码"是否是银行行为，目前二维码主要有"银联二维码""支付宝二维码""微信二维码""××云闪付二维码"等等，如果是银行"二维码"，则银行负有监管或完善的伦理义务，否则银行没有伦理责任或伦理义务。但无论银行是否具有伦理责任或伦理义务，银行都可以从中进行反思，从而提高自身的服务质量。

［伦理方案二］　颜元："义利"观——"正其谊以谋其利，明其道而计其功"

我国清代伦理思想家颜元反对宋明理学家推崇的由董仲舒提出的"正其谊而不谋其利，明其道而不计其功"，认为这是只强调动机而否认效果的唯心主义，他提倡人们应该做到"正其谊以谋其利，明其道而计其功"的义利统一观，认为耕夫谋田产，渔夫谋得鱼，都是人的正当利益的谋取，反对把义与利对立起来，好动机必须讲求好效果，才能于人于己有实际贡献。

依颜元思想，王女士动机在于"追剧"，为此也愿意付出价钱，可以说是"正其谊以谋其利，明其道而计其功"，在伦理取向上无可厚非，没有问题；"卖家"是通过欺骗手段获取超过约定价格之上的不义之财，事后也没有履行承诺，让王女士看到提前该看到的剧情，无论动机、手段还是效果都是卑鄙的、恶劣的，没有做到"正其谊以谋其利，明其道而计其功"，因而违背了中国传统的伦理价值观；单就王女士被骗这事，从银行所承担的角色来看，没有关涉是否"正其谊以谋其利，明其道而计其功"的伦理观点。

［伦理方案三］　霍布斯：第三自然法（践约法则）

英国近代伦理思想家霍布斯认为，为了人类幸福有序生活，所有人都应该遵守自然法。自然法有许多律规，其中第三自然法要求"所有人所订信约必须履行，但须强制力保证"（践约法则）。

依霍布斯第三自然法观点，王女士按照交易规则付款，践行了自然法则，符合自然法伦理精神；"卖家"收款后并没有如约交付"剧情"资源，违背第三自然法，作为具有执行强制力的自然法的制定者，应该付诸自然法强制力，动用作为自然法的执法力量等强制"卖家"履行自然法，甚至付诸惩罚手段，保证双方买卖行为的正常进行。如果"二维码"平台确实属于银行所为，那么银行自身负有践行第三自然法的责任，同时银行也负有监督和提供更优质服务平台的伦理责任。

［伦理结论］

就王女士来说，其追剧动机仅为娱乐生活，没有伦理议题，但其追剧行为及其结果已经对自己和家庭正常生活带来了不利影响，存在伦理问题，需要及时改正。另外，王女士因追剧导致上当受骗，带来了家庭经济一定损失，给家庭经济造成一定影响，肯定是不符合伦理要求的。

就"卖家"行为而言，无论其动机还是其行为手段，抑或其行为所造成的结果都是一种严重违背伦理道德，更是一种违法犯罪。

基于现行法治社会和伦理道德价值取向，以及历史上伦理学家的诸多伦理观点，围绕银行的伦理议题，讨论取向可以多元化展开，也无法形成令人信服的统一伦理结论。

3. 关于卖家、王女士与银行有何伦理责任议题讨论？

[伦理方案一]　唐君毅："绝对责任"

我国现代新儒学家唐君毅认为，道德生活是自由、自主的自我决定，自己对自己负有绝对责任，任何外部因素和环境都不构成不负责任的借口，"因为环境中之任何势力，如果不为你当下所自觉，他不会表现为决定的力量；如果已被你自觉，那他便仍为你当下之心之所对，你当下的心仍然超临于他们之上"。

依据唐君毅伦理观点，无论买家王女士，还是"卖家"，抑或银行都有"绝对责任"：作为买家王女士有责任提升自我素养，在付款之时增强是非判断的能力、自我防范的能力、独立思考的能力，在"追剧"问题上要有自我约束、自我管控的能力，在知晓被骗后应具有法律维权的能力以及事后的自我反思的能力……总之，王女士在这件事上负有"绝对责任"。作为"卖家"负有对自己违法行为的法律后果承担绝对责任、盗用"卖家"之名而行欺骗之实负有绝对责任、对王女士的遭遇是否该有同情之心负有绝对责任、对社会负能量的传播负有绝对责任。作为银行，王女士付款方式涉及银行无论是直接还是间接，银行作为金融机构，充当"钱庄"的作用，理应反思自身作为服务方应有的绝对责任，为顾客提供更安全更可靠的服务平台的绝对责任。

[伦理方案二]　格劳秀斯："自然法"之"各有其所有，各偿其所负"

荷兰近代思想家胡果·格劳秀斯从自利自保的人性论出发，认为自然法是维护社会关系和规范人们行为和职责的有效法则。自然法构成道德的基础。自然法之核心是"各有其所有，各偿其所负"。自然法要求：不可侵犯他人财产或不经他人同意而拿走他人之物；偿还因侵占所产生的额外之利；要信守诺言；赔偿因过失而给别人造成的损失；给非法者应有报应等。

依据格劳秀斯自然法观点，买家王女士已经做到"信守诺言"，应该获得"有其所有"；"卖家"严重违背"自然法"所有精神，"侵犯他人财产"，更无"偿还因侵占所产生的额外之利"，既没有"信守诺言"，也没有"赔偿因过失而给别人造成的损失"，所以应该"给非法者应有报应"；银行如果违背"自然法"，那就应该"赔偿因过失而给别人造成的损失"。

[伦理方案三]　巴特勒："人性层次"说——"自己为自己立法"

英国近代伦理学家约瑟夫·巴特勒把人性看成是综合系统的结构，既有与动物共有的自然性情也有人所特有的性情，于是提出了"人性层次"说：诸如感觉、嗜欲、情欲、情爱等与动物共有的欲望属于人性的最低层次；自爱与仁爱属于人性的第二层次；良心属于第三层次。第一层次人性受第二层次人性的制约，而第三层次的良心则是对前两个人性层次的总指令，从而实现人"自己为自己立法"。

依据巴特勒"人性层次"说，王女士由为了满足自我的"感觉"欲望而"追剧"，到"每日总是……疯狂……已经严重影响其正常生活"，可以说是没有处理好"自爱"

与对家人或工作单位的他人的"仁爱"关系，应该加强自我"良心"建设，加强自我约束，自我管制，力求"自己为自己立法""立规"；从伦理道德上说，"卖家"最需要克制自身的"嗜欲"，回归"自爱"自重与对买家的"仁爱"之心，更要重塑自我"良心"，加强自我约束，自我管制，"自己为自己立法""立规"，让"良心"彻底总领"自我"；银行作为"法人"金融机构，无论王女士之事是否关涉自己，都应当从中汲取教训，有必要"自己为自己立法"，加强自身建设。

[伦理结论]
　　王女士"每日总是……疯狂……已经严重影响其正常生活"这个角度来讲，其伦理责任在于加强自我约束，自我管制，不该沉迷于疯狂的"追剧"之中，以至于"严重影响其正常生活"；作为"买方"，王女士在经历两次付款尤其是在第二次付款时的伦理责任显然缺少防范、预防和戒备意识，也缺少独立的冷静的思考。对于"卖家"而言，其伦理责任自始至终都存在着以"卖家"的名义和身份做掩盖其行"诈骗"之法律和道德责任。至于银行是否负有伦理责任，那就要看王女士所"扫二维码"这个交易平台是否由银行提供，若属于银行提供，则银行负有"监管"或者至少说负有"更好监管"的伦理责任。若不属于银行提供，则银行可作为事外方负有引以为戒，从中汲取经验教训，提供更为优质服务或更为安全服务的伦理责任。

4. 互联网平台以及其他监管单位是否应负担相关责任？而与伦理讨论是否相关？

[伦理方案一]　　胡适"实用论"
　　我国现代学者胡适先生留学美国师从约翰·杜威，沿袭美国伦理学家皮尔士、詹姆士和杜威工具主义效用原则，坚持实用主义真理观，认为凡事能够给人们带来具体的利益和满意的效果就是真理，真理即有用，有用即真理。
　　依据胡适实用主义真理观，无论是提供互联网平台的网络公司还是有关监督管理部门都应负有监管、防范的伦理责任，应该具有强有力的制止或化解非正常交易的措施和手段，维护网络交易平台公平、正义、法治化运营，凡是有利于公平、正义、法治化运营的监管都是符合道德诉求的。

[伦理方案二]　　普罗泰戈拉："尺度说"——"人是万物的尺度"，"是存在者存在的尺度"
　　古希腊智者学派普罗泰戈拉经过对物质世界及其人的价值的长期思考，深深感叹"世界浩大，为何而来"？短暂的个体生命在浩瀚世界之中该如何体现自身的价值？基于此，他提出了著名的论断"人是万物的尺度"。他说："万物的尺度是人，是存在的东西存在的尺度，也是不存在东西不存在的尺度。"在自然之界与万物之中，人，唯有人，才是万物之灵，也是万事万物评判的最终尺度和标准。
　　依据普罗泰戈拉的"尺度"之说，提供互联网平台的经营方，以及其他监管单位，各自负有不可推卸的伦理责任，应当改善或加强对网络交易平台的监管。

[伦理方案三]　笛卡尔："我思故我在"

法国近代哲学家笛卡尔把人看成是一个时刻都"正在思考"的存在主体，因而提出"我思故我在"的著名命题，目的在于强调理性思考的权威，所谓理性思考就是人的"判断和辨别真假的能力"。

依据笛卡尔理性思考的观点，无论是提供互联网交易平台服务的平台方还是其他有关监督管理部门都应负有理性思考或者说是理性反思的伦理责任。理性思考的目的在于提升"判断和辨别真假的能力"，只有引起有关各方深入反思、理性监督与管理，才能更好维护网络交易平台的正常、正当、有序运营，减少违法行为和悲剧现象的产生。

[伦理结论]

互联网平台方以及其他监管方应当各就其位，各自负属于自己分内的监督与管理的伦理责任。

案例学习二：生活与消费中的"慈悲"骗子
高学历被骗数十万——骗子都惊讶

某年某月某日，具有博士学位的小张慌慌张张地来到当地公安机关报案，称其被网络骗子骗了三十余万元。根据警方调查了解得知，小张的工作薪水都相当可观，但是小张博士天天梦想发大财，且自以为比别人更聪明，便开始了炒股生涯。由于自己平时确实专心于相关股市行情的细致研究，也取得了一定研究成绩，于是小张博士渐渐通过互联网虚拟服务平台，认识了游走于股市行业的谭某。二人一来二去便成了好朋友，而善于察言观色的谭某自称自己开了一家公司且有一款"炒股神器"，可以自行研判股市股情，能够准确把握并精准分析得出股市走势及其最终结果，更为神奇之处是该"炒股神器"能够预判股票的最佳购买时间节点以及何时应当抛出的最佳时间节点。而事实是，这个所谓分析软件"炒股神器"只不过是谭某自导自演用以骗取他人非法钱财的"截胡"软件而已，而此时的小张博士由于发财心切，根本就没有多想，仅仅专心于自己给自己编织的发财美梦之中，因而完全陷入了谭某精心布置的骗局。

问题讨论：

1. 从伦理学角度看，你认为被诈骗的小张有何伦理责任？应该如何进行修炼自身的伦理道德？

[伦理方案一]　荀子："化性起伪"

儒家代表人物荀子从人性本恶观点出发，继承并发展了孔子"仁"和"礼"之说，认为人因欲而求，求而无穷，争而不止，引起祸患，恶是人的这种自然本性所致，因此他提出"化性起伪"进行道德制约的两种主张：一是君王实行"礼治"，通过制定礼乐典章，序定礼法，确定人伦差序，从而达到天下众生明分使群，各行其分；二是个人修养方法上进行道德自觉，自我教化。

依荀子观点，小张"原本生活收入已十分可观"，但由于太过贪欲，"对其目前现况仍感不足，天天……""一心一意只关注创造自己财富，完全忽略……"。人的罪恶在于"因欲而求，求而无穷，引起祸患"，所以小张的伦理责任在于其贪欲。为此，依荀子观点，需要小张"化性起伪"，进行道德自觉，自我教化。

[伦理方案二]　苏格拉底："认识你自己"（"自知其无知""无知之自觉"）

在苏格拉底看来，"德性即知识"，但这种善的"知识"的标准是什么呢？他认为这种知识不是相对意义上对"善"的现象把握，而是要具有"普遍客观性"的对"善"的本质的把握。苏格拉底清醒地意识到，由于人类认识的有限性及人类自身的"好自知"（自认为自己比别人知道得更多甚至是"全能全知"），人们至多达到对"善"知识之现象的理解而难以做到对"善"知识之本质的全然把握，是故他认为当时自称全知的智者们其实也是无知的，他甚至自叹自己也是无知者。因此他呼吁人们要在"自知其无知"中不断反省，认识到"无知之自觉"是人唯一可以称之为"智慧"的东西。鉴于苏格拉底"自知其无知"比别人更清醒，从另一个侧面也反映出他更智慧，古希腊"德尔斐"神殿的大门上曾赫然写着"认识你自己"这句著名的苏翁箴言。

依据苏翁观点，小张自认为自己"知识渊博"，在各方面"全知全能"，还"平时确实专心于相关股市行情的细致研究"，其实质就是"无知"，由于人类认识的有限性及人类自身的"好自知"（自认为自己比别人知道得更多甚至是"全能全知"），人们至多达到对"善"知识之现象的理解而难以做到对"善"知识之本质的全然把握。所以，尽管小张拥有博士学位，但仍要"认识你自己"并"自知其无知"。为此，按照苏格拉底的观点，小张应注意以下两点：一是"无知之自觉"，自觉自己的道德认知不足；二是"德性即知识"，努力增强有关自我防范、自我保护的德性知识。

[伦理方案三]　亚里士多德："伦理德性"和"理智德性"

柏拉图弟子亚里士多德是一名难以多得的伦理学家，他曾把人的德性分为理智德性与伦理德性。理智德性是理性生活上的德性，是通过教育生成；伦理德性是人的欲望活动上的德性，是通过习惯养成。理智德性又分为实践理性的德性和理论理性的德性，实践理性的德性在于明智，理论理性的德性在于智慧，智慧是人的最高等的德性，因而又称之为"努斯"。

依据亚氏伦理观，尽管小张是一名博士毕业生，但缺少两个方面的德性，即"伦理德性"和"理智德性"。从"伦理德性"上讲，小张不知足，太贪欲。虽然说有欲望去炒股没有什么过错，但人要学会"知足常乐"，不可"天天……"这样有悖常理，有太过贪欲之嫌。从"理智德性"上讲，小张虽然是个博士毕业生，但他没"脑子"，缺"智慧"。一个比他学历低得多的骗子竟然把他给骗了，而且用骗子谭某的话来说，小张过于好骗。其实稍有一点常识的人都会这么想：如果该"炒股神器"真的如骗子谭某所说那么"神",那么"灵",那么骗子谭某为何自己不去用它炒股赚大钱,干嘛要苦口婆心地劝说小张购买该"神器"而赚小钱?难道骗子谭某"傻"还是"太善良"?经过这么一反思,相信小张一定不会上当受骗。为此,依据亚里士多德观点,小张应当注意以下两点:一是通过习惯养成"伦理德性";二是通过教育养成"理智德性"。

[伦理结论]

小张的伦理责任在于:一是太过贪欲;二是盲目自信;三是缺少理智与智慧;四是生活常识缺乏;五是缺乏网络防范与戒备。

针对以上伦理责任,小张应该着力提升和修炼以下几点道德伦理知识:一是加强自我道德觉醒,学会知足常乐,不可在金钱、物欲上剑走偏锋;二是学会谦虚,无论自己学历多高,知识多少,人都存在知识"盲区","自知其无知","无知"就该自我觉醒;三是遇事时一定要学会冷静思考,多一点理性思维;四是学会增加自己的社会常识,锻炼自己的社会阅历,遇事时学会利用常识和阅历进行反思;五是理性对待网络,网络是一把双刃剑,它在给我们带来好多便捷之时,也给我们带来了诸多风险,应该掌握网络防范和戒备的伦理知识。

2. 针对小张的经历和遭遇,从网络伦理角度分析,应该如何预防"炒股"诈骗?

[伦理方案一]　　熊十力:"理欲"之化解——"本心与习心"

我国当代伦理学者熊十力反对"存天理,灭人欲"的传统理欲观,认为人生而有身有形,便会有物质需求,便会有欲念,但是人如果一味地顺着欲念便会产生人的物化、异化,从而偏离本心。人的这种追求外在事物,满足感性欲望的习惯就是习心,习心总会使人偏离本心,因而要让人的本心主宰人的习心,这就是道德理性的统辖作用。本心是道德理性,习心是情感和欲望,本心可以驭物而不驭于物,习心表现为物欲和功利之心。

依据熊十力的观点,预防"炒股"诈骗重在把自我的"习心"关进"本心"的笼子里。炒股是人之正常习心,属于满足感性欲望的习惯,无可厚非,但是"一味地顺着"欲念习心,就会导致人的物化和异化。我们从小张的上当受骗的经历和遭遇中可以看出,人不可一味地沉溺于炒股发大财的欲念之中,因为这样最容易冲昏头脑,不能理性,因而最容易上当被骗。那么,怎样才能合理地控制自我贪欲呢?办法是用本心驾驭习心,从而使习心不会偏离本心。"本心是道德理性",用道德理性来控制过分物欲的习心。

[伦理方案二]　　德尔图良:"寻找,就寻见"

欧洲中世纪学者德尔图良坚称:神赋予我们的生命是带有超乎自然的特质,是生命的智慧和能力。他认为,"你们祈求,就给你们。寻找,就寻见。叩门,就给你们开门"。

那么，"寻找，就寻见"，在此，我们究竟应该寻找什么呢？应该寻找理性，让理性复归，不可丧失理性。理性就是当我们遇到像小张这样的"大事"的关键时刻，多保持一份清醒的头脑，多加以反思，多加以常识性思考。如"炒股神器"当真能够"精准分析"，赚大钱，发大财？为何对方自己不去使用？对方这么苦口婆心地劝说自己，他（她）的动机到底是什么？我对对方熟悉吗？认识吗？对方的话能有多大的可信度？网络交易安全吗？如果发生财产等损失，这种损失有机会补救挽回吗？……诸如此类，多问问自己。这就是"寻找，就寻见"的最本真内涵。

[伦理方案三]　笛卡尔："我思故我在"

欧洲近代伦理思想家笛卡尔把人看成是一个时刻都"正在思考"的存在实体，因而提出"我思故我在"的著名命题，目的在于强调理性的权威，所谓理性就是人的"判断和辨别真假的能力"。

具体到预防网络"诈骗"问题上，依据笛卡尔"我思故我在"观点，思，就是思考、反思。一是要对主体自我的思考和反思，对自己所作所为的思考和反思。我这么"执着"，这么"痴迷"正常吗？我这么"不加思索"地按照对方要求去做正常吗？我对对方了解吗？熟悉吗？我该如何回归正常生活？……诸如此类，多问问那个"我"字。二是要对客体他人的思考和反思，对对方所说所为的思考和反思。他（她）为什么不用自己的"炒股神器"炒股赚钱？他（她）为何这么苦口婆心地劝说我？他（她）的话能有多大的可信度？他（她）的动机何在？……诸如此类，多想想那个"他（她）"字。三是要对客体平台的反思和思考，互联网交易平台安全吗？可靠吗？为什么人们常说"互联网平台是一把双刃剑"？互联网平台的弊端在哪？"炒股神器"真的能"精准分析"？如果发生财产等损失，这种损失在互联网平台上能有机会补救挽回吗？……诸如此类，多思考那个"它"字。这就是笛卡尔"我思故我在"所蕴含的本质所在。

[伦理结论]

如今网络炒股诈骗越来越多，就目前而言，其手段五花八门，但套路不外乎以下三种或这三种套路的综合运用。一是利用"炒股群"诈骗；二是利用"炒股软件"诈骗；三是所谓"分析师指点"。那么，我们应该怎样预防呢？首先，谨防利用"炒股群"行骗。股票群里的群友好多是团伙协同炒作，那些天天推涨停票的微信群、QQ群等明显是骗局。群里推的涨停票，你若跟进去，次日就会一个底开，就把你套住了。其次，针对"炒股软件"需持理性分析态度。有的"炒股软件"就是个套钱的把戏，你若购买使用，钱就被直接圈进骗子的银行账户上去了；有的"炒股软件"本身确实是根据一定的炒股分析原理制作而成，但是你在利用其分析的股市时，只能作参考，不能作为买卖的标准。因为在该软件一出厂时，个别庄家就会立马拥有，他（她）的团队里专门有软件分析师来研究应对。一般来讲，一个好的炒股软件，其生命周期都会很短，还轮不到你拥有就会被破解，轮不到你发大财；再者，当一个炒股软件使用人数多且资金大时,在它发出买入或卖出信号时,大家都跟风去买或卖,似乎果真是炒股软件的"预见",其实是使用软件的股民把它买涨或买跌所致。炒股软件是永远不可能"预见"未来的。再次,勿信所谓"分析师指点"。如若分析师真的能指点,干嘛他自己不去买股?其实分析师或很多经济学家确实有学问,但是他们所说对我们散户并无大用。其实即使有好多"分析师"指点"正确",也是通过专门的操盘侠实盘操作所为,他们是团伙协作诈骗行为。

总之,经过对以上三种网络诈骗套路的分析,就防范而言,归其要旨,我们更多地需要从道德伦理视角来防范,即加强自我道德认知,多一点伦理理性思维是非常必要的。

案例学习三:生活与消费中的网贷陷阱
风靡的网络贷款:卡包无钱都被骗

某年11月,女子小张接到陌生人打来的一通电话,该陌生人自称自己是某某网上购物网站售后服务中心的一名工作人员,介绍自己因小张所购买的货物存在质量瑕疵问题要给小张申请退还所购商品钱款。由于这位热心客服人员所说消息准确无误,小张没有丝毫怀疑便信以为真。事后由于小张打开自己的网络卡包并未寻找到来自客服中心的300余元退款,小张急忙向对方询问情况,对方客服以小张的网络信用额度不足为借口,建议小张在"分期付款"选项应用中操作进行。于是小张便按照对方客服人员提示,在某某信用"分期付款"网络软件上绑定了自己个人身份信息,随后软件系统弹出的界面上就多出了数千元。

事后得知,小张某某信用"分期付款"软件上多出的数千元款项恰恰是小张个人生活所贷款项。在一头雾水不知所措的情况下,小张在扣除300余元钱款后,将余下钱款当成对方客服中心所在公司的相关费用转入了"热心"的客服人员手上。至此小张才清醒过来,原来所谓"分期付款"弹出的界面是贷款账务列表清单,但是为时已晚。对此,小张十分懊悔,一度感到心里不爽。

问题讨论:
1. 从伦理学角度上讲,你认为小张该如何防范网络欺诈?

[伦理方案一]　章太炎:时代局限的悲观主义——《俱分进化论》

章太炎说:"进化之所以为进化者,非为一方直进,而必由双方并进……若以道德言,则善亦进化,恶亦进化;若以生计言,则乐亦进化,苦亦进化……曩时之苦乐为小,而今之苦乐为大。"意思是说,虽然"善"在进化进步,而"恶"也随时代一起进化而更"恶",人类随着科技手段的进步,有时造成的痛苦和灾难比过去更多、更重。

依据章太炎观点,随着时代进步,善恶俱进,恶变更恶,杜绝或避免电商网络这个现代科技手段的弊端或陷阱,是防范网络诈骗的唯一办法。

[伦理方案二]　斯宾诺莎："理性命令"——从自然律到应然律

德性就是人依照自我自保的本性法则（自然律）而行动。由于人性是自私的，人的情感是道德的基础，也是善与恶的根源，所以理性是用来满足人的情感的手段，更是用来处理个人利益与他人利益关系的标准。为此，他提出了三条著名的"理性法则"：其一，德性的基础是使人自保，受自保是一个人幸福所在；其二，德性的目的在于使人追求德性；其三，凡自裁之人都是受人的自保本性以外的外因征服所致。斯宾诺莎力图用"理性命令"——"依理性而生活"把人的"自我保存"的自然律与"追求公共利益"的应然律协调起来，力图说明人因"为利己而利他"。

依据斯宾诺莎"理性命令"伦理观点，认为理性是用来满足人的情感的手段，更是用来处理个人利益与他人利益关系的标准。我们应该依据"理性法则"做到以下三点：首先，德性的基础是使人自保，受自保是一个人幸福所在；其次，德性的目的在于使人追求德性；最后，凡自裁之人都是受人的自保本性以外的外因征服所致。因此，寻找理性，让理性复归，不可丧失理性。就是当我们遇到像小张这样的"大事"的关键时刻，多保持一份清醒的头脑，多加以反思，多加以常识性反思，不要受人的自保本性以外的外因征服，这是德性需要，更是人的自我保护行为，是幸福的基础。如"炒股神器"当真能够"精准分析"，赚大钱，发大财？为何对方自己不去使用？对方这么苦口婆心地劝说自己，他（她）的动机到底是什么？我对对方熟悉吗？认识吗？对方的话能有多大的可信度？网络交易安全吗？如果发生财产等损失，这种损失有机会补救挽回吗？诸如此类，多问问自己。这就是"理性命令"——从自然律到应然律的最本真内涵。

[伦理方案三]　斯宾塞：进化论伦理观

英国现代进化论伦理学家斯宾塞认为，所有的恶都是由环境不适应造成，善的行为就是做有助于物种环境适应性的行为。道德的价值就在于做有利于自我、他人和种族的保存与发展这一标准，当三者都兼达时，善值最大。

依据斯宾塞观点，小张应该加强对网络环境及时适应的能力，所谓"网络环境适应的能力"是指增加有关网络是一把"双刃剑"、其本身有利有弊这方面伦理知识，不可盲目对待。同时应该增强对自我网络行为的约束，并对他人的网络行为具有防范、戒备的伦理意识。

[伦理结论]

面对网络诈骗的防范措施，有人提出"回避网络这个现代高科技手段"的观点是不可取的。根据小张个人情况而言，首先要有防范和戒备他人的意识，警惕网上的花言巧语；其次是增强对网络平台"双刃剑"的利弊认知；最后是加强自我约束、自我管制的网络道德知识。

2. 如果你是小张好友，针对她心情不爽的精神状态，你该如何进行伦理劝阻？

[伦理方案一] 杨朱："重生贵己"

我国古代有个伦理思想家叫杨朱，又名阳生、阳子居，他曾说"人人不损一毫"。这并非我们所理解的一般意义上的利己主义，而是一种珍爱生命，不伤残身体的"重生贵己"的人生态度。生命只有一次，理应高于一切，如果逐于外物，则往往求利而伤，任何身外之物如名利、道德、尊严等，相对于身体皆为空无，世间唯生命可贵。

依据杨朱观点，钱财乃身外之物，小张既不该"气不过"，这样会"伤残身体"，更不应该有任何过激的企图和行为，这是对生命的极不尊重，不符合"重生贵己"理念。小张应该好好珍惜自己的身体，始终保持身心愉悦，身体健康属于自己，生命只有一次，高于一切。

[伦理方案二] 黑格尔：无权说

黑格尔认为，人格是自由意志和所有权的统一。离开所有权作为定在，人格不复存在。身体是在他自身中的所有物，也有人的意志在其中。所有物就是人格在自身之外的定在，"完全使用与抽象所有权是具有同一性的"。全部使用范围属于我，而抽象所有权属于他人（如父母等），所以，"我没有任何权利可以放弃生命"，作为一个人，个人没有伤害身心的权利。

依据黑格尔观点，小张虽然钱财被骗，难免"气不过"，但"一度心情不爽"，这是不应该的。因为小张作为个体生命存在，其"全部使用范围属于我，而抽象所有权属于他人（如父母等）"，所以小张应当把身外之物看淡，过重在乎身外之物（财富、名誉等）不利于身心健康。

[伦理方案三] 哈特曼：价值现象学中的"反价值"

德国现代伦理学家哈特曼认为，"价值即本质"（理想）。生命是一种正价值，而伤害身心是一种反价值。生命的衰落、衰败和堕落及对生命的敌视、娇宠、压制、厌恶、不适和摧残都是对物体生命、精神生命和人格生命的无化。

依据哈特曼"反价值"观点，小张不该有过激行为，因为小张的（正）价值在于其自身生命体正常以及保持身心健康的存在，她的价值在于她生命本质的存在。

[伦理结论]

首先，应该向小张劝说人维持身心健康的意义和生命的不可复制性，要求其珍惜属于自己仅有的身体以及维持正常身体健康。其次，应该向小张说明"身体受之父母"，珍惜自己身体，维持其健康存在的状态是对父母等亲情的维系。再次，要说明骗子的"可恶"，国家法律、警察都不会放过骗子，一定会将骗子绳之以法。最后，劝说小张应该冷静一点，钱财乃身外之物，且骗子骗去的钱也不多，不必太在意，再说钱丢了还可以挣回来，没有必要产生不愉快之过激行为和想法。

案例学习四：生活与消费中的二维码之骗

二维码诈骗花样繁多，让人防不胜防

某年 5 月的一个晚上，女孩小王习以为常地在某网络虚拟直播平台上观看某某主播的一档直播节目，这时，有一个陌生男子申请添加小王为好友，问小王是否需要办理一款"爵士级位"的虚拟称号。经小王同意后，该网友发来"爵士级位"网络费用充值信息价目表，其中有个"充值 1000 元返现 600 元"的活动引起了小王的兴趣。接着该网友又发来了微信支付二维码，要求小王扫码支付钱款，小王一时鬼迷心窍，不假思索就扫了这个微信支付二维码付款。当小王还在傻傻等待返现信息时，这名网友接着向小王发过来一条网络直播平台链接让其添加账号。添加后，对方客服中心工作人员要求小王按要求自行下载一款软件，还不停地以系统短暂故障为由要求小王多次分批转账。待小王感觉不对劲时，为时已晚，合计转入对方账户 20 余万元。于是小王迅速拨打当地公安局 110 指挥中心报警求助，并迅速及时通知互联网平台客服中心说明此事经过。

问题讨论：

1. 针对小王被骗的经历，你认为她的伦理责任主要在哪？为了防止再次被骗，小王该加强自身哪方面的伦理意识？小王除了负有伦理责任之外，你认为小王是否有不妥当之举？

［伦理方案一］　张君劢：二元论之"善恶"观——"克欲论"

我国近现代伦理思想家张君劢认为："人生者，介于物质与精神之间者也；其所谓善者，皆精神之表现，如法制、宗教、道德、美术学问之类也；其所谓恶者，皆物质之接触，如奸淫、掳掠之类也。"他认为"善"属于精神现象，而"恶"是与接触物质所造成的，所以为了消恶达善，人们应该克制欲望，就是摒弃对物质的过分、不合理的欲求。这就是他的"善恶"观——"克欲论"思想。

依据张君劢思想，小王之所以上当受骗，源于其自始至终都有"过分、不合理的欲求"之嫌疑。如当她听说"爵士级位"可以不限字数发送评论信息时便爽快地答应了，当看到充值 1000 元返现 600 元的消息时"便没多想"，所以小王的伦理责任在于有贪欲。骗子之所以屡屡得逞，就是利用部分人的贪欲之心。针对小王的贪欲之心，为了防止再次被骗，她应该克欲，即克制自己过分的或不合理的欲望，加强自身的伦理意识。

小王的妥当之举在于"迅速拨打当地公安局 110 指挥中心报警求助，并迅速及时通知互联网平台客服中心说明此事经过"，这也是应为之举。

［伦理方案二］　苏格拉底："德性即知识"（"无知"说）

何为德性？在苏格拉底看来，人的能力、优秀性即为德性。德性是对人的灵魂的提升，因此他呼吁人们要"对灵魂操心"。人之软肋在于"不自知"而"好自知"，那么，人应该怎样正确对待自己呢？方法是"认识你自己"，"自知其无知"，"无知之自觉"。

依苏格拉底观点，其伦理责任在于"无知"或"不自知"。从小王被骗的经过看，小王算是太单纯、太幼稚的那种人，几乎是骗子叫她干什么就干什么而且是不爱动脑筋思考、轻易相信别人的人。用苏格拉底的话来讲就是"无知"。为了防止再次被骗，小王应该加强自身的伦理意识，好好"认识自己"，自己要知道自己"无知"，"无知"该"自觉"，"自觉"就是自我觉醒，自觉学习网络伦理相关知识。首先，学习网络防范、戒备他人的伦理知识，增加自我防范德性；其次，加大学习网络约束自我的伦理知识，锤炼自我网络德性；最后学习互联网这把"双刃剑"伦理常识，增强自我辨别德性。

小王的妥当之举在于及时报警和向客服平台反映该事。

[伦理方案三]　康德："为义务而义务"——动机论

德国著名的大伦理学家康德认为，具有普遍必然性的道德法则源自人的善良意志，依道德法则行事是普遍的、必然的义务或责任，一切行为只有出自义务才有道德价值，否则就没有道德价值。评价行为之道德与否，不必看行为的结果，只需看行为的动机即可，动机善则行为善，动机恶则行为恶。

依据康德观点，小王的伦理责任主要在于其缺乏对骗子的动机考察。从骗子要求小王的一系列"操作"来看，小王完全有时间、有余地对骗子的动机产生怀疑或思考。只要小王稍加思索，完全可以洞察骗子的动机，但她却"没多想"。这是小王最为主要的伦理责任之处。为了防止再次被骗，小王该加强对客体方的动机考察的伦理意识。

小王的妥当之举也是应该之举，应是及时报警和向客服平台反映。

[伦理结论]

小王被骗一事的伦理责任主要有如下：防范他人意识不强，不善于动脑筋思考；有贪欲之心而遭骗子利用；缺少对网络平台"双刃剑"的利弊认知；缺少自我约束、自我管制的伦理知识。为了防止再次被骗，小王应该加强对上述四点的道德伦理意识和知识的学习。

小王的妥当之举是"迅速拨打当地公安局110指挥中心报警求助，并迅速及时通知互联网平台客服中心说明此事经过"。

2. 针对小王被骗过程，从互联网伦理视角分析互联网平台该承担的责任。

[伦理方案一]　泰州学派："百姓日用即为道"

泰州学派由王阳明弟子王艮开创，代表人物有王艮及其四传弟子罗汝芳等。该学派认为"百姓日用即为道"，"道"与"身"是一回事。尊道在于尊身，尊身就是致良知，至善就是人性之自善。伦理道德离不开百姓日用中的契约、规章、约定俗成和规范内容，道德理论离不开道德实践，空谈道德仁义这些空洞的理论没有实际意义。

依泰州学派观点，互联网平台作为平台服务提供方（供给端），根据"百姓日用中的契约、规章、约定俗成和规范内容"，对交易双方（需求端）都负有监管职责和义务，不能以各种借口推卸责任。互联网平台的"至善"就在于其在实践中不断地进行道德"自善"，自我完善。针对小王被骗一事，如若互联网平台确因其监管不力导致小王损失，则互联网平台应负"连带责任"甚至是"主体责任"；如若互联网平台已经履行了严格的监管义务，穷尽其一切科技手段仍不能避免小王的损失，则平台只对小王负"补充责任"，甚至不负任何责任。

[伦理方案二]　哈奇森："最大多数人的最大幸福"

西方近代伦理学家哈奇森认为，凡是出于仁爱的动机且增进社会福利的行为皆为善。确定善的价值量大小的依据为"最大多数人的最大幸福"，其计算方法就是：道德行为的善的量与享有的人数的成绩。"凡是产生最大多数人之最大幸福的行为，便是最好的行为，反之，便是最坏的行为。"

依据哈奇森"最大幸福"观点，互联网平台服务的对象——网民具有数量上的相对性，网民的福祉在于互联网平台服务的质量，互联网平台应该以广大网民的"最大幸福"为宗旨，切实做到网络监管的义务和职责，这也是互联网平台的"善"的价值所在，是最好行为，反之，便是"恶"，是最坏行为。具体到小王被骗一事，作为网民一员的小王在网络消费时，理应获得互联网平台对双方交易的真实意愿和交易手段进行有效监管，但从被骗的事实经过来看，不能说互联网平台就没有一点责任，至少互联网平台对骗子的注册信息、网络交易过程信息、历史痕迹和事后反馈信息缺少严格监管，未能及时止损，促使小王被骗事件的产生。

[伦理方案三]　休谟：道德"同情说"

休谟认为，道德源于情感，这种情感既不是自爱的利己心，也不是仁爱的利他心，而是人的同情心，"人性同情别人的倾向"。人们通过心理联想产生与他人一样的同等情绪，"乐他人所乐，悲他人所悲"。休谟在"道德篇"中，把人的苦乐感作为判断道德行为善恶的标准，但在《道德原理探究》中，又把"利益、效用"原则作为判断道德行为善恶的标准。

依据休谟道德"同情说"观点，互联网平台无论是否做到监管的义务，都应该负有对小王的道德同情的责任，更何况小王的被骗事实就是发生在自己应该监管的平台上呢？

[伦理结论]

互联网平台作为以公司存在的企业，具有营利性企业的一般特征和维护市场秩序的监管者角色，掌管着客户双方的接入权和介入权，具有撮合交易达成的中介作用。尽管互联网平台是虚拟交易的场所，但其作为平台服务提供方（供给端），对平台内交易双方（需求端）都负有监督、管理和规范的道德义务和伦理职责，这是不争的事实。

根据平台与买卖交易三方合意签订的合同、用户协议或使用协议来看，如若平台未能履行协议中规定的权限，对用户注册信息、隐私、机密、网络交易过程信息、历史痕迹和事后反馈信息等缺少严格监管，未能做到严格的资质审查义务造成平台用户损害的，平台应当承担相应的违约"主体责任"；如若互联网平台确因其监管不力，出现监管盲区或漏洞，导致用户损失，则互联网平台应负"连带责任"；如若互联网平台已经履行了严格的监管义务，穷尽其一切科技手段仍不能避免用户损失的，则平台只对用户负"补充责任"甚至不负任何责任。

总之，互联网平台公司应该在政府、社会、法律、伦理的四重规治下，采取技术手段和其他一切必要措施，履行确保平台稳定、安全运行的职责，及时发现违法行为和违法信息并做到有效制止、保存证据、停止服务，并向政府有关市场监管的行政主管部门汇报信息等等。

案例学习五：生活与消费中的虚拟财物
　　虚拟生活与现实消费真的没有关系吗？

随着 IT 技术的推广和应用，尤其是网络的普及，网上交易成为现实，给人们的经济生活带来诸多便利，但利用高科技手段犯罪的现象也随之出现，应引起有关部门的高度警惕。越来越多的青年人加入网络虚拟世界中，其中一部分无业游民则心生邪念，将目光瞄准了网络虚拟财物。近期，一些犯罪分子利用各种手段申请网络虚拟货币，然后利用网络交易来牟取私利，因虚拟财物失窃起诉运营商的案例也屡屡发生。

如今虚拟财物已不严格局限于游戏虚拟世界内，虚拟财物已经和现实货币发生了联系，虚拟装备、虚拟货币等都能通过某些方式换到真实货币。网络虚拟财物的虚拟性被破坏，与现实的人民币发生了兑换关系，这应引起有关部门高度重视。建议各级公安机关通力合作，积极采取多种措施，加大预防力度，健全网络安全长效机制，严厉打击涉及网络的各类违法犯罪活动，确保网络的健康发展。

问题讨论：
　　1. 随着 IT 技术在网络生活与消费中的推广和应用，一些违法犯罪分子也跟进了违法行为。请从人性角度分析，人性善恶对科学技术的生活使用所导致的后果是否有直接影响？

[伦理方案一]　孟子："四端善心"

孟子从人性本善观点出发，继承并发展了孔子"仁"和"礼"之说，认为人人皆有恻隐之心、羞恶之心、辞让之心和是非之心，即仁、义、礼、智四端善心，这种善心只是自然的趋向于善，但现实社会中出现的不善，主要是外在环境和人不知保养所致，因此他提出保持善心的两种主张：一是作为道德化身的圣人（君王）实行"仁政"，以德治国，仁爱天下，从而达到从"上"到"下"的仁德社会。二是在个人修养方法上"存心养性"，通过道德主体的自为、自觉来扩充善性，达到人格的完美。

依据孟子的观点，人类的善良本性对科学技术的生活使用所导致的后果是存在直接影响的。首先，在人性善恶上，孟子认为人性本质是善良的，"但现实社会中出现的不善，主要是外在环境和人不知保养所致"，只要保持对因"环境和人不知保养"的不善进行有效的教育，就一定能扩充善性，由"恶"转"善"。所以，在孟子看来，人性在本质上是善良的。其次，人类的善良本性对科学技术的生活使用所导致的后果是存在直接影响的。只要善良之人秉持善行，就会使科学技术的生活使用保持良性发展。但是，依据孟子观点，似乎也并不排除在"环境"诱导下，使科学技术的生活化使用向着坏的或恶的方向发展的可能性，在这种情况下，需要善良的网络使用者主动地积极地"扩充善性"，最终结果就会出现"善行"结果。所以，在总体上，关于人类的善良本性对科学技术的生活使用所导致的后果，孟子是持肯定态度的。

[伦理方案二]　荀子："化性起伪"

荀子从人性本恶观点出发，继承并发展了孔子"仁"和"礼"之说，认为人因欲而求，求而无穷，争而不止，引起祸患，恶是人的这种自然本性所致。因此他提出"化性起伪"进行道德制约的两种主张：一是君王实行"礼治"，通过制定礼乐典章，序定礼法，确定人伦差序，从而达到天下众生明分使群，各行其分。二是个人修养方法上进行道德自觉，自我教化。

依据荀子观点，人类之"恶"本性对科学技术的生活使用所导致的后果也是基本持肯定态度的。这一点我们可以通过与孟子的比较加以说明。首先，尽管荀子在人性善恶上，认为"恶是人的这种自然本性"，但这种自然本性是来自人对外界"物欲"环境的干扰和影响，如果经过后天道德规范的管束，即圣人"化性起伪"，就能够在行为结果上出现善行，亦即对"科学技术的生活使用所导致的后果"产生良性影响。也就是说，"恶性"并不一定会导致"恶行"，反而有可能会导致"善行"，关键在是否"化性起伪"。其次，荀子与孟子通过自我道德自律实现"扩充善性"不同，主张通过圣人"化性起伪"这种外在的因素来达到"善行"的实现。也就是说，荀子认为只有通过外在的道德规范的规制和约束才能保持人的最终行为结果是善的。再次，荀子在强调外在他律的同时，当然也并没有否定道德自律的作用，他说，在"个人修养方法上进行道德自觉，自我教化"，一是一种行为结果为"善行"的方法。因此，在总体上，荀子与孟子一样，也是主张网络应用者的人性善恶对使用网络科学技术所产生的行为后果是有直接影响的。

[伦理方案三]　董仲舒："性三品"说

董仲舒认为人性有三品，即上品的圣人之性、下品的斗筲之性和中品的中民之性。圣人之性是至善的，不需后天教化改变；斗筲之性极恶，也不可后天教化改变。这两种品性都是极少数人占有，绝大多数人属于中民之性，通过后天教化可以改变而向善。

在董仲舒看来，无论是至善的"圣人之性"、中品的"中民之性"还是极恶的下品"斗筲之性"，人性善恶对科学技术的生活使用所导致的后果都是有直接影响作用的，但是在影响结果上有善恶区分，拥有上品的"圣人之性"和中品的"中民之性"的人，对科学技术的生活使用所导致的后果具有良性影响，而极恶的下品"斗筲之性"则会起到恶性影响。依据董仲舒观点，具体说来如下：对于"斗筲之性"的恶人来说，由于其本性之恶难以改变或不可改变，所以，其对科学技术的生活使用所导致的后果必然产生恶劣影响。对于"圣人之性"的至善来说，由于其先天善良秉性的存在，且其本性之善也难以改变或不可改变，所以，对科学技术的生活使用所导致的后果必然产生良性影响。对于中品的"中民之性"人来说，在人数上占有绝大多数，其善恶本性没有"圣人之性"和"斗筲之性"那么明显，但是可以通过后天的教化作用进行改变，使其具有向善的一面，因此，对于中品的"中民之性"人来说，其对科学技术的生活使用所导致的后果也可以产生良性影响。

[伦理方案四]　　罗尔斯："亚里士多德原则"（"亚氏原则"）

当代美国哈佛大学最杰出政治伦理学家罗尔斯在研究亚里士多德《尼各马可伦理学》中发现，追求自我完善的价值认知是人们的始终追求，是亚氏"自我完善论"的基本主张，他冠之为"亚氏原则"。该原则为"若其他条件相同，人类均以实践他们已实现的各种能力（天赋的或有教养而获得的能力）为快乐之享受，而这种快乐享受有使这种实现的能力不断提高，或使其更为复杂丰富"。也就是说，"在其他条件相等时，人们喜欢运用他们的现实能力（他们的先天的和后天的能力），这种喜欢的程度越高，这种能力就实现得越多，或者说，这种能力就越复杂"[1]。更简明地说，如果人们对某事越熟练越擅长，那么，他们就越趋向于或越喜欢于做这件事，倘若有两样活动人们都同等熟练和擅长，那么，他们总是更趋向于选择那种更具挑战、更具复杂、更具敏锐的辨别力的活动。

依据罗尔斯观点，罗尔斯和亚里士多德的观点一致，由于人性"追求自我完善的价值认知是人们的始终追求"，那么，尽管人性在本性上善恶难料，但经过"自我完善"，是能够对科学技术的生活使用所导致的后果产生良性影响的。罗尔斯说，"若其他条件相同，人类均以实践他们已实现的各种能力（天赋的或有教养而获得的能力）为快乐之享受，而这种快乐享受有使这种实现的能力不断提高，或使其更为复杂丰富"。所以依据罗尔斯观点，人类的"自我完善"能力的激发对科学技术的生活使用所导致的后果产生良性影响，应予以肯定。

[伦理结论]

从伦理道德关于人性的视域看，网络应用科学技术被人从事于生产生活应用活动归根到底不在于网络技术本身，而在于使用网络技术者这个目的的人身上。从一般意义上讲，科学技术遵循价值中立，只对事情作"实然"描述，而不进行价值"应然"的评价。人创造了技术，决定着使用网络技术的方式和使用网络技术的目的。人性善恶对科学技术使用所导致的后果有一定的影响，但并不存在内在必然性。这基于以下两点认识：一、人性是复杂的，并不存在绝对的善或绝对的恶，用人性善恶来评价对网络科学技术使用后果的关系，没有科学依据。二、即使人性善恶可分，但善人也有可能在使用网络科学技术时有意或无意中干出罪恶的事情来。同样，恶人也有可能在使用网络科学技术时候有意或无意中干出善良的事情来。因此，从人性角度分析人性善恶对科学技术生活使用所导致的后果是否有直接影响的问题，没有科学依据，或者说这二者之间没有必然联系。

2. 随着 IT 技术的推广和应用，尤其是网络的普及，一些违法犯罪分子也在利用科学技术手段，跟进了违法行为。请从科学技术角度分析，随着网络科学技术在生活与消费中的应用和推广，网络科学技术能否实现对人性善恶的改变？

[伦理方案一]　章太炎：时代局限的悲观主义——《俱分进化论》

章太炎说："进化之所以为进化者，非为一方直进，而必由双方并进……若以道德言，则善亦进化，恶亦进化；若以生计言，则乐亦进化，苦亦进化……曩时之苦乐为小，而今之苦乐为大。"[2]③意思是说，虽然"善"在进化进步，而"恶"也随时代一起进化而更"恶"，人类随着科技手段的进步，有时造成的痛苦和灾难比过去更多、更重。

依据章太炎观点，针对网络技术使用者来说，使用网络科学技术能实现对人性善恶的改变，更确切地说，在对一些人产生善的影响时，也会对另一些人产生恶性影响。在总体上，人性的"恶"与"善"一样随时代变化而演化，但"恶"比"善"更有程度上的激烈，也就是说"恶"会随时代的演化而更加罪恶。虽然人类的科学技术和技术手段也在进步，但是"恶"给人们所造成的痛苦和不幸会比过往更深更严重。

[伦理方案二]　约瑟夫·弗莱彻尔："一切都取决于境遇"（"依境遇做决定，依境遇而行动""境遇决定道德"）

约瑟夫·弗莱彻尔认为，"行为之善与恶、正当与不正当，不在行为本身，而在于行为的境遇"，同样，"爱的方法是根据特殊情境做出判断，而不是根据什么律法和普遍原则"，而是"一切都取决于境遇""依境遇做决定，依境遇而行动""境遇决定道德"。境遇不是让现实适应规则，而是让规则适应现实，让现实去修改规则，创造规则。某一行为之所以为善，在于它"恰巧"在某种特定境遇中实现了某种爱的目的的契合。

依据约瑟夫·弗莱彻尔观点，针对网络技术使用者来说，使用网络科学技术不一定会实现对人的善恶本性的改变。在约瑟夫·弗莱彻尔看来，这"一切都取决于境遇""依境遇做决定，依境遇而行动""境遇决定道德"。如果网络技术使用者在好的"境遇"中发展，那么，使用网络科学技术就一定会实现对人的善恶之性向善的方向的改变；反之，如果网络技术使用者在坏的"境遇"中发展，那么，使用网络科学技术就一定会实现对人的善恶之性向恶的方向的改变；如果网络技术使用者在不好不坏的"境遇"中发展，那么，使用网络科学技术就不一定会实现对人的善恶之性的改变。

[伦理方案三]　斯金纳："环境与行为"论、"技术与行为"论、"环境对行为负责"

美国当代新行为主义伦理学者斯金纳认为，外部环境（科学技术）与人类行为之间类似于"刺激—反应"理论，不仅仅是决定与被决定关系，而且还有相互主动的关系。环境与条件（含遗传因素、科学技术控制等）对行为除有决定一面外，环境（技术）在很大程度上也是由人的行为造成的。环境（技术）与人类行为的影响和作用是双重和双向的。但是，人不仅能依赖环境，受制于环境，还能够利用环境，就像人类利用造出的原子弹等核武器来制止战争一样，人们也可以用它来发动战争，祸害人民。他说："我们不单是关心反应，而且关心行为，因为它影响着环境，特别是社会环境。"[3]

依据斯金纳观点，网络技术使用者是否能够实现自身善恶之性的改变，主要看"刺激—反应"的环境。斯金纳人为，"刺激—反应"的环境不仅仅是决定与被决定关系，而且还有相互主动的关系。另外，环境与条件（含遗传因素、科学技术控制等）对行为除有决定一面外，环境（技术）在很大程度上也是由人的行为造成的。网络科学技术使用者依赖环境，受制于环境，但也能够利用环境，就像人类利用造出的原子弹等核武器来制止战争一样，人们也可以用它来发动战争，祸害人民。当"刺激—反应"的具体环境有利于网络技术使用者人性向善发展时，就会对网络技术使用者人性起到正面的良性的影响，反之，当"刺激—反应"的具体环境不利于或有害于网络技术使用者人性向善发展时，就会对网络技术使用者人性起到负面的恶性的影响。

[伦理方案四]　布莱特曼："应然"与"实然"（"科学"与"价值"）

美国现代著名伦理学家布莱特曼认为，"应然"是价值的本质，"实然"是自然的本质。自然的存在必须用自然科学的手段加以研究和把握，而自然科学通过预测、发现、实验和论证、实践检验等多种方法来认知和控制自然，获取规律和真理。然而，自然科学本身只提供"实然"之手段而不体现"应然"之价值，"它给予我们手段，但并不给予我们的目的"[4]。科学技术管控自然，创造了人类福利的同时也给人带来了非价值、负价值或反价值的困扰，而人成了"实然"之手段和"应然"之价值相矛盾的阿基米德支点，因为人既是自然的存在，也是价值的存在，人因为存在而之所以存在。

依据布莱特曼观点，一方面，随着网络科学技术在生活与消费中的应用和推广，网络科学技术是不能实现对人性善恶的改变的，至少是不能实现正向良性人性改变。在布莱特曼看来，科学技术属于"实然"的自然本质，并不体现"应然"之价值。而对使用网络科学技术的人来说，其人性善恶则是一种属于"应然"价值的本质。二者之间是主客体关系，无法实现由"实然"之自然本质向"应然"之价值本性转化。另一方面，由于科学技术"给予我们手段，但并不给予我们的目的"，所以，网络科学技术与人性善恶的改变这二者之间无法建立必然联系。但是，由于科学技术管控自然，创造了人类福利的同时也给人带来了非价值、负价值或反价值的困扰，所以从一定程度上讲，科学技术有时会带来负面人性之恶的影响，而非带来正面的影响。但从总体上看，依据布莱特曼观点，随着网络科学技术在生活与消费中的应用和推广，网络科学技术是不能实现对人性善恶的改变的。

[伦理结论]

网络科学技术的应用与推广无法改变人性善恶，但在一定条件下，可以影响一个人的善恶行为以及善恶行为所导致后果的善恶程度。人性是多变的，某种程度上，不存在绝对的善人，也不存在绝对的恶人，但网络科学技术的应用有时可以放大人性善恶的程度。网络科学技术的应用是一种放大镜，可以放大一个人的善行，也可以放大一个人的恶行。有时候，网络科学技术的使用也可能促使一个平常品行良好的人干出坏事，也有可能使一个平常品行恶劣的人干出好事。换句话说，网络科学技术的应用与推广无法直接改变人性善恶。

3."虚拟装备、虚拟货币等都能通过某些方式换到真实货币，起因皆是网络虚拟财物的虚拟性被破坏"，试从生活与消费伦理角度分析，应当怎样正确看待网络科学技术？

[伦理方案一]　老子："道法自然""无为即无不为"

在老子看来，万事万物，芸芸众生都是以"处强"为生存准则，而无一以"处弱"为生存法则，求强而必争，必有为，必自是，物极必反而趋亡，必亡。"守柔"则不争，不争则无为，无为则不自是，物极必反而趋强，必强。为道的原则就是不争，守柔，以至于无为，无为的实质就是无所不为，即有为。"上德无为而无不为"，"为无为，则无不治"（《老子》第三十七章）。这也就是"道法自然"。

依据老子"道法自然"观点，对网络科学技术的应用应持"无为而治"的观点。科学技术本身就是人类"处强""示强"的结果。科学技术作为人类"处强""示强"的结果，必然会带来事物的反面，如果处理不当，甚至会导致科学技术本身及其人类本身的"灭亡"，就像核武器的制造与使用，既可以作为保卫和平的护盾，又可以成为毁灭一切的凶器。因此，人类对待科学技术应该秉持"道法自然"。

从积极有为的视角看，秉持"道法自然"的理念，其做法本身就是"有为"，但这种"有为"实际上是遵循以"道"为理念的自然事理的规则或规律。

[伦理方案二]　魏源：民本主义历史进化观——"群变"观

魏源认为衡量历史进步和善恶的标准在于是否"便民"和"利民"，即凡是有利于人民群众的行为都是历史进步和善的行为，反之否然，这就是他主张的"群变"思想。时代是发展变化的，用古代的尺度衡量当今时事的"诬今"言论就不可能认清当前形势；反之，用今天的标准去衡量古代的"诬古"言论也是错误的。

依据魏源"群变"观点，只要这样的网络科学技术在使用上有利于"便民"和"利民"，那么，就应该持积极的或肯定的观点或态度。魏源认为衡量历史进步和善恶的标准在于是否"便民"和"利民"，亦即网络科学技术的应用如果在行为结果上是善的,那么,我们就应该支持它、发展它、壮大它。他甚至还认为"凡是有利于人民群众的行为都是历史进步和善的行为",因为时代在变迁,不必"诬古"也不必"诬今",必须得认清当前形势,视当今形势而行动,这才是唯一正确的方法。基于此,我们认为,魏源对网络科学技术基本是持赞成和支持态度的。

[伦理方案三]　皮尔士、詹姆士、杜威:实用主义"效用原则"

代表美国近代实用主义思想的皮尔士、威廉·詹姆士、约翰·杜威认为,任何东西的价值只有经过实践或实验所证明的实际效用才具有善的价值。皮尔士把"实在就是有效"作为评断事物的实在性的根本原则,这就是他提出的著名的"效用原则",又称"皮尔士原则"。詹姆士认为,无论什么观念,只要它在实际上有用或具有当时的"现金价值",就是真理。真理须用行动的后果来证明并受到未来事实的校正,于是他提出"真理即有用,有用即真理"的著名公式。杜威系统化了前二者的观点。

依据皮尔士、詹姆士、杜威的实用主义"效用原则",对网络科学技术的发生、存在与发展应持赞成和支持态度。从皮尔士、詹姆士、杜威等人的观点看来,网络科学技术是一种真理,因为具有它在实际上有用或具有当时的"现金价值",也是具有善的价值的。根据皮尔士观点,网络科学技术具有实际效用,能够给社会和人类带来实际利益或便用。"实在就是有效"是评断事物的实在性的根本原则。尽管网络科学技术在网络使用者的不当使用下也会给人类和社会带来负效用、负价值,但问题不在于网络科学技术本身,而是在于人即网络科学技术的实际应用者。不同动机的实际应用者应另当别论,不能混淆被评价的主体(网络科学技术与网络科学技术的使用者)。所以,按皮尔士、詹姆士、杜威等人的观点来看,网络科学技术的应用和发展是一种真理性存在,是一种善或进步。

[伦理方案四]　雅克·马里坦:"社会规律""非人的人道主义"("技术至上"、人的"异化"与"物化")

马里坦认为,内在的矛盾运动导致人类社会以牺牲和丧失部分为代价换取整体进步,这种代价既有个人的也有社会整体的,但社会的总趋势是进步的,其动力源自人类精神自由的历史力量和作为精神实现的工具的技术进步,"人类社会的生活以许多丧失为代价而进步。它的发展和进步多亏源自精神和自由的历史能量之生命活力的勃发和超升,多亏常常处于精神之前但却在本性上只要求作为精神之工具的技术改善"[5]。马里坦还认为,科学技术导致"人在各种物质力量面前的一种进步的退却。为了统治自然,人作为仅次于神的世界造物者,事实上被迫越来越使它的理智和生活屈从于种种不是人类的而是技术性的必然,屈从于他围其转动并侵犯着我们人类生活的那种物质秩序的力量"[6]。

人对技术至上的信仰以及人的实利主义和物欲膨胀,使人与物、人与技术、人与自然等相互关系恶化了,使人自己由物质技术的主人变成了物质技术的奴隶,导致了人的异化、非人化和物化，这是以人为中心的人道主义带来的恶果。他说："倘若事情长此以往，用亚里士多德的话来说，世界似乎将会成为只能是野兽或神居住的地方。"[7] 马里坦称这是"非人的人道主义"。

一方面，依据雅克·马里坦的观点，他对网络科学技术是持谨慎和欢迎态度的。这是因为，在雅克·马里坦看来，网络科学技术会导致人类社会以牺牲和丧失部分为代价的整体进步，这种代价既有个人的也有社会整体的，但社会的总趋势是进步的。意思是说，网络科学技术在总体上或总趋势上无疑是呈现进步的、积极的和有利于人类及其社会发展的，但是这种总趋势上的进步也不是每时每刻都处于进步状态，在一定的条件影响下还会在局部的呈现倒退现象，例如大量违法犯罪分子也会利用网络科学技术以及网络科学技术的漏洞从事危害他人和社会的违法犯罪活动。这就是网络科学技术所呈现出来的实际业态。

另一方面，在雅克·马里坦看来，网络科学技术本身也会限制、禁锢人类行为的正常运作。因为网络科学技术是"人在各种物质力量面前的一种进步的退却。为了统治自然，人作为仅次于神的世界造物者，事实上被迫越来越使它的理智和生活屈从于种种不是人类的而是技术性的必然，屈从于他围其转动并侵犯着我们人类生活的那种物质秩序的力量"。也就是说，网络科学技术的存在和发展，使人自己由物质技术的主人变成了物质技术的奴隶，人创造技术，又被技术所管控。其原因在于人对技术至上的信仰以及人的实利主义和物欲膨胀，使人与物、人与技术、人与自然的相互关系恶化了。

综上所述，从总体上看，雅克·马里坦对网络科学技术的存在和发展是持谨慎的欢迎态度。

[伦理结论]

网络应用科学技术有三层含义：一是网络自然科学知识及其应用技术体系，或者说是网络应用科技实践能力，二是指网络应用科学技术的研究活动，三是指网络科学技术的应用活动或者说是网络应用科技实践活动。首先，作为实践能力的网络应用技术遵循价值中立，不能对它进行道德评价。其次，作为研究活动的网络应用科学技术，又被分为纯粹研究目的活动的网络应用科学技术和预设目的研究活动的网络应用科学技术这两种。作为纯粹研究目的活动的网络应用科学技术也遵循网络科学技术价值中立的自然本质属性。而作为预设目的研究活动的网络应用科学技术，无论其预设的目的是什么，都必然成为伦理的讨论议题。也就是说，作为预设目的研究活动的网络应用科学技术具有伦理性问题。再次，作为实践活动的网络应用技术指的是人类运用网络科学知识、原理、规律及其技术成果为人类自身的网络生活服务的实践活动，是一种目的性很强的网络行为活动。人类的行为活动都是一种有目的的活动，现实生活中不同的人有不同的目的。从一般性的人性角度看，符合自己目的的活动或行为在人的主观感受下被认为是善的、好的，违背或有害于自己目的的活动或行为就被视为是恶的、坏的，不利于也不危害自己目的的活动或行为，人们一般就很少对其道德价值进行道德评判，也就是通常表现的"道德漠视"。也就是说，作为实践活动的网络应用技术是随着人的主观目的不同而产生了伦理道德的价值，因此，也就有了伦理性问题。

网络科学技术的应用行为或应用活动之所以具有善恶价值评判，取决于使用该技术的人的根本利益和使用该技术的目的与方式。换句话来讲，网络应用科学技术被人从事的应用活动归根到底不在于网络技术本身，而在于使用网络技术者这个有目的的人身上。人创造了技术，决定着使用网络技术的方式和使用网络技术的目的。因为有目的的人为使用，才有了伦理性问题的产生。因此，作为实践活动的网络应用科学技术无法遵守价值中立，也必须进行道德约束、道德规范、道德评价和道德指导，应进入伦理问题讨论范围的，存在伦理性问题。

4. 试从生活与消费伦理视域分析，我们应当怎样"健全网络安全长效机制"？

[伦理方案一]　　颜之推：《颜氏家训》"自律"

颜之推在《颜氏家训》中写道，"自律：士而律身，固不可以不严也，然有官守者，则当严于士焉；有言责者，又当严于有官守者焉。盖执法之臣，将以纠奸绳恶，以肃中外，以正纪纲"。要严格要求自己，尤其是在做了官以后，更要严于律己。靠道德规范，也要靠法律准绳。

依据颜之推观点，网络科学技术的使用者应当重点加强"自律"，重在道德主体的内在素养的提高。尤其是对在网络科学技术使用上具有权力或权势的人，更应该加强自身的"自律"意识并严格管控自我的网络行为，既要靠道德规范，也要靠法律准绳，不能逾越法律之上搞特权，否则无论是对自己还是对家族所有人都是一种不可饶恕的行为，因此，必须谨慎为之。那么，谨慎为之最有效方法就是"自律"，即在思想上要有自我严格要求自己的意识，在行为上，不可麻痹大意，严格遵守道德"规则"或道德"规范"。

[伦理方案二]　　苏格拉底：教育"助产说"

在人们"自知其无知"且"无知之自觉"之后，怎样才能使人们做到对"善"知识的把握与追求呢？苏格拉底认为教育的作用是不可缺少的。通过反复的问答、传授、探讨，教育会使人的灵魂之婴儿得以诞生，教育者（提问者）如同助产妇，被教育者（被提问者）如"孕妇"在灵魂深处孕育出"善"的知识。

依据苏格拉底的观点，网络科学技术的使用者需要借助外在的或他人的教育帮助，从而实现自我德性的提升，也从而最终达到"健全网络安全长效机制"。依照苏格拉底的观点，网络科学技术使用者应当自觉自省，"自知其无知"且"无知之自觉"，在这种情况之下，苏格拉底认为教育的作用是不可缺少的。事实上，对广大网络科学技术使用者来说，教育的力量确实很强大，这是我们今天社会形成的共识。依据苏格拉底的观点，对于被教育者即广大网络科学技术使用者来说，只有通过反复的问答、传授、探讨，才会使人的灵魂之婴儿得以诞生。因此，对于被教育者即广大网络科学技术使用者来说，教育对其起到了"助产"催化作用，意义巨大。

[伦理方案三]　《大学》："修身齐家"

《大学》开篇明义说道："大学之道，在明明德，在亲民，在止于至善。"那么，怎样才能做到"明明德"呢？方法是："古之欲明明德于天下者，先治其国；欲治其国者，先齐其家；欲齐其家者，先修其身；欲修其身者，先正其心；欲正其心者，先诚其意；欲诚其意者，先致其知。致知在格物。"即修身齐家之道为：格物→致知→诚意→正心→修身→齐家→治国→平天下，最后才能"明德"，达到"止于至善"的境界。何为"至善"？"至善"是一种过程，永无止境的过程；是一种境界，永无止境的境界。

依据《大学》内容所体现的观点，网络科学技术应用者应当加强自身建设，重在自律意识的培养和自律行为的养成，也就是说，要注意自我"修身"。对于广大网络科学技术使用者来说，"修身"的有效方法就是先从"格物"开始，然后是"致知→诚意→正心→修身→齐家→治国→平天下"这样的修身路经，最后才能"明德"，从而达到"至善"状态。"格物"就是要明白事物的纹理和规律，把物之"道理"（网络科技）弄明白，遵道而行，才能不逾规。然后要诚心诚意、心胸坦荡，真正做到正己之心，以达修正自我道德思想意识。当然，对于广大网络科学技术使用者来说，修身的过程是永无止境的，修身是一种长期过程，是一种不断走向"至善"的过程，在"过程"中不断"修身"，在"修身"过程中重在"过程"，如此往复，永无止境。

[伦理方案四]　约翰·洛克："自己给自己立法"

约翰·洛克认为，善与恶是对人的自然的利害，人具有趋利避害的本性。人不但需要外在的法庭——法律，还必须有内在的法庭——道德与良心，"自己给自己立法"。一个人违反外在的法律不一定会认真反省，但如果违反道德和良心，却很难"挺着脖子、厚着脸皮活下去"，从这个意义上讲，道德法相对于一般意义上的法律更为重要。

依据约翰·洛克观点，网络科学技术使用者重在自我约束、自我管控，另外还要加强道德规范和道德纪律等外在机制的约束和管制。约翰·洛克认为，善与恶是对人的自然的利害，人具有趋利避害的本性。既然如此，人（网络科学技术使用者）就要注意加强自身建设，使自我主体本身具备趋利避害的能力和本领。作为主体性存在的人（网络科学技术使用者）"不仅需要外在的法庭——法律，还必须有内在的法庭——道德与良心"，必须加强自律和他律的双重建设，才能让自己得到全面的道德提升。但是，依约翰·洛克观点看来，最主要的还是道德自律，即"自己给自己立法"。他认为，一个人违反外在的法律不一定会认真反省，但如果违反道德和良心，却很难"挺着脖子、厚着脸皮活下去"。所以，从某种意义上讲，道德自律比道德规范、法律规范（即他律）更显得重要些。综上所述，依约翰·洛克观点看来，网络科学技术行为人应当"自己给自己立法"，另外，在加强自律的同时也不可忽视道德规范、法律制度等外在他律的重要作用、实际价值和实际意义。

[伦理结论]

单单从伦理学角度尤其是从生活与消费伦理学角度看，"健全网络安全长效机制"

重在对人（网络科学技术使用者）的建设上，要加强对人的道德认知和道德规范建设，培养人的善良意志，唤起人的自律意识，同时也要加强网络道德规范建设，加强外在他律建设。对网络科学技术使用者加强社会主义集体主义道德基本原则的核心意识建设，同时还要坚守在该集体主义道德基本原则指导下的几个方面的网络伦理原则：（1）主体自主伦理原则；（2）主体自由伦理原则；（3）公平正义伦理原则；（4）平等互惠伦理原则；（5）知情同意伦理原则；（6）兼容无害伦理原则。紧紧围绕这几个方面的网络应用伦理原则进行建设，再加强对网络使用者的道德素养培养，就一定会有利于"健全网络安全长效机制"的形成。

【注　释】

① 详见［古罗马］马可·奥勒留：《沉思录》，63 页。
② 详见［古罗马］马可·奥勒留：《沉思录》，28 页。
③ 详见章太炎发表于 1906 年的代表作《俱分进化论》。

【参考文献】

[1][3][4][5][6][7] 万俊人. 现代西方伦理学史（下卷）[M]. 北京：中国人民大学出版社，2011.
[2] 刘文英. 中国哲学史（下卷）[M]. 天津：南开大学出版社，2002.

后记

拙作的完成,既是一个艰辛困苦而又趣味良多的思维过程,又是一个情绪跌宕而又让人难以忘却的情感交织过程,前者可以表达于有形的文字,而后者仅能隐藏于内心。当拙作即将收笔付梓之际,蓦然回首,已是灯火阑珊,思绪万千!

记得康先生(伊曼努埃·康德,Immanuel Kant 1724—1804)曾把《纯粹理性批判》(指哲学)、《实践理性批判》(指伦理学)和《判断力批判》(指美学)作为自己整个哲学架构,建立了涵盖"真""善""美"三位一体的哲学世界。我想康德的"批判"如果离开现象界世界(现实实践世界),是"批判"不起来的,当然康德的"批判"意指"研究",是异化了的"批判",也自然包括"批判"自身,尤其是其《实践理性批判》,其伦理属性和伦理价值来自实践本身,也必须回归实践本性和实践理性本身才称其为《实践理性评判》,才可能称作为真正意义上的伦理学。也就是说,任何伦理的东西,如果脱离实践都是毫无意义的,因为伦理的本质精神属性无它,就是其自身的实践性。

对于网络应用伦理问题研究也同样如此。长期以来,我国学界普遍偏离伦理实践,为"研究而研究"的学究风气没有得到根本改变,把伦理研究变成了纯粹的玄学,严重地偏离了伦理的实践理性和实践本质。马克思在《〈黑格尔法哲学批判〉导言》中指出,"理论在一个国家的实现程度,总是决定于理论满足这个国家的需求程度",意指实践对理论的重要性巨大以及理论联系实践的关系紧密。换句话来说,必须强调如下事实:真正的网络应用伦理问题研究不仅需要厚博的学识和广阔的研究视野,更需要"形上"与"形下"、理论与实践的自觉互循与数次往复。这对于以实践理性和实践本性为特质的网络应用伦理问题研究来说是十分重要和非常必要的。离开了网络应用生活实践的网络应用伦理理论就没有网络应用生活实践的指导价值和学术意义,缺乏对当今网络社会现实舆情之关照的所谓"形上"的伦理理论研究,就必然缺乏伦理理论观照和作为伦理理论来源的所谓"形下"的网络应用实践价值和意义,皆有悖于网络应用伦理的实践本质、实践理性和实践精神。真正的有价值的网络应用伦理的学术创新,时时刻刻都离不开作为"形上"的网络应用伦理理论与作为"形下"的网络应用伦理生活实践之间的自觉互循与数次往复,以"形下"支撑"形上",再以"形上"反哺"形下",其理论境界就必然愈宽愈广,愈香愈纯;以"形上"指导"行下"研究,其应用实践的普适性将会进一步增强。

基于此,本书力图"另辟蹊径":从伦理理论指导伦理实践,再从伦理实践反哺伦理理论这二者互循视域揭开本书课题研究篇章,在每一章中基本遵循从"是什么"、"为什么"到"怎么办"的先后逻辑顺序的前提下和合乎认知规律的基础上,及时把发生在网络应用实践中的网络时势舆情伦理议题案例引入本书研究议题,再立足案例实践性本身,从系列经典应用伦理学理论的经典应用伦理观点论述中寻求"伦理方案"作为答疑路径,最后再用马克思主义伦理学观点斧正经典应用伦理学家系列偏颇"伦理方案",并对案例伦理议题作出科学回应并作为最终"伦理结论",既起到答疑解惑效果又实现价值观引领,具有现实和实际的可操作性。这是一种新颖且全新的尝试,如果本书有特色和亮点的话,这就算是本书的一大特色和亮点吧。

另外,借此机会,首先,感谢我们江苏经贸职业技术学院党委书记缪昌武教授和校长王志凤教授,为我们广大科研工作者创造优良科研环境和良好学术氛围!感谢我校马克思主义学院党支部书记顾亚林研究员和院长柴义江教授,在我写作过程中给予多方面支持和关照!其次,感谢我的恩师苏平富教授以及我的同学龚晓珺教授,在我写作过程中给予大力支持和宏观指导!感谢我校拟编《互联网伦理学》教材组专家成员们——薛茂云、柴义江、王宏海、谢嘉正、曹旻、郭旭东、王国喜、郭方天、孔靖、张家骁等,得益于他们提供了大量建议和研究素材,萌生了我进一步开展本书的研究工作。再次,拙作的出版,得到了河海大学出版社的领导和编辑们的大力支持和热情帮助,对河海大学出版社的领导和编辑们为拙作的出版工作付出的艰辛劳动致以最诚挚的谢意!最后,在拙作的创作过程中,我参考并查阅了国内外学者和专家们不少的研究熟果和有益资料,在此,也一并致谢!

拙作即将付梓,但限于自己极其有限学术水平,再加上研究时间较为仓促,纰漏不当之处肯定在所难免,只能恳求诸位学者、专家、大师们不吝赐言指正!同时也默默地告诫自己,"革命尚未成功,同志还需努力"!

耿立进
二〇二三年八月十六日